무엇이든 물어보세요

Authorized translation from the English language edition, entitled CURIOUS FOLKS ASK: 162 REAL ANSWERS ON AMAZING INVENTIONS, FASCINATING PRODUCTS, AND MEDICAL MYSTERIES, 1st Edition, ISBN: 0137057385 by SHEETHALER, SHERRY, and CURIOUS FOLKS ASK 2: 188 REAL ANSWERS ON OUR FELLOW CREATURES, OUR PLANET, AND BEYOND, 1st Edition, ISBN: 0137057393 by SHEETHALER, SHERRY, published by Pearson Education, Inc, publishing as FT Press.

Publishing as FT Press
Upper Saddle River, New Jersey 07458

궁금한 모든 것을 묻고 답하다

무엇이든 물어보세요

셰리 시세일러 지음 | 진선미 옮김

YANG 양문 MOON

머리말

궁금증에 불을 지피다

인간, 창작물, 그리고 의학에 대한 질문

호기심은 항상 질문을 던진다. 저칼로리 식단은 실제로 어떤 것일까? 독감에 걸리면 왜 근육통이 생길까? 고대 이집트인은 어떤 방법으로 거대한 피라미드를 건축했을까? 자동차 휘발유는 브랜드에 따라 차이가 날까? 성체 줄기세포가 배아 줄기세포만큼 큰 가능성이 있을까? 마력은 실제로 말 한 마리의 힘을 나타낼까? 초콜릿과 여드름의 관계는? 접착제의 작용 원리는? 다초점렌즈의 구조는? 비듬이 생기는 원인은?

그리고 가끔 호기심이 많은 사람은 남들이 생각하지도 못했던 질문을 한다. 피부는 끊임없이 새로운 세포로 교체되는데 햇볕에 탄 피부에서 피부암이 생기기 쉬운 이유는 무엇일까? 유체이탈 경험은 왜 하는 것일까? 영화 〈스타워즈〉에서 나오는 광선검이 실제로 가능할까? 우리 몸에는 유익한 박테리아가 있듯이 유익한 바이러스도 있을까? 둘째 발가락이 엄지발가락보다 긴 사람이 있는데 왜 그럴까? 환경 소음이 커지면 폭력도 늘어날까? 고대 로마인은 불편하기 짝이 없는 숫자체계로 거대한 건축물을 어떻게 지었을까?

제1부 '인간, 창작물, 그리고 의학에 대한 질문'에서는 156개의 질문과 답변이 실려 있다. 중고등학생부터 80대 어르신에 이르기까지 호기심이 많은 실제 인물이 했던 질문들이다. 그들 중에는 과학자도 있지만 대부분은 "저는 과학자가 아니지만 항상 궁금한 것이 많아요."라고 말하는 사람들이다. 그들은 모두 주위 세계에 대한 깊은 호기심을 공유하고 있다. 어릴 때 과학과 우리를 둘러싼 세계에 대해 많은 호기심이 있었지만 정규 교육과정에 떠밀려 여유를 갖지 못한 사람들이 많을 것이다. 이 책이 어릴 적 가졌던 그 궁금증에 다시 불을 지펴주기를 기대한다.

필자는 2004년부터 매주 《샌디에이고 유니온 트리뷴》의 과학 Q&A 코너를 맡아 독자의 질문에 답하면서 단 한 주도 빠트리지 않고 무언가 놀라운 사실을 알게 되었다. 독자 중에는 내 머리에서 그 모든 대답이 나오는지 묻는 사람이 있다. 어떤 경우에는 그렇게 한다. 하지만 대부분은 방대한 자료를 연구하여 대답한다. 왜냐하면 과학은 끊임없이 진보하기 때문이다. 어떤 것에 대해서는 항상 새로운(혹은 다른 방식의) 생각이 있으며, 아직 명백한 증거 없이 논란이 되는 사항이나 진리로 가장한 신화는 오래전부터 많은 사람을 현혹시켰다.

예를 들어 임신을 하면 감기에 걸린다는 생각은 여러 가지 신뢰할 만한 자료를 토대로 이제는 옛날 주부들의 이야기로 취급한다. 그러나 많은 과학문헌을 분석한 결과 감기에 대한 흥미있는 사실이 밝혀졌다. 제5장의 첫번째 Q&A다. 이것은 이 책의 특징을 잘 보여주는 사례다. 알려진 사실뿐만이 아니라 과학적 이해가 아직 부족한 부분도 강조하며 질문에 대답한다. 이러한 미스터리는 젊은 독자를 과학의 등불로 이끌

거나 과학적 탐구의 세계로 여행을 떠나게 만들 것이다

총 8장으로 구성된 제1부는 인간 및 인간의 창작물에 대한 질문과 답변, 그리고 인체생리와 관련된 여러 사항들, 화학과 물리학의 세계 등을 두루 다룬다. 각각의 Q&A는 자체적으로 완결되는 형식이지만 질문에 포함된 주제에 따라 분류하였다.

제1장 '발명품 속에 숨은 과학'. 인간이 만든 창작물 뒤에는 그것이 첨단기술이든 아니면 오래전부터 민간에 전승된 것이든 언제나 과학이 자리 잡고 있다. 그러한 창작물이 어떻게 시작되었으며 작동 원리 그리고 어떻게 발전시킬 것인지 묻고 대답한다.

제2장 '화학물질의 음과 양'. 식품이나 개인용품 등에는 '화학물질이 포함되지 않았음'이라는 매우 모호한 용어가 씌어 있다. 물론 우리 자신을 포함하여 세상 만물은 모두 화학물질로 이루어졌다. 연료, 카페인, 접착제 등에 대한 질문을 통해 화학물질이 우리의 삶을 어떻게 바꾸는지 놀라운 현실을 목격할 것이다.

제3장 '신체 구조를 탐험하다'. 사랑니, 맹장, 관절, 발톱까지 우리의 신체는 신비롭고 때로는 기이하다. 우리 신체 각 부분이 어떻게 생겨났으며 어떤 기능을 하는지 묻고 대답한다.

제4장 '알수록 신기한 우리 몸'. 가렵고, 하품이 나오며, 재채기를 하고, 땀을 흘린다. 우리가 아무것도 하지 않는 동안에도 우리 몸은 바쁘게 움직인다. 아이가 자라서 어른이 되기까지 신체는 어떻게 변하는지 궁금함을 해결해준다.

제5장 '우리를 아프게 하는 균들'. 바이러스와 박테리아, 그리고 최근에는 프리온이 우리의 건강을 해치고 있다. 의학이 아무리 발전해도 여기에서 벗어나지 못한다. 어떻게 이 녀석들은 항상 우리를 앞서며 괴

롭히고 위협하는 것일까?

제6장 '인간을 위협하는 질병들'. 미생물의 공격이 없는 상황에서도 우리는 병에 걸리고 아프며 육체적으로 정신적으로 힘들어 한다. 무엇이 그리고 왜 사람들에게 이런 일이 일어나는지 묻고 답한다.

제7장 '그래서 인간이다'. 우리 인간은 어떻게 현재에 이르렀으며 인간을 다른 피조물과 구별하는 요인은 무엇인가? 오래전부터 많은 사람이 던지고 대답했던 질문이다. 최근의 과학적 연구는 이에 대해 매우 참신한 관점을 계속 내놓고 있다.

제8장 '아는 만큼 건강해지는 삶'. 신문에 실리는 건강상식은 매일 아침마다 변한다. 탄수화물에서부터 자유라디칼 및 가장 효과적인 운동 및 건강한 식단 구성까지 건강한 생활에 대해 이야기한다.

이 책은 신화와 미스터리, 기이함, 익숙함과 생소함, 일상과 일탈 등 모두를 망라한다. 각각의 대답은 현재까지의 많은 연구 결과를 간결하게 종합한다. 그래서 이 책을 읽은 독자는 생활 속에서 아이들이 '왜?'라고 물어올 때, 칵테일 파티에서 매혹적인 사람을 만났을 때 혹은 스스로 호기심이 발동할 때마다 이 책의 내용을 떠올릴 것이다.

지구상의 생명체와 우주에 대한 질문

〈수수두꺼비: 언내추럴 히스토리〉라는 영화 포스터를 보면 어린 소녀가 커다란 애완 두꺼비 한 마리를 들어올리며 미소 짓는다. 특별히 귀엽지 않은 동물이다. 나는 소녀와 두꺼비의 이야기가 어떻게 진행되었는지 알지 못하지만 그 수수두꺼비 소녀만한 나이가 되었을 때 두꺼비를 길러보고 싶었다. 그러나 부모님은 내게 사마귀가 옮는다며 극구 반대하셨다. 지금까지는 필자가 《샌디에이고 유니온 트리뷴》에 기고하는 과학 문답 칼럼에 두꺼비가 사마귀를 옮길 수 있는지 물어온 독자는 없었지만, 여기서 이 둘 사이는 아무런 관계가 없음을 분명히 말한다. 두꺼비의 거칠고 사마귀 비슷하게 생긴 피부는 외부 환경으로부터 자신을 방어하기 위해 진화 적응한 결과다. 그래서 소녀는 두꺼비에게 인형 옷을 입혀서 기르려고 했지만 결과는 실패했다. 이 또한 적응이라 할 수 있다.

아이들의 호기심은 끝이 없다. 많은 사람이 자신에게도 항상 '왜?'라고 묻던 시기가 있었음을 잘 기억하지 못한다. 하지만 그와 같은 순간을 돌이켜보면 우리의 호기심이 순진무구하고 위험하기까지 했음을 알 수 있다. 개구리에게 키스하면 개구리가 왕자로 변할 것이라 진정으로 믿지는 않았지만, 지금까지도 나는 아이들이 그와 같은 실험을 해볼 필요가 있다고 생각한다. 물론 왕자는 없다. 그렇지만 병원균도 없다.

어린 시절 내게 도마뱀은 흥미진진한 파충류였다. 뱀 만지기 놀이는 미지의 생물체를 이해하는 좋은 방법이었다(물론 독이 없는 놈으로). 결론을 말하자면 뱀 냄새는 지독하게도 고약하고 손에서 쉽게 지워지지도 않는다.

호기심은 아이들만의 전유물이 아니다. 나는 모든 연령대의 사람들이 가진 지적 탐구심을 과학 질문과 응답 칼럼에 담았다. 우리가 살아가면서 부딪치는 미스터리에 대한 설명이다.

· 도마뱀이 푸시업을 하는 이유는?
· 어떻게 동물은 주위 환경에 맞춰 색깔을 변화시킬 수 있을까?
· 개들의 눈 가장자리에 고이는 물질의 정체는 무엇인가?

- 씨 없는 과일이 어떻게 가능한가?
- 파란 장미는 왜 없을까?
- 삶은 달걀 노른자위 바깥 부분은 왜 녹색으로 변할까?
- 더운물이 찬물보다 더 빨리 어는 이유는 무엇일까?
- 토네이도가 발생하는 원인은?
- 화석연료가 타서 지구 대기의 산소량이 변화하는 걸까?
- 또 다른 바다가 만들어질까?
- 어떤 화산이 다른 화산보다 더 격렬하게 폭발하는 이유는?
- 지구가 50년 전에 비해 더 무겁거나 가벼워졌을까?
- 산 정상에 걸려 있는 구름이 형성되는 기전은 무엇일까?
- 달이 없었어도 우리는 잘 살까?
- 우리는 중력보다 시간에 대한 이해가 부족한가?
- 아주 강력한 망원경이 있다면 우주의 시초를 볼 수 있을까?
- 우주 너머에는 무엇이 있을까?

이 질문들은 모두 제2부 '지구상의 생명체와 우주에 대한 질문'에 실린 것이다. 이 책은 크고 작은 우리 이웃의 생명체와 일상생활에서 접하는 신기한 현상들, 날씨나 기후와 관련한 자연 시스템, 지구를 구성하는 힘과 인간의 영향, 하늘의 수수께끼들, 그리고 우리 태양계와 그 너머에 대한 의문 등을 질문과 답으로 풀어놓았다. 질문에 대한 답을 바로 설명해놓았기 때문에 아무 곳이나 펼쳐 읽어도 되며, 몇 개씩 음미하며 읽거나 처음부터 정독하는 것은 독자의 마음이다.

내용은 질문 주제별로 각각의 단원에 묶어서 배열했다. 질문이 천문학, 지질학, 물리학, 대기학, 환경과학, 생물학 등을 망라하여 세계의 실체를 다루고 있기 때문에 전체적 시각은 각 부분의 합보다 더 클 수 있다. 질문에 대한 대답은 과학이 알고 있는 지식과 더불어 아직 미지의 영역으로 남아 있는 미스터리까지 탐구하여 제시한다. 지금 한창 자라나는 미래의 과학자들이 언젠가 풀어낼 질문들이다.

제2부는 주제별로 총 8장으로 나뉜다.

제1장 '슬금슬금 기어가는 곤충의 세계'. 벌레나 거미가 우리를 귀찮게 할 때도 있지만, 그들은 자신들의 존재를 지속시켜가기 위해 놀라운 적응을 해온 결과다. 운동선수 거미, 건축가 개미, 명석한 꿀벌, 우아한 나비, 그리고 음악가 귀뚜라미 등이 각자 나름의 뛰어난 능력을 소유하게 된 이유가 있다.

제2장 '상상하는 것보다 더 놀라운 동물의 세계'. 동물을 보고 우리의 상상력이 발전하고 때로는 각종 신화가 생겨난다. 자살하는 나그네쥐, 무서움을 타는 코끼리, 약이 되는 개의 침, 불임인 노새, 무리지어 날아가는 새, 낙타의 혹 등의 이야기가 어디까지 사실이고 또 소설인지 살펴본다.

제3장 '침묵 아래 숨어 있는 식물의 언어'. 초기의 생물 분류체계에서는 생명체들이 움직이는 생물과 움직이지 못하는 생물로 분류되었다. 그러나 지금은 초목이나 이끼, 곰팡이, 산호, 그리고 움직이지 않는 것처럼 보이는 여러 다세포 생물들을 세 개의 계로 나누어 분류하며, 그들의 침묵 아래 숨어 있는 비밀이 주목을 받는다.

제4장 '자연이 벌이는 재미있는 현상'. 이상하게 생각되는 일들이 일어나고, 호기심 많은 사람은 그 이유를 묻는다. 이 단원에서는 일상생활에서 접하는 여러 의문을 설명한다. 식사시간 때 보는 미스터리로부터 흥분상태의 원자와 힘의 이론까지 망라한다.

제5장 '분노하는 지구, 지구를 지켜라'. 자연은 강한 바람이나 홍

수, 가뭄, 그리고 빙하기 등으로 자신의 분노를 우리에게 표현한다. 호기심 많은 사람은 날씨와 기후를 다스리고 우리의 푸른 지구를 지키기 위한 방법을 질문한다.

제6장 '지구별의 신비'. 지구라는 천체에서 관심을 가져야 할 대상은 대기만이 아니다. 지구 표면, 즉 지각과 그 아래에서는 역동적인 일이 일어나고 있다. 활성단층 인근에 살고 있는 주민들은 지질학이 우리 삶에 밀접하게 관련이 있다는 것을 말해준다. 그러나 지진은 지구가 가진 수많은 수수께끼 중 하나에 불과하다.

제7장 '과학으로 하늘을 읽는다'. 인류는 언제나 하늘이 궁금했다. 오늘날처럼 전자기기가 지배하는 문명에서도 사람들은 하늘을 바라보고 많을 것을 궁금해한다.

제8장 '머나먼 우주를 엿보다'. 오늘날 우리가 연구하는 우주는 눈으로 볼 수 있는 범위를 훨씬 넘어선다. 강력한 망원경과 라디오파에서 감마선까지 넓은 범위의 전자기파 신호를 감지하는 기술, 컴퓨터 모델링 등의 발전은 우주에 대한 이해를 크게 넓혀주고 있다.

제2부는 우리와 함께 살아가는 생명체와 우리를 둘러싼 세계 및 우주에 대한 질문을 싣고 있는데 우리 자신과 우리의 창조물에 대한 질문을 중심으로 한 제1부의 보충서라 할 수 있다. 이 책은 *Curious Folk Asks: 162 Real Answers on Amazing Inventions, Fascinating Products, and Medical Mysteries*와 *Curious Folks 2: Real Answers on Our Fellow Creatures, Our Planet, and Beyond*를 한 권으로 묶어놓은 것으로 16가지 주제로 나뉜다. 이 과학 주제에 필자가 6년 동안 기고한 질문과 응답(Q&A) 칼럼을 모았으며, 호기심 많은 사람이 필자에게 보내온 질문을 실었다.

필자는 과학 Q&A 칼럼을 쓰기 시작한 이후 매주 새로운 것들을 배우고 있다. 이런 질문이 있으리라 전혀 생각하지도 못했던 것이 있는가 하면 내가 답을 알고 있는 질문까지 다양하다. 필자는 알고 있는 질문이라도 좀 더 깊이 파고들어가서 더욱 풍부한 지식을 제공하려고 노력했다. 결코 더 깊은 연구 없이 머릿속에 든 지식만으로 질문에 대답하지 않았다. 최대한 여러 학술 문헌을 검색하여 새로운 발견 및 다양한 관점을 찾아서 대답을 구성했다. 과학은 끊임없이 변화하고 발전도 조금씩 단편적으로 이루어지기 때문에 하나의 칼럼을 작성하기 위해 문헌을 검색하는 일은 조각 맞추기 퍼즐과도 비슷하다.

각각의 칼럼이 그 자체의 이야기로 지적 호기심을 충족시킬 수 있기를 원한다. 호기심은 더 큰 호기심을 불러일으킨다. 과학적 노력도 마찬가지다. 입자나 힘, 세포, 유전학, 발달, 생태계, 대기환경, 지구 내부의 움직임, 태양계 너머의 광활한 우주 등을 더 많이 알수록 모든 것이 더 신비롭고 더 아름답게 보일 것이다. 핑크색 고운 드레스를 입고서도 두꺼비를 관찰하고, 계속해서 질문을 던지길 바란다.

CONTENTS

6 인간을 위협하는 질병들 151

7 그래서 인간이다 177

8 아는 만큼 건강해지는 삶 203

Q&A

제2부 _ 지구상의 생명체와 우주에 대한 질문

Q&A

7 과학으로 하늘을 읽는다 ············ 399

8 머나먼 우주를 엿보다 ············ 429

제 1 부

인간, 창작물, 그리고 의학에 대한 질문

1

발명품 속에 숨은 과학

얼음 없는 아이스박스

성에가 생기지 않는 냉장고의 원리에 대해 설명해주세요.

성에가 생기지 않는 냉장고는 공기압축기에서 나온 증기가 냉장고의 냉각코일(혹은 냉각코일을 덮는 플라스틱 구조)에서 얼어붙는다. 그래서 주기적으로 성에를 제거하지 않으면 냉장고가 얼음으로 가득 차서 반찬거리 몇 가지 넣을 공간도 남지 않게 된다.

성에 없는 냉장고는 6시간마다 자동으로 조금씩 성에를 제거하기 때문에 얼음이 생기지 않는 것이다. 타이머가 장착된 가열코일이 냉각코일을 감싼 구조여서 냉각 온도 이상으로 온도가 올라가면 감지기가 자동으로 가열기 스위치를 끄는 원리다.

캔 속의 찬 공기

캔 속에 압축되어 있는 기체가 밖으로 나오면 왜 차가워지는지요.

캔에 주입된 기체는 높은 압력으로 압축한 것이라 밖으로 나오면 팽창한다. 캔 속에는 기체 분자가 밀집되어 있어 (약하지만) 서로 당기는 힘이 분자들 사이에 작용한다. 이런 힘이 존재하기 때문에 분자를 떼어 놓으려면 열에너지가 필요하다. 주위 환경에서 혹은 만약 내가 기체가 나오는 노즐 가까이 있다면 나의 피부에서 열을 가져간다.

냉장고와 에어컨은 대부분 기체가 팽창할 때(혹은 액체에서 기체로 될 때)의 냉각효과를 이용하여 작동한다. 냉장고 코일에는 기체가 들어 있고 압축기가 이 기체를 액체로 만든다. 기체를 압축하면 열이 발생하는데 냉장고 뒤에 위치한 코일이 이러한 열을 방출한다. 그리고 압축된 액체와 냉장고 내부의 열교환 코일 사이에 있는 팽창 밸브가 열려 갑자기 압력이 떨어지면 기체를 내뿜는 캔의 노즐처럼, 액체상태에서 급속하게 기체로 팽창한다. 이렇게 팽창이 일어나면 냉장고 내부의 열이 기체로 전달된다.

에어컨도 냉장고와 비슷하지만 에어컨에는 팬이 있어 찬 공기를 안으로 불어넣고 따뜻한 공기를 바깥으로 내보낸다.

영화 속의 광선검

영화 〈스타워즈〉에 나오는 광선검이 실제로 가능할까요?

빛은 세우거나 중간에 끝맺을 수는 없다. 그러나 미치오 카쿠는

《불가능은 없다*Physics of the Impossible*》에서 광선검과 비슷하게 만드는 방법을 설명했다. 플라스마(극단적으로 뜨거워진 이온화 가스)를 막대 모양의 통에 가두고 작은 구멍을 뚫어 팽창하는 플라스마가 빠져나갈 수 있게 하는 것이다. 플라스마는 쇠도 녹일 정도로 뜨겁다. 그리고 플라스마 광선검에는 고에너지 전원을 공급해야 하기 때문에 영화 속의 루크 스카이워커가 가진 검보다 다루기 훨씬 힘들다.

공상과학소설 속의 무기

과학소설에는 '그레이저'라는 감마선 레이저 무기가 자주 등장합니다. 지금 이런 무기가 있습니까? 현재 이런 무기가 없다면 이 무기의 개발 가능성 혹은 불가능성을 시사해주는 이론이 있습니까? 만약 있다면 어디에 사용될까요?

감마선 레이저는 기술적으로 가능하다. 마이크로파, 적외선, 가시광선, 자외선, X선 범위에서는 이미 존재한다. 감마선 무기의 핵심은 적절한 레이저 매체를 찾는 것이다. 이것은 에너지가 가해지면 흥분 상태로 되는 매질(기체, 액체 혹은 고체)로서, 흥분되었다가 다시 보통 상태로 돌아오면서 광자(빛 입자)의 형태로 에너지를 발산한다.

다른 형태의 레이저에서는 레이저 매질 원자 내의 전자들이 고에너지에 반응하여 흥분한다. 전자의 흥분 상태와 보통 상태 사이의 에너지 차이의 크기에 따라서 저에너지 마이크로파 또는 고에너지 X선 등의 광자가 방출된다.

감마선은 에너지 준위가 매우 높기 때문에 전자가 고에너지 준위에서 저에너지 준위로 옮기는 방식으로는 만들어지지 않는다. 그 대신 원자의 핵이 고에너지 상태에서 저에너지 상태로 바뀔 때 만들어진다. 레이저 빛에서는 광자가 조직적으로 방출되는데, 감마선 광자들이 서로 보조를 맞추어 움직이게 하려면 많은 핵의 에너지 상태가 일제히 변화해야 한다. 이것은 전자들의 에너지 상태를 일제히 변화시키는 것보다 더 어려운 과정이다. 하프늄 같은 몇 가지 원소는 핵의 흥분 상태가 오래 지속되기 때문에 이러한 원소들이 감마선 레이저의 레이저 발생 매체가 될 가능성이 있다. 미국 국방부는 감마선 레이저가 강력한 무기가 될 가능성 때문에 관심을 기울이고 있다.

레이저는 군사용 외에도 여러 목적으로 이용할 수 있다. 예를 들어 원자 및 분자를 탐색하여 그 구조와 기능을 더 자세하게 이해하거나 에너지 생산을 위한 핵융합, 그리고 의료용으로 암치료에 이용할 수 있다.

전파 수신

라디오를 들을 때 전파방해로 잡음이 들리거나 혼선이 되는 이유는 무엇입니까? AM 방송에서, 특히 방송기지국이 먼 곳에 있거나 볼륨을 높일 경우 심하고, 기지국이 가까이 있을 때는 비교적 좋아요. 이런 문제를 해결할 방법이 있습니까?

자연에서 나오는 여러 요소(정전기, 빛, 태양 표면 폭발)와 인공적 요소(자동차와 전기장치)가 라디오 수신을 방해할 수 있다. AM이 FM보다 이와 같은 잡음에 더 민감한데, 그 이유는 라디오 신호를 전송하는 방식이 다르기 때문이다.

AM(진폭변조)은 전파의 높낮이를 변화시키는 방식이고, FM(주파수변조)은 전파의 높낮이를 변화시키지 않고 매초 지나가는 파의 수를 변화시켜 전송하는 방식이다. 대부분의 전파간섭 현상은 라디오 신호의 주파수보다는 진폭에 더 큰 영향을 주기 때문에 음악방송은 FM 방식을 이용한다. 그리고 AM 방송 주파수 범위의 라디오파는 대기 최상부의 이온층에서 반사될 수 있지만 FM 주파수는 불가능하며, 둥근 지구에서 직선으로 진행하는 라디오파는 그 진행 범위에 한계가 있다. 따라서 AM 라디오파는 이온층에서 반사되어 지구로 다시 돌아올 수 있기 때문에 FM 신호에 비해 더 먼 거리까지 전송된다. 그러나 이온층에 부딪치며 상호작용하는 가운데 잡음이 생길 수 있어 AM 방송은 기지국이 멀수록 잡음이 더 많이 섞인다.

자연적으로 생기는 잡음을 없앨 수는 없지만 라디오 수신 상태를 향상시키는 몇 가지 팁이 있다. 쓰지 않는 전기제품은 모두 전원을 끈다. 터치형 전등은 플러그를 뽑는다. 가능하다면 라디오를 들고 집 안을 돌아다니면서(예를 들어 창가) 수신 상태가 가장 좋은 위치를 찾는다. 라디오 방향을 돌려놓거나 전원 코드를 다른 곳으로 옮기는 것만으로도 도움이 된다. 내부에 안테나가 있거나 전원코드가 안테나 역할을 하는 라디오도 있기 때문이다. 차량 라디오는 안테나 기저부에 부식이 발생했는지 점검해본다.

자동차 유리 얼룩 지우기

태양빛이 내리쬐는 맑은 날 자동차 유리를 물로 닦은 다음 그대로 말렸는데 유리에 동전 크기만한 얼룩이 격자처럼 나타났습니다. 세차하기 전에는 없던 얼룩입니다. 다른 차에도 크기가 다르거나 둥근 모양은 아니지만 그와 같은 격자무늬가 나타날 때가 있는데 이유가 무엇인가요?

이 얼룩은 물이 증발한 다음에 칼슘이나 철분 같은 미네랄 성분이 남아서 생긴 것이다. 얼룩 모양은 물이 증발하는 것과 관련이 있다. 즉 물이 자동차를 얼마나 완전하게 덮었으며, 말릴 때의 바람 세기, 그리고 세차에 사용된 물의 종류에 따라 다르다.

미네랄 성분의 얼룩을 없애려면 약산성인 식초를 사용하면 된다. 하지만 차에 왁스칠이 되어 있다면 벗겨질 수 있으며, 미네랄 때문에 페인트가 부식된 경우는 복구할 수 없다. 이와 같은 미네랄 얼룩에 신경이 쓰이는 자동차 마니아들은 정원용 호스에 부착하는 물 탈이온화기를 구입하여 사용하면 된다.

두 겹으로 보이다

콘택트렌즈는 눈을 따라 움직입니다. 이렇게 움직이는데 이중초점 콘택트렌즈가 어떻게 가능한지요?

이중초점 렌즈(교대보기 렌즈) 구조는 이중초점 안경과 비슷하다. 각각의 렌즈는 두 부분으로 구성된다. 근시(먼 거리) 교정은 윗부분, 그리고 원시(가까운 거리) 교정은 아랫부분에서 담당한다. 눈은 위쪽으로 그리고 아래쪽으로 쳐다볼 때 두 가지 굴절력의 렌즈 사이를 움직인다. 동시보기 렌즈는 눈이 가까운 곳과 먼 곳 굴절을 동시에 보며 시각체계가 어떤 굴절을 이용할지 결정한다.

교대보기(이중초점) 렌즈는 무겁거나 기저부가 약간 두툼할 수 있다. 따라서 아래 눈꺼풀로 렌즈를 지지하고, 시선이 아래를 향할 때는 동공에 대해 위쪽으로 이동한다.

동시보기의 가장 간단한 형태는 한눈보기(單眼視)다. 한 눈(보통은 우세한 눈)은 근시(먼 거리 교정)에 맞추고, 다른 눈은 원시(가까운 거리 교정)에 맞춘다. 중심성 링 렌즈와 비구면(非球面) 렌즈는 좀 더 복잡한 구조다. 중심성 링 렌즈는 먼 거리와 가까운 거리를 모두 교정하는 과녁 모양이고, 비구면 렌즈는 한 렌즈에 두 가지 굴절이 섞여 있다.

동시보기 렌즈는 동공 앞에 항상 근거리 및 원거리 굴절력을 유지하기 때문에 두 가지 굴절이 빛을 망막으로 모아준다. 그러므로 망막은 두 개의 상을 받는데, 하나는 초점이 맞고 다른 하나는 초점이 흐린 상이다. 시간이 지나면 뇌가 뚜렷한 상에만 집중하고 겹쳐 보이는 초점이 흐린 상은 무시하는 방식으로 이와 같이 이상한 상황에 적응하게 된다.

그러나 적응이 완벽하지는 않다. 한눈보기는 한 눈으로 특정 장면의 선명한 상만 받아들이기 때문에 깊이 있는 지각력이 떨어진다. 하나의 렌즈에 한 가지 이상의 굴절력을 가진 동시성 렌즈는 시각적 정확성, 즉 상의 선명도를 저하시킨다. 초점이 맞지 않는 희미한 상이 망막을 가리기 때문이다.

렌즈를 개인별로 독특한 각막에 맞추어야 하는 것도 이중초점 콘택트렌즈의 또 다른 문제다. 그래서 렌즈의 광학적 중심을 예측하고 굴절 부위를 동공과 정확히 일치시키기가 쉽지 않다.

이와 같은 문제가 있기 때문에 이중초점 콘택트렌즈는 단일굴절 렌즈처럼 많이 사용하지 않는다. 그러나 기술이 발전하면서 선택할 수 있는 종류가 많아졌다. 개인에게 어떤 형태가 가장 적합한지는 그 사람의 눈 모양뿐만 아니라 생활양식과 활동에 따라 결정된다.

보청기의 원리

정확하게 작동하는 보청기를 만들기가 어렵다는데 그 이유는 무엇입니까?

모든 사람에게 잘 맞는 보청기를 만드는 것은 기술적으로 어렵다. 청력이 소실된 사람은 특정한 소리를 듣지 못하지만 다른 소리는 잘 듣는 경우가 많다. 예를 들어 노인성 난청(노화와 관계된 청력 소실)은 높은 음의 소리가 잘 들리지 않는 것으로부터 시작된다. 그러므로 보청기가 모든 소리를 다 증폭한다면 기존에 잘 들리는 소리는 너무 크게 들리게 된다. 그렇기 때문에 보청기는 환자의 청력이 소실된 구체적 소리에 맞추어 만들어야 한다.

그리고 보청기는 음성은 증폭하되 배경 소음은 줄여주어야 한다. 이를 위해 방향성 마이크가 도움이 될 수 있는데, 말을 들을 때는 얼굴을 말하는 사람 쪽으로 향하여 마이크가 그쪽에서 오는 소리만 잡아내고 다른 방향의 소리는 그냥 흘려보내기 때문이다. 그러나 말하는 사람과 같은 방향에서도 여러 가지 소음이 올 수 있으며, 특히 방 안의 벽에서 소리가 울릴 때는 문제가 된다.

한 가지 문제를 해결하면 다른 문제가 생길 수 있다. 예를 들어, 보청기 크기를 줄이면 착용이 편리하고 보기에도 좋을 뿐만 아니라 폐쇄효과(귓구멍이 막힐 때 자기 자신의 목소리가 울리며 들리는 효과)를 최소화하기 때문에 좋다. 그러나 보청기 크기가 작아지면 보청기의 마이크가 출력 장치에 가까워지고 잡음이 커지는 현상이 나타날 수 있다.

자동차 연비

자동차의 연비는 다른 모든 조건이 동일하다면, 도로가 말라 있을 때와 축축할 때, 그리고 공기가 습할 때와 건조할 때, 고도가 높을 때와 해수면 높이일 때, 기온이 매우 낮거나 더울 때 등 어떤 경우에 더 좋습니까?

미국 자동차정비사협회에 따르면 자동차 연비는 다음 조건에서 좋아진다고 한다.

첫째, 도로가 마르면 타이어의 마찰력이 커지면서 힘이 효율적으로 도로에 전달된다.

둘째, 공기가 습하면 엔진의 교축(throttling) 필요성이 더 적어지기 때문에 연비가 좋아진다. 교축은 내연기관(엔진)의 속도를 조절하는 기전이지만 엔진 힘의 일부를 소비한다. 내연기관은 원통형 엔진으로 공기와 휘발유가 혼합되어 들어가면 피스톤을 압축시키고 점화한다. 대부분의 자동차는 4 행정 사이클의 엔진을 이용하는데, 그 첫 단계는 밸브가 열리고 피스톤이 아래로 움직이면서 공기와 휘발유를 흡입한다. 교축은 피스톤이 아래로 움직일 때 잠시 흡입밸브를 닫아서 피스톤의 끌어당기는 힘으로 부분적 진공 상태로 만들어주는 것으로 이때 에너지가 소모된다.

엔진이 출력을 내려면 연료를 태우기 위한 일정한 양의 산소가 필요하다. 공기 속에 수증기가 많이 함유되어 있다면 그만큼 산소분자는 적다. 따라서 대기가 습하면 엔진이 같은 양의 산소를 얻기 위해 더 많은 양의 공기를 흡입해야 한다. 그러나 흡입밸브가 더 오래 열릴 수 있기 때문에 엔진 속으로 가스를 불어넣기 위해 필요한 일의 양은 작아진다.

셋째, 고도가 높으면 공기 밀도가 낮아서 자동차에 대한 저항이 적다. 그리고 배기가스를 배출하는 데도 힘이 덜 든다. 엔진으로 '되미는' 대기의 압력이 낮기 때문이다. 그 외에도 같은 양의 연료를 태우기 위해 충분한 산소를 얻자면 더 많은 공기를 흡입해야 하므로 교축도 적게 일어난다.

넷째, 매우 더울 때(에어컨을 켜지 않는다고 가정할 때)는 공기 밀도가 낮기 때문에 위에서 설명한 것과 동일한 이유로 엔진의 교축 필요성이 적어진다.

자동차를 운전하는 도로나 기후 상태를 바꿀 수는 없지만 타이어 공기압을 적절히 맞추면 연비를 크게 높일 수 있다. 자동차 회사의 권고보다 공기를 더 주입하면 마찰을 줄일 수는 있지만 비용이 많이 들 수 있다. 공기 압력이 너무 낮으면 타이어가 마찰을 많이 받아서 휠의 속도가 떨어지므로 연비가 나빠진다.

옛날 시계

저는 운동할 때 할아버지께 물려받은 1780년대 시계를 다시 맞춰 놓습니다. 그때마다 당시 사람들이 어떻게 시각을 정확히 맞출 수 있었는지 궁금해집니다. 그때의 시계는 시간이 갈수록 늦거나 빨라졌을 텐데 무엇을 기준으로 맞추었을까요?

1700년대 말에는 천문학이나 계절이 정확하게 표시된 달력이 생활하는 데 중요했다. 하지만 당시 사람들은 여전히 일출과 일몰에 시간을 맞추며 살아갔다. 그리고 시간을 정확하게 지켜야 할 이유가 그리 많지 않았다.

사실, 1800년대 말까지만 해도 미국의 도시와 마을은 태양 관찰을 기준으로 하는 각자의 시간을 정하고 있었다. 기차가 대륙을 관통할 때까지는 시간대가 필요하지 않았다. 그러나 기차가 다니기 시작하자 정부는 대륙을 네 개의 시간대로 나누었으며, 1883년 11월 18일 정오를 기해 해군천문대의 중앙 시계에서 전신으로 중요 도시에 시간을 전송하고 이에 따라 동시에 시간대별로 시각을 맞추었다.

시대 표기

날짜 표기방법인 B.C.와 A.D.(before Christ와 after the death of Christ, 예수 전 그리고 예수 사후)는 간격이 있는 것 같습니다. 이 사이 예수가 살아 있던 시기는 어떻게 표기할 수 있습니까? '탄생 전'과 '사후' 사이의 20~30년 정도를 표기할 방법이 없습니다.

A.D.는 라틴어인 anno Domini의 약자이며 '우리 주의 시대'라는 뜻이다. 디오니시우스 엑시구스라는 수도승이 6세기경에 B.C와 A.D. 체계를 고안하여 예수가 태어난 것으로 생각되는 해에다 A.D. 1년을 부여했다. 그러나 대부분의 종교학자들은 그가 한 말과 역사적 천문학적 사건들을 비교하여 예수의 출생을 B.C. 4~7년 사이로 본다.

서머타임

2007년 미국 의회는 서머타임이 시작되고 끝나는 날짜를 바꾸었습니다. 서머타임이 경제 및 사회에 주는 전체적 이익에 대해 조사한 연구가 있습니까? 벤저민 프랭클린이 농부들을 위해 서머타임 제도를 만든 것으로 생각되지만, 현재 우리는 농경과는 거리가 있는 대도시에 살고 있습니다.

프랭클린은 1784년 프랑스 신문 〈주르날 드 파리〉에 서머타임 제도를 제안했지만 당시 그는 사람들이 좀 더 일찍 잠자리에 들고 일찍 일어나라는 의도로 가볍게 쓴 기사였다.

서머타임은 제1차 세계대전 때 채택되었는데 인공조명 대신에 낮 동안 일을 많이 하여 에너지를 절약하기 위한 목적이었다. 그러나 농부들은 아침 일찍 자신들의 소출을 배달하기 싫어했기 때문에 제1차 세계대전 후 서머타임을 폐지했다. 그리고 제2차 세계대전 때 다시 서머타임이 도입되었다.

1945~1966년에 각 지방에서는 서머타임 시행 시기를 선택할 수 있었다. 그 결과 많은 혼란이 초래되어 라디오와 TV 방송국과 운송회사는 각 지방에서 서머타임이 시작하고 끝나는 시점에 맞춰 그때마다 새로운 시간표를 작성해야 했다. 1966년 시간통일 관계 법률이 제정되어 서머타임을 시행하는 모든 주는 서머타임을 4월 마지막 일요일에 시작해서 10월 마지막 일요일에 끝내야 한다고 규정함으로써 이 문제가 해결되었다.

일부 연구에서는 서머타임을 시행하면 저녁의 러시아워가 환할 때이므로 교통사고를 줄이는 효과가 있다고 보고했다. 그러나 다른 연구에서는 시간이 앞당겨진 월요일에는 사고가 더 많이 발생하는데 이는 운전자가 아직 잠에서 덜 깬 상태이거나 출근길이 더 혼잡하기 때문이라고 했다.

서머타임 시행을 주장하는 사람들은 1975년 오일쇼크로 서머타임이 연장 시행되었을 때 미국 교통부에서 시행한 연구 결과를 인용한다. 그 연구에서는 서머타임 시행으로 전국 전력 사용량이 약 1퍼센트 줄어든 것으로 나타났다.

상업적 및 주거용 조명뿐만 아니라 난방과 에어컨 등을 포함하여 시스템 전체에 걸친 에너지 이용을 조사한 일부 연구에서는 서머타임의 영향을 발견할 수 없었으며 기후에 따라 서머타임이 부정적 영향을 나타낸 사례도 있었다.

온도 이야기

섭씨(°C)는 해수면 높이에서 물이 어는점과 끓는점을 토대로 정해진 것으로 알고 있습니다. 그렇다면 미국에서 많이 이용하는 화씨(°F)는 어떻게 만들어진 건가요.

화씨 온도는 독일 물리학자 다니엘 파렌하이트가 덴마크 천문학자 올라우스 뢰메르의 척도를 수정하여 개발한 것으로 알려져 있다. 뢰메르의 척도에는 몇 가지 나눗셈이 있어 물의 어는점을 분수로 나타냈는데 파렌하이트는 이를 불편하게 생각했다. 파렌하이트가 온도계를 보정한 방법에 대해서는 이견이 있지만, 1724년에 쓴 논문을 보면 세 가지 고정점을 이용하여 표시했다.

파렌하이트는 척도에서 0의 값을 얻기 위해 얼음과 소금 그리고 물을 혼합하여 사용했다. 두번째 보정점인 32도는 얼음과 물을 혼합하여 이용했다. 또 세번째 보정점은 96도로 정했는데, 온도계를 건강한 사람의 입 안이나 겨드랑이에 넣고 충분한 시간을 가진 뒤 측정한 체온이었다(파렌하이트가 나중에 다시 보정하여 만든 온도계는 정상체온이 98.6도로 되어 있다).

행성 찾기

히파르코스 위성으로부터 얻은 데이터가 행성을 보유한 별을 확인하는 데 어떻게 이용되어 왔으며 어느 정도의 성과를 올렸습니까? 히파르코스 위성을 이용하면 행성을 가진 별을 수천 개 이상 찾을 수 있을 것 같은데 그렇지 못한 이유가 있습니까?

히파르코스(초정밀 시차 수집 위성) 위성은 별까지의 거리를 비롯해 움직임, 색깔, 그리고 밝기 측정 임무를 수행하는 최초의 관측기구다. 히파르코스는 기원전 2세기 그리스 천문학자로 망원경 없이 1080개 별의 목록을 작성했다.

별까지의 거리는 시차(관측자가 어떤 천체를 동시에 두 지점에서 보았을 때 생기는 방향의 편차)로부터 수학적으로 계산한다. 예를 들어, 관측 후 지구가 태양 주위를 공전하여 6개월 후 반대쪽에 위치했을 때 다시 관측한 값으로 100만 개가 넘는 별까지의 거리를 결정할 수 있다. 별빛이 지구의 망원경까지 오는 동안 지구 대기의 방해로 흐트러지는 일이 없기 때문이다.

히파르코스 위성의 목적은 행성을 찾는 것이 아니다. 그러나 태양계 바깥에서 최초의 행성을 확인한 것은 히파르코스 위성이 데이터를 수집하는 동안(1989~1993년)이었으며, 또한 태양계 밖에서의 행성 찾기는 천문학계에서 연구가 가장 활발한 분야다.

히파르코스 위성은 같은 별을 대상으로 긴 시간 동안 여러 차례 관측한다. 공전하는 행성이 별의 앞을 지나갈 때 그 그림자 때문에 별빛이 어두워지는 현상을 관측하기도 했다. 하지만 1991년 히파르코스 위성이 페가수스 자리 51번 별이 어두워지는 현상을 관측했을 때 아무도 주목하지 않았다. 그러나 1999년 천문학자들이 지상에서 그 현상을 관측하여 모니터링하면서 히파르코스가 수집한 기존의 데이터를 다시 조사하기 시작했다.

천문학자들은 행성 가운데 약 10퍼센트만이 별의 앞을 직접 지나가서 관측이 가능한 것으로 추정한다. 그리고 행성이 반사하는 빛은 별빛에 흡수되어버리기 때문에 직접 관측하기도 어렵다. 그러므로 대부분의 행성은 행성의 중력이 끌어당겨서 나타나는 별의 '워블(wobble: 궤도 회전축 불일치로 나타나는 현상—옮긴이)'을 통해 간접적으로 관측된다. 히파르코스 위성은 이와 같은 워블을 관측할 목적으로 설계된 것은 아니다. 그러나 히파르코스 위성의 관측은 행성 찾기에 매우 중요한 역할을 한다. 히파르코스 위성이 측정한 별까지의 거리는 별의 워블을 초래하는 천체의 질량을 결정할 때 도움이 된다. 별의 워블을 초래하는 천체가 행성인지 아니면 다른 별인지(행성에 비해 훨씬 더 무겁다) 알기 위해서는 질량이 중요하다.

현재까지 태양계 바깥에서 수백 개의 행성이 관측되었다.

지구 바깥의 사람들

우리는 허블망원경을 이용해 우주에 관한 많은 지식을 얻고 있습니다. 그러면 국제우주정거장은 어떤 정보를 제공하죠?

국제우주정거장 연구 프로그램은 기초과학부터 응용과학까지 그 분야가 매우 다양하다. 그러나 부시 대통령이 2004년 제시했던 우주탐사 비전 이후 미국 항공우주국(NASA)의 우주정거장 활용계획은 범위가 축소되었다. 생명과학 및 무중력 · 마이크로중력 분야의 기초 연구는 계속하되 장기간 우주여행에 대비하는 연구에 큰 비중을 두었다.

우주비행과 무중력 상태가 인간의 건강에 어떠한 영향을 미치는지 데이터도 수집하고 있다. 이전까지는 우주비행 전후에 비타민이나 미네랄, 호르몬 수준 같은 신체생리에 나타나는 변화만 측정했지만, 지금은 우주정거장에 영하 80도의 냉장고가 탑재되어 시간의 경과에 따른 생리학적 변화도 연구할 수 있다. 우주에 체류하면서 냉장고에 생체 표본을 저장하여 두었다가 지구로 귀환한 후 분석한다.

우주인들이 무중력 환경에서 체류할 때 뼈의 미네랄 밀도 소실은 큰 문제다. 뼈의 미네랄 밀도는 한 달 평균 1퍼센트의 비율로 감소하는데 이는 폐경 후 여성의 평균 감소율보다 열 배나 빠른 속도다. 한 연구에서는 우주정거장의 우주인들에게 다리와 발에 가해지는 힘을 측정하는 센서를 착용한 채로 일상활동을 하게 했는데, 실험 결과는 장래의 우주탐험 때 우주인들에게 나타날 골밀도 소실을 방지할 운동 프로그램과 장비를 개발하는 데 이용된다.

그 외에 우주정거장의 외부에 장착하는 데 이용하기 위해 수백 가지 물질의 내성과 파손 정도 등도 실험하고 있다. 우주 환경에서는 원자 상태의 산소, 반복되는 열과 냉기, 방사선 등에 노출되고 작은 운석과 충돌한다. 이에 잘 견디는 물질은 인공위성이나 장래의 우주탐사 장비에 이용될 것이다. 녹거나 굳고, 결정(結晶)으로 되는 변화 그리고 액체의 움직임도 연구한다. 무중력 상태에서는 이러한 과정이 지상과 다르게 나타나기 때문에 실험 결과는 물리학의 난제를 해결하고 여러 물질을 생산하는 데 도움을 줄 것이다.

우주정거장의 우주인은 지구를 넓게 조망하고 수백 장의 사진을 촬영한다. 유빙과 빙하, 높은 구름층, 밝게 빛나는 오로라, 스프라이트(폭풍우 위의 대기 높은 곳에서 번개처럼 번쩍이며 나타나는 빛) 등도 관찰한다. 도시의 불빛을 높은 해상도로 촬영하여 인간의 산업 활동이 생태계에 미치는 영향도 연구한다. 이러한 관찰은 지구에서 일어나는 장기적인 변화를 밝히는 데 도움을 줄 것이다.

사람이 할 일과 기계가 할 일

국제우주정거장에서 연구한 정보는 러시아의 미르 우주선에서도 11년 동안 연구해 수집할 수 있었습니다. 이제는 국제우주정거장에서 수행할 임무가 없을 것 같습니다. 그래서 저는 사람 대신에 로봇으로 우주탐사를 하는 것이 더 유용하지 않을까 생각하는데 맞습니까?

우주비행이 인간의 건강에 미치는 영향과 재료과학 분야는 국제우주정거장의 무중력 상태에서 아직 더 많은 연구가 필요하다. 그러나 필자가 앞에서 우주정거장에서 이루어지는 연구에 관해 서술한 내용은 인간 우주 프로그램을 의도한 것이 아니었다. 우주정거장에서 수행할 중요한 연구계획이 있느냐 하는 질문과 그 연구가 우주정거장을 건설하고 유지하는 비용에 합당한 가치가 있느냐 하는 질문은 전혀 다르다.

우주정거장을 건설하는 데 필요한 총비용은 1조 달러를 넘을 것으로 추정되며 미국과 러시아, 일본, 캐나다, 그리고 유럽의 여러 국가가 분담한다. NASA는 우주정거장에 매년 약 20억 달러를 지출하고 주로 우주정거장을 유지하기 위한 우주왕복선에도 40억 달러 정도를 지출한다.

유인 우주비행을 옹호하는 사람들은 인간이 탑승하고 탐사하는 우주비행이 대중의 관심을 높일 수 있다고 주장한다. 인간 우주비행 옹호자들은 정부가 우주 프로그램에 지출하는 것은 언제나 정치적 고려가 크게 작용하지만 궁극적으로는 과학이 인류에게 이익을 가져다준다고 주장한다. 그들은 NASA의 예산이 미국의 방위예산에 비교하면 규모가 아주 작다는 점을 생각해야 한다고 말한다.

유인 우주탐사를 지지할 때 내세우는 가장 중요한 주장은 데이터 수집과 관련하여 매우 중요한 결정을 내릴 때는 인간이 필요하다는 논리다. 예를 들어, 구소련의 무인 우주선이 세 차례에 걸쳐 달에서 암석 표본을 수집하여 지구로 귀환했지만, 확인한 결과 아폴로 우주인들이 수집한 표본이 훨씬 더 다양하고 1000배나 많은 물질로 구성되어 있었다.

유인 우주탐사를 반대하는 사람들은 목숨을 건 위험과 비용이 얻을 수 있는 이익보다 더 크다고 말한다. 그들은 유인 우주비행으로 중요한 과학적 지식을 얻었음을 부인하지 않는다. 하지만 태양계에 대한 우리의 지식이 로봇의 우주비행으로 혁명적으로 확대되고 있으며 기술발전에 따라 점차 더욱 효과적이고 효율적이라고 주장한다. 예를 들어, 과학자들은 '카시니-하위헌스' 로켓을 토성과 그 위성인 타이탄에 보내 지식을 축적하고 있으며, 화성탐사로봇 '스피릿과 오퍼튜니티'는 화성의 정보를 보내오고 있다. '카시니-하위헌스'와 '스피릿과 오퍼튜니티'의 탐사 비용은 각각 30억 달러와 10억 달러이다.

구기운동

농구경기에서 자유투를 던질 때, 어떤 선수는 아주 낮게 호를 그리며 던지고, 어떤 선수는 높은 호를 그리며 공을 던집니다. 또 어떤 선수는 백보드를 향해 던지길 좋아하죠. 그중에서 수학적 혹은 과학적 관점에서 어떤 전략이 가장 좋은지 증명된 것이 있습니까? 그리고 야구에서 타자가 어떤 각도로 공을 치면 가장 멀리 날릴 수 있습니까?

《스포츠 엔지니어링》에 게재된 〈농구 슈팅 전략〉 논문을 보면 백보드를 이용할 때 근접 슈팅이 성공할 가능성이 50퍼센트 높아진다고 한다(덩크슛을 할 정도로 키가 큰 선수는 예외이다). 공이 백보드를 맞고 튕겨나갈 때 에너지가 흡수되어 슈팅 에러를 보상하는 역할을 한다. 선수가 링에서 멀리 떨어져 슛을 던질수록 백보드가 주는 이익은 감소한다. 언더핸드 루프 슛과 비교했을 때 오버핸드 푸시 슛의 장점에 대해서는 아직 논란이 있다. 언더핸드 슛은 좀 더 안정되고 공에 회전을 더 많이 줄 수 있다. 오버핸드 슛은 후프와의 거리를 좁혀서 릴리스 속도를 줄일 수 있다.

공을 릴리스하는 가장 적절한 각도는 선수의 위치에 따라 다르다. 예를 들어, 〈농구 슈팅 전략〉에 보면, 골대로부터 6미터 떨어진 곳에서 3점 슛을 던질 때는 마루로부터 2.4미터 높이에서 48도(수평에서 위쪽으로)의 각도로 릴리스하는 것이 가장 적절하다고 씌어 있다.

야구에서 가장 적절한 타격 각도는 약 30가지 요소들을 고려해서 결정한다. 공과 방망이의 물리적 특성, 공의 회전과 속도 그리고 공이 날아오는 방향 등이다. 《미국 물리학회지》에 게재된 논문 〈홈런을 치는 방법〉에 의하면, 투수가 던진 공이 역회전을 준 패스트볼에서 회전이 없는 너클볼, 그리고 톱스핀을 준 커브볼로 변하면 방망이를 스윙할 때 가장 적절한 각도가 약 9도(수평에서 위쪽으로)에서 7도로 작아진다.

방망이로 공의 중심을 언더컷하는 방법도 공이 날아가는 거리를 최대로 하는 데 도움이 된다. 가장 적절한 언더컷은 2.5센티미터다. 빠른 볼보다 커브볼에는 약간 적게 언더컷할 필요가 있다. 언더컷은 공에 역회전을 준다. 공기역학적 부양력이 생기기 때문에 역회전을 받은 공은 그렇지 않은 공보다 더 멀리 날아간다. 그러나 회전이 없으면 더 빨리 날아갈 수 있다. 그러므로 적절한 배팅은 회전과 속도를 어떻게 적절히 배합하느냐에 달려 있다.

톱스핀을 주고 던진 커브볼은 역회전을 준 빠른 공보다 더 멀리 칠 수 있다. 처음 톱스핀된 공은 역회전보다 더 멀리 뻗어가기 때문이다. 그러나 타구가 날아가는 거리는 투구 유형별로 투구 속도에 따라 증가한다.

파라오의 비밀

학자들은 이집트인들이 어떤 방법으로 피라미드를 건축했다고 생각합니까?

이집트 학자들은 시신을 매장하는 방법이 단순한 구덩이에서 석실분묘(벽돌이나 돌로 만든 직사각형 구조물)로 발전하면서 피라미드가 지어졌을 것으로 생각한다. 이집트에서 최초로 알려진 조세르(고대 이집트 제3왕조의 파라오—옮긴이)의 계단식 피라미드는 석실분묘로 시작해서 그 위에 계속해서 작은 석실묘를 추가하는 방법으로 확대된 것으로 추정된다.

계단식 피라미드와 기자의 거대 피라미드 사이의 시기에 고대 이집트인은 시행착오를 거치면서 건축술을 보완했다. 예를 들어, 탑 형태의 메이둠 피라미드는 계단식 피라미드로 시작해서 전형적인 피라미드로 변해 가는 과정에 크게 무너져 내리는 사고가 발생했던 것으로 추정된다. 메이둠 붕괴는 굴절 피라미드 건축 과정에서 발생했다. 굴절 피라미드의 중간 부분부터 경사각이 완만하게 올라가고 이 시점부터 건축 기술도 변화된 이유가 이러한 사태로 설명된다. 그 시점까지는 피라미드 몸체의 돌들을 안쪽으로 경사지게 쌓았지만 그 이후의 피라미드에서는 좀 더 안정된 구조인 수평으로 돌을 쌓아올렸다.

기자의 거대 피라미드 건축은 기원전 2600년경에 시작되어 약 20년에 걸쳐 3만 명의 인력이 동원되었을 것으로 추정된다(그러나 학자들에 따라 크게 다르게 추정한다). 나일 강의 범람 시기에 농사를 짓지 못하는 농부들과 숙련된 기술자들이 함께 건축했을 것이다.

사용된 돌의 일부는 인근에서 채석되었지만 멀리 나일 강 상류에서 강의 범람 시기에 바지선에 실려 운반된 돌도 있었다. 고대 이집트인이 소유한 도구로는 지렛대, 도르래 그리고 청동제 톱 정도에 불과했을 것으로 생각된다. 계속 높아지는 피라미드에 놓인 경사로 위에서 물을 묻혀 매끄럽게 한 썰매를 이용해 돌을 끌어올렸을 것이다. 돌이 놓여 새로운 한 층이 완성되면 경사로의 높이뿐만 아니라 길이도 연장하여 경사로의 기울기를 유지했다.

기자 피라미드의 건축술은 놀라울 정도다. 예를 들어, 피라미드의 기초를 이루는 석회암은 그 높이 차이가 약 1.3센티미터를 넘지 않을 정도로 완벽하다. 그와 같은 정확성은 나일 강의 범람을 이용한 것으로 생각되는데, 범람하면 높이 튀어나온 부분만 노출시킨다. 물이 빠지면 그 부위를 깎아내고, 기초가 수평을 이룰 때까지 이런 과정을 반복했다.

기자의 피라미드들은 많은 수수께끼를 품고 있다. 대각선으로 자리 잡고 있는 네 개의 '통풍 갱도'를 만든 목적도 그중 한 가지다. 그와 같은 갱도는 공포의 소재가 되었는데, 그 이전이나 이후의 피라미드에서는 볼 수 없는 구조다.

세상에서 가장 무거운 건축물

전 세계에 기자의 거대 피라미드 무게보다 더 무거운 건축물이 있을까요?

현대 건축물의 무게는 이집트 기자의 거대 피라미드의 상대가 되지 않는다. 사실 더 좋은 재질과 설계를 이용해 더 높은 건축물을 세울 수 있지만 무게만큼은 피라미드를 따를 수 없다. 예를 들어 시카고의 윌리스 타워(시어스 타워의 바뀐 이름)는 22만3000톤으로, 그보다 40년 전에 지어진 뉴욕의 엠파이어스테이트 빌딩보다 높이는 70미터 더 높지만 무게는 14만2000톤이나 작다.

현대 건물의 설계는 보통 내부공간을 최대로 하기 때문에 건물 내부의 95퍼센트가 공기로 차 있다. 한편, 기자의 거대 피라미드는 두 개의 작은 묘실을 제외하면 대부분 단단한 돌로 되어 있다. 피라미드를 연구한 학자들은 그 무게를 600만 톤으로 추정한다.

그러나 기네스 세계기록에 의하면 실제로 가장 큰 피라미드는 멕시코 촐룰라의 케찰코아틀 피라미드다. 그 부피는 329만 세제곱미터로, 기자의 거대 피라미드 250만 세제곱미터보다 훨씬 크다. 케찰코아틀 피라미드의 무게를 추정한 연구는 없지만, 그 부피와 건축재료인 벽돌의 밀도를 이용해 추정한 결과 기자 거대 피라미드(화강암과 현무암, 그리고 석회암으로 만들어졌다)의 무게보다 약간 가벼운 것으로 나타났다. 그래서 기자의 피라미드가 세계에서 가장 무거운 건축물이다.

새어나가는 대기전력

어느 날 밤 거실의 불을 끄자 작은 불빛들이 아주 많이 보였습니다. 시계라디오, 방범장치, 가전기기, 컴퓨터, 순간고압방지기 등이 있는데 세어보니 빛을 내는 LED가 50개 가량 되었어요. 이것들을 하루 24시간 내내 작동한다면 1년에 얼마나 많은 에너지를 사용하는 것일까요?

어떤 전기기구의 에너지 사용량은 소비전력에 이용시간을 곱한 값이다. LED(발광소자)가 소비하는 전력량은 보통 1와트 이하에서 수 와트까지 다양하며, LED가 위치한 전기회로 내의 다른 요소들에 의해 결정된다. 가정용 LED는 1개당 0.5와트 정도다. 그러므로 50개의 LED를 이용한다면 LED 1개당 0.5와트 및 하루 24시간, 365일을 곱한다. 이렇게 계산하면 219kWh이다.

꼬이는 전기코드

전기코드 중에서 어떤 것은(특히 팬에 이용되는 코드) 시간이 지나면 꼬이고 어떤 것은 그렇지 않은데 그 이유는 무엇인가요?

가전기구의 코드는 고무나 플라스틱으로 만든 피막으로 싸여 있으며, 그중 어떤 것은 다른 것보다 내구성이 떨어지고 값도 싸다. 고무와 플라스틱은 긴 사슬처럼 생긴 중합체라는 분자로 구성되어 있다. 이러한 사슬들 사이에는 여러 개가 연결되어 있어 서로 미끄러져 나가지 못하게 방지한다. 이러한 연결의 수와 사슬의 길이에 따라 재질 특유의 내구성과 유연성이 결정된다.

시간이 지나면서 압력(구부림), 햇빛에 노출, 온도 변화, 그리고 특정 화학물질에 노출되어 중합체 분자들이 변형되거나 서로 얽히면서 코드가 비틀어지거나 딱딱하게 된다.

전기의 동시성

전선을 통해 공급되는 전기에너지는 경제에서 중요한 기능을 했습니다. 교류는 3상 발전기에서 생산되고 먼 거리까지 송전하기 위해 단계적으로 전압을 높이고, 여러 개의 발전기가 동시성으로 전력을 생산하여 상을 일치시키는 것으로 알고 있습니다. 현재는 풍력이나 태양력을 이용하여 생산한 전기도 우리의 전력망 내에 들어옵니다. 이와 같은 대체에너지를 어떻게 생산하고 또 기존의 전력망에서 이용하는지 알고 싶어요.

미국 전력의 대부분을 생산하는 증기 터빈은 교류를 만들어내는데 이것은 매초 여러 차례 방향을 바꾸는 전류다. 증기 터빈의 대부분은 화석연료, 특히 석탄(전력 생산의 약 50%), 천연가스(20% 이상)를 태워서 나오는, 혹은 핵분열(약 20%) 과정에서 생기는 열로 작동된다. 목재나 쓰레기를 태워서도 증기를 만들며 지열이나 태양열도 이용된다.

물의 흐름 혹은 낙차를 이용하여 터빈을 돌려 전기를 생산하는 수력은 미국 전기의 약 6퍼센트를 담당하며, 바람(풍력)은 적은 비중이지만

(1%) 점차 에너지원으로 각광받고 있다. 다양한 다른 입력에 대응해 출력을 일정하게 유지하기 위해 기어를 이용하기도 한다. 그 외에 풍력 발전기 등 다양한 속도의 터빈들은 인버터라는 변환 장치를 이용해 전력망에 연결된다.

터빈은 교류 전력을 생산하지만 태양광전지는 직류(한 방향으로만 전류가 흐른다)를 만들어내므로 인버터를 이용해 직류를 교류로 변환한다. 시스템을 전력망에 연결하기 위해서는 인버터도 전력망의 교류 주기에 일치시켜야 한다. 기본적인 인버터는 입력되는 직류를 두 개의 스위치를 이용해 변환기의 서로 반대쪽으로 보내주는 구조다. 변환기의 스위치가 빠르게 켜지고 꺼짐을 반복함에 따라 직류가 교류로 변환된다.

분산되어 전력을 생산하는 경우에도(예를 들어, 개별적인 태양광전지 시스템에서 남는 전력을 전력망으로 돌려보낼 때) 인버터가 안전에 중요한 역할을 한다. 전력망 내에서 전력이 차단되면 인버터가 '고립모드'로 전환해서 전력망 내로 전력이 들어가지 않게 한다. 이와 같은 체계가 있어 전력배송선 기사들이 전력망을 보수할 때 안전하다.

기존의 전력망은 중앙집중식 전력생산 체계로 설계되었기 때문에 대규모로 분산된 곳에서 생산되는 전력을 통합하지 못한다. 이러한 통합을 촉진하기 위해 미국 에너지부는 최근 태양에너지전력망통합체계(SEGIS) 연구를 시작하였다. 분산된 태양광 발전 체계들과 사용처 사이의 커뮤니케이션을 강화하는 지능형 통제시스템을 개발하여 에너지관리를 향상하려는 목적이다.

스노체인

캘리포니아에서는 자동차가 눈길을 운행할 때 스노체인을 의무적으로 장착하도록 되어 있습니다. 그러나 뉴잉글랜드에서는 이미 25년 전에 스노체인 사용을 중단했는데, 그 이유는 무엇인지요?

체인은 마찰력을 강화하지만 도로를 손상시키기 때문에 사용을 금지하는 주도 있으나 캘리포니아 주는 사용을 의무화하였다. 캘리포니아에서 체인을 사용하는 이유는 세 가지다. 첫째, 캘리포니아 주민은 보통 미국 북부나 캐나다에서 생활한 사람들보다 눈길 운전의 경험이 적다. 둘째, 캘리포니아 주민은 대부분이 겨울에 대비하여 자동차에 스노타이어를 준비하지 않는다. 셋째, 캘리포니아 지역은 산악지형이 많아 예상 못한 기후변화 및 급경사, 경험부족, 그리고 부실한 타이어 등이 합쳐지면 재난을 부를 수 있기 때문이다.

말이 끄는 힘

1마력 엔진이 실제 말 한 마리의 힘과 어떻게 관련되는지요. 실제로 말의 힘을 측정한 것인지 아니면 단순히 이름만 차용한 것인지요? 마력이라는 용어를 이용하기 전에 증기엔진이 있었습니까? 만약 그렇다면 그와 같은 초기 엔진의 힘을 어떻게 정의했을까요?

통상 1700년대 말 제임스 와트가 자신의 새로운 증기엔진을 판매하기 위해 마력(馬力)이라는 용어를 도입한 것으로 생각한다. 하지만 와트가 증기엔진을 발명하지 않은 것과 마찬가지로(그의 회전형 증기엔진은 그 이전의 펌프형 증기엔진을 토대로 했다), 최초로 엔진의 힘을 말의 힘에 비교한 사람도 아니다. 그보다 거의 1세기 전 상업적 이용 직전까지 갔던 최초의 증기엔진을 발명한 토머스 세이버리도 대체할 수 있는 말의 수로 엔진 힘을 나타냈다.

세이버리와 와트 사이의 시대에 여러 엔진제작자들이 각자 다르게 말 한 마리의 힘을 정의했다. 와트는 말 한 마리가 할 수 있는 일의 양을 1분 동안 3만3000피트파운드(피트파운드는 1파운드의 힘을 가하여 1피트의 거리를 이동시키는 일—옮긴이)로 추정했는데 그 이후 이것이 말 한 마리의 힘에 대한 정의로 받아들였다. 현재는 마력이 와트 단위로도 측정되어 1마력은 746와트에 해당한다.

와트가 마력에 대한 자신의 정의를 어떻게 이끌어냈는지는 자료에 따라 다르다. 어떤 자료는 짐수레의 말 한 마리가 물레방아 바퀴를 얼마나 빠르게 돌릴 수 있는지에 근거했다고 주장한다. 또 다른 자료는 탄광에서 석탄수레를 끄는 조랑말의 힘을 토대로 했지만, 조랑말이 아닌 말의 힘으로 추정하기 위해 50퍼센트 높였다고 한다. 그 외에도 와트가 말의 힘을 토대로 했지만, 의도적으로 말의 힘을 50퍼센트 과대평가했기 때문에 자신의 엔진이 대체할 수 있는 말의 수를 부풀렸다는 비난을 해서는 안 된다는 주장도 있다.

짐끌기 경연에 참가한 짐수레 말들은 몇 초 동안 거의 15마력에 달하는 최고 힘을 내었다. 평균적인 말들은 장시간 1마력의 힘으로 계속 일할 수 없지만 일부 짐수레 말들은 몇 시간 동안 1마력을 유지하기도 했다.

마력의 정의는 200년 전부터 표준화되었지만, 엔진의 힘을 측정하는 방법은 계속 변했다. 예를 들어, 1970년대 이전 미국 자동차제작사들은 엔진의 전체 힘(벨트로 기동되는 부속장치가 없는 상태에서 엔진 크랭크축의 힘)으로 측정하고 광고했다. 그 이후 자동차제작사들은 엔진의 힘을 소모 부속장치들로 인한 출력 손실을 제외한 나머지 출력을 마력으로 표시했다.

인간의 절친

애견가들이 래브라도와 푸들을 교배해서 새로운 종 '래브라두들'을 만들었다는 소식을 들었습니다. 이것은 몇 세대나 지나야 진짜 종, 즉 래브라두들끼리 교미하여 래브라두들을 생산하는 종으로 인정받을까요?

래브라두들을 어떤 특성(털의 색깔과 질감, 키, 뼈구조)으로 정의하고, 각각의 특성에 어느 정도의 변이를 허용하느냐에 따라 결정된다.

부모라면 누구나 유전이 얼마나 놀라운 것인지 알 것이다. 예를 들어, 부모 모두 갈색 눈이라도 푸른 눈의 아기가 태어날 수 있다. 갈색 눈 유전자는 우성이기 때문에 부모 중 어느 한쪽으로부터 갈색 눈 유전자를 물려받으면 갈색 눈을 갖지만, 푸른 색 눈은 열성이어서 부모가 모두 푸른 색 눈의 유전자를 아기에게 전달해야 된다.

개를 교배시키는 사람들은 열성형질을 선택하기가 더 쉽다. 어떤 개가 그 형질을 가졌다면 그 형질의 유전자를 전달할 수 있기 때문이다. 그러나 개가 우성형질을 가졌다면 그 형질에 대한 두 개의 우성 유전자를 가졌을 수 있지만 우성 유전자 하나, 열성 유전자 하나를 가졌을 수도 있다. 후자는 두 개의 열성 유전자, 즉 열성형질을 가진 자손이 태어날 수 있다. 열성 유전자를 가진 부모를 줄이고 유전자 공급원(유전자 풀)에서 제거하기 위해서는 많은 세대에 걸친 교차교배가 필요하다.

실제 유전학은 이보다 훨씬 더 복잡하다. 대부분 한 형질에 대해 두

개 이상의 유전자가 관여하기 때문이다. 그리고 어떤 유전자의 활성화를 다른 유전자가 조절할 수도 있다. 예를 들어, 개 털가죽의 구체적 색깔과 질감에는 많은 유전자가 상호작용한다.

보스턴테리어와 블랙러시안테리어, 그리고 골든리트리버가 등장한 때는 1850년대지만(믿을 만한 역사적 자료에 근거했을 때), 진정한 종으로 인정받기까지는 25년 이상이 걸렸다. 근교배 번식으로 그 과정을 단축할 수 있다. 유전적으로 관련된 개끼리 교배시키면 유전자 공급원에서 변이의 양은 줄어든다. 그러나 근교배가 너무 잦으면 유전자 결함이 발생할 수도 있다. 면역 저하나 암 발생 위험 증가 등이다.

래브라두들은 1970년대 혹은 1980년대에 호주에서 알레르기가 적은 맹인 안내견을 찾는 과정에서 개발되었다. 미국 컨넬클럽과 같은 저명한 등록센터에서는 래브라두들을 하나의 종으로 인정하지 않는다. 현재 래브라두들 종의 표준은 너무 광범위하다. 예를 들어, 털가죽 질감에 세 범주가 있어 비교적 얄팍한 래브라도 같은 털가죽에서부터 복슬복슬한 푸들 모양의 털가죽까지 다양하다.

하늘을 날다

라이트 형제가 비행기 엔진을 직접 만들어 세계 최초로 비행에 성공했지만 아무도 그들이 엔진을 어떻게 만들고 또 작동시켰는지 알지 못한다고 들었습니다. 당시에는 피스톤 구멍과 같은 여러 장치를 만들 도구가 없었을 텐데 어떻게 발명했을까요?

1903년 실제로 비행한 세계 최초의 동력 비행기로 알려진 라이트 비행기의 엔진은 라이트 형제의 자전거가게에서 일하던 찰스 테일러라는 뛰어난 기계공이 제작했다. 그 엔진은 네 개의 실린더를 가진 내연 엔진으로 약 77킬로그램에 12마력이었다.

테일러는 엔진에 필요한 일부 부품은 직접 구입했다. 점화스위치는 지역의 철물점에서 구했고 주형을 만들어 주조해야 할 부품은 주물공장에 주문했다. 나머지는 라이트 자전거가게의 공구를 이용했다. 예를 들어, 가게의 선반을 이용해서 피스톤의 구멍을 뚫었다. 라이트 형제가 비행기계를 만들지 않을 때는 고객의 자전거를 만들었기 때문에 가게에서 금속작업이 가능했다.

테일러는 6주 만에 엔진을 제작했다. 그러나 그가 내연엔진을 발명한 것은 아니다. 내연엔진은 이미 40년 전부터 사용되었으며, 라이트 형제가 비행기를 만들 때는 이미 자동차에 사용되고 있었다. 라이트는 10여 곳의 자동차회사에 편지를 보냈지만 비행기에 이용할 정도로 가볍고 강력한 엔진을 찾을 수 없었다.

그 엔진은 오늘날의 기준으로 보면 매우 단순하다. 날개에 장착된 연료통에서 중력을 이용해 엔진 속으로 휘발유를 넣었다. 기화기나 점화플러그도 없었고 엔진이 자주 멎었다.

치열한 경쟁 끝에 라이트 비행기가 가장 먼저 하늘을 날았다. 새뮤얼 랭글리가 제작한 '에어로드롬' 은 좀 더 강력한 엔진을 장착했지만 실패했다. 라이트 형제는 비행기를 설계할 때 매우 과학적으로 접근했다. 당시에 하늘을 날겠다는 큰 야심을 가졌던 다른 비행사들과는 달리 라이트 형제는 비행기의 피치(상하운동)와 요(좌우운동), 그리고 롤링(비행기의 장축 주위로 회전)을 조절하는 것이 중요하다고 생각했다. 그들은 1899년부터 여러 글라이더를 제작하여 테스트하며 변화를 줄 때마다 나타나는 영향을 주의 깊게 파악했다. 바람을 일으키는 풍동(風洞)까지 제작하여 여러 유형의 날개 축소 모델을 테스트했다.

글라이더는 여러 차례 충돌 실험을 거치면서 점차 향상되어 마침내 모터를 장착할 수준이 되었다. 그리고 테일러의 모터는 라이트 형제가 역사를 만드는 길을 열어주었다.

수평을 측정하다

목수가 사용하는 수평기는 공기방울이 가운데 위치합니다. 그렇지만 지구는 둥근 모양인데 어떻게 수평이 가능하죠?

공기방울이 중간에 위치하면 수평계가 그 지점에서 지구의 접선에 평행한 상태다. 접선은 구(공 형태)와 단 한 점에서 만나는 직선이다. 접선은 그 지점에서 구의 반지름에 수직이다.

지구가 표면이 고르지 않은 구 형태라면 접선이 땅과 항상 평행을 이루지는 않는다. 비탈진 언덕에서는 중력이 당기는 힘이 지구 중심을 향하기 때문에 수평계는 지구 중심을 향하는 직선에 수직방향으로 놓이게 된다.

고대 로마의 건축물

고대 로마인은 매우 불편한 숫자 체계로 어떻게 거대한 건축물을 설계하고 건축할 수 있었지요?

로마의 건축술은 그리스인의 건축 디자인과 방법론을 차용했다. 하지만 로마인들은 건축의 표준 기법으로 콘크리트를 채택했는데 이것은 건축술에 혁명을 가져왔다. 콘크리트를 이용함으로써 디자인을 훨씬 더 자유롭게 할 수 있었다. 원하는 형태로 쏟아부어 만들고 먼 거리까지 걸칠 수 있을 정도로 단단하기 때문이다.

200년 전까지만 해도 건물은 그 이전의 경험을 토대로 구조를 설계하고 건축했다. 어떤 개념을 시도해보고 그것이 제대로 작동하면 그 개념은 여러 세대에 걸쳐 변형되어 채택되었다. 재난 수준의 실패도 흔히 발생했지만, 건축가와 공학자들은 이러한 실패에서 교훈을 얻어 설계를 수정했다.

로마인들은 건물을 설계할 때 수학, 특히 기하학과 비례체계를 이용했다. 그러나 건축 재질의 역학적 특성을 고려하고 건물 구조에 작용하는 하중을 계산할 때 수학이 이용된 것은 그보다 훨씬 뒤의 일이다. 이러한 계산에 필요한 수학적 방법인 미적분학은 17세기에 와서야 개발되었다.

로마인들이 건물을 설계할 때 좀 더 정교한 수학의 필요성을 느꼈다면, 아마 그들의 숫자체계로는 어려움이 많았을 것이다. 하지만 로마숫자를 이용하여 얻는 일생 동안의 경험이 있기에 오늘날 우리가 생각하는 것만큼 불편하지는 않았던 것으로 생각된다.

2

화학물질의 음과 양

접착제의 작용 원리

한 과학 TV에서 접착제의 작용 원리를 아직 확실히 알지 못한다는 말을 들었는데 이것이 사실입니까? 접착제가 들러붙는 원리와 이런 특성이 접착제의 유형에 따라 다른지 아니면 모든 접착제에 공통되는 원리가 있는지 알고 싶어요.

우리는 액상이나 젤리형 접착제뿐만 아니라 접착테이프, 포스트잇, 순간접착제, 막대형 접착제 등 여러 형태의 접착제를 당연하게 사용하지만, 이러한 화학물질에 대해서는 아직도 연구가 활발히 진행 중이다. 접착력을 높이거나 새로운 목적에 응용하기 위해서는 접착성의 원리를 이해하는 것이 중요하다.

아직도 '아교'를 접착제와 같은 말로 사용하는 사람들이 많다. 하지만 아교는 천연 재료를 이용해 만든 것으로, 합성 재료로 만든 접착제보다 훨씬 오래되었다. 고고학자들의 연구에 의하면, 기원전 4000년경의 고대 문명에서도 나무의 수액과 같은 재료를 사용해서 깨진 질그릇을 붙이는 등 접착성 물질을 사용했다고 한다. 오래전부터 밀랍과 타르는 선박에 생긴 간극을 메우는 데 사용되었으며, 수세기 동안 생선이나 동물 껍질, 그리고 발굽 등으로 다양한 접착제를 만들어 사용했다.

엘머 접착제와 같은 종류는 수분이 증발하면서 접착력이 생긴다. 접착제에 포함된 수분이 증발하면 물체의 간극에 스며들어 있는 폴리비닐아세트산 라텍스가 결합을 형성하며 접착력이 생긴다.

순간접착제 혹은 강력접착제는 시아노아크릴레이트라는 화학물질이 주성분이다. 수분이 있으면 이 화학물질 분자들이 서로 연결되어 강력한 플라스틱 그물망을 만든다. 이러한 강력접착제는 매우 다양한 물체에 사용되는데 대부분의 물체 표면에는 미량이나마 수분이 있기 때문이다.

포스트잇은 종이 뒷면에 얇고 울퉁불퉁하게 층을 이룬 미세한 방울들이 접착력을 가지고 있어 쉽게 떼어내고 다시 붙일 수 있다. 이러한 작은 방울들은 표면에 붙어 있지만 방울들 사이에 서로 붙지 않은 공간이 남아 있다. 포스트잇의 접착 표면을 전자현미경으로 확대해보면 조약돌이 깔린 모양이지만 일반 접착테이프는 편평하고 균질한 표면이다.

현재 다양한 합성 접착제가 생산되고 있지만 아직 자연에서 배울 것이 많다. 최근에 미끄러운 벽을 뛰어 올라갈 수 있을 정도로 놀라운 접착력을 가진 도마뱀붙이가 우리에게 자연적 접착력에 관해 많은 영감을 주었다. 도마뱀붙이 각각의 발에는 가시 모양의 미세한 털이 약 50만 개씩 나 있고, 이러한 가시 끝에는 압설기라는 패드가 약 1000개씩 달려 있다.

도바뱀붙이 발에 나 있는 가시 끝의 압설기 내 분자와 기어오르는 벽 표면 분자 주위의 전하에 불균형이 있어 분자들이 서로 당긴다. 이러한 상호작용은 반데르발스 힘으로 알려져 있으며 전자가 움직이기 때문에 발생한다. 어떤 경우든 분자의 한쪽 끝에 전자가 더 많이 있으면 그 부위에 일시적으로 음의 전하가 생기고 반대쪽 끝에는 양의 전하가 생긴다. 이와 같이 서로 다른 전하를 갖게 되면 이웃한 분자들끼리 전자가 이동하고 따라서 동시성으로 전하가 계속 바뀌고, 많은 수의 분자들에 걸쳐 서로 당기는 힘이 유지된다. 도마뱀붙이 각각의 발에 있는 수백만 개의 압설기에서 생기는 반데르발스 힘이 합쳐져서 강력한 접착력이 생긴다.

학자들은 이러한 사실에 착안하여 도마뱀붙이의 압설기와 비슷한 '나노 융기'를 가진 강력한 접착력 물질을 개발하였다. 이러한 물질을 대량 생산한다면 재사용할 수 있고 수중에서도 사용 가능한 접착테이프를 만들 수 있다.

접착제의 접착력

엘머 접착제 같은 액상 접착제는 고체 접착제보다 접착력이 더 강한데 그 이유는 무엇입니까?

만능 액상 접착제에는 물이 혼합되어 있기 때문에 접착제가 물체 표면의 작은 간극으로 스며들 수 있다. 수분이 증발하면 접착성 분자만 남아서 표면 전체에 많은 접착 고정 부위들이 생긴다. 반면 고체 접착제는 작은 구멍들 위로 미끄러지면서 부딪치는 부위에 접착제가 붙기 때문에 표면의 접착 고정 부위가 더 적다.

액상 접착제와 고체 접착제의 접착성 분자들은 다르지만, 비슷한 방식으로 접착력을 나타낸다(이에 비해 강력 혹은 순간접착제는 수분과 화학적으로 반응하여 분자들이 서로 빽빽하게 얽힌 그물망을 형성한다). 그러나 고체 접착제를 굳히고 물체 표면 위를 잘 미끄러지게 하는 성분은 접착력을 약하게 만든다.

검은 황금

원유에서 휘발유와 등유 등의 석유 제품을 얻는 과정을 설명해주세요. 그리고 옥수수에서 휘발유를 얻을 수 있습니까?

유정에서 뽑아올린 원유는 수소와 탄소 원자로 구성된 탄화수소 분자의 복잡한 혼합물이다. 정유공장에서는 이러한 혼합물을 가치 있는 상품으로 만들기 위해 증류하여 각기 다른 크기의 탄화수소로 분리한다.

원유를 분별증류관에서 540도 이상으로 가열하는데, 이 관은 80미터 높이의 거대한 건물로 각기 다른 높이에 수집용기들이 연결되어 있다. 가열된 탄화수소가 증기로 되어 분별관을 타고 올라가면 식으면서 수집용기로 들어가 응결된다. 큰 분자의 탄화수소는 분별관의 아래쪽에 위치한 수집용기에 농축되고 작은 분자의 탄화수소는 높은 곳의 수집용기로 들어간다.

메탄, 에탄, 프로판, 그리고 부탄(각각 탄소원자의 수가 1개, 2개, 3개, 4개)이 분별증류관의 꼭대기에서부터 차례대로 수집된다. 이렇게 정유된 석유를 용기에 담아 판매하는데, 이들은 냄새가 없기 때문에 안전을 위하여 황화합물을 첨가하여 냄새를 만든다.

분별증류관의 더 낮은 곳의 용기에는 휘발유, 등유, 경유(디젤 연료 및 난방용 기름으로 이용된다) 그리고 중유가 응결된다. 분자가 커서 끓지 않는 탄화수소는 낮은 압력에서 다시 증류하여 왁스, 타르 등으로 분리한다.

그 이후의 정유 과정은 소비자의 수요에 따라 다르다. 만일 원유에서 휘발유를 더 많이 얻으려면 작은 탄화수소를 연결하여 긴 분자의 탄화수소로 변화시키고, 큰 탄화수소들은 작은 것들로 나눌 수도 있다.

우리가 주유소에서 자동차에 주입하는 휘발유에는 연비를 높이고 좀 더 깨끗하게 연소되도록 하기 위해 200여 가지의 화학물질을 혼합한 것이다. 예를 들면 연료의 옥탄가를 높이기 위해 길이와 구조가 다른 탄화수소를 첨가하는데, 이것은 휘발유가 점화플러그의 불꽃 대신 압축에 의해 저절로 폭발하는 '노킹' 현상을 줄이기 위한 것이다. 노킹을 줄이기 위해 과거에는 4에틸납을 휘발유에 첨가했지만, 건강과 환경에 유해하다고 알려져서 메틸 T-부틸 에테르(MTBE)로 대체되었다. 그리고 현재는 MTBE도 건강에 좋지 않아 에탄올을 주로 사용한다.

에탄올은 옥수수에 들어 있는 녹말이나 당분을 이용해 만든다. 방법은 집에서 술을 만드는 과정과 같은데, 곡물을 갈아서 발효한 다음 증류한다. 대부분의 자동차 엔진은 휘발유에 에탄올을 10퍼센트까지 섞은 것이며, '바이오연료 겸용' 자동차는 에탄올을 85퍼센트까지 넣을 수 있다.

자동차 연료

자동차에 넣는 연료도 엔진 성능과 연비를 생각해 상품을 골라서 넣는 것이 좋습니까?

휘발유 공급자는 공급 파이프라인을 공동으로 사용하며, 휘발유는 같은 파이프 터미널에서 도매업자들의 저장탱크로 들어간다. 그러므로 휘발유 자체는 동일하다. 유일한 차이는 소매점, 즉 주유소의 탱크에 넣기 위해 운반 차량에 싣기 전에 첨가하는 물질들이다. 휘발유 제품 판매사는 자신들이 엔진과 공급 파이프의 부식이나 찌꺼기 생성을 줄이기 위해 양질의 첨가제를 더 많이 사용한다고 광고한다.

그러나 미국석유연구소에 의하면 휘발유 상품들의 우수성을 비교한 연구는 없다고 말한다. 그리고 1995년 이후 미국 환경보호국은 휘발유에 세제 첨가를 의무화하고 세제의 엔진 찌꺼기 처리력에 대한 기준을 설정하였다. 찌꺼기를 제거하면 연비가 높아지고 배기가스 속의 오염물질을 감소시킬 수 있다.

미국에서 공기청정법이 시행된 이후 휘발유 성분은 크게 변화했는데 유연휘발유의 퇴출이 가장 중요하다. 그리고 미국 질병통제센터의 보고에 의하면, 유연휘발유의 사용이 최고에 달했을 때부터 사용이 완전히 중단될 때까지 15년 동안 인체의 혈중 납 수치는 크게 감소했다.

그 이후 오염이 심한 도시에서는 연소율을 높이기 위해 산소를 많이 함유한 휘발유가 도입되었다. 산화제를 이용해서 휘발유의 산소 성분을 늘렸다. 처음에는 MTBE가 이용되었지만 건강과 환경에 유해하기 때문에 에탄올로 대체되었다. 성분조정 휘발유에는 발암물질인 벤젠을 비롯한 여러 오염물질이 적게 포함되어 있다. 연료의 성분조정 내용은 석유회사가 자체적으로 정하는 것이 아니라 연방 및 지역의 법규로 정해져 있다.

오염물질의 감소는 연료 성분조정만으로 가능한 것이 아니다. 자동차의 오염물질 배출에 대해 10여 년간 연구하여 《환경과학기술학회지》에 발표한 논문에 의하면 자동차배기시스템의 개량이 세 가지 오염물질(일산화탄소, 산화질소, 탄화수소) 감소의 가장 중요한 요인이었다. 연료 성분조정을 의무화한 도시와 그렇지 않은 도시에서 오염물질의 배출이 거의 비슷한 정도로 개선된 것으로 나타났다.

연료는 제품별 성분 차이가 거의 없기 때문에 석유회사들은 친환경을 내세우며 소비자의 관심을 끌려고 한다.

자동차의 대체연료

화석연료가 고갈될 때를 대비하여 세계는 어떤 대체연료를 연구 혹은 개발하고 있나요?

바이오연료(유기물질에서 얻는 연료)는 오늘날의 화두이며, 그중 가장 흔히 거론되는 두 가지 바이오연료는 바이오에탄올과 바이오디젤이다. 바이오에탄올은 녹말이나 당분이 많은 곡류를 이용해 술을 제조하는 과정과 동일한 방법으로 만드는데, 효모가 당분을 에탄올로 발효시키고 이를 증류하여 물을 제거한다. 바이오디젤은 식물성 기름이나 동물성 지방을 이용해서 만든다.

미국은 현재 옥수수로 만든 에탄올 생산을 크게 늘리고 있지만 수입석유를 대체하지는 못한다. 옥수수가 식용에서 연료로 전환되는 양이 늘어나자 옥수수 가격은 이미 크게 올랐다. 옥수수는 재배하기 어려운 작물이며 비료와 살충제를 많이 사용해야 한다. 일부 비관적인 추계에 따르면, 옥수수를 재배하는 데 필요한 에너지는 옥수수를 에탄올로 바꿔서 얻는 에너지와 거의 비슷하다고 한다.

한편 최근 셀룰로오스에서 에탄올을 얻는 기술개발에 많은 투자가 이루어지고 있다. 셀룰로오스는 길게 연결된 당류로 구성되며 식물 구조에 중요한 성분이다. 셀룰로오스를 당류 성분으로 분해하는 효과적인 방법이 개발된다면 밀짚이나 곡류 폐기물, 나무토막뿐만 아니라 버려지는 골판지나 종이로도 에탄올을 만들 수 있다.

수소 또한 자동차 대체에너지원이 될 수 있다. 수소를 직접 태우거나 연료전지를 이용해 전기로 바꿀 수 있다. 수소자동차 시제품은 이미 만들었지만 아직 더 많은 보완이 필요하며, 대부분 자연 가스에서 추출한 수소를 연료로 이용한다. 물을 분해해도 수소를 얻을 수 있는데 이때는 많은 에너지가 소모된다. 수소의 보관과 운송도 수소자동차를 실용화하기 위해서는 해결해야 할 과제다.

전기자동차는 성능이 꾸준히 좋아지고 있다. 전기자동차를 널리 상용화하는 데 가장 큰 어려움은 오래 가고, 반복적으로 충전 가능하며, 가격이 크게 비싸지 않은 배터리를 개발하는 것이다. 최근 많이 판매되는 하이브리드 자동차는 배터리의 한계를 극복하기 위해 휘발유와 전기를 함께 사용한다. 그리고 브레이크를 작동할 때는 하이브리드 자동차 내부의 전기모터가 발전기로 작동해서 배터리를 재충전한다.

수소와 배터리는 본질적으로 자동차를 움직이는 데 사용할 에너지를 다른 형태로 저장하는 방법이다. 이 외에도 에너지를 저장하는 다른 방법도 있다. 예를 들어, 에너지를 사용하여 압축공기 자동차의 압력탱크에 공기를 채울 수도 있다. 공기가 팽창하면서 자동차 엔진의 피스톤을 움직인다. 이러한 자동차의 배기가스는 깨끗하다. 하지만 물론, 실제 배기가스는 압축공기를 만들기 위해 사용되는 에너지에 따라 결정된다. 압축공기 자동차의 개념적 형태는 이미 개발되었지만 시장에 등장하기까지는 아직 많은 연구가 필요하다. 가장 큰 문제는 압력탱크 하나만으로 의미 있는 거리를 운행하는 것이다.

옥수수보다 당이 더 많이 함유된 사탕수수

사탕수수로 에탄올을 만드는 것이 옥수수로 만드는 것보다 5~10배 정도 더 효율적이라는 말을 들었습니다. 그렇다면 왜 이 방법을 널리 보급하지 않는 걸까요?

브라질에서 사탕수수로 에탄올을 생산하면 미국에서 옥수수로 에탄올을 생산하는 것보다 (투입된 화석연료에 대비한 에너지 생산 비율이) 일곱 배 정도 더 효율적이다. 그러나 단지 이러한 한 가지 수치만으로 두 기술을 비교할 수는 없다.

브라질의 사탕수수 에탄올 프로그램은 30년 전의 석유위기 때부터 시작되었다. 정부는 휘발유에 에탄올을 의무적으로 일정 비율 혼합하는 제도를 시행하고, 휘발유에 부과하는 세금을 토대로 기금을 조성하여 에탄올 생산에 보조금을 지급했다. 현재 브라질은 세계에서 에탄올을 가장 많이 수출하는 국가이며 브라질의 에탄올은 국제 시장에서 휘발유와 경쟁하고 있다.

사탕수수는 따뜻한 기후에서 잘 자라며 미국에서는 플로리다, 루이지애나, 하와이, 텍사스에서 많이 생산된다. 미국의 온대기후 지역에서는 사탕무도 재배한다. 현재 미국에서는 에탄올을 만들기 위해 이러한 작물의 당분을 발효하지 않는다.

미국에서 생산된 모든 당분은 식용이며 그중 20퍼센트 정도는 수출한다. 평균적으로 미국인 한 사람이 매년 20킬로그램 정도의 정제 설탕을 먹고, 옥수수를 재료로 만든 당분을 또 그만큼 먹는다. 그리고 여기에 벌꿀이나 시럽도 약 500그램 정도 추가된다. 매년 미국인 한 명이 이러한 모든 당분을 소비하는 양은 에탄올 약 30리터에 이른다. 미국에서는 당분의 가격이 비싸기 때문에, 농무부의 데이터를 기준으로 할 때 당분으로 만드는 에탄올은 옥수수에서 만드는 에탄올과 가격 경쟁이 되지 않는다.

브라질은 사탕수수를 재배하기에 이상적인 기후조건일 뿐만 아니라 설탕 가격도 낮다. 이러한 장점에도 불구하고 브라질은 에탄올이 휘발유와 가격경쟁력을 갖출 때까지 15년 동안 어려움을 겪어야 했다. 브라질의 사탕수수 에탄올은 가공 후 남은 사탕수수 찌꺼기를 태워서 증류용 열로 활용하거나 전기를 생산하기 때문에 더욱 효율적이다. 옥수수대와 잎도 이런 목적으로 사용할 수 있지만 보통은 수확할 때 버린다.

녹말 성분을 더 많이 포함하는 변종 옥수수를 개발하거나 녹말을 당분으로 발효시켜주는 효소를 찾는 것도 옥수수 에탄올의 효율성을 높이는 방법이다. 그동안 미국은 국내 옥수수 에탄올 생산 산업을 보호하기 위해 브라질산 에탄올에 갤런(약 3.8리터)당 54센트의 관세를 부과했다. 바이오에탄올을 만드는 두 가지 기술 모두 경작지 확보에 따른 자연파괴나 식량을 자동차 연료로 사용한다는 문제가 있다.

물의 연료화

화석연료 대신 물을 사용할 수 있다는 말을 들은 적이 있어요. 이것이 사실이라면 왜 지금까지 그렇게 하지 않았을까요?

물을 연료로 사용할 수 있다는 주장은 주기적으로 등장한다. 예를 들어, 인도의 한 지방정부는 허브를 넣어 끓인 물로 스쿠터를 움직일 수 있다는 화학자의 말에 넘어가기도 했다. 미국에서는 스탠리 메이어의 '물로 가는 자동차' 개발 소동도 있었다. 이것이 '터무니없는 사기'로 밝혀지자 법원은 메이어에게 투자자들이 입은 손실을 보상하도록 명령했다.

물을 연료로 사용한다는 생각과 관련된 가장 최근의 사건은 미국 클리블랜드 지역 TV 기자가 '불타는 물'을 취재하여 유튜브에 올린 동영상이다(환경운동을 촉발한 계기가 되었던 쿠야호가 강의 극심한 오염물에서 발생한 화재에 관한 이야기가 아니다). 그 동영상은 깨끗한 소금물이 연기를 내기 시작하는 장면을 보여준다.

그 장면은 속임수가 아니다. 하지만 소금물이 다른 에너지원을 대체할 수는 없다. '빛 좋은 개살구'라는 말이 적용된다. 물을 태우기 위해서는 강력하고도 집중된 전파에 노출되어야 한다. 전파를 켜면 물이 타지만 스위치를 끄면 물도 더 이상 타지 않는다. 다른 말로 하면, 물이 탈 때 화석연료와 다르게 에너지를 계속 투입해야 한다. 물을 태우는 전파를 만들기 위해 필요한 에너지와 물이 탈 때 얻어지는 에너지의 크기를 비교한 연구는 없다. 하지만 산출되는 에너지는 투입되는 에너지보다 클 수 없다. 열역학법칙에 위배될 뿐만 아니라 영구기관이 가능하다는 논리도 성립되기 때문이다.

전파에 의해 물이 타는 이유는 물이 수소와 산소로 분해된 후 타면서 재결합하기 때문에 나타나는 현상이다. 전파가 어떤 기전으로 물에서 산소와 수소의 결합을 끊는지에 대해서는 아직 정설이 없지만, 그 결과는 전기분해와 비슷하다. 전기분해는 물에 전류를 흘리면 서로 떨어져 있는 두 전극에서 산소와 수소가 생산되는 과정이다. 전기분해에는 이렇게 만든 수소를 태워서 얻는 에너지보다 더 많은 에너지가 필요하다.

만약 전파를 이용해서 물을 분해하는 것이 전기분해보다 더 효율적인 과정이라면 실제적으로 유용한 발견일 것이다. 물에서 수소를 생산하는 것은 에너지를 저장하는 한 가지 방법이다. 그리고 태양광을 이용해서 물에서 수소를 분리해낼 수 있다면 재생가능한 에너지원에서 청정에너지 연료를 얻는 것이다.

원소 주기율표

핵폭탄의 파괴력이 엄청나게 큰 이유는 무엇인지요? 원자가 쪼개지는 것과 관련이 있는 것으로 알고 있는데, 그렇게 엄청난 힘의 근원에 대해 설명해주세요.

핵폭탄에는 크게 두 가지 유형, 즉 핵분열 폭탄과 핵융합 폭탄이 있는데, 핵분열 폭탄에서는 크고 불안정한 원자들이(우라늄과 플루토늄) 작고 좀 더 안정된 원자로 쪼개진다. 반면 열핵 혹은 수소폭탄이라고도 부르는 핵융합 폭탄은 매우 작은 원자의 핵이 서로 결합하여 크고 더 안정된 원자로 된다.

원자 핵 안에서 양성자(양전하를 띤 입자)와 중성자(전하가 없는 입자)를 함께 묶어두는 결합에너지는 분자 안에서 원자를 서로 묶어두는 결합에너지보다 수백만 배나 더 강력하다. 그렇기 때문에 핵폭탄은 화학반응으로 폭발을 일으키는(분자 내부의 원자들을 재배열시킨다) 재래식 폭탄에 비해 훨씬 더 강력하다.

서로 반대되는 과정(원자핵의 쪼개짐과 합쳐짐)이 모두 에너지를 방출하는 현상은 모순처럼 생각될 수도 있다.

원자핵은 커질수록 더 안정적인데 이는 핵입자들 사이의 강력한 핵력 때문이다. 주기율표에서 원소 철(원소번호 26) 근처의 원자들은 가장 안정된 핵을 가지고 있다. 그러나 원자핵의 크기가 철보다 더 커지면 더 강하게 양전하를 띤 양성자들이 서로 밀어내기 때문에 핵의 안정성이 낮아진다.

철보다 큰 원자의 분열이나 작은 원자들이 융합한 결과로 만들어지는 더 안정된 핵은 원래의 핵보다 더 작은 질량을 가진다. 이때 소실된 질량은 에너지로 바뀌며 그 과정을 극적으로 표현한 것이 아인슈타인의 유명한 방정식 $E=mc^2$이다.

중독성 없는 커피

카페인 없는 커피가 있다고 들었습니다. 커피에서 카페인을 제거하는 방법을 설명해주세요.

커피에서 카페인을 제거하는 디카페(decaf) 과정은 크게 세 가지 방식이 있는데 용제 디카페, 이산화탄소를 이용한 디카페, 그리고 스위스 워터 디카페다. 세 방식 모두 커피콩을 화학제제에 담가서 카페인을 제거한다.

카페인은 19세기 말 독일에서 처음 발견되어 분리되었으며, 가장 먼저 이용된 디카페 방식 역시 1900년 독일에서 개발된 용제 디카페다. 액상 용제에 커피콩을 담가서 카페인을 제거한다. 카페인을 제거하되 커피의 향과 맛을 내는 성분은 제거하지 않아야 이상적인 용제이다. 여러 화학물질이(모두 건강에 좋은 것만은 아니다) 커피의 디카페에 이용되었는데 알코올, 아세톤, 벤젠, 메틸렌클로라이드 등이다. 특히 메틸렌클로라이드는 오존층을 파괴하는 것으로 알려지기 전까지 가장 많이 사용되었다. 현재는 초산에틸을 용제로 많이 사용하는데, 이것은 일부 과일에서는 자연적으로 생기는 화학물질이다.

용제 디카페 방식은 볶지 않은 커피콩에 증기를 가하고 투과성을 높여서 카페인이 잘 빠져나갈 수 있도록 만든다. 그다음 커피콩을 용제에 담가서 카페인을 녹여 빼낸다. 그리고 씻어 말린 후 볶는다.

이산화탄소 디카페 방식은 1970년대 초에 특허를 받았다. 이산화탄소 가스를 대기압보다 50배 높은 압력으로 액체 속에 녹여 넣어 카페인을 제거하는 용제로 사용한다. 이 방법은 향을 내는 성분은 제거하지 않기 때문에 특히 우수하다. 하지만 이산화탄소 디카페 시설을 갖추고 유지하는 비용이 너무 비싸서 대규모 생산자가 아니면 채택하기 어렵다.

스위스워터 디카페 방식은 1938년에 특허를 받았지만 1970년대 말까지 상업화하지 않았다. 커피콩을 뜨거운 물에 담가 두고 카페인을 빼내는데 이때 향을 내는 다른 성분들도 함께 빠져 나간다. 그리고 그 물을 활성탄소 필터에 통과시켜 카페인을 제거한다. 처음에는 커피콩을 부분적으로 말린 후 카페인이 제거된 물을 다시 뿌려서 향 성분을 콩에 재흡수시키는 방식이었다. 그러나 근래에 이 방법은 더욱 정교해져서, 현재는 카페인만 제거되고 향 성분은 포함된 물을 다음 번 커피콩에서 카페인을 제거할 때 이용한다. 이 물에는 이미 커피 향 성분이 가득 차 있기 때문에 커피콩에서 향 성분이 빠져나가지 않게 카페인만 제거할 수 있다.

카페인은 식물이 해충의 공격에 대항하기 위해 만들어내는 물질인데, 최근 카페인이 없는 변종 커피가 발견되었다고 한다. 만약 이를 상업적으로 재배할 수 있다면 기존의 화학적 디카페 방식은 퇴출될지도 모른다.

디카페의 위험성

커피에서 카페인을 제거할 때 벤젠 같은 화학물질을 사용했다는 이야기를 듣고 매우 놀랐습니다. 벤젠은 백혈병을 일으키는(증명되지는 않았지만) 물질로 알려져 있는데 이를 이용한 것이 사실입니까?

맞는 말이다. 벤젠은 발암물질로 알려져 있다. 커피에서 카페인을 제거하기 위해 초기에는 암을 유발하는 것으로 알려진 여러 용제를 사용했다. 클로로포름, 사염화탄소, 트리클로로에틸렌, 메틸렌클로라이드 등이다.

그러나 1970년대 말 새로운 디카페 방식이 도입되기 전의 디카페 커피를 마신 사람들 중에 이로 인해 문제가 발생했다는 증거는 없다. 커피콩을 씻고 볶은 다음에도 남아 있는 용제는 매우 소량에 불과하다(1ppm 정도). 다른 용제들보다 훨씬 더 흔하게 오랫동안 이용했던 용제인 메틸렌클로라이드는 동물실험 결과 고농도로(4000ppm) 투여했을 때에만 암을 일으키는 것으로 나타났다. 그리고 디카페 커피 애호가와 보통 커피 애호가를 비교했을 때도 디카페 커피와 관련하여 암 발생 위험이 높게 나타나지 않았다.

하수를 식수로

캘리포니아 주 남부에서 하수를 처리하여 식수로 재활용하는 프로젝트를 추진한다는 기사를 보았습니다. 하수 정화 처리 시간이 오래 걸리고 비용도 많이 든다면 바닷물을 정화 처리하는 방법이 비용 면에서 더 효율적이지 않을까요? 그리고 하수를 처리하여 만든 식수라는 생각과 관련된 정신건강의 문제도 고려해야 할 것 같은데요.

샌디에이고 당국에 따르면 예상과는 다르게 바닷물의 염분을 제거하기 위해서는 같은 양의 정화조를 정화할 때 필요한 비용보다 약 두 배 정도 많이 소요된다고 한다. 바닷물에는 하수보다 25배나 많은 소금이 포함되어 있기 때문이다.

식수 정화 처리에서는 물에 녹은 소금을 제거하는 탈염 과정에 가장 많은 에너지가 필요하다. 녹은 소금이 많을수록 제거하는 데 에너지가 더 많이 필요하다. 이때 증류 혹은 역삼투압 방식을 사용하는데 후자가 더 많이 사용된다. 역삼투압 방식은 물 분자를 통과시키지만 녹은 소금 분자는 통과되지 않는 막으로 물을 강제로 밀어넣기 때문이다.

'태평양 환경개발안전연구소'의 보고에 의하면, 캘리포니아에서 물을 탈염 처리하여 소비자에게 배송하는 비용은 갤런당(약 4리터) 1센트 정도 소요되며 갤런당 3분의 1센트 이하로 내려갈 것으로 보이지 않는다. 물을 증류하는 비용에 비해서는 훨씬 적지만, 낮게 잡아도 도시의 상수도 요금보다 비싸고 미국 서부 농촌 용수 가격의 10배 정도다.

샌디에이고는 식수의 약 90퍼센트를 남캘리포니아와 콜로라도 강에서 들여온다. 가뭄과 수요 증가로 다른 식수원의 비용이 증가함으로써 탈염 처리가 현실적 대안이 되었다. 탈염 처리는 이미 중동지역에서 사용되며 전 세계 탈염 시설의 절반 이상이 이 지역에 건설되었다.

미국에서 하수를 식수로 직접 재활용하는 방식은 아직 실용화되지 못하고 있는데 아마 질문자가 언급했던 것처럼 심리적 이유 때문일 것이다. 하지만 하수를 간접 방식으로 식수로 재활용하는 경우는 흔히 있다. 예를 들어, 상류지역의 도시 하수를 처리하여 강으로 배출하면 하류지역에 시민의 식수로 공급한다. 그리고 로스앤젤레스와 오렌지카운티 같은 일부 지역에서는 식수를 공급하는 지하 대수층을 채워넣을 때 재활용 물을 사용한다. 재활용 물에는 박테리아, 중금속, 유기물질이 식수 기준을 초과하지 않는다. 그러나 상수도 물보다는 녹아 있는 소금의 양이 많다.

샌디에이고에서는 재활용 물을 주로 농업용 관개에 이용한다. 그리고 신축되는 일부 고층빌딩들은 화장실용으로 재활용 물을 공급하는 배관시스템을 갖추고 있다. 이러한 이중 물공급 배관 시스템을 설치하기 위해서는 약 10퍼센트의 추가 비용이 필요하다.

바닷물을 마음껏 쓸 수 있게

현대와 같은 과학적 탐구의 시대에 누군가 바닷물을 민물로 바꾸는 좀 더 경제적인 방법을 찾아낼 가능성은 없습니까? 만약 그렇다면 그때 생기는 소금으로 무엇을 할 수 있지 않을까요?

세계 인구가 많아지면 물도 많이 필요하다. 따라서 바닷물을 민물로 바꾸는 담수화 과정의 경제성은 매우 높아진다. 현재 전 세계 담수화 시장은 매년 15퍼센트씩 커지고 있다.

담수화에 가장 흔히 사용되는 기술은 역삼투압 방식으로, 물 분자만 지나갈 수 있는 막에 바닷물을 통과시켜서 소금을 걸러낸다. 좀 더 오래 견디고 찌꺼기가 적게 생기는 재료로 삼투막을 만들 수 있다면 비용 대비 효과가 증가할 것이다. 이때 생기는 농축된 소금물은 대부분 다시 바다에 버린다.

연구단계이지만 다른 담수화 기술도 많다. 그중에서 동결분리 방법은 바닷물을 얼려서 순수한 물로 이루어진 얼음 결정을 얻는 방식이다. 진공 증류 방법도 연구 중인데 바닷물을 낮은 압력에서 증발시키면 대기압에서 증기로 만드는 것보다 적은 열로도 가능하다. 전기탈이온화 방법은 바닷물을 두 개의 평행한 막 사이에 넣고 양쪽에 서로 반대 전하를 가진 전극판을 위치하고 전류를 흘리면, 바닷물 속의 이온은 전극판으로 끌려가기 때문에 나트륨, 염소, 그리고 다른 여러 이온은 막을 통과하여 밖으로 나가고 순수한 물만 안에 남는 원리다.

타이어 고무

자동차 타이어가 닳으면 먼지가 생기고 이것이 도로에 쌓이면 꽤 두꺼워질 것인데 그렇지 않은 이유가 궁금합니다. 어떤 사람은 특수 박테리아가 타이어 먼지를 먹어치우기 때문이라고 하는데 사실입니까?

타이어 먼지는 도로 가에 쌓이고 빗물에 쓸려나간다. 하지만 박테리아와 곰팡이 중에도 고무를 분해하는 종류가 있다. 자연에서는 2000종 이상의 식물이 고무를 만들어내는데, 이러한 고무는 자신에게 생긴 상처가 치유되는 동안 보호해주며, 분자구조는 탄소원자가 길게 연결된 체인들로 구성된다. 고무를 분해하는 미생물은 특수 효소를 이용해서 이러한 체인을 끊는다. 최근 이러한 효소 중 몇 가지가 확인되어 그에 해당하는 유전자의 DNA 염기서열을 밝혔다.

자연에서 얻는 고무의 75퍼센트가 자동차 타이어를 만드는 데 사용된다. 나무 자신을 보호하기 위해 생산된 고무가 사람들의 사용 목적에도 매우 잘 맞는다. 고무줄, 고무장갑, 그리고 신체 여러 부위의 보호용으로 쓰인다. 그러나 타이어 성능은 이보다 더 튼튼해야 한다. 그래서 찰스 굿이어가 1939년에 개발한 가황처리 기술을 이용해서 타이어를 만든다.

고무의 가황처리는 자연산이나 인조고무에 황과 같은 화학물질을 첨가하고 가열하는 방식이다. 이 과정에 고무의 탄소 체인들 사이가 황 브리지로 연결된다. 가황처리 고무의 서로 연결된 체인 구조에는 미생물의 침입이 힘들고 또한 자연산 고무보다 공기와 물이 잘 스며들지 않기 때문에 미생물이 서식하기 어렵다. 그 외에도 가황처리 과정에 첨가하는 화학물질 중 일부는 독성이 있다. 그 결과 고무, 특히 가황처리 고무의 분해 속도는 매우 느리다.

전체 고형 폐기물의 12퍼센트를 폐타이어가 차지하기 때문에 고무를 미생물로 분해 처리하는 방식에 관심이 높아지고 있다. 현재 버려지는 고무의 약 절반은 불에 태워 전기를 생산하거나 분쇄 후 아스팔트에 혼합하여 도로를 재포장한다. 가황처리하지 않은 새 고무에 가황처리 고무의 미세 입자를 섞는 방법으로 재활용할 수도 있다. 하지만 재활용 고무는 성능이 떨어진다.

최근에는 가황고무 구조의 탄소 체인들 사이 연결인 황브리지를 끊는 박테리아로 가황고무를 전처치하여 탄소 체인을 서로 분리한 후 새로운 연결을 형성하는 방법으로 높은 품질의 재활용 고무를 생산하는 연구가 있었다. 이미 탄소 체인을 끊는 미생물과 황브리지를 끊는 미생물, 가황고무의 독성을 제거하는 미생물 등이 발견되었고 이를 바탕으로 타이어를 생물학적으로 재처리하는 다양한 방법을 연구 중이다.

간접흡연

카지노에서 담배를 피우는 사람들은 보이지 않았는데, 카지노 밖으로 나왔을 때 옷에서 담배 냄새가 났습니다. 내 생각에는 간접흡연에 노출된 것 같은데 맞습니까?

맞다. 담배연기 속의 수천 가지 화학물질이 담배 특유의 냄새를 풍긴다. 카지노 안에서는 아무도 흡연하지 않았지만 출입구 근처에서 사람들이 담배를 피웠을 가능성이 있다.

아주 조금만 흡연해도 담배 냄새를 알아차릴 수 있다. 한 연구에 의하면 담배 한 개비를 피웠을 때 눈이나 코에 자극을 주지 않으려면 신선한 공기 약 3000세제곱미터(넓은 거실 약 10개 정도에 해당)로 연기를 희석해야 한다. 그 외에도 의복의 수많은 섬유는 담배연기 분자들이 들러붙을 수 있는 넓은 표면이 되므로 옷에는 담배 냄새가 쉽게 스며든다.

냄새를 먹어치우다

베이킹소다는 냄새를 중화시키는 것으로 잘 알려져 있는데 그 원리는 무엇인가요?

식초나 상한 우유, 썩은 달걀 등의 고약한 냄새 성분은 산성 분자다. 베이킹소다(탄산나트륨)는 약한 염기성이기 때문에 산과 화학적으로 반응하여 중화시킨다. 그리고 베이킹소다는 강염기성과도 반응하기 때문에 생선과 같이 암모니아 냄새를 풍기는 염기성 분자들도 중화시킨다.

베이킹소다와 냄새 분자 사이의 반응은 한꺼번에 많은 분자가 동시에 반응하는 것이 아니기 때문에 눈으로 확인할 수 없다. 그러나 식초에 베이킹소다를 섞으면 거품이 생기는데, 이때의 공기방울은 반응 과정에서 생긴 이산화탄소다. 제산제를 복용할 때 트림이 나는 이유도 이와 같다. 제산제는 보통 탄산칼슘으로 만들지만 위산과의 반응은 베이킹소다와 비슷하기 때문이다.

검은 땅 테라 프레타

테라 프레타는 정확하게 무엇이며 지구 온난화 대책에 어떤 도움을 주는지요?

테라 프레타(Terra preta)는 포르투갈어로 '검은 땅'이라는 뜻이다. 아마존 분지의 약 10퍼센트를 덮고 있는 땅으로 프랑스 국토 넓이에 해당하며, 탄소가 많아 매우 비옥하다. 테라 프레타는 열대 지역을 중심으로 다른 곳에서도 발견된다. 고고학자들은 이러한 검은 땅이 고대의 화산이나 늪지의 바닥에 쌓인 침전물에서 형성된 것으로 생각했다. 그러나 토양의 화학적 분석 결과와 깨진 도자기 등의 유물을 근거로 학자들은 이 토양이 인간활동의 결과로 생긴 것으로 결론 내렸다.

한때 생각했던 규모보다 훨씬 많았을 것으로 추정되는 아마존 원주민들은 탄소연대측정법에 따르면 약 2500년 전부터 테라 프레타를 축적하기 시작했다. 테라 프레타의 가장 짙은 색의 토양에는 인간 거주의 결과로 생기는 폐기물이 혼합된 것으로 보인다. 그 주위의 조금 더 밝은

색 토양에도 거대한 양의 유기물질과 숯이 섞여 있다. 좋은 숯은 화전 농사로는 만들어지지 않고, 주로 산소가 적은 환경에서 목재가 서서히 탈 때 생긴다.

테라 프레타에서 재배된 작물은 인근의 다른 토양에서 재배된 작물보다 수확량이 두 배나 더 많다. 아마존 유역의 토양은 매우 척박하여 농사짓기에는 적절하지 않다. 산성 토양인 데다 영양분이 적고, 토양미생물에게는 독성이 있는 알루미늄도 많이 함유되어 있다. 숯은 토양의 산성도를 중화시키며 알루미늄 이온의 반응성을 약화시키고, 토양의 영양분 함유량을 증가시킨다. 한 연구에 의하면 테라 프레타 속 미생물의 다양성은 주위의 일반 토양보다 25퍼센트나 더 높았다.

고대의 농부들은 지구온난화를 알지 못한 상태에서 숯을 토양 속에 섞었지만, 이것은 이산화탄소를 제거하는 매우 효과적인 방법이었다. 식물은 성장하면서 이산화탄소를 이용해서 자신에게 필요한 기초 골격 분자를 만들기 때문에 이산화탄소를 효과적으로 제거한다. 그러나 이 식물이 죽어서 부패하면 이산화탄소는 다시 대기 속으로 방출된다. 반면에, 고대 농부들이 섞어 넣은 숯에서 나온 검은 탄소는 수천 년 동안 토양 속에 남아 있었다.

학자들은 새로 생기는 테라 프레타는 매년 사용한 화석연료가 방출하는 양보다 많은 탄소를 저장할 수 있다고 계산하였다. 현재 대규모로 숯을 농사에 활용하는 방안을 연구 중이다. 어느 회사는 농업 폐기물을 바이오연료로 사용하면서 숯을 생산하는 장치를 고안했다. 하지만 아직 각각의 토양 유형에 적합한 숯을 선택하는 문제가 남아 있어 아직 고대 농부들의 기술을 모두 재현하지는 못하고 있다.

약의 효과가 떨어지다

비타민이나 미네랄, 그리고 약물은 시간이 지나면 효과가 떨어지는 것으로 알고 있습니다. 약사에게 물어보았더니 냉동하더라도 효과를 유지할 수는 없다고 하는데 그 이유는 무엇입니까?

식품을 냉동 보관하면 미생물의 활동이 억제된다. 그러나 약물이나 영양제의 효능이 떨어지는 원인은 미생물이 활동하여 생기는 부패가 아니다. 시간이 지나면서 발생하는 화학반응으로 약물의 성분이 분해되고, 첨가물이나 포장재의 화학물질이 약물에 스며든다.

공기 중에서 산소와 반응(산화)하거나 물과 반응(가수분해)해 약물의 효능을 파괴하는 과정이 가장 보편적이다. 빛이나 열, 그리고 과도한 습기에 노출되어도 약물의 변질 속도가 빨라진다. 따라서 욕실에 약품 상자를 두면 좋지 않다.

약물은 유통기한까지 최소한 효능이 90퍼센트 이상 남아 있어야 한다. 약물의 유통기한은 표준 상태를 기준으로 설정하기 때문에 보관 상태에 따라 변질 속도가 더 빨라지거나 늦어질 수 있다. 변질된 약품은 독성을 나타내기도 하며 보관방법에 따라 효능이 변할 수도 있다.

사용하지 않은 약물을 함부로 버리면 안 된다. 흙이나 하천에 섞여 들어갈 수 있기 때문이다. 그 농도가 너무 낮아서 인간에게 거의 영향을 미치지 않더라도 물고기나 다른 야생 생물에게 영향을 줄 수 있다. 예를 들어, 항생제는 약물 내성 박테리아를 만든다. 미국 환경보호국은 약물 수거 장소가 별도로 없다면, 폐기 약물을 개똥과 같이 더러운 쓰레기에 섞어서 버리라고 권하고 있다.

비타민

비타민의 추출법과 제조방법을 알고 싶어요.

최초로 발견된 비타민은 20세기 초 현미를 물에 담근 후 녹은 물질을 분리하여 추출한 티아민(비타민 B_1)이다. 현재도 식물을 여러 가지 액체를 이용해서 추출하는 방식으로 많은 영양제를 얻는다. 알코올, 탄화수소, 물 같은 액체에 담가 액체를 증류한다. 추출에 이용되는 액체는 비타민의 구조 및 비타민이 수용성인지 지용성인지에 따라 선택된다.

비타민은 추출하는 방식보다 제조하는 것이 비용이 더 적게 든다. 그렇기 때문에 상업적으로 판매되는 거의 모든 비타민은 제조된다. 인위적인 화학반응이나 미생물이 일으키는 일련의 복잡한 반응을 거쳐서 각각의 비타민이 다량으로 생산된다. 인위적 화학반응과 미생물의 공동 작업으로 만들어지기도 하는데 비타민 C가 그 예다.

비타민 C는 다른 비타민보다 생산량이 훨씬 많다. 화장품에 첨가되기도 하고, 식품의 색이 변질되지 않도록 첨가하는 등 영양제 이외의 용도로도 많이 사용하기 때문이다. 매년 생산되는 비타민 C의 양은 10만 톤이 넘는다. 1933년까지는 대부분의 비타민 C가 라이히슈타인 프로세스라는 방식으로 생산되었다. 이 방식에서는 포도당이 네 단계를 거쳐 비타민 C로 변한다. 첫번째 단계는 박테리아의 작용, 그 이후 세 단계는 인위적인 화학반응을 거친다.

비타민 B_{12}는 비타민 C에 비해 구조가 훨씬 복잡하다. 비타민 B_{12}를 화학적으로 합성하는 과정은 약 70단계인데, 기술적으로 매우 어렵고 비용이 많이 든다. 식물은 어떤 종류도 비타민 B_{12}를 만들지 않기 때문에 식물에서 추출할 수는 없다. 그러나 많은 박테리아는 발효 과정을 촉매하기 위해 비타민 B_{12}를 만든다. 지금은 유전공학 기술을 이용하여 비타민 B_{12}를 생산하는 박테리아 균주를 만든다. 이러한 박테리아가 생산하여 판매되는 비타민 B_{12}의 양은 매년 10만 톤이 넘는다.

20세기 초 비타민 결핍증이 전 세계적으로 나타나는 보건문제가 발생했다. 이에 선진국은 20세기 중반부터 가공식품에 비타민을 강화하는 프로그램을 시행하여 비타민 결핍증을 크게 줄였다. 그러나 개발도상국은 식품가공과 판매망이 부족할 뿐만 아니라 옥수수, 쌀, 카사바 등 주요 곡물에는 여러 비타민이 포함되어 있지 않았다. 개발도상국은 이 문제를 해결하기 위해 유전자조작 방법을 이용하여 더 많은 비타민을 생산하는 식물을 만드는 연구를 진행했다. 그 결과 비타민 E, 엽산(비타민 B_9) 그리고 베타카로틴(신체 내에서 비타민 A로 바뀐다) 등을 강화하는 기술이 발전되었다.

때를 벗겨요

비누는 19세기에 처음으로 동물지방을 이용해서 만들어 사용한 것으로 알고 있습니다. 오늘날 비누를 만드는 방법은 과거에 동물지방으로 만들던 방법과 어떻게 다릅니까? 그리고 동물지방 비누를 사용하기 전에는 어떻게 목욕을 했을까요?

비누 제조방법에 대한 최초의 기록은 기원전 2800년으로 거슬러 올라간다. 하지만 비누 제조방법은 여러 다른 문명에서 각각 독립적으로 발견될 뿐 아니라 선사시대에도 있었다. 그러나 처음에는 비누가 몸을 씻는 용도가 아니라 직물을 염색할 때 준비 과정에 사용되었다.

그리스와 로마를 비롯한 일부 초기 문명은 개인의 청결을 강조하여 당시 사람들은 고운 모래와 오일로 몸을 문지른 다음 '스트리질'이라는 금속도구로 때를 닦아냈다.

비누는 막대형 분자로 구성되는데, 한쪽 끝에 전기적 힘, 즉 전하가 있다. 이것은 동물지방을 강염기(예를 들어, 잿물)로 처리할 때 생긴다. 비누분자에서 전하를 띤 끝은 물과 친화성이 있지만 전하가 없는 반대쪽 끝은 물과 서로 배척하며 기름과 결합한다. 이러한 비누의 특성이 기름과 물을 섞는다.

유럽에서는 17세기 후반에 비누제조 기술이 자리 잡았다. 남프랑스와 스페인 그리고 이탈리아에서 올리브 오일로 제조한 비누는 품질이 매우 좋아 유명했다. 그러나 무거운 세금 때문에 비누는 사치품에 속했다.

19세기 중엽까지 아메리카 이주민들, 특히 농촌에 거주한 사람들은 목재를 태운 재와 수지(동물지방)에서 추출한 잿물을 보관해 두었다가 끓이는 방법으로 집에서 비누를 만들어 사용했다. 잿물을 적당한 정도로 농축하기가 어려웠기 때문에 이 방법으로 만든 비누는 그 품질이 들쑥날쑥했다.

18세기 후반에 강염기를 만드는 좀 더 우수한 방법이 고안되자 비누제조는 혁신적으로 발전하였다. 그리고 제1차 세계대전 중에 개발된 세제로 비누 제조는 또 한 번 획기적인 전기를 맞는다. 세제 재료는 석유인데, 분자의 형태에 따라 세제의 구체적 특성을 띤다. 예를 들어, 비누는 센물에 많이 포함된 칼슘이온과 결합하여 비누 찌꺼기를 만들지만 세제는 칼슘과 결합하지 않도록 만들 수 있다.

오늘날의 비누는 세제이거나 식물성 오일 혹은 동물성 지방에서 추출한 비누와 세제를 혼합한 것으로 여기에 향과 가습제, 그리고 비타민 등을 첨가한 것이다.

오늘날 판매되는 세척용 상품은 넘쳐날 정도며 이는 사람들이 거의 강박 수준으로 개인 청결에 신경을 쓰기 때문이다. 이러한 현상은 1930년대 '생명을 구하는 비누' 라는 광고 캠페인이 등장하면서부터다.

허드렛일의 과학

식기세척기는 더운물만 쓰지만 세탁기는 찬물을 이용해도 되는 이유가 있습니까?

기술이 발달하여 세탁용 세제는 찬물로도 옷을 깨끗이 빨 수 있도록 개선되었다. 과거에는 빨래할 때 더운물을 주로 이용했지만 합성직물이 대중화되고 에너지 절약에 관심을 가지면서 찬물로도 빨래할 수 있어야 한다는 요구가 커졌다.

직물이 더러워지는 경로는 세 가지다. 직물의 섬유 사이에 물리적으로 때가 끼어들고, 직물의 섬유 분자와 때가 전기적 인력으로 들러붙거나 때를 이루는 화합물과 섬유 사이에 화학반응이 일어나 새로운 화합물이 생긴다. 이렇게 새로운 화합물이 생기면 더운물로 빨았을 때 화학반응이 일어나서 얼룩이 지워지지 않고 영구적으로 남는다. 하지만 대부분 물이 따뜻할수록 분자가 더 잘 흔들리기 때문에 더운물은 직물에 붙은 때 분자를 떼어내기 쉽게 하는 효과가 있다.

현대의 세제가 찬물에서도 효과를 나타내도록 가장 중요한 역할을 하는 것은 세제 속에 포함된 효소로, 이것은 때 분자를 작게 잘라준다. 세제에 포함된 효소는 크게 네 종류로 프로테아제, 리파아제, 아밀라아제, 셀룰라아제다. 프로테아제는 샐러드나 달걀, 혈액 등 단백질 위주의 얼룩에 작용하는 단백분해효소다. 리파아제는 지방과 기름때를 지우는 지방분해효소이며, 아밀라아제는 토마토나 국물, 그리고 이유식처럼 녹말 위주의 얼룩에 작용하는 녹말분해효소다. 셀룰라아제는 세탁할 때 비비고 헹구는 과정에서 생기는 보풀이나 작은 섬유를 잘라내어 면직물의 표면을 깔끔하게 만들어준다.

계면활성제도 개선되어 찬물 세탁이 가능하다. 계면활성제는 직물에 붙은 때를 느슨하게 만들어 세탁 물에 섞이게 해주는데, 그 분자는 비누처럼 친수성(親水性, 물에 잘 섞이는) 꼬리와 소수성(물에 잘 섞이지 않는) 머리를 가진다. 계면활성제 분자 다발의 소수성 말단이 기름때와 결합하면 미셀(micelle)이라는 작은 입자를 형성한다. 이 입자는 계면활성제의 반대쪽 말단에서 밖을 향해 있는 친수성 꼬리의 작용으로 물에 녹는다. 찬물에서 사용하는 계면활성제는 소수성 말단이 더 많아서 찬물에는 잘 녹지 않는 기름과 잘 결합한다.

설거지용 세제도 그릇을 더 깨끗하게 씻고 흠집이 생기지 않게 개선되었다. 식기세척기는 진동만으로 그릇에 묻은 음식 찌꺼기를 제거하는 것이 아니다. 식중독의 원인인 박테리아와 바이러스를 뜨거운 물로 제거하는 것이 더 중요하다. 병원이나 호텔은 질병 전파를 우려해 시트를 아직도 더운물로 세탁하는 곳이 있다. 하지만 대부분 첨단기술로 만든 세제를 이용해서 에너지를 절약하고 옷도 상하지 않게 한다.

3 신체 구조를 탐험하다

발가락 길이

저를 포함하여 많은 사람이 엄지발가락보다 둘째발가락이 더 깁니다. 이유가 있습니까? 그리고 이런 형태는 유전되거나, 남성보다 여성, 혹은 특정 민족에게 더 나타나는 특징입니까?

'자유의 여신상' 도 엄지발가락이 짧다. 이런 모양은 전혀 이상한 것이 아니며, 흔히 '그리스인의 발' 이라 부른다. 자유의 여신상을 만든 조각가인 바르톨디는 고전적 풍토에서 교육받았는데, 고대 그리스와 로마의 조각상들은 대부분 엄지발가락이 짧다. 레오나르도 다빈치도 엄지발가락이 긴 이른바 이집트인 발이 아니라 이렇게 그리스인 발의 형태로 인체 골격을 그렸다.

짧은 엄지발가락이 지혜의 상징으로 간주되던 문화도 있었다(내 발에는 그리스인 발가락이 있어!). 그러나 아쉽게도 1927년 더들리 모턴이라는 의사가 짧은 엄지발가락 때문에 생기는 질환에 관한 논문을 발표하여 그리스인의 발은 악명을 얻었다. 모턴이 관찰한 바에 의하면 짧은 엄지발가락의 머리 부분은 땅에 잘 닿지 않기 때문에 엄지에 체중이 완전히 실리지 못하고 둘째발가락이 체중 일부를 지탱해야 한다. 그렇기 때문에 둘째발가락 및 가운뎃발가락 아래에 못이 생기고 이 부위가 눌리면 통증이 발생한다는 것이다.

그러나 제2차 세계대전 중 캐나다 군인 3500명을 대상으로 연구한 결과 발가락 길이와 발의 체중 분포 혹은 발의 통증 사이에는 아무런 관련이 없는 것으로 나타났다. 이 연구에서는 발이 구조적 차이를 보완하기 위해 자체적 방법을 만들어낸다고 결론지었다.

이러한 연구 결과와 모턴의 연구 결과가 상반된 이유는 이른바 '모턴의 발가락' 통증으로 의사 모턴을 찾은 환자는 대부분 여성이었기 때문이다. 여성들은 주로 굽이 높은 신발을 신기 때문에 발의 앞쪽으로 체중이 쏠려 문제를 악화시켰을 것이다.

학자들의 보고에 의하면 '그리스인의 발'을 가진 인구의 비율은 주민 집단에 따라 다양하며 작게는 3퍼센트에서 많게는 40퍼센트까지 보고되었다. 엄지발가락이 둘째발가락의 3분의 2보다 짧은 극단적인 경우는 드물다. 이러한 경향은 유전적으로 결정되는데, '그리스인의 발'은 열성유전인 반면 이집트인의 발은 우성유전이다.

성별에 따른 손가락과 발가락의 상대적 길이 차이는 작다. 성별에 따른 손가락 길이 차이를 조사한 학자들은 거의 모두 집게손가락과 넷째손가락 길이의 비에 초점을 두었다. 그리고 이러한 비에 약간의 차이가 있는 것은 엄마의 자궁에 있을 때 받은 호르몬의 영향이라고 보았는데, 개인적 특성과 질병에 대한 감수성, 성적 취향 등도 마찬가지로 자궁 내 호르몬의 영향을 받지만 이와 같은 주장에는 논란의 여지가 있다. 사람의 특징은 대부분 자연과 양육이 복잡하게 상호작용한 결과로 나타나기 때문이다.

수술로 가장 많이 떼어내는 부위

충수(흔히 맹장이라 부르는 부위)는 우리 몸에서 쓸모없는 기관이라는데 왜 존재하는 거죠? 초기 인류의 몸에서는 충수가 어떤 기능을 했는지요?

충수의 유일한 기능은 외과의사들 주머니 채워주는 일이라고 말하는 사람도 있다. 선진국에서는 전 인구의 7퍼센트 정도가 일생 중 한 번은 충수염을 앓지만, 개발도상국 주민 중에는 드물게 발생한다. 이러한 차이가 식습관이나 다른 어떤 요인 때문인지는 분명하지 않다.

인간의 충수는 대장의 시작 부위에 벌레 모양으로 붙어 있으며 새끼손가락 정도의 길이다. 그러나 토끼와 같은 채식 포유동물은 훨씬 크며 그 안에는 셀룰로오스라는 커다란 식물성 분자의 분해를 돕는 박테리아가 살고 있다. 다른 영장류를 비롯한 많은 척추동물도 충수가 있다.

인간의 충수에는 셀룰로오스 소화를 돕는 박테리아가 없다. 그렇기 때문에 인간은 셀룰로오스를 소화하지 못한다(상추를 먹으면 대변이 잘 나오는 이유다). 그래서 충수를 흔적기관이라 부르는데 원래보다 크기가 줄고 기능을 잃어버렸다는 의미다.

그렇다고 해서 인간의 충수에 아무런 기능이 없다고 단정할 수는 없다. 생각해볼 수 있는 여러 기능 중에는 면역체계의 역할이 가장 가능성 있지만 아직 증명되지는 않았다. 소화기계의 다른 부위와 함께 충수도 면역세포를 생산하여, 음식 속의 병원균에 대응한다는 가설이 있다. 그러나 충수가 없어도 뚜렷한 문제가 발생하지 않기 때문에 충수가 면역반응에서 어느 정도의 역할을 하는지 알 수 없다.

손톱은 얼마까지 자랄까

손톱이 일생동안 계속 자랄 수 있는 이유는 무엇입니까? 손톱이 만들어지는 과정을 설명해주세요.

자궁 내 태아가 10주경이 되면 손톱이 형성되기 시작한다. 손가락 끝의 피부가 두꺼워져서 1차조갑영역이라고 하는 부위가 형성된다. 그리고 조갑영역은 피부 안으로 파고들고 그 양 옆과 아래쪽이 두꺼워져서 손톱주름이 된다. 손톱주름 바닥의 세포들은 분열을 계속해서 마침내 손톱을 만든다.

손톱은 임신 8개월 말경에 손가락 끝에 이르는데, 발톱은 손톱보다 발생을 늦게 시작해 출생 직전에 발가락 끝에 도달한다. 손발톱의 성장 정도는 아기가 태어났을 때 미숙의 정도를 평가하는 지표이기도 하다.

손톱 중 눈에 보이는 부위의 대부분은 죽은 세포가 뭉쳐진 층으로, 케라틴이라는 단단한 단백질로 꽉 차 있다. 케라틴은 머리카락이나 깃털, 부리, 뿔, 발굽 및 피부의 가장 바깥층을 형성하는 중요한 성분이다.

손톱의 뒤쪽 아래에 위치한 뿌리세포층에서 새로운 세포가 형성되면 손톱의 앞과 위로 밀려간다. 이 세포들은 죽지만 이웃 세포와 단단히 결합하여 딱딱한 손톱이 형성된다. 손톱이 손톱 바닥을 따라 자라나면 손톱 바닥에서 새로운 세포가 형성되어 닳아 없어진 손톱표면을 보완해 준다.

작은 갑옷

손톱과 발톱은 어떤 역할을 하나요?

손톱과 발톱은 손가락과 발가락의 끝 부분을 보호하는 작은 갑옷의 역할을 한다. 그리고 손톱은 가려운 부위를 긁거나 작은 물체를 집어들 때 매우 유용하다. 이보다는 눈에 띄지 않는 중요한 기능은 손가락 끝의 감각 능력을 강화한다는 것이다. 손톱은 손가락 끝으로 물체를 감각할 때 지탱하는 힘이 된다. 손가락의 살과 손톱 사이에 위치한 감각기관에 가해지는 압력을 증가시켜서 손가락이 닿는 표면을 더 상세하게 구별할 수 있게 해준다.

한 줌 재로 돌아가다

시신을 화장했을 때 남는 재의 무게는 어느 정도나 됩니까? 그리고 타지 않는 부위도 있습니까?

화장한 유해의 무게는 화장로의 온도, 화장 시간, 그리고 개인의 체중, 신장, 연령, 성별 등 조건에 따라 다르다. 평균 성인이 남기는 유골의 무게는 체중의 3.5퍼센트에 해당되는 평균 2.3킬로그램 정도인데, 개인별 차이가 많아 적게는 1킬로그램에서 3.5킬로그램에 달한다.

화장 후에는 재만 남는 것이 아니다. 대부분의 유해는 크기가 있는 뼛조각들이다. 개인의 골격이 크고 무거울수록 무게가 많이 나가는 유골을 남긴다. 그래서 남자의 유골은 여자보다 평균 1킬로그램이 더 무겁다. 마찬가지로 노인은 청년보다 더 가벼운 유골을 남기는데, 연령이 많아지면 뼈의 밀도가 줄어들기 때문이다.

유골의 화학적 구성은 대부분 뼈를 구성하는 주요 성분인 칼슘과 인이다. 다만 미량이지만 탄소, 칼륨, 나트륨, 염소, 마그네슘, 철, 그리고 다른 미네랄도 포함되어 있다. 치과용 보철 혹은 충전제나 인공관절 같은 삽입물이 녹은 금속도 남지만 유골을 분쇄하는 과정에서 보통 제거하고, 최종적으로는 거친 모래와 같은 형태로 남는다.

눈꺼풀의 구멍

콘택트렌즈를 넣을 때 아래 눈꺼풀 안쪽으로 얼핏 작은 구멍이 보이는데 무엇입니까?

눈물이 흘러가는 작은 통로의 입구인 누점(눈물구멍)이다. 눈물은 이 통로를 이용해 눈물주머니로 들어간 다음, 눈물관을 타고 내려가서 코로 들어간다. 실제로 누점을 지나 콧속으로 흘러들어가서 혀 뒤쪽으로 떨어지는 눈물의 맛을 느낄 수도 있다.

눈의 발생

태아가 자랄 때 눈은 어떻게 만들어지는지요.

우리 몸의 발생은 유전학적으로 동일한 세포의 덩어리에서 시작된다. 그중에서 눈이 되는 세포는 근육세포나 피부세포와 다른데, 특별한 기능을 가진 단백질을 만들기 때문이다. 예를 들어 크리스탈린(수정질)

이라는 단백질은 눈의 수정체를 구성하여 빛이 망막에 맺히게 한다.

이러한 세포는 발달하면서 다른 세포가 방출하는 화학적 신호를 받거나 물리적으로 접촉하면서 때가 되면 특정한 유전자를 작동시켜서 특정한 단백질을 생산하기 시작한다. PAX6이라는 이름의 유전자가 눈 발달을 명령하는 것으로 알려져 있다. 초파리에도 눈의 발달을 지시하는 동일한 유전자가 있는데, 학자들이 PAX6을 무작위로 작동시키면 파리의 눈이 비정상적인 위치에 생긴다.

태아 발달 22일째에 눈이 형성되기 시작한다. 이 시기에는 뇌와 머리 부위가 관 모양이며 세포층으로 구성되는데, 그중 안 세포층에서 바깥쪽으로 돌출부가 생긴다. 이러한 돌출부(눈주머니라 부른다)가 바깥 세포층과 접촉하면 눈의 수정체가 만들어지기 시작한다. 눈주머니가 바깥쪽으로 성장함에 따라 그 기저부는 좁아져서 끈 모양으로 변하고 이러한 끈이 시신경으로 발달한다.

끈 반대편의 눈주머니 측면은 안으로 밀려들어가서 그릇 모양으로 되며 그 중심부에서 수정체가 만들어진다. 세포가 여러 차례 분열, 이동 그리고 죽음의 과정을 거친 후 그릇 모양 조직에서 수정체 뒤의 바깥층은 망막이 되는데, 여기에는 빛에 감응하는 간상세포와 원추세포 및 지지세포 그리고 전기적 신호를 뇌에 전달하는 신경세포들이 질서정연하게 배열되어 있다.

눈주머니 덩어리에는 작은 구멍이 남는데 이곳이 동공이다. 홍체(눈의 검은 혹은 색이 있는 부위로 동공을 벌리고 좁히는 근육이다)는 눈주머니 속에서 동공이 될 부위를 둘러싼 조직에서 발생한다.

각막이나 눈꺼풀과 같은 눈의 다른 부위도 비슷한 방법으로 발생하는데, 세포가 자신의 미래를 정확하게 펼쳐나가기 위해서는 적절한 유전자가 작동해야 하며 이 과정에는 다른 세포에서 오는 신호도 매우 중요한 역할을 한다.

두 개의 눈주머니는 처음에는 한 개의 세포 덩어리에서 시작한다. 이러한 세포 덩어리가 나뉘어 두 개의 눈주머니를 형성하기 위해서는 소닉 헤지호그라는 이름의 유전자가 활성화되어야 한다(고슴도치라는 뜻인데, 과학자들은 유전자에 재미있는 이름을 붙이곤 한다). 소닉 헤지호그 유전자에 변이가 발생하면 얼굴 가운데에 눈이 한 개만 있는 외눈박이(단안증)가 나타날 수 있다. 이렇게 외눈박이로 태어난 아기는 뇌에 다른 여러 결손이 나타나기 때문에 출생하더라도 생존할 수 없다.

속눈썹

아래 눈꺼풀의 속눈썹은 왜 있는 것입니까?

속눈썹은 눈을 보호하는 중요한 기능을 한다. 먼지나 작은 벌레가 눈에 들어가지 않게 막는 역할을 하며, 반사된 빛을 가려주기도 한다. 위 또는 아래 속눈썹 끝에 손을 살짝 대보면 기저부에 위치한 신경이 속눈썹의 움직임에 매우 민감하게 반응하는 것을 느낄 것이다. 속눈썹은 바깥으로 뻗어 있기 때문에 어떤 물체가 눈에 가까이 다가오면 눈꺼풀을 깜빡여 눈을 보호한다.

속눈썹이 자라는 길이

속눈썹은 머리카락과는 달리 일정한 길이 이상으로 자라지 않는데 그 이유는 무엇입니까?

어떤 사람은 두꺼운 속눈썹을 원해서 자신의 모낭을 눈꺼풀에 옮겨 심기도 한다. 이렇게 옮겨 심은 털은 머리카락처럼 멈추지 않고 계속 자라기 때문에 늘 다듬어주어야 한다. 각각의 모낭(털이 박혀 있는 구멍)에는 생리학적인 '시계'가 있어 털이 빠지기 전까지 성장할 길이와 성장 속도를 결정한다. 그러나 속눈썹이 좀 더 길게 자라길 원하거나 등에 길게 자란 털 때문에 고민하는 사람들의 바람에도 불구하고, 이러한 모낭 시계의 작동에 관계하는 정확한 유전자나 분자들은 아직 수수께끼로 남아 있다.

관절 꺾는 소리

관절을 꺾으면 소리가 나는 이유는 무엇이며 이 습관은 몸에 나쁩니까?

관절을 구성하는 여러 조직(인대, 건, 연골, 활액)은 소리가 나는데, 여기에는 여러 기전이 작용한다. 인대는 뼈와 뼈를 연결하여 관절을 강하게 만든다. 건은 근육을 뼈에 연결시켜서 근육에서 나오는 힘을 전달하여 뼈를 움직인다. 관절이 움직일 때 나는 소리는 인대가 느슨했다가 팽팽해질 때 발생할 뿐만 아니라 건의 위치가 변했다가 다시 제자리로 돌아갈 때도 발생한다. 이러한 소리는 정상이며 무릎이나 발목 관절에서 특히 흔히 들린다.

그러나 삐걱거리는 연골은 관절염이나 관절 손상이 생겼다는 신호일 수도 있다. 연골은 관절을 이루는 양쪽 뼈의 끝 부분을 매끈하게 감싸는 조직이다. 그리고 관절주머니에는 윤활액이 있어 이런 연골 표면을 둘러싼다. 정상 관절에서는 연골 표면이 윤활액으로 덮여서, 빙판

위의 스케이트처럼 서로 잘 미끄러진다. 그러나 연골은 손상되면 자체적으로 치유하기 어렵다. 손상된 연골은 움직일 때 삐걱거리며 소리가 난다. 그리고 느슨해진 연골 조각이 떨어져 나가 관절 내에 떠돌면서 관절의 움직임을 멈추게 한다.

자신의 손가락을 당겨서 관절에서 소리를 내는 사람들이 있는데, 이렇게 당기면 관절주머니 속의 공간이 늘어나고 활액(관절 속의 윤활액)에 가해지는 압력이 줄어든다. 활액에는 가스(이산화탄소, 산소, 질소)가 녹아 있다. 탄산음료의 병뚜껑을 열 때 공기방울이 생기는 것처럼 활액의 압력이 줄어들면 녹아 있던 가스가 공기방울로 솟아날 수 있다. 이러한 공기방울은 X선 사진으로 관찰되며 약 20분 정도면 활액 속으로 다시 녹아들어 간다.

관절에 소형 마이크를 설치한 후 관절을 꺾을 때 발생하는 소리를 들어보면 두 가지 소리가 들인다. 그중 하나는 공기방울이 만들어질 때의 소리다. 다른 하나는 관절주머니(관절 내의 압력이 낮아짐에 따라 약간 안쪽으로 당겨진다)가 원래 모양으로 돌아갈 때 발생하는 소리로 생각된다. 발생한 공기방울이 관절주머니 내의 압력을 높이기 때문이다.

습관적으로 손가락 관절을 꺾는다고 해서 관절염의 발생이 증가하지는 않지만, 그렇게 하는 사람들에게는 작은 부종들이 생기고 쥐는 힘이 약한 경우가 많다. 그러나 이러한 소견을 관찰하여 보고한 학자들은 관절꺾기 때문에 이러한 문제가 발생했다고 입증할 수는 없다고 한다. 일부 사람들만이 관절을 꺾어 소리를 낼 수 있는데, 이러한 사람들은 처음부터 인대가 느슨한 상태였을 가능성이 있으며, 이렇게 인대가 느슨하기 때문에 쥐는 힘이 약하고 부종이 나타났을 수도 있다.

성체 줄기세포

성인으로부터 줄기세포를 얻는다면 어떤 조직이 대상이 될 수 있습니까?

성인의 신체 조직에도 줄기세포가 많다. 피부, 장관, 호흡기, 간, 근육, 뇌 등에서 손상된 조직을 보수하고 재생에 관여하는 세포들이다. 그러나 이와 같은 줄기세포를 모두 다 다른 세포유형으로 발달시키는 데 활용할 수 있는 것은 아니다.

많은 연구에서는 조혈 줄기세포를 이용했는데, 이것은 골수 내에 존재하며 혈액을 구성하는 여러 세포가 여기에서 만들어진다. 이 줄기세포는 30여 년 동안 혈액질환 치료에 이용되었으며, 배양 조건을 정확하게 하면 다른 유형의 세포로 자랄 수 있다.

최근에는 지방조직에서도 줄기세포를 발견하여 다른 유형의 조직으로 발달시키는 데 성공했다. 지방조직의 줄기세포가 골수의 줄기세포처럼 여러 용도로 이용된다면 매우 바람직할 것이다. 지방 흡입술은 골수 채취보다 훨씬 간단하며, 날씬한 사람에게도 자신의 치료용으로 이용되기에 충분한 지방조직이 있기 때문이다.

줄기세포의 꿈

배아 줄기세포 연구에 반대하는 국가가 많습니다. 성체 줄기세포 연구도 그만큼 많은 성과를 거둘 가능성이 있나요?

아직 확실하게 말할 수 없다. 어느 학자는 성체 줄기세포도 다른 유형의 세포로 변화 발달해서 손상된 조직을 치유하는 놀라운 능력이 있다고 말하지만, 일부는 그와 같은 변화는 상대적으로 드물고 또 다르게 설명될 수도 있다고 주장한다.

배아 줄기세포는 3~4일 된 배아에서 얻는다. 이 시기의 세포는 어떤 유형의 세포로도(근육, 뼈, 신경, 피부) 발달하는 능력이 있기 때문에 학자들의 지대한 관심을 끌고 있다. 처음에는 성체 줄기세포(아동과 성인의 많은 조직들뿐만 아니라 제대혈이나 태반에서 얻을 수 있다)가 자신들의 원래 조직에 해당하는 후손 세포들만 만들 수 있다고 생각했다. 즉 피부 줄기세포는 피부에 속하는 세포로만 발달한다고 생각했다.

그러나 최근 여러 연구에서는 성체 줄기세포가 자신들의 원래 조직에 있는 세포뿐만 아니라 다른 유형의 세포도 만들어낼 수 있는 것으로 나타났다. 학자들은 세포들이 정상적으로 서로 소통하는 데 이용하는 화학물질에 줄기세포를 선택적으로 노출해서 특정 유형의 세포로 발달시키는 연구를 하고 있다. 줄기세포를 특정 유형의 세포로 발달시키고 이를 정착시키는 것은 기술적으로 어렵고 현재도 많은 실패를 거듭하고 있다.

아직 시작 단계이지만 성체 줄기세포 치료 연구의 성과는 희망이 보인다. 예를 들어, 성체 줄기세포를 혈류 내로 주사하는 몇 건의 인체 실험에서는 관상동맥우회술 수술을 받은 환자의 심장 기능이 어느 정도 향상된 것으로 나타났다. 그러나 임상치료에 본격적으로 도입하기 위해서는 배아 및 성체 줄기세포 모두에 대해 아직 모르는 것이 많으며 더 많은 연구 성과가 쌓여야 한다.

원하는 조직세포를 대량으로 만들 수 있을 정도로 성체 줄기세포 연구가 발전한다면, 배아 줄기세포에 비해 성체 줄기세포의 이용은 세 가지 면에서 장점이 있다. 첫째, 줄기세포를 얻기 위해 배아를 파괴할 때 수반될 수 있는 윤리적 문제가 해소된다. 둘째, 배아 줄기세포는 급속히 분열하기 때문에 종양으로 발전할 가능성이 있어 배아 줄기세포를 이용하려면 이와 같은 문제를 더 많이 연구해야 한다. 셋째, 치료에 환자 자신의 성체 줄기세포를 이용하므로 면역체계의 거부반응을 피할 수 있다.

태닝이 안 되는 부위

태닝이 안 되는 흉터가 있는데 왜 그런가요?

흉터 조직에는 멜라닌 세포(멜라닌이라는 검은 색소를 만들어내는 세포)가 주위 피부보다 적게 존재한다는 설명이 가장 그럴듯하다. 하지만 이 경우는 그렇지 않다.

백인을 대상으로 오래되고 창백한 흉터와 주위의 정상 피부에서 조직을 채취하여 비교하는 연구를 진행했다. 그러나 예상과 달리 흉터 조직과 정상 조직의 멜라닌 세포 수는 거의 같았으며, 두 조직에 포함된 멜라닌의 양도 비슷했다.

학자들은 멜라닌 세포가 충분히 존재하고 또 정상적으로 기능하는데도 흉터의 색이 더 옅게 나타나는 이유에 대해 두 가지 가능성으로 설명한다. 첫째, 흉터 조직에는 혈관이 적게 분포하여 혈류가 적게 흐르기 때문에 피부가 더 옅은 색으로 보인다. 둘째, 흉터 조직의 구조적 특성으로 빛이 주위 조직과는 다르게 반사되기 때문이다.

정상 피부에서는 피부의 구조 단백질인 콜라겐 섬유가 서로 엉켜 있어 피부가 빛을 모든 방향으로 산란한다. 그러나 피부에 손상이 생기면 콜라겐의 서로 엉킨 배열이 파괴된다. 그리고 피부는 이런 손상을 가능한 한 빨리 회복시키려 하는데 이때 흉터를 형성하는 새로운 콜라겐 섬유는 서로 평행하게 띠 모양으로 배열된다. 이렇게 생긴 흉터는 피부의 섬유배열에 수직인 방향으로 대부분의 빛을 반사한다. 또한 흉터 위 피부의 바깥층은 얇고 빛을 적게 흡수한다. 그래서 흉터는 관찰자를 향해 더 많은 빛을 반사하고 더 희게 보인다.

치유를 돕는 비타민 E

비타민 E 로션이 흉터 제거에 도움이 된다는 말을 들었는데 사실인가요?

비타민 E가 피부에서 강력한 항산화 효과를 나타내는 것으로 확인되었기 때문에 의사들은 환자에게 손상된 피부 부위에 비타민 E를 바르면 흉터를 줄일 수 있다고 말한다. 항산화제는 상처 부위에 생기는 자유라디칼을 제거하는 효과가 있다. 이러한 자유라디칼은 세포를 손상시키고 콜라겐 생산도 방해하는 반응성이 매우 강한 분자다. 그러므로 비타민 E는 피부를 보호하고 치유를 촉진한다.

그러나 비타민 E가 널리 사용되고 있음에도 비타민 E가 흉터를 줄여준다는 과학적 증거는 거의 없다. 사실 일부 연구에서는 반대의 효과가 있는 것으로 나타났다. 《피부외과학》에 발표된 한 연구에서는 환자들에게 수술 상처의 한쪽 면에 보통의 연고를 바르고 다른 쪽에는 비타민 E가 포함된 동일한 연고를 바르는 실험을 했다. 그 결과, 사례의 대부분에서(90퍼센트) 비타민 E가 거의 효과를 보이지 않거나 오히려 흉터의 모양을 더 나쁘게 만들었다. 그리고 환자의 30퍼센트에서는 비타민 E를 바른 피부에 발진과 같은 부작용이 나타났다.

신체장기 이식

내가 만약 불의의 사고로 죽는다면 내 장기를 다른 사람에게 기증하고 싶습니다. 그 절차가 어떻게 됩니까?

미국에서 이식할 장기의 부족은 매우 큰 문제다. 미국 정부의 장기 및 조직 이식 관련 공식 홈페이지(www.organdonor.gov)에 의하면, 지금도 10만 명 이상이 장기를 이식받기 위해 대기하고 있으며, 자신에게 이식될 장기를 기다리는 동안 매일 19명이 사망한다. 프랑스, 스페인, 벨기에 등 일부 국가는 장기제공자의 부족 문제를 '거부' 고지 시스템으로 해결했다. 즉 모든 사람이 본인의 장기 제공 '거부'를 고지하지 않았다면 장기 제공의 의사가 있는 것으로 간주하는 것이다. 전체 주민 중 약 2퍼센트만이 이러한 거부를 선택했다.

반면 미국은 이와 달리 '동의' 의사를 고지해야 장기제공자가 된다. 자동차관리국에 장기제공자 카드를 요청하거나 장기제공자 웹사이트(www.donatelife.net)에서 다운로드하여 '동의' 의사를 고지할 수 있다. '거부' 고지 시스템에 반대하는 주장은 동의서 작성과 관계 있다. 주민들이 그러한 시스템에 대해 알지 못한다면 거부도 할 수 없기 때문에 침묵을 동의로 볼 수 없다는 것이다. 그러므로 '거부' 고지 시스템은 윤리적 문제를 일으킬 수 있다. 하지만 그러한 이유로 현재와 같은 '동의' 고지 시스템이 계속되는 한 장기제공자의 만성적 부족은 계속될 것이다.

건강한 사람도 장기를 제공할 수 있으며 신장, 간의 일부, 폐 또는 췌장 일부를 이식할 수 있다. 이때의 의료비는 장기를 이식받는 환자가 가입한 보험에서 지불하지만, 제공자가 수술로 일을 하지 못해 입는 손실은 보상받지 못한다. 더 많은 정보를 원하면 장기 제공자 홈페이지를 참고할 수 있으며, 골수이식을 제공하고 싶은 사람들은 웹사이트 www.marrow.org를 방문하거나 가까운 혈액은행으로 연락하면 된다(한국은 국립보건원 국립장기이식관리센터(www.konos.go.kr)가 국가 공식 사이트이며 그 외에 민간기구로 사랑의장기기증운동본부(www.donor.or.kr)와 한마음한몸장기기증센터(www. obos3042.or.kr) 등이 있다—옮긴이).

사랑스럽지 못한 사랑니

사랑니는 왜 나는 것입니까?

인류가 빵을 먹기 전에는 사랑니가 중요한 역할을 했다. 치아 면적이 사랑니만큼 더 있어 딱딱한 견과류나 거친 곡식, 그리고 날고기를 씹는 데 도움이 되었다. 다시 말해 아주 오래전 인류의 선조들이 거친 재료에서 더 많은 칼로리를 얻을 수 있도록 도와주었다. 하지만 인류가 음식을 좀 더 부드럽게 만드는 방법을 발견함에 따라 사랑니를 뽑아 수입을 얻는 치과의사를 제외하면 사랑니는 쓸모없는 애물단지가 되었다.

현대인의 턱은 고대 선조의 그것보다 작다. 현대인의 치아 구조는 여분의 어금니가 끼어들기 불가능하고 부정교합(치아의 배열이 어긋난 상태)이 많다. 그래서 많은 청소년에게 치아교정기는 하나의 통과의례처럼 되었다. 영장류를 포함하여 다른 어떤 포유류도 인간만큼 부정교합이 생기지는 않는다.

인간의 턱이 작아진 이유는 인류 역사의 초기까지 거슬러 올라가는 유전자 변화로 설명할 수 있다. 그와 같은 변화는 두개골의 변화를 초래하여 인간의 두개골 내에 좀 더 큰 뇌가 들어갈 수 있게 되었다. 인류의 식단이 변하여 긴 시간 힘들여 씹어야 할 음식이 줄어들자 사람의 턱도 따라서 작아졌다. 시간이 흐르면서 치아도 작아졌지만 턱만큼 빠른 속도로 작아지진 않았다. 치아의 크기는 유전으로 결정되고 식단의 영향을 적게 받기 때문이다.

인류 역사 마지막 30만 년 동안 사람은 도구를 이용해서 음식을 조각내고 또 요리를 하여 부드럽게 만들었다. 약 1만 년 전에 이루어진 농업발전으로 사람은 시리얼 같은 부드러운 음식을 더 많이 섭취하게 되었다. 그리고 최근에는 곡물 도정기술 등 식품 가공기술이 발전하여 사람은 턱을 많이 움직이지 않고도 쉽게 칼로리를 얻을 수 있다. 버거나 튀김, 셰이크 같은 음식은 씹지 않고 꿀꺽 삼켜버리는 사람들도 있을 정도다.

그 결과 '사용하지 않으면 퇴화한다'는 용불용설의 실례가 되었다. 씹는 동안의 근육 사용이 턱의 발달에 중요한 영향을 준다는 사실은 실험적으로 입증되었다. 한 연구에서는 새끼 돼지들을 부드러운 먹이로 키웠다. 몇 달이 지나자 돼지들의 주둥이는 거친 먹이로 키운 돼지들보다 짧고 가늘었으며 턱뼈도 더 얇아졌다.

마들렌(구석기 후기)의 소녀는 프랑스 서남부 지방에서 발견된 1만5000년 전에서 1만3000년 전 사이 여성의 골격인데 사랑니가 뚫고 나오지 못하고 턱뼈 속에 남아 있는 가장 오래된 사례다. 인류학자들은 식습관이 변하면서 사람들에게 오래전부터 사랑니 문제가 생겼음을 보여주는 증거로 생각한다.

4
알수록 신기한 우리 몸

목소리가 다르다

우리는 다른 사람의 목소리만 듣고도 나이를 짐작할 수 있습니다. 그리고 나이 든 사람의 목소리는 남성보다 여성일 때 더 쉽게 알아내는 것을 보면 여성이 남성보다 목소리 나이를 더 빨리 먹는 것 같아요. 사람이 나이가 들면 성대에 어떤 변화가 생깁니까?

셰익스피어는 늙어가는 사람에 대해 "다시 어린이 목소리가 되고 말할 때 피리 소리나 호루라기 소리도 섞인다."라고 적었다(〈뜻대로 하세요〉 제2막 7장). 그리고 현대 청각장비를 이용해 검사하면 이와 같은 표현이 정확하다는 것을 알 수 있다. 노인의 목소리는 쉽게 구분할 수 있는데, 소리가 약하고 명료함이 떨어지며, 높낮이가 변하고, 떨림이 있거나 숨소리도 섞인다.

노화에 따라 음성이 변하는 현상을 의학적 용어로 후두노화(presbylarynx)라고 한다. '소리상자'를 의미하는 후두(larynx)에 '늙음'을 의미하는 영어 접두어 presby-가 붙었다. 후두는 목의 중간쯤에 위치하며, 인대로 연결된 아홉 개의 연골로 구성되며, 부착된 근육으로 움직이는 해부학적 구조다. 인대의 길이와 긴장도에 따라 음성의 높낮이가 달라진다.

후두를 이루는 모든 부위에서 노화와 관련된 변화가 일어난다. 연골이 딱딱해지고, 근육은 위축되며 신경은 퇴화한다. 성대 조직도 변화하여 기계적 특성이 변한다. 후두의 점막 기능이 저하되어 목소리가 건조해지고, 침이 적게 나오는 것도 목소리 변화의 한 요인이다. 후두를 통해 내쉬는 공기가 성대를 진동시켜 소리가 만들어지기 때문에 호흡기 건강 역시 중요한 역할을 한다. 노화가 진행되면 폐의 탄력성과 크기가 감소하고 흉곽의 구조가 변하며 호흡을 조절하는 근육의 힘과 수축 속도가 줄어든다. 그리고 이에 따라 목소리도 변한다.

노화에 따른 음성의 생리학적 변화 중 일부는 남녀가 다르게 나타난다. 남성의 대부분은 성대의 바깥층이 얇아진다. 그 결과 성대가 휘어서 완전히 닫히지 않아 그 틈새로 공기가 새면서 씩씩거리는 소리가 난다. 여성은 성대의 바깥층이 두꺼워지면서 진동 형태가 변하고 찢어지는 듯한 목소리가 자주 섞인다. 성대 두께의 변화는 호르몬인 테스토스테론과 에스트로겐 비율과 관계있는 것으로 보이며, 특히 폐경 이후에는 중요하다. 음성 변화는 개인차가 크며 생리학적 나이(출생 나이보다는 전체적 건강)에 크게 좌우된다.

쭈글쭈글해진 피부

풀장이나 목욕탕에 오래 있으면 피부가 쭈글쭈글해지는데 왜 그런가요?

보통은 피부의 가장 바깥층인 각질층으로 물이 스며들어 손가락과 발가락에 주름이 생긴다고 설명한다. 각질층은 손바닥과 발바닥에서 가장 두꺼우며 죽은 세포들이 쌓여 있는 구조다. 우리가 물속에 들어가 느긋하게 시간을 보내는 동안 이와 같은 죽은 세포들이 물을 흡수하여 부풀어 오른다. 이때 각질층은 아래의 살아 있는 피부에 단단히 결합해 있기 때문에 팽팽해지는 대신 말린 자두 모양이 된다. 각질층의 표면은 넓어지지만 살아 있는 피부의 표면은 그대로 있어 각질층이 뒤틀리고 주름으로 쭈글쭈글해진다.

그러나 절단 후 봉합한 손가락은 물에 담가도 주름이 생기지 않는 것으로 보아 이와는 다른 기전도 관계하는 것으로 생각된다. 최근의 연구에 따르면 정상 손가락을 따뜻한 물에 담글 때 손가락으로 가는 혈류량은 감소하지만, 사고로 절단되어 봉합수술을 받은 손가락은 손가락의 혈액 양이 변하지 않는 것으로 나타났다. 손상된 손가락에서 접합 지점까지의 정상 부위나 같은 손의 정상 손가락은 주름이 생기고 혈류량이 줄어들었다. 접합된 손가락의 신경이 손상되어 이와 같은 혈류량 반응에 차이가 발생하는 것으로 설명할 수 있다.

연구에서는 이러한 관찰을 종합하여 혈관 수축이 주름을 만드는 핵심 역할을 한다고 결론을 내렸다. 손가락 안에는 구부러진 작은 동맥이 둥글게 뭉친 부위가 여러 곳에 있으며 체온조절에 관계한다. 이와 같은 혈관 뭉치는 그 위의 피부층 및 아래의 피부층과 결합해 있기 때문에 이 부위가 위축되면 그 위의 피부를 아래로 당긴다. 그리고 피부의 위층과 아래층 사이를 연결하는 결합의 강도가 다르기 때문에 주름도 울퉁불퉁하게 생기게 된다.

더운물에 담갔을 때 혈관 수축이 나타나면 이상하게 생각할 수도 있다. 보통은 추운 환경에서 혈관이 수축되어 팔다리로 가는 혈류량을 줄여서 체온을 유지하기 때문이다. 따뜻한 물이 아니라 따뜻한 공기로 손을 데우면 혈류량이 증가한다.

혈관 수축으로 정상 손가락과 절단 후 봉합된 손가락에서 나타나는 주름의 차이를 설명할 수 있다. 그러나 이것은 추운 환경에 반응하여 혈관이 수축될 때는 왜 주름을 만들지 않는지 설명하지 못한다. 각질층의 부종과 혈관 수축이 동시에 일어나야 손가락 발가락에 쭈글쭈글한 주름이 생기는 것으로 생각할 수 있다.

눈 깜빡임

어떤 사람은 다른 사람보다 눈 깜빡임이 더 잦은데 그 이유는 무엇입니까?

어떤 사람은 안구건조증(마른 눈)이 있어 눈을 자주 깜빡인다. 눈의 바깥면에는 눈물막이 있어 눈을 보호하는데 눈물막은 점액층, 수성층(소금기 있는 물), 지성층(기름)으로 구성된다. 눈물막이 얇아지거나 파손되면 눈에 있는 신경의 말단이 환경의 오염물질(흡연, 스모그, 페인트나 세제에서 증발한 물질 등)에 노출될 수 있다. 눈을 깜빡이면 눈 표면에서 이러한 찌꺼기가 씻겨 나가기 때문에 자극이 덜해지고, 눈꺼풀의 기름샘에서 기름을 눈물막으로 내보내도록 촉진한다.

알레르기 치료약 같은 일부 약물도 안구건조증을 일으킬 수 있다.

콘택트렌즈가 눈물막에 문제를 일으키기도 한다. 안구건조증은 남성보다 여성에게 더 심한 문제를 일으키는데, 눈화장 때문에 발생하는 눈물막 손상도 하나의 원인이다. 그리고 특히 여성은 나이가 들면 눈물 생산이 줄어들어 증상이 심해진다. 이는 눈물샘을 건강하게 유지하고 눈물막 생산에 관여하는 호르몬인 에스트로겐과 테스토스테론의 양이 감소하기 때문이다.

눈을 깜빡이는 속도에 영향을 주는 것은 눈물막의 문제만이 아니다. 눈 깜빡이는 속도는 1분에 12~20회가 보통이다. 연구에 의하면 대화 중이거나 불안한 상태에 놓이면 그 속도가 빨라지는 반면 독서와 같이 집중을 요하는 시각적 작업 중에는 느려진다고 한다.

파킨슨병이나 투렛증후군과 같은 질병도 눈을 깜빡이는 속도에 영향을 준다. 이러한 질병은 인체 내의 도파민(뇌에서 신경세포들이 서로 신호를 주고받을 때 이용하는 화학물질)을 변화시키는데, 이것은 뇌에서 무의식적인 눈 깜빡임을 조절하는 부위인 '깜빡임 중추'에 영향을 준다.

한쪽 눈 혹은 양쪽 눈을 억지로 감으려 하면 눈 깜빡임 반사가 왜곡되어 눈썹이 떨리는 현상, 즉 안검경련이 발생할 수 있다.

얼굴 경련

어떤 사람은 갑자기 얼굴을 씰룩거리곤 하는데, 이런 근육경련은 왜 나타납니까?

근육이 자신도 모르게 갑자기 수축했다가 풀리면 씰룩거리게 된다. 눈꺼풀이나 얼굴의 약한 경련은 자주 일어나는데 이는 스트레스나 과로, 눈의 피로, 카페인, 특정 약물이 유발하는 것으로 알려져 있다. 이러한 경련을 일으키는 정확한 기전은 알려지지 않았다. 정상적으로 근육세포 내의 미세한 보관소에서 칼슘이 유출되어 근육을 자극하면 수축이 일어난다.

반측 안면경련은 좀 더 심각한 상태인데, 안면근육을 지배하는 신경이 동맥에 눌릴 때 발생한다. 뇌 속의 기저핵이라는 부위를 침범하는 질환이 있어도 얼굴이 자신도 모르게 움직이는 현상이 나타날 수 있다.

몸이 뜨거워지다

체온이 37도를 넘으면 열이 난다고 말하는데 그 이유가 무엇입니까?

체온을 일정하게 유지하기 위해서는 열의 손실과 생산이 균형을 이루어야 한다. 우리 신체는 음식물을 대사하는 화학반응과 근육활동의 부산물로 열이 생산된다. 체온은 주위 환경으로 열을 방출하지만 주위 환경의 온도가 올라가면 열을 방출하는 속도가 크게 떨어진다.

신체의 온도가 올라가고 있다는 메시지가 뇌의 시상하부로 전달되면 피부의 혈관을 확장시키라는 신호를 내보낸다(그래서 화끈거리는 느낌이 많이 들수록 열은 더 많이 방출된다). 시상에서는 땀샘이 땀 생산량을 늘리라는 명령도 내린다. 땀을 흘리면 수분이 증발하면서 열을 앗아가기 때문에 체온이 내려간다.

뜨겁고 습기가 많고 안개까지 낀 날에 해변을 거닐면 건조한 지역에서 흘리는 땀이 얼마나 몸을 시원하게 해주는 소중한 존재인지 알 수 있을 것이다!

몸을 식혀라

어떤 사람은 다른 사람보다 땀을 더 많이 흘리는데 그 이유는 무엇인가요?

첫번째 요인은 나이다. 사람은 성장하면서 점점 땀을 많이 흘린다. 어린이의 땀샘은 성인의 땀샘에 비해 체온 상승에 덜 민감하고 땀 생산도 더 느리다. 청년이나 중년에 비교하면 노인도 땀을 적게 흘린다. 두 번째 요인은 남녀간의 차이다. 여성은 피부 단위면적당 땀샘의 수가 더 많다. 하지만 남성은 땀샘 한 개당 더 많은 땀을 생산한다. 전체적으로 볼 때 여성이 남성보다 땀흘리는 속도가 조금 느리다.

열 적응은 땀 생산과 땀의 성분에 큰 영향을 준다. 열에 적응하지 못하는 사람은 한 시간에 땀을 1리터 이상 생산하지 못한다. 몇 주일 동안 더운 날씨에서 활동하면 땀을 생산하는 속도가 두세 배 빨라진다. 그리고 동시에 신체의 염분을 보존하기 위해 땀 속의 염화나트륨, 즉 소금의 농도는 떨어진다.

호르몬은 더위에 노출될 때 땀을 많이 흘리는 기능을 조절한다. 땀은 세포 사이에 있는 체액에서 만들어지는데, 이러한 체액은 혈관에서 공급한다. 그러므로 땀은 혈액의 액체 성분인 혈장(세포가 포함되지 않은)이 걸러진 것이다. 땀을 많이 흘려서 혈액의 수분 성분이 감소하면 뇌하수체에서 항이뇨호르몬 생산을 자극하고 이는 다시 부신샘에서 알도스테론이라는 호르몬의 생산을 촉진한다. 항이뇨호르몬은 신장에서 물을 재흡수하도록 촉진하며, 알도스테론은 신장에서 나트륨의 재흡수를 촉진한다. 더위 속에서 며칠 동안 계속 활동하면 세포들 사이에 스며있는 혈장의 양을 20퍼센트 정도 증가시킬 수 있다. 수분과 염분을 신체에 축적해서 땀에 의한 손실에 대비한다.

땀샘에서 코일 모양의 긴 관을 구성하는 세포는 알도스테론의 자극을 받아 나트륨과 염소를 재흡수한다. 그러나 칼륨, 칼슘, 마그네슘 등 땀에 함유된 여러 전해질은 보존되지 않는다. 땀샘이 이들 원소를 재흡수하지 못하기 때문이다.

마른 사람이 땀을 더 빨리 흘린다. 그리고 같은 강도의 운동(같은 운동이 아니라 자신의 신체 한계에 대비하여 같은 정도로 힘들게 하는 운동)을 할 때 야윈 사람이 그렇지 않은 사람보다 훨씬 많은 땀을 흘린다.

신체 크기와 구성도 땀에 큰 영향을 준다. 뚱뚱하면 주위 환경으로 열을 방출하는 능력이 제한되어 더 많은 열을 발산해야 하기 때문이다. 그 외에도 땀을 조절하는 신경계를 자극하는 약물이나 호르몬 불균형도 영향을 준다.

체온이 낮으면

저는 항상 땀을 많이 흘립니다. 36도가 저의 정상체온이며 이는 언제나 일정해요. 이렇게 체온이 낮기 때문에 다른 사람은 약간 시원하다고 느끼는 온도에서도 저는 추위를 느끼는 것입니까?

사람들의 정상체온 평균은 37도다. 하지만 건강한 사람들 중에서도 35.5도에서 38.4도까지 기록하기도 한다.

신체는 주위 환경으로 열에너지를 내보내기 위해 다른 물체에 열을 직접 전달(전도)하거나 공기흐름에 의한 대류, 적외선 에너지 복사, 그리고 땀에 의한 증발 등의 방법을 이용한다. 이렇게 방출되는 열에너지와 신체가 섭취한 음식물을 대사할 때 발생하는 열에너지가 균형을 이룰 때 체온이 유지된다. 가만히 있을 때는 전도와 대류, 특히 복사가 가장 큰 역할을 해서 주위 환경으로 열에너지를 내보낸다. 주위 환경에 비해 체온이 높을수록 과잉된 열에너지를 방출하기 위해 더 효과적으로 이러한 방법을 사용한다. 그래서 정상적으로 체온이 낮은 사람들은 몸을 식히기 위해 땀을 더 많이 흘린다.

우리 몸의 체온은 미세하게 조절되어 체온이 약간만 올라가도 땀을 흘려 몸을 식힌다. 한편, 낙타는 체온이 5~6도 이상 올라가도 견딜 수 있기 때문에 몸을 식히기 위해 땀을 증발시킬 필요가 적어 수분을 잘 보존한다.

땀 속에서 먹다

날씨나 음식물 온도에 상관없이 먹을 때 저처럼 얼굴 위로 땀을 쏟듯이 흘리는 것은 왜 그럴까요?

미각성 발한(음식에 반응하여 땀을 흘림)은 여러 원인이 있다. 향 좋은 음식은 땀샘을 조절하는 신경을 자극할 수 있다. 그리고 소화와 흡수, 저장의 부산물로도 열에너지가 발생한다.

사람에 따라 음식을 먹을 때 발생하는 열에너지 양이 크게 다르다. 미각성 발한은 드물지만 당뇨병의 합병증으로 나타날 수 있다. 프레이 증후군은 미각성 발한의 특별한 사례로, 침샘을 조절하는 신경이 사고나 감염으로 손상되었을 때 발생한다. 손상 후 신경이 다시 자라면서 방향을 잘못 잡아서 땀샘을 조절하는 신경섬유와 연결될 수 있다. 이렇게 되면 음식 냄새를 맡거나 먹을 때 혹은 맛있는 음식 생각을 할 때처럼 정상적으로는 침의 생산을 자극하는 상황에서 얼굴 전체 혹은 반쪽에 땀이 흐르게 된다.

신경신호의 전달 속도

제 손가락으로 제 발가락을 만지는 모습을 보면 손가락 발가락의 촉각과 시각이 동시에 작동합니다. 그러면 어떻게 해서 세 개의 신경신호(각각 90cm, 180cm, 10cm)가 동시에 뇌에 도착할 수 있는 거죠? 신경전달 속도는 초당 약 2미터 정도로 알고 있는데, 제가 발가락을 만짐과 동시에 느끼는 것에 비하면 너무 느린 속도라고 생각됩니다.

만일 모든 신경신호가 그처럼 느리게 전달된다고 할 때 만약 우리가 기린이라면 얼마나 문제가 많을까! 어떤 신경신호는 초당 1미터 정도로 아주 느리게 전달되지만 다른 신호의 속도는 초당 70미터 이상으로 빠르다. 축삭(신경세포에서 길게 뻗어 있는 돌기)의 굵기가 가는 신경은 신호가 느리게 전달된다.

축삭이 수초에 싸여 있는지의 여부도 속도에 큰 영향을 준다. 수초는 신경세포로 발전하는 특수 세포가 만드는 막이 층을 이룬 구조다. 수초는 전기적 절연체처럼 기능하여 신경신호가 전달되는 속도를 빠르게 해준다. 그래서 다발성경화증처럼 신경에서 수초가 파괴되어 없어지는 질환에서는 신경전달 속도가 느려진다.

무척추동물의 신경에는 수초가 거의 없지만 척추동물은 대부분 수초가 있다. 척추동물의 모든 축삭을 수초가 싸고 있지는 않지만 감각신경 및 운동신경에는 축삭이 있다. 그래서 발가락에서 뇌까지 신경신호가 전달되는 데 1초도 걸리지 않는다. 그 결과 손가락과 발가락 그리고 눈에서 오는 신호가 도착하는 시간의 차이는 우리가 의식적으로 구분할 수 없다.

소인국의 걸리버

우리 신체는 성장을 멈추어야 할 시기를 어떻게 알아서 거인이 되지 않도록 막아주죠?

옛날 사람들에게는 현대인이 거인처럼 보일지도 모른다. 선진국에서는 생활수준(영양상태 향상과 감염병 감소)이 향상되어 사람들의 키가 많이 커졌다. 일본과 유럽 사람들은 1세기 전에 비해 평균 신장이 약 10센티미터나 커졌다.

경제학자 존 콤로스의 연구에 의하면, 식민지시대부터 제2차 세계대전 이후까지 세계에서 키가 가장 큰 국민은 미국인이었지만 이제는 네덜란드, 스웨덴, 노르웨이, 덴마크, 영국, 그리고 독일인들에게 추월당했다고 한다. 콤로스의 주장에 의하면 북유럽에서는 누구나 보건의료를 이용할 수 있고 미국에 비해 사회적 평등의 수준이 높기 때문에 사람들이 더 건강하고 키도 더 크다고 한다. 어떻게 설명하든 이민의 영향에 따른 인구학적 변화는 아니다. 콤로스가 미국에서 출생한 비히스패닉계와 비아시안계만을 비교했을 때도 미국인이 여전히 북유럽인보다 키가 작았다.

성장호르몬과 다른 여러 호르몬의 생산에 관계되는 유전자 프로그램이 키를 결정한다. 환경요인이 성장에 주는 정확한 영향에 대해서는 아직 잘 모르지만 호르몬이 키에 영향을 주는 기전에 대해서는 비교적 많이 알려져 있다. 뇌하수체에서 성장호르몬을 생산하며, 약 2만 명 중 1명 정도는 뇌하수체가 성장호르몬을 너무 많이 생산한다. 사춘기 전의 아동에게 이런 일이 발생하면 거인증이 된다. 팔다리의 뼈가 과도하게 성장하고 근육과 장기도 과도하게 성장하는 병이다.

팔다리 뼈의 성장은 연골로 구성된 말단 부근의 성장판에서 일어난다. 성장호르몬의 자극을 받아서 연골 세포들이 재생산되고 연골은 후에 단단한 뼈로 바뀐다. 여러 호르몬이 연골의 분화와 성숙에 관계하여 연골이 뼈로 바뀐다.

사춘기가 되면 먼저 성호르몬(에스트로겐, 테스토스테론)이 성장호르몬 분비를 크게 늘리도록 자극하여 빠르게 성장한다. 나중에 이렇게 높은 농도의 성장호르몬은 연골생산 세포를 죽게 만들고 연골 자리를 뼈가 대체하여 성장판이 닫힌다. 그러므로 사춘기 이후의 성장호르몬 과잉은 거인증으로 이어지지 않는다. 그 대신 신체 말단이 과도하게 자라는 말단비대증이 나타난다. 손과 발 그리고 얼굴의 코와 턱, 이마 등이 지나치게 커진 모습이다.

곤두선 털

우리가 갑자기 무서움을 느낄 때 팔과 다리의 털이 곤두서는 이유는 무엇인가요?

의학적으로 입모근반사로 알려진 이 현상을 '털이 곤두선다', '소름 끼친다', '닭살이 돋았다' 등으로 표현한다. 이것은 '투쟁-도주 반응'의 한 부분으로 인간 외에 다른 동물에서도 관찰할 수 있다. 놀란 고양이를 보았다면 이를 잘 알 것이다. 호랑이 앞의 토끼나 고양이에게 막다른 골목으로 몰린 생쥐의 모습도 이와 같다.

물론 인간은 털이 거의 없기 때문에 자신의 몸을 부풀려서 적에게 겁을 주는 목적의 입모근반사는 거의 효과가 없다. 그보다 인간은 이와 같은 입모근반사로 자신이 두려운 상황에 처했음을 알고 주위의 위험에 현명하게 대처할 방법을 찾는다.

추울 때도 털이 곤두선다. 특히 털이 많은 동물이나 새들에게서 이런 반사가 일어난다. 털이나 깃털을 부풀리면 피부 가까이로 공기를 잡아둘 수 있고 이것은 단열 기능을 보강해준다.

아름다운 음악을 듣거나 기분 좋은 상황일 때 소름이 돋는 사람도 있다. 스트레스와 강력한 감정(좋고 나쁜 경우 모두)은 교감신경계를 활성화해서 신체가 스트레스에 대응할 준비태세를 갖추게 한다. 교감신경계는 입모근이라는 작은 근육을 수축시킨다. 이 근육은 각각의 모낭(피부에서 털뿌리를 싸고 있는 길게 생긴 구멍)에 부착되어 있으며, 이 근육이 수축되면 모낭이 솟아올라서 소름이 돋는다.

소름끼치다

소름은 얼굴보다 팔다리에 많이 돋는데 그 이유는 무엇인가요?

소름은 얼굴에도 돋는다. 얼굴 피부의 모낭에도 모낭을 솟아오르게 하는 입모근이 있기 때문이다. 그러나 얼굴에 돋은 소름은 눈에 잘 띄지 않는다. 털과 모낭의 크기가 원인은 아니다. 얼굴과 신체 다른 부위에서 털과 모낭의 평균 굵기를 측정하여 비교했을 때 그 크기는 비슷했다.

그보다는 다른 신체 부위에 비해 얼굴과 머리에는 모낭 수가 훨씬 더 많기 때문으로 생각된다. 소름이 돋는 부위의 피부는 오므라들기 때문에 주위의 피부가 탱탱해진다. 얼굴 피부처럼 모낭이 서로 가까이 있으면 입모근이 수축해서 털을 세울 때 모낭 사이에서 탱탱해진 피부가 세우는 힘에 반대로 작용하여 편평하게 된다. 그래서 소름이 눈에 잘 띄지 않는다. 또한 얼굴 피부는 두껍기 때문에 신체 다른 부위의 피부보다 오므라드는 힘을 더 잘 견뎌 소름이 눈에 잘 띄지 않는 이유이기도 하다.

귀지

귀지는 왜 생기며 무엇으로 만들어집니까?

귀지는 귓구멍 피부가 퇴화한 아포크린 땀샘 및 피지샘에서 생성되는 분비물이 뭉친 것으로 바깥쪽 3분의 1 부위에서 만들어진다. 귀지는 귀를 유연하게 만들고 건조하거나 가렵지 않게 해준다. 미생물의 침입을 막고 먼지와 찌꺼기가 안으로 들어가지 않게 걸러주는 효과도 있다. 그리고 귀지는 귀의 청결에도 도움이 된다. 귓구멍의 피부는 바깥쪽을 향해 매우 서서히 이동하는데(2주일에 1밀리미터씩), 이때 먼지와 여러 찌꺼기가 뭉쳐 있는 귀지도 피부에 붙어서 따라 나가기 때문이다.

가려워서 긁다

등이 가려워서 긁으면 가려운 지점이 다른 곳으로 옮겨가는 것 같습니다. 그래서 등 전체가 가려울 때가 많은데 왜 그런가요?

가려운(혹은 따끔거리는) 곳을 찾아 긁을 때는 가려운 느낌과 관련된 신경의 경로가 관계된다. 피부에서 감각을 감지하는 수용체, 그 정보를 뇌로 전달하는 신경, 그리고 뇌에서 피부로 정보를 전달하는 신경이 이러한 경로를 구성한다.

긁으면 머리카락이나 곤충과 같이 가려움을 유발하는 원인을 제거해서 증상이 줄어든다. 반면 가려움의 원인을 제거하지 못한다면(예를 들어, 모기가 문 자리에서 모기의 침에 대한 알레르기 반응으로 시작되었을 때) 상처가 생길 때까지 긁어댄다. 이때는 통증신호가 중추신경계를 점령하여 가려움 신호를 '잊게' 만들어 최소한 일시적으로는 가려움이 사라진다. 알코올 솜으로 문질러도 같은 이유로 가려움이 가라앉는다.

다른 사람이 나를 긁어줄 때는 간질임에 대한 수용체가 활성화할 수 있다. 우리가 자신의 몸을 만질 때는 뇌에서 억제 신호가 나와서 이러한 간질임 반응을 억제한다. 넓은 면적의 피부를 긁거나 문지를 때도 뇌에서 억제신호가 나와서 간질임 반응을 중지시킨다. 그래서 등 전체를 긁어야 비로소 가려움이 사라지는 느낌이 들 때가 많다.

긁어서 가려움이 더 심해질 수도 있다. 긁으면 피부의 비만세포에서 히스타민이라는 물질을 분비하는데 이것은 염증과 가려움증을 유발한다. 피부 알레르기가 있거나 피부가 매우 건조한 사람은 긁을 때 히스타민 분비를 더 크게 자극하는 것으로 보인다.

심장이 멎다

재채기를 할 때 심장이 멈춘다는 말이 사실입니까?

그렇지 않다. 우리가 가지고 태어난 페이스메이커인 동방결절(SA node)이라는 부위에서 심장박동의 리듬을 조절하는데, 이것은 심장의 우심방 안에 위치한 세포 덩어리다. 이 세포에서 전하를 띤 입자가 세포 바깥으로 나가고 들어오면서 전기신호를 만든다. 그리고 이러한 전기신호를 전도세포들이 심장의 모든 부분으로 전달하여 근육수축을 일으킨다. 재채기를 한다고 해서 심장에서 이러한 전기적 활동이 중단되지는 않는다.

한편, 신경계나 아드레날린 같은 호르몬은 동방결절의 전기적 활동 속도에 영향을 주어 심장박동이 빨라지거나 느려진다.

재채기할 때의 표정

재채기할 때 항상 눈을 감는데 특별한 이유가 있나요?

눈을 보호하는 반사와 코의 보호 반사는 서로 밀접히 관련된다. 꽃가루 같은 것이 콧속의 점막을 자극하면 삼차신경에서 뇌 기저부의 숨골에 위치한 재채기 통합센터로 메시지를 전달한다. 재채기센터는 재채기반사의 중앙관제소라 할 수 있는데, 여기에서 세 가지의 동시성 행동을 조절한다. 호흡근육에는 격하게 들이마시고 내쉬도록 명령한다. 콧속의 분비샘에서 점액을 만들게 하고, 안면 근육을 움직여 눈을 감고 찡그리게 만든다.

햇빛 알레르기

저는 햇빛을 보면 항상 재채기를 합니다. 왜 그런가요?

의학용어로 광반사재채기라고 하며 흔히 애취증후군이라고도 한다. 애취라는 단어는 '상염색체 우성으로 유전되며 햇빛을 보면 급하게 재채기가 튀어나오는 증후군(autosomal dominant compelling helio-ophthalmic outburst syndrome, ACHOO Syndrome)'이라는 뜻의 영어 단어 첫글자들을 조합하여 재미있게 표현한 것이다.

인구의 약 25퍼센트에서 이와 같은 반사작용이 있으며 유전된다. 반사의 강도는 사람에 따라 차이가 많아서 밝은 빛에서만 나타나는가 하면 어떤 사람은 카메라 플래시처럼 다른 빛을 볼 때 나타난다. 밝은 빛을 볼 때 시작하는 재채기 횟수는 사람마다 다르다. 그리고 눈 가장자리를 문지르거나 눈썹을 당길 때 혹은 빗으로 머리를 빗을 때 재채기 반사가 일어나는 사람도 있다.

애취증후군을 일으키는 정확한 원인은 아직 알려져 있지 않다. 뇌 기저부의 재채기 통합센터에서는 코에서 오는 신호뿐만 아니라 뇌의 다른 부위에서도 신경신호를 받는다.

이런 재채기를 하는 사람들은 밝은 빛이 직접 혹은 간접적으로 신경을 흥분시키는 것으로 생각되는데, 어떤 물질이 코를 자극하면 반응을 나타내는 신경들이다.

잠자는 숲속의 공주

잠을 자는 동안에 우리 몸에서는 어떤 일이 벌어지고 있습니까?

1950년대까지만 해도 잠은 우리 몸이 단순하게 쉬는 상태라고 생각했다. 그러나 뇌에서 신경세포의 전기적 활동 양상을 기록하는 뇌파검사가 도입된 이후 잠잘 때도 뇌는 활동하며 수면은 몇 가지 뚜렷한 단계들이 주기를 그리며 나타난다는 사실이 밝혀졌다.

잠이 들고부터 약 30~45분이 지나면 서파(느린 파)수면 단계로 들어가는데, 느린 주파수의 뇌파가 나타난다. 잠이 깊어짐에 따라 서파수면은 1단계에서 4단계로 진행하는데, 뇌파검사에서는 주파수가 점점 느려지고 전압은 높아지는 뇌파가 기록된다. 서파수면 중에는 근육이 이완되지만 주기적으로 자세를 계속 바꾼다. 맥박과 혈압은 떨어진다. 제4단계 수면이 가장 깊은 잠이며 깨우기도 가장 힘들다. 이러한 제4단계 수면 중에 깨우면 잠시 정신을 차리지 못하고 혼란에 빠진다.

잠들고 약 90분이 지나면 다시 서파수면의 4단계에서 1단계로 거꾸로 진행되며, 뇌파검사에서는 갑작스러운 변화가 나타난다. 전압이 낮고 주파수가 높은 뇌파가 기록되는데 이는 깨어 있을 때 관찰되는 뇌파의 모양과 비슷하다. 이러한 잠을 렘수면, 즉 급속안구운동(REM) 수면이라 부르며, 이때 깨어나면 대부분의 사람들이 꿈을 기억한다. 이에 비해 서파수면 단계 때 잠에서 깬 사람은 꿈의 이미지나 기분을 기억할 수는 있지만 내용은 거의 기억하지 못한다.

렘수면 중에는 뇌교(뇌의 기저 부위에 있는 영역)에서 우리 몸의 근육을 마비 상태로 유지하는데, 안구운동이나 호흡을 조절하는 근육은 그대로 움직인다. 렘수면 중에는 체온 조절 기능까지도 중지된다. 뇌교에 손상을 입은 고양이는 마치 쥐를 잡으려는 듯이 걷고 달리는 등 자신이 꾸고 있는 꿈을 그대로 실행하는 것으로 나타났다. 사람에게도 '렘수면 행동장애'가 있다. 예를 들어 미식축구 선수가 되어 수비진을 뚫고 달려가는 꿈을 꾸다가 실제로 화장대를 머리로 공격하여 상처를 입기도 한다.

어떤 과제를 수행하는 방법을 익힌 직후에 잠을 재우지 않으면 1주일이 지나서 평소처럼 잠을 잔 후에도 그 일을 할 때 지장을 받는다고 한다. 어느 연구에서는 동물이 미로찾기와 같은 과제를 해결하는 동안 일어나는 뇌의 활동 양상을 촬영했는데 그 동물이 잠을 자는 동안에도 그대로 재현되는 사실을 확인했다. 그리고 수면 중에 더 많이 재현될수록 학습 효과가 좋았다.

수면이 어떠한 기전으로 학습과 기억을 촉진하는지 아직 정확히 알지 못한다. 그러나 훈련 직후의 수면 중에는 뇌에서 신경세포들 사이의 연결을 변화시키는 특정 유전자가 활성화하는 것이 확인되었다.

하품

하품은 왜 하는 걸까요?

많은 사람이 산소가 부족하기 때문에 하품을 한다고 생각한다. 하품할 때는 숨을 깊게 들이마시기 때문에 이런 설명이 그럴듯해 보인다. 그러나 이렇게만 설명할 수는 없다.

사람들에게 이산화탄소 농도가 정상보다 높은 공기 속에서 호흡하게 했을 때 호흡의 속도만 빨라졌을 뿐 정상 공기에서 호흡할 때보다 하품하는 횟수가 더 많지는 않았다. 그리고 산소만 있는 공기로 호흡하게 했을 때도 하품의 횟수는 변하지 않았다. 그렇기 때문에 하품이 아니라 호흡수를 변화시켜서 산소 흡입을 조절하는 것으로 보인다.

그러면 하품을 하는 이유는 무엇일까? 먼저, 우리가 깨어 있도록 하기 위해 하품을 한다고 생각할 수 있다. 사람이 잠자러 가기 전에는 하품을 자주 하지만 막상 잠을 청할 때는 거의 하품을 하지 않는다는 관찰 결과가 이러한 이론의 근거다. 운전할 때 자주 하품을 하는 이유도 마찬가지다. 동물원이나 실험실 동물들은 먹이를 먹는 시간이 되기 전에 하품한다. 즉 깨어 있어야 하는 상황에서 하품이 나온다.

그러면 하품은 우리가 깨어 있도록 어떻게 도움을 줄까? 일부 학자들은 하품이 뇌에 혈액을 공급하는 동맥을 확장하기 때문에 뇌 혈류량이 증가한다고 말한다.

하품을 일으키는 정확한 원인은 아직 밝혀지지 않았다. 뇌 속의 시상하부에 위치한 산소감각기가 뇌의 산소량에 따라 반응하여 하품을 일으킨다고 주장하는 학자들이 있다. 혈액이 산소를 운반하기 때문에 이러한 주장은 하품이 뇌의 혈류량을 증가시킨다는 연구와 일치한다. 하지만 이러한 이론은 들이마시는 공기에 산소가 적을 때 하품을 유발하지 않는 이유를 설명하지 못한다. 여러 화학물질이 하품을 유발하거나 억제할 수 있다. 하지만 대부분 마취한 동물의 뇌에 주사하여 연구하였기 때문에 깨어 있는 정상적 상태에서 이러한 물질의 역할은 분명하지 않다.

하품이 전염되는 것처럼 보이는 특징 또한 아직 수수께끼다. 이 글을 읽는 독자 중에도 지금 하품하는 분이 있을지 모른다. 하품하는 사람을 볼 때 혹은 하품에 관한 글을 읽거나 하품에 대해 생각하면 하품이 날 수 있다. 거의 모든 척추동물(물고기와 개구리 그리고 새도 포함하여)이 하품을 하지만, 불과 얼마 전까지만 해도 전염성으로 하품을 하는 동물은 인간이 유일하다고 생각했다. 그러나 최근 진행한 연구에서는 침팬지들에게 하품을 하는 다른 침팬지의 모습을 담은 비디오를 보여주었더니 더 자주 하품하는 것을 관찰하였다. 웃고 있는 침팬지들 모습을 보여줄 때는 하품의 횟수가 증가하지 않았다. 모든 침팬지가 전염성 하품을 하지는 않지만 이것은 인간도 마찬가지다.

하품이 전염된다는 사실에서, 학자들은 이것이 집단의 사회적 행동을 통일하는 한 가지 방법으로 진화했다고 추론한다.

은은한 향기

이 세상의 모든 것에는 향기가 있습니다. 사람은 얼마나 많은 향기와 냄새를 알 수 있을까요?

동물의 왕국에는 사람보다 훨씬 더 많은 냄새를 식별할 수 있는 동물이 많다. 예를 들어, 개는 사람이 맡을 수 있는 농도보다 1억 배나 낮은 농도의 냄새도 맡을 수 있다. 사람들 사이에서도 후각의 능력 차이가 크다. 특정 냄새를 맡지 못하는 사람이 있으며, 여성은 남성에 비해 냄새에 더 민감하다. 그리고 나이가 들면 냄새를 잘 구별하지 못한다.

어떤 물체의 작은 휘발성 분자가 공기 중으로 섞이고 이것이 우리가 호흡할 때 빨려 들어오면 냄새를 맡게 된다. 예를 들어, 페인트를 새로 칠하면 페인트 속의 분자가 증발하여 공기와 함께 우리 콧속을 지나면서 주위 점막으로 녹아들기 때문에 냄새를 느낀다. 페인트 속의 모든 휘발성 분자가 증발하고 나면 더 이상 냄새가 나지 않는다.

콧속에서 공기가 지나는 경로 위 부분의 우표 크기만한 부위에 후각세포가 모인 덩어리가 있는데 여기에 냄새수용체가 있다. 후각세포의 수는 동물에 따라 차이가 많다. 인간에게는 약 1000만 개의 후각세포가 있는 것으로 추정되지만, 경찰견으로 활약하는 블러드하운드는 그 수가 약 10억 개에 이른다.

냄새 분자가 콧속의 냄새수용체에 결합하면 뇌에서 이를 인식한다. 냄새분자에 따라 활성화하는 수용체가 다르며, 서로 다른 유형의 수용체들은 각각 단지 몇 가지 종류의 냄새에만 반응한다. 냄새수용체가 활성화되는 형태는 마치 바코드처럼 작용하여 뇌에서 그 냄새가 어떤 것인지 판단한다. 냄새수용체가 어떻게 활성화되는지에 대해서는 아직 학자들 사이에 이론이 있다. 하지만 냄새분자들이 자물쇠의 열쇠처럼 작용해서 자신에게 맞는 수용체만 활성화시킨다는 설명이 가장 설득력 있다.

인간이 느끼는 오감 중에서 아직은 후각에 대한 이해가 가장 부족하다. 커피, 베이컨, 담배연기 등에는 수백 종의 휘발성 분자가 있지만 우리는 아직 그 각각의 요소가 무엇인지 모른다. 그러나 커피와 베이컨, 담배연기의 향이 모두 섞여 있어도 이를 구분하여 맡을 수 있다.

과거에는 인간이 1만 가지의 다른 냄새를 구분할 수 있다고 생각했다. 그러나 최근의 연구에 의하면 인간이 구분할 수 있는 냄새의 종류는 거의 무한대에 이른다고 한다. 어떤 향기 하나로 커다란 기억을 불러낼 수 있는 것은 냄새의 가장 신비로운 측면이다. 예를 들어, 청국장 냄새는 우리를 오래전 할머니의 부엌으로 데려갈 수 있다. 이것은 냄새와 관련된 정보를 우리 뇌 속의 '해마'로 보내기 때문인데 이 부위는 감정과 욕구, 그리고 어떤 기억들과 관계한다.

혀끝에 맴돌면서 생각나지 않는 기억

오래전에 알았던 사람 이름을 기억하려 할 때 아무리 머리를 쥐어짜도 떠오르지 않습니다. 그러나 나중에 그에 대해 잊어버리고 있을 때 머릿속에서 그 이름이 갑자기 생각나는 경험을 합니다. 이러한 현상에 대해 설명해주세요.

이름이 머릿속에서 맴돌기만 하고 떠오르지 않다가 더 이상 생각하지 않을 때 갑자기 생각나는 기전은 생각을 집중하게 하는 기전과 동일하다.

우리의 두뇌는 어떤 지식을 더 잘 습득하기 위해 회상유도망각이라는 과정을 통해 생각이 흐트러지지 않도록 막는다. 학자들은 이와 같은 능동적 망각 과정을 연구하기 위해 단어회상검사라는 방법을 이용한다. 예를 들어, 사람들에게 여러 종류의 사물에 대해(과일, 스포츠, 자동차, 개), 그 종류에 속하는 사물 한 가지를 묶음으로(과일-사과, 과일-자두, 과일-바나나) 보여준다. 그리고 사람들은 종류와 함께 사물의 첫 글자를 회상하는 연습을 한다(예를 들어, 과일과 바-). 나중에 사물의 종류만 말해주고 종류별로 모든 사물을 회상하도록 시킨다. 예상대로 이런 회상

훈련을 하면 그 사물에 대한 기억력이 좋아진다.

뇌 영상촬영에서는 회상유도망각이 적응의 한 과정임을 보여준다. 경쟁하는 기억 중 하나를 회상하기 위해 여러 인식 기전을 동원하지 않아도 되기 때문이다. 하지만 이러한 기전은 우리가 잘 사용하지 않는 기억을 찾을 때 방해하기도 한다. 외국에서 외국어만 계속 사용하다 돌아온 사람이 어떤 모국어 단어가 생각나지 않을 때도 이러한 기전이 작용하는 것으로 보인다.

어떤 기억을 회상하려는 시도를 그만두면 회상유도망각의 작용도 멈추고, 관련된 기억의 실마리를 통해 잊었던 기억을 떠올릴 수 있다. 기억은 도서관의 장서 목록처럼 잘 정리되어 있기보다는 거미줄처럼 얽혀 있다. 한 기억의 다른 측면이(예를 들어, 어떤 사람의 이름, 외모 혹은 그가 관련된 사건 등) 뇌의 여러 다른 부분에 저장되기 때문이다.

기분도 망각과 기억에 영향을 준다. 기분이 좋으면 회상유도망각이 강하고 기분이 나쁘면 그 작용이 억제된다. 기분이 좋으면 관련된 생각들 사이에 연결과 정보의 통합적 처리가 촉진되는 반면(회상을 시도하는 과정에 이러한 연결이 기억을 억제할 수 있다), 기분이 나쁘면 기억이 주로 구체적인 사항 단위로 처리된다. 그러나 나중에 그가 더 이상 그 기억을 회상하려 하지 않고, 즉 회상으로 인한 기억 억제 없이 기분이 좋을 때는 어렴풋한 기억들의 연결이 촉진되어 회상이 더 잘 될 수 있다.

여러 감각이 혼합되는 공감각(共感覺)은 특히 흥미롭다. 공감각의 한 형태인 어휘미각(語彙味覺)은 특정 단어를 듣거나 보기, 말하기, 혹은 생각하는 것만으로도 어떤 음식의 상세한 맛을 느끼는데 뇌에서 맛을 지각하는 영역을 자극한다. 예를 들어, '치' 라는 글자가 들어가는 단어로 김치 맛을 느끼는 사람들이 있다. 그들은 김치를 떠올리기 전에 단어를 입에 담는 것만으로 공감각이 작용해 김치 맛을 느낀다. 기억에는 서로 연결된 많은 요소가 있고, 다른 연결들에 영향을 주지 않으면서 그 중 한 개별 요소만 차단할 수 있다는 연구와 일치한다.

5
우리를 아프게 하는 균들

끙끙 앓다

어제 난방이 안 된 도서실에 앉아 있었더니 오늘 콧물 감기에 걸렸습니다. 추우면 감기에 걸립니까?

현대 바이러스학자들은 추워서 감기에 걸린다는 생각을 인정하지 않는다. 여름보다 겨울에 감기가 더 많이 걸리는 이유는 겨울에는 사람들이 실내에서 더 많이 생활하기 때문에 감기 바이러스의 전파가 쉬운 것이라고 설명한다.

그러나 아직도 민간에서는 추위와 감기가 관련이 있다고 믿고 있으므로 일부 학자들은 이에 대해서 연구할 가치가 있다고 생각했다. 그들의 연구에 따르면 엄마가 자녀에게 "감기 들지 않게 따뜻하게 입어라."고 하는 말이 전혀 근거 없는 것만은 아니라고 한다.

핀란드에서 그리스까지 유럽 7개국 국민을 대상으로 연구한 결과 사람들이 추위에 대처하여 보호수단을 마련하는 지역이 그렇지 않은 지역에 비해 호흡기질환으로 사망할 확률이 더 낮음을 확인했다. 그 수단은 집 안의 난방과 추위를 막는 의복, 그리고 바깥에 나가서는 떨며 서 있기보다 신체를 움직이는 등의 방법이다. 기온이 떨어지면 겨울이 따뜻한 지역의 주민들이 더 많이 사망하는 것으로 나타났는데, 그 이유는 이 지역 주민들은 따뜻한 옷차림과 실내 난방을 등한시하기 때문이었다. 예를 들어, 실외 기온이 7도로 동일할 때 그리스 아테네 주민은 13퍼센트만이 모자를 썼지만 남핀란드에서는 72퍼센트의 주민이 모자를 썼다. 그리고 거실의 평균 온도도 아테네보다 남핀란드가 2.2도 높았다.

추위에 노출될 때의 영향을 실험한 연구 결과는 다양하다. 이렇게 결과가 일관되지 않는 이유 한 가지는 우리를 괴롭히는 감기바이러스 종류가 200종이 넘을 뿐만 아니라 이미 감염에 대한 면역반응이 진행되고 있다면 오한을 느끼는 정도가 다르기 때문이라는 가설이다. 즉 추위에 노출되면 무증상이던 감염이 코를 훌쩍이는 등의 심한 감기로 바뀔 수 있다.

감기에 걸리면 스트레스 호르몬의 분비가 일어나 신체의 면역력이 약해진다. 기온이 낮으면 코와 상기도 속의 혈관이 수축되고, 이것은 침입자를 공격하는 혈액세포의 활동을 억제하는 결과를 낳는다. 그리고 찬 공기는 섬모(움직이는 미세한 털로, 기도 내부의 오염물질 배출을 도와준다)의 운동을 억제한다.

그래서 손을 씻고 감기에 걸린 사람 곁에 가지 말라는 의사의 조언은 건강 유지에 도움이 되며 추위에 미리 대비하면 빈틈을 노리는 바이러스에 충분히 대항할 수 있다.

바이러스라는 이름의 침입자

항생제는 바이러스를 죽이지 못하며, 바이러스가 일으키는 감기에도 소용없다고 합니다. 바이러스와 박테리아의 차이는 무엇이며, 바이러스를 죽이는 약은 왜 만들기 어렵습니까?

박테리아는 성장 및 복제에 필요한 체계를 보유한 단세포 생명체다. 항생제는 박테리아의 생명활동 과정을 억제한다. 페니실린 계통의 화합물은 박테리아 세포벽 형성을 방해한다. 테트라사이클린이나 에리스로마이신 계통의 약물은 박테리아 세포가 새로운 단백질을 만드는 기전을 차단한다. 그리고 박테리아의 DNA 복제를 차단하거나 필수 영양소의 생산 혹은 이용을 막는 다른 항생제도 있다.

바이러스는 박테리아보다 작으며 기본적으로 단백질 껍질이 유전물질(RNA 혹은 DNA)을 싸고 있는 구조다. 바이러스는 자체적으로 에너지를 생산하거나 스스로를 복제하지 못한다. 바이러스는 다른 생명체의 세포 장치를 활용해야 번식할 수 있다. 항생제와 항바이러스 제제는 감염된 생명체의 세포에는 해를 주지 않으면서 감염체에 고유한 생명 기전만을 목표로 해야 한다. 그러나 바이러스는 구조가 단순하기 때문에 약한 고리가 될 수 있는 곳이 박테리아보다 적다. 그리고 바이러스는 세포 속에 숨을 수도 있다. 때로는 숨은 상태로 수십 년을 보내기도 한다.

30년 전만 해도 이용되는 항바이러스 제제는 세 종에 불과했다. 그 후 유전자서열 분석과 바이러스 복제 주기에 대한 연구가 상당히 발전했다. 공격해 오는 바이러스에 맞는 형태의 항바이러스 제제가 필요했기 때문이다. 그리고 바이러스 효소의 구조와 기능에 대한 지식이 축적됨에 따라 그러한 효소만을 선택적으로 차단하는 약물을 설계할 수 있었다. 이와 비슷한 원리가 항생제 개발에도 적용된다. 하지만 일부 광범위

항생제는 다양한 박테리아에 효과를 나타낼 수 있다.

현재 바이러스 감염 치료용으로 40종 이상의 약물이 승인을 받았으며, 그중 약 절반은 인간 면역결핍 바이러스(HIV, 에이즈를 일으키는 바이러스) 치료에 이용된다. AZT는 항바이러스 약물의 한 가지인데, HIV가 자신의 유전자를 자신이 감염시킨 세포의 유전물질 속으로 복사시켜 넣을 때 이용하는 효소를 억제한다. 그리고 다른 항바이러스 제제는 바이러스가 세포에 침입하지 못하도록 막거나 바이러스 입자들이 세포를 떠나는 것을 막아 신체의 다른 곳으로 전이되지 못하도록 한다.

바이러스와 박테리아는 모두 변이가 일어나서 자신들을 제거하도록 만들어진 약물에 저항성을 나타낸다. 따라서 약을 만드는 연구진도 이러한 약제 저항성을 극복하기 위해 계속 새로운 전략을 개발해야 한다.

바이러스의 변이

독감바이러스는 돌연변이가 일어나 새로운(때로는 독성이 더 강한) 형태로 변하며, 일부 사람들이 주기적으로 독감을 앓는 이유도 이것 때문이라고 들었습니다. 그러면 천연두나 폴리오(소아마비) 바이러스 같은 다른 바이러스에는 왜 이런 변화가 일어나지 않습니까?

특히 독감바이러스는 빠르게 변화한다. 독감바이러스는 표면의 단백질이 계속 변하며 면역체계의 공격을 피하기 때문에 백신의 균주를 2~3년마다 바꿔야 한다. 이에 비해 폴리오를 비롯하여 인간에 침입하는 여러 바이러스에 대한 백신은 대부분 수십 년 동안 균주를 바꾸지 않는다.

바이러스의 변이속도를 결정하는 요인 중 하나는 바이러스가 가진 유전물질의 유형이다. 일부 바이러스는 DNA로 이루어진 유전체를 가지고 있지만, 화학적으로 이와 비슷한 분자인 RNA가 유전물질로 기능하는 바이러스도 있다. 또 다른 유형의 바이러스인 레트로바이러스는 RNA를 유전물질로 사용하지만 감염세포 내에서 RNA를 DNA로 복사한다.

일반적으로 DNA 바이러스는 레트로바이러스보다 변이되는 속도가 좀 더 느리며, 레트로바이러스는 RNA 바이러스보다 속도가 늦다. 가장 빠르게 변이하는 RNA 바이러스의 변이속도는 가장 느린 DNA 바이러스의 변이속도보다 10만 배나 빠르다. 이와 같은 속도 차이는 다른 유형의 유전물질을 복사할 때 사용되는 기전의 정확도와 자체수정 능력을 반영한 것이다.

천연두바이러스의 유전체는 DNA로서, 완전히 퇴출되기 전 30년 동안 전 세계에서 확인된 45종의 표본을 비교했을 때 유전자 서열의 차이가 거의 없었다. 그러나 유전자 서열 분석으로 모든 것을 설명할 수는 없다. 폴리오와 홍역 그리고 인플루엔자는 모두 RNA 바이러스에 의해 발병하기 때문이다.

바이러스의 변이속도는 다른 요인들의 영향을 받는다. 세대교체 시간, 유전체 구조(DNA 혹은 RNA의 굴곡형태와 단일 혹은 이중 구조), 바이러스 혹은 숙주의 효소, 그리고 바이러스 입자가 유전물질과 서로를 교환할 기회와 같은 요인이다.

그러나 변이속도가 빠르다고 해서 항상 진화가 촉진되는 것은 아니다. 실험에서 폴리오바이러스의 변이속도를 인위적으로 높여서 열 배 빠르게 하자 바이러스의 생산이 1000배나 줄었다. 오류로 인한 재앙이 발생한 것이다. 사실 일부 항바이러스 제제의 작동 기전은 바이러스의 변이속도를 치명적 수준까지 높이는데, C형 간염의 치료에 이용되는 리바비린 같은 약물이 대표적이다.

그러므로 변이속도만으로 독감바이러스가 다른 RNA 바이러스에 비교하여 훨씬 뛰어난 변신의 명수라고 말할 수는 없다. 그리고 바이러스 표면 단백질이 다양하게 진화하지 못하도록 억제하는 구체적 요인은 아직 밝혀지지 않았다.

작은 친구들

소화를 도와주는 박테리아처럼 우리 몸에 해를 끼치지 않는 바이러스가 있나요?

몇몇 생물학자들이 '박테리아는 우리의 친구' 라는 깜찍한 문구를 써넣은 촌스러운 티셔츠를 입고 다닌 적이 있다. 뭐 저렇게 유치한 옷을 입고 다닐까 하고 쳐다보던 사람들도 유익한 박테리아가 있다는 말을 한 번쯤 들어보았을 것이다. 여러 연구의 결과 현미경으로만 보이는 이 친구들이 우리를 위해 생각보다 훨씬 더 많은 일을 해주는 것으로 확인되었다. 바이러스도 마찬가지다. 바이러스도 팬클럽을 가질 만한 이유가 있다.

우리 몸에는 약 1000종의 공생박테리아가 산다. 모두 합하면 수 킬로그램이 될 것이다. 이러한 박테리아 세포들은 우리 몸의 세포보다 크기가 작지만 그 수는 우리 몸 전체 세포 수보다 훨씬 많다. 우리 몸에서 박테리아가 가장 많은 곳은 대장인데 대변 고형성분의 약 60퍼센트를 차지한다.

공생박테리아는 중요한 영양성분을 합성하고 여러 화합물을 소화시킨다. 무균적으로 사육되는 실험동물은 장 내에 수분이 축적되는데 점액을 분해하는 박테리아가 없기 때문이다. 이러한 동물들은 면역체계에도 이상이 생긴다.

공생하는 박테리아는 면역체계의 발달을 촉진할 뿐만 아니라 면역체계가 과잉반응하여 만성염증을 초래하지 않도록 조절하는 기능도 한다. 그리고 질병을 일으키는 균에 대해서는 물리적 방어벽으로도 작용한다. 항생제 치료로 이러한 친구 박테리아까지 없어져버리면 병균들이 침범할 수 있다.

바이러스가 자신을 복제하기 위해서는 숙주세포의 기전에 침입하여 이를 가로채야 한다. 이렇게 자신의 기전을 빼앗긴 숙주세포는 죽거나 최소한 자신의 정상적 기능을 수행하기 어렵게 된다. 바이러스에 감염된 세포 자체가 위험한 침입자라면 이런 상태, 즉 질병 박테리아가 박테리오파지(파지라고도 부른다)라는 바이러스에 감염되는 경우가 도움이 될 수 있다.

최근의 연구 결과는 대유행했던 콜레라가 스스로 소멸되는 대부분의 이유가 콜레라 원인 박테리아가 파지에 감염되었기 때문이라고 설명한다. 콜레라 박테리아가 퍼지면 이 박테리아를 숙주로 하는 파지들이 환경이나 혹은 콜레라에 감염된 사람의 대변 속에 더 많아져서 결국 대유행이 스스로 소멸하고 만다.

파지 치료라는 방법이 질병치료에 성공적으로 이용되고 있다. 일부 학자들은 파지가 우리 몸속의 박테리아 생태계를 조절하는 정상적 기능을 할 뿐만 아니라 다른 바이러스나 암으로부터 보호하는 면역 방어체계에 기여한다고 주장한다.

이제 '바이러스는 우리의 친구'라는 문구가 적힌 티셔츠가 유행할지 모른다. 그런 셔츠를 입고 다니는 사람이 눈에 띄면 이 책에서 읽은 내용을 다시 생각해보자.

앓아눕다

감기나 독감에 걸리면 왜 아픕니까?

침범한 바이러스로 인한 손상보다는 우리 몸이 바이러스에 대항하여 벌이는 전쟁 때문에 독감의 증상이 나타난다. 감염이 되면 백혈구가 다른 세포와 연락하기 위해 화학물질을 분비한다. 이러한 메시지 화학물질은 동기가 된 사건(바이러스 발견)을 확대시켜서 전신의 방어반응이 활성화된다.

이러한 화학물질 중에서 브라디키닌이라는 펩티드(작은 단백질)가 중요한 역할을 하는데, 이것이 감각신경을 자극하여 통증을 일으킨다. 그리고 히스타민, 프로스타글란딘 등의 다른 화학물질은 신경말단이 브라디키닌에 민감해지도록 만든다. 브라디키닌은 다른 증상도 일으키는데 건강한 사람들의 콧속에 들어가면 콧물과 코막힘 증상을 일으키며 목에 자극을 준다.

이와 같은 증상은 우리를 힘들게 하지만 궁극적으로는 우리 몸이 회복하는 과정이다. 예를 들어, 발열은 바이러스와 박테리아를 파괴하도록 촉진한다. 냉혈동물인 도마뱀도 감염이 되면 따뜻한 곳을 찾는데, 이들이 정상체온 이상으로 몸을 데우지 못하게 막으면 감염 때문에 죽을 가능성이 크다.

마찬가지로 코가 막히면 많이 불편하지만 콧구멍의 체온을 높여서 바이러스의 복제를 억제한다. 상기도감염을 일으키는 바이러스는 일반적으로 체온보다 조금 낮은 온도에서 가장 잘 번식하는데(공기를 흡입하면 콧구멍의 온도가 낮아진다), 코가 막히면 공기를 흡입하지 못해 온도가 낮아지지 않는다.

통증이나 피로감 역시 우리를 쉬게 만드는 기능을 한다. 쉬면서 더 많은 자원을 모아 감염과의 싸움에 대비한다.

열이 날 때

앞에서 "열은 바이러스와 박테리아 파괴를 촉진한다."고 했습니다. 그러면 우리는 몸에서 열이 날 때 왜 해열제를 사용하는 거죠? 우리 몸이 아직 침입자와 싸우고 있는데도 약으로 열을 내리는 것이 아닙니까?

대부분의 감기약은 바이러스 자체를 제거하는 것이 아니라 질병의 증상을 완화하여 우리 몸의 기능 상태를 더 좋게 만드는 것이 목적이다. 열을 내리는 약물(해열제)은 발열 환자들이 가끔 나타내는 정신적 혼란을 방지하고 통증을 가라앉히는 기능도 한다.

열이 나면 몸의 대사 요구량이 많아져서 환자에게 스트레스로 작용한다. 그리고 아이들의 발열은 경련(간질)과 관계될 수 있다. 그러나 실험 연구에 의하면, 발열에 해열제를 널리 이용하지만 해열제가 발열과 관련된 간질을 예방하지 못하는 것으로 나타났다.

또 다른 연구에서는 해열제가 증상을 다소 악화시키거나 더 오래 가게 만든다고 한다. 예를 들어, 리노바이러스(감기를 일으키는 바이러스)에 감염된 환자에게 아스피린이나 아세트아미노펜을 투여하면 약을 투여하지 않은 환자보다 코막힘이 더 악화되고 바이러스 입자가 더 오랫동안 만들어지는 것으로 나타났다.

개처럼 건강한

우리집 개는 병에 걸리지 않는데, 우리 가족은 감기, 독감 등 온갖 병을 자주 앓곤 합니다. 제가 본 바로는 인간이 이 지구상에서 가장 병에 걸리기 쉬운 동물 같은데 맞는지요?

집에서 기르는 개는 다른 개에게 노출되는 횟수가 인간이 다른 인간에게 노출되는 횟수보다 훨씬 적기 때문에 더 건강할 가능성이 많다. 인간과 개는 기생충, 바이러스, 박테리아 감염 등 비슷한 질환에 걸릴 수 있다. 갯과 감염성 호흡기 질환인 케넬코프(급성기관지염)는 관람 시설과 같이 개의 밀집도가 높은 곳에서 큰 문제가 된다.

감염성 질환은 특히 많은 가축이 사육되는 곳에서 문제를 일으킨다. 인류 역사에서 탐험가나 식민 지배자들이 전파시킨 질환이 인간에게 큰 문제를 야기한 사례가 많듯이, 가축이나 야생동물 역시 외래 병원체의 침입으로 고통을 당했다.

유아원과 같은 보호시설을 이용하는 아동들은 가정 밖에서 다른 아이들과 긴밀히 접촉할 기회가 많지 않은 아동들에 비해 감기 발생률이 훨씬 높다. 우리는 나이가 들면서 면역력을 강화하여 성인은 1년에 두서너 차례 감기를 앓지만 취학 전 아동들은 매년 6~10회 정도 감기에 걸린다.

위험한 인조잔디

야외 행사나 운동경기가 인조잔디 위에서 열리는 일이 점점 많아지고 있습니다. 따라서 그 위에 넘어져서 상처가 나는 사고도 많이 일어나요. 학교운동장이나 스타디움에 깔린 인조잔디에 위험한 박테리아가 증식할 위험을 줄일 방법이 있습니까?

박테리아와 바이러스는 여러 형태의 표면에서 아주 오랜 시간 생존할 수 있다. 대부분은 차고 습한 환경에서 오래 생존한다.

인조잔디 운동장에서 훈련한 운동선수들은 자연잔디에서 훈련한 선수들에 비해 피부감염 위험이 더 높다는 보고가 있어 인조잔디는 악명을 얻고 있다. 미식축구팀 세인트루이스 램즈에 소속된 58명의 선수들 중 5명이 한 시즌에 메티실린 저항성 황색포도상구균(MRSA) 피부감염을 일으킨 사례가 있다. 그러나 일부에서는 램즈의 인조잔디 구장이 MRSA 감염의 원인이라는 주장에 반대한다.

미국 질병통제센터(CDC)는 램즈 선수들의 MRSA 집단 발병 및 이에 반대하는 측의 주장에 대해 조사했지만 인조잔디에서 MRSA 균을 발견하지 못했다. 하지만 이것은 건초더미에서 바늘 찾기와 비슷하기 때문에 박테리아가 없다는 증거가 되지 못한다. 그러나 인조잔디가 집단 발병의 원인 박테리아 출처가 아니라는 데 대부분의 학자들이 동의한다.

그 대신 CDC는 인조잔디가 운동선수들의 감염에 대한 감수성을 높일 수 있다고 결론 내렸다. 인조잔디 위에 넘어져서 '잔디 화상'을 입는 사례가 종종 있기 때문이다. 잔디 화상은 램즈 선수들이 경기하는 구형 모델(쿠션 기능을 하는 고무나 모래가 깔려 있지 않다) 운동장에서 특히 자주 발생한다. 잔디 화상을 입은 피부로 박테리아가 침입할 수 있다.

운동선수들 자신이 감염 원인일 가능성이 가장 크다. 피부끼리 직접 접촉하여 박테리아를 전파시킬 수 있기 때문이다. 약 3분의 1 정도의 사람들의 피부나 코에 황색포도상구균이 서식하며, 그중 1퍼센트 정도는 황색포도상구균 감염 치료에 이용되는 보통의 항생제 종류에 저항성을 나타내는 MRSA 균주를 보균한 상태다. 1990년대 말까지만 해도 MRSA는 병원 외부에 거의 알려지지 않았지만 그 이후 일반 사회에서도 점점 더 심각한 문제가 되고 있다.

인조잔디에 항박테리아 스프레이를 살포할 수도 있지만 이러한 조치가 질병 예방에 효과가 있다는 연구는 아직 없다. CDC는 피부 감염 예방을 위해 바깥에서 일한 다음에는 샤워를 하고, 상처는 잘 덮어주고, 수건이나 면도기 같은 개인용품은 함께 사용하지 말 것을 권한다.

바이러스와 힘겨운 싸움

에이즈 치료가 어려운 이유는 무엇인가요?

HIV는 '움직이는 과녁'과 비슷하기 때문에 이에 대항하는 약물과 백신을 개발하기 어렵다. HIV는 자주 변이를 일으켜서 HIV의 여러 유전자 변이체가 여러 다른 인구군을 감염시키며 한 사람이 여러 변이체에 감염될 수도 있다.

1987년에 HIV 치료 약물이 처음 등장하여 많은 관심을 받았지만 곧 HIV의 저항성이 나타났다. 현재 20종 이상의 HIV 약물이 미국 식품의약국의 승인을 받았다. HIV에 대해 더 많이 알게 됨에 따라 이 바이러스 일생 주기의 여러 단계를 방해하는 약물을 만들게 되었다.

HIV는 면역체계의 특정 세포 내에서 증식하며 그 과정에서 숙주세포를 파괴한다. 바이러스는 세포를 인식하여 그에 결합하고 자신의 유전물질을 숙주세포에 주입한다. HIV는 레트로바이러스의 일종으로 RNA가 유전물질이며, 역전사효소를 이용해서 RNA로부터 DNA를 만들어낸다. 이렇게 만든 바이러스의 DNA는 숙주세포의 DNA에 끼어들어가서 결합한다. 이렇게 되면 HIV가 숙주세포의 기전을 이용해서 더 많은 바이러스 RNA와 바이러스 단백을 만들 수 있고, 이것이 합쳐져서 새로운 바이러스 입자로 증식한다.

현재의 항HIV 치료는 보통 여러 약물을 함께 투여한다. 예를 들어, 역전사를 차단하는 약물을 단백분해효소 억제제(성숙 바이러스 단백질을 만드는 데 필요한 가공단계를 방해하는 약물이다)와 함께 투여한다. 이러한 약물은 각기 다른 방식으로 작용하기 때문에 바이러스가 이 모두에 저항성을 나타내기 위해서는 여러 차례에 걸쳐 변이해야 한다.

환자를 감염시킨 HIV의 유전학적 구성을 밝히는 것 역시 환자를 치료하는 기본 과정의 일부가 되었다. 환자를 감염시킨 HIV 변이체에 가장 효과적으로 작용할 약물과 내성이 생겨 효과를 내지 못할 약물이 무엇인지 예측할 때 이러한 유전학적 구성 정보가 도움이 된다. 바이러스의 변이에 따라 필요하면 치료 약물 배합을 변경할 수도 있다.

HIV 약물에는 다양한 부작용이 따르며 매일 여러 약제를 복용해야 하기 때문에 환자들이 이를 준수하며 투여하기 힘들다. 그리고 HIV는 숙주세포 내에서 수년 동안 잠복할 수도 있기 때문에 완전히 박멸하기도 어렵다. 현재까지 선진국은 이러한 치료방법을 이용해 HIV 감염 환자의 예후가 크게 좋아졌다.

그러나 개발도상국은 비용 문제 때문에 HIV 치료제 개발이 매우 느리게 진행되고 있다. 미국에서 HIV 환자 한 명 치료하는 데 드는 비용이 연간 2만 달러다. 환자의 상태를 모니터링하고 약제 내성 및 부작용 발생에 대응할 의료인이 부족한 상황은 또 다른 문제다.

새로운 치료법

C형 간염에 좀 더 효과적인 새로운 치료법이 있다는데 무엇인지요?

세계보건기구(WHO)는 전 세계 인구의 약 3퍼센트가 C형 간염 바이러스(HCV)에 감염되어 있는 것으로 추정한다. 오염된 주삿바늘을 사용하거나 성적 접촉, 그리고 수혈로 전파되는 바이러스다(미국은 1992년부터 혈액 제공자에 대해 HCV 검사를 시행하고 있다). 감염이 되더라도 25퍼센트는 HCV 감염이 저절로 소멸된다. 그러나 만성 감염이 지속되는 사람들 중 일부는 간경화가 발병한다. 간 이식이 필요한 많은 이유가 HCV 감염이다.

현재 만성 HCV 감염의 치료법 중 하나는 리바비린과 인터페론을 수개월간 투여하는 것이다. 이 약물은 환자들의 약 절반 정도에서만 효과가 있다. HCV 균주에 따라 이 약물의 효과도 다르게 나타난다. 이 치료 방법은 또한 여러 부작용도 따르고 특정 질환을 가진 환자에게는 사용할 수 없다.

다른 치료 방법도 개발되고 있는데 바이러스 복제 과정의 여러 단계를 차단하는 작은 분자들도 여기에 포함된다. 바이러스는 이러한 약물에 대한 내성을 빠르게 획득하지만, 바이러스 복제 과정의 여러 단계를 차단하는 다양한 약제를 함께 사용하여 이를 극복한다.

많은 대체 치료방법들이 HCV 감염에 효과적이라 선전하고 있다. 미국에서 HCV 감염을 극복한 사람들의 사례를 보면, 그중 약 40퍼센트가 HCV에 효과적이라는 대체 약물을 이용했으며, 대부분이 생약 제제였다. 그리고 이러한 방법을 통상적 치료에 추가하여 이용한 경우도 많았다.

생약 제제는 엄격한 검사를 거치지 않으며 미국 식품의약국의 규제를 받지 않기 때문에 의료인들은 그 안전성과 효과에 의문을 제기한다. HCV 치료법을 검토하여 2006년 미국《소화기학회지》에 게재한 논문을 보면 미국 소화기학회에서는 이러한 대체치료법이 C형 간염의 치료에 효과가 없다고 결론 내렸다.

HCV 감염의 대체치료법을 검토한 다른 연구에서는 이러한 대체치료에 대해 비교적 덜 비판적이며, 이들 생약 제제에 대해 대규모로 좀 더 정교하게 설계된 임상실험을 하여 그 사용 여부를 결정하는 데 도움을 주어야 한다고 주장한다. 최근 미국 국립보건원은 HCV 감염 치료에 대중적으로 이용되는 생약 제제인 밀크시슬에 대해 임상실험을 시작했다. 글리시리진(감초뿌리 추출액)과 소의 흉선 추출액은 약간의 효과가 있는 것으로 나타났다.

식품 살균

방사선 살균업체인 '슈어빔'이 퇴출된 이후 멕시코 등에서 미국으로 수입되는 식품에 방사선 살균을 실시할 다른 방법이 있습니까? 많은 사람이 방사선을 이용한 살균이 다양한 방법으로 식품 속에 있을지도 모를 대장균 종류나 살모넬라균의 위험을 막아준다고 생각하는데 맞는지요?

현재 파산한 기업 슈어빔은 전기로 방사선을 발생하여 식품을 살균하는 시스템 제조회사였다. 이 회사에서 사용한 기술 외에 방사선으로 식품을 살균하는 방법으로 감마선과 X선이 있다. 감마선은 방사능 활성 코발트에서 발생된다. X선과 전기 빔은 전기를 이용해 만들기 때문에 켜고 끌 수 있다. 전기 빔이나 X선에는 이런 장점이 있지만, X선은 만드는 데 비용이 많이 들고 전기 빔은 식품 깊숙이 침투하지 못하기 때문에 감마선을 더 많이 사용한다.

적은 양의 방사선은 벌레를 죽이고 과일의 숙성을 늦추며 채소가 싹이 트지 못하게 막는다. 중간 양의 방사선은 질병을 일으키는 미생물뿐만 아니라 식품을 부패시키는 박테리아, 곰팡이 등의 수를 줄인다. 병원에서는 면역체계가 약해진 환자의 식사에 많은 양의 방사선을 쬐어 살균한다. NASA 역시 우주인이 먹는 고기를 많은 양의 방사선으로 살균한다. 방사선은 DNA를 손상하여 세포의 여러 대사과정과 세포분열이 방해받는다.

1963년 미국 식품의약국은 밀과 밀가루 그리고 감자에 방사선을 쬐어 벌레를 없애는 방법을 승인했다. 1980년대 중반 이후에는 양념과 고기, 그리고 신선과일 및 야채에 방사선처리를 허가했다. 현재 미국은 식용식물과 양념의 10퍼센트 이하 그리고 고기 및 그 가공품의 1퍼센트 이하에 대해서만 방사선처리를 시행하고 있다.

방사선처리에 대한 진전이 느린 것은 기술력의 부재보다는 이러한 기술에 대한 반대 때문이다. 방사선 조사를 반대하는 사람들의 가장 중요한 주장이 식품의 영양학적 질과 안전성에 대한 문제다. 다른 여러 가지 식품 보존 및 방부처리 방법과 마찬가지로, 방사선처리 역시 약간의 영양 소실을 초래한다. 방사선처리는 또한 방사선을 쬔 식품에서 2-알킬시클로부타논이라는 특유의 화합물도 생성되는 것으로 알려져 있다. 세계보건기구를 비롯하여 여러 공중보건기구는 이 문제를 검토한 후 방사선처리 식품이 안전하다고 결론을 내렸다.

방사선처리가 비위생적인 식품처리과정, 특히 대변에 의한 오염을 은폐할 수 있다고 주장하는 사람들도 있다. 대변에 의한 오염의 방지는 식품 매개 바이러스성 질환을 예방하기 위해 매우 중요한데, 바이러스는 크기가 작아서 방사선처리에 저항성을 나타낼 수 있기 때문이다. 박테리아 포자(단단하게 뭉쳐 동면 상태로 있는 박테리아) 역시 방사선을 잘 견딘다. 그러므로 방사선처리는 식품위생을 위해 추가적으로 이용할 수 있는 한 방법일 뿐이며 완벽한 위생처리를 보장하지는 않는다.

바이러스는 생명체인가

2002년 쉽게 구할 수 있는 물질을 이용해서 최초의 바이러스를 만들었다는 기사를 본 적 있습니다. 이것은 우리가 '생명창조'를 할 수 있다는 의미입니까?

《사이언스》 2002년 8월호에는 폴리오(소아마비)바이러스를 유전자 정보에 기초하여 무(無)에서부터 창조했다는 논문이 실렸다. 학자들은 이미 알려진 폴리오바이러스의 유전자 배열에 따라 약 7500개의 뉴클레오티드(RNA와 DNA를 구성하는 화학적 기본 단위)가 연결된 끈을 먼저 만들었다. 그다음 합성된 바이러스 유전체(게놈)를 효소(촉매제)와 아미노산(단백질의 기본 골격)이 포함된 용액에 넣었다. 이렇게 하여 적절한 바이러스 단백질이 합성되었다. 새로 창조된 바이러스가 기능하는 것을 확인하기 위해 생쥐에 주사했더니, 예상대로 바이러스는 폴리오를 발생시켜서 생쥐가 마비되었다.

그러나 1년 후 다른 연구진이 단지 2주 만에 바이러스를 합성하였는데, 처음으로 무에서 바이러스를 합성할 때는 3년이 걸렸던 것에 비하면 놀라운 성과였다. 그러나 이 두 가지 바이러스는 모두 다른 바이러스보다 상대적으로 유전체가 작다. 연결할 뉴클레오티드의 수가 늘어날수록 유전체 합성은 더 복잡하다.

생명 창조의 문제는 생명에 대한 정의에 달려 있으며, 이것은 깊은 철학적 사고를 수반하는 주제다. 어떤 과학자들은 바이러스가 '살아 있다'고 생각하지 않는다. 바이러스는 스스로 복제하지 못하기 때문이다. 스스로 감염시킨 숙주세포의 기전에 침범하여 이를 이용해야만 새로운 바이러스를 복제할 수 있다. 하지만 바이러스에는 자기 존재에 대한 유전학적 정보가 포함되어 있기 때문에 살아 있는 것으로 간주하는 학자들도 있다.

한편, 박테리아는 확실히 살아 있는 생명이지만 아직 누구도 아무것도 없는 상태에서 박테리아를 만들어내지 못했다. 박테리아를 만드는 데는 두 가지 큰 어려움이 있다. 첫째, 박테리아의 유전체는 바이러스보다 훨씬 크다. 둘째, 가장 간단한 바이러스는 약간의 단백질로 둘러싸인 뉴클레오티드들이 연결된 끈으로 구성되지만, 대부분의 박테리아는 특별한 기능을 가진 부분이 복잡하게 얽힌 세포로 구성된다. 그래서 현재로서는 인간이 창조한 박테리아는 과학소설의 영역에만 존재한다.

창조주를 향한 꿈

과학자들이 생명을 창조할 수 없는 이유는 무엇인가요?

생명체 종들 사이에 유전자를 교환하는 작업은 이미 30년 전부터 가능했지만 살아 있는 세포를 만드는 일은 생물학자에게는 여전히 성배(聖杯)를 찾는 일과 같다. 세포를 작은 분자로 구성해보면 세포의 기능에 대해 많은 지식을 얻을 수 있다. 마치 엔지니어들이 기계를 조립하고 나면 그 메커니즘을 더 잘 이해할 수 있는 것과 같다.

생물학자들은 작은 바이러스들을 합성하는 데 성공했지만, 바이러스는 기본적으로 유전물질(RNA나 DNA)이 연결된 끈을 단백질이 둘러싸고 있는 비교적 단순한 형태다. 많은 학자가 바이러스를 살아 있다고 생각하지 않는다. 자신이 감염시킨 숙주세포의 기전을 이용해서만 복제가 가능하기 때문이다.

이에 비해 비록 가장 작은 박테리아 세포라 할지라도 복잡한 체계로 구성되어 다양한 기능을 수행한다. 영양을 섭취하고 부산물을 배출하며 유전물질을 복제한다. 그리고 단백질을 만들고 세포막을 보수하고 확대하는 등 수많은 작업을 한다. 무에서 이와 같은 모든 부분을 만드는 과제는 기술적으로 매우 어려운 일이다.

그러나 많이 발전하고 있다. 현재 단백질을 생산하는 세포 형태의 구조물을 제작할 수 있다. 이와 관련하여 발표된 설계도는 실험실 환경에서 생존 가능한 최소의 세포로 조립할 수 있는 각각의 구성 부분과 유전자를 상세하게 제시한다. 그리고 최근의 연구에서는 또한 박테리아 세포의 유전체 전체를 제거하고 다른 유전체로 대체하는 것도 기술적으로 가능함을 보여주었다.

아주 작은 유전체를 합성하고 이것을 자체의 고유한 유전물질을 제거한 박테리아 세포에 대체해 넣는 연구도 진행하고 있다. 그러나 완전하게 합성된 생명체는 출현하지 않았으며, 아직까지는 생명체에 필요한 모든 유전자를 확인하는 중간단계에 불과하다. 하지만 많은 학자는 완전히 합성된 세포를 만들 날이 멀지 않다고 말한다.

진드기에게 물리다

샌디에이고 근처의 팔로마 산 중턱에서 진드기에게 물렸는데 그 진드기는 내 몸에 한두 시간 정도 붙어 있었고, 몸에 반점은 생기지 않았어요. 그 지역에 혹시 라임병이 발생하지 않았는지 불안합니다.

라임병은 '보렐리아 부르그도르페리' 라는 박테리아에 감염된 진드기에 물려 전파된다. 라임병에 감염된 사람의 80퍼센트에서 나타나는 첫번째 증상은 물린 자리 주위에 붉은 반점이 생겨 차츰 넓게 확대된다. 반점은 보통 감염된 지 1~2주 내에 나타나며, 피로감과 두통, 관절통, 근육통을 동반한다. 그대로 방치하면 심각한 증상이 발생할 수 있는데 관절이 붓거나 안면신경마비, 심하면 뇌의 염증까지 일으킨다. 라임병은 항생제로 치료할 수 있다.

진드기를 적절히 떼어내면 감염 확률이 줄어든다. 진드기가 피를 흡입하면서 박테리아를 퍼뜨리려면 하루 이상 걸리기 때문이다. 어린 진드기는 양귀비 씨 크기 정도로 작아서 물려도 모르는 경우가 많아서 더 문제가 된다.

라임병은 북아메리카와 유럽 그리고 아시아 북부 지역에서 발생한다. 미국 질병통제센터에 의하면 미국에서 매년 약 2만 건의 발생 사례가 보고된다. 남캘리포니아에서도 발생하지만 보고 사례의 90퍼센트 이상은 북동부 지역의 주와 위스콘신 및 미네소타 주에서 발생한다.

미국 서부에서 라임병의 발생이 드문 이유는 도마뱀 때문이다. 진드기가 웨스턴펜스도마뱀(캘리포니아와 그 인근 지역에서 가장 흔히 볼 수 있는 도마뱀으로, 날씨가 따뜻해지면 뒤뜰에 자주 나타난다고 해서 이런 이름이 붙었다)의 피를 빨아 먹으면 도마뱀 피 속의 단백질이 라임병 박테리아를 깨끗이 제거한다. 이스턴펜스도마뱀의 피를 빨아먹어도 진드기의 라임병 박테리아가 제거되지만 이스턴펜스도마뱀은 사촌 격인 웨스턴 펜스도마뱀보다 진드기의 숙주로는 덜 중요하다.

단핵구증

단핵구증은 무엇이며 왜 발생하는지요?

단핵구증은 세 가지 주요 증상(열, 인후염, 림프선 부종)이 특징인 감염성 질환이다. '엡스타인바 바이러스(EBV)'가 원인인데 이것은 헤르페스를 일으키는 바이러스와 비슷한 종류이며, 주로 타액(침)으로 전파된다.

미국 질병통제센터는 EBV가 인간에게 감염되는 가장 흔한 바이러스 중의 하나라고 한다. 40세가 될 때까지 성인 중 95퍼센트가 EBV에 감염된다. 어린이도 물론 EBV에 감염된다(흘린 침이 친구에게 묻어 들어가는 경우가 드물지 않다). 아동기에 EBV 감염이 일어나면 대부분 증상이 없거나 경미하다. 하지만 청소년기나 젊은 성인기에 발병한 EBV 감염의 30~50퍼센트 정도에서 단핵구증을 일으킨다. 단핵구증은 15~17세에 가장 흔하지만 어느 연령대에서나 발병한다.

단핵구증에 걸린 환자의 대부분은 치료하지 않아도 1개월 이내에 회복된다. 아주 드물지만 혈액과 심장, 신경 등에 문제를 일으키거나 비장파열 등의 합병증이 발생할 수도 있다.

주방의 병균들

싱크대에 그릇을 담가두면(흐르는 물로 한 개씩 씻지 않고) 병균이 죽지 않고 더 잘 전파됩니까? 물을 많이 이용해서 씻거나 비누를 더 사용할수록 좋습니까?

손 설거지 한 번에 20~100리터의 물을 사용한다는 연구가 있다. 싱크대에 물을 채우고 설거지하면 물을 최소로 사용할 수 있다. 손 설거지는 평균적으로(60리터) 식기세척기를 이용할 때보다(40리터) 물을 더 많이 사용한다. 그러나 식기세척기의 60퍼센트 정도는 예비세척(프레린스)을 하기 때문에 추가로 80리터의 물을 더 사용한다. 세척액 사용량은 물 사용량에 비례한다.

손 설거지를 할 때는 식품안전에 유의해야 한다. 더러운 식기를 오래 싱크대에 담가두면 박테리아가 증식한다. 스펀지, 행주, 수건에도 박테리아가 서식하기 때문에 자주 교체해야 한다. 그리고 미국 식품의약국은 날고기를 자르는 도마는 고온으로 살균하거나 살균제 용액으로 씻어줄 것을 당부한다.

주저앉는 소

정부 발표에 따르면 광우병에 걸린 소가 식용으로 가공되기 전에 발견되었다고 합니다. 그러나 그 소가 도축되기 직전에 병에 걸렸듯이, 다른 '다우너' 소나 잠복기에 있는 소가 도축되어 가공될 수도 있지 않겠습니까? 우리가 먹는 쇠고기가 안전하기 위해서는 일본처럼 모든 소를 검사해야 하지 않을까요?

미국에서 두번째로 광우병(학술적으로는 우해면양뇌증)이 확인된 소는 상태가 심하여 걸을 수도 없는 다우너였다. 걷지 못하는 것은 광우병이 많이 진행되었을 때의 증상이기 때문에, 미국 농무부는 하루에 약 1000마리의 소를 검사하는 광우병 감시프로그램을 시행할 때 주저앉은(다우너) 소를 대상으로 했다.

그리고 농무부는 또한 다우너 소를 식품으로 이용할 수 없도록 금지했다(문제가 되는 소는 애완동물 사료로 가공할 예정이었다). 그러나 소가 증상을 나타내기 오래전에 이미 광우병에 감염되었을 수 있다. 사실 농무부는 열두 살 된 그 소가 육류가루나 뼛가루의 소 사료 사용을 금하기 시작한 1997년 이전에 광우병에 감염되었을 것으로 추정했다.

광우병 및 관련 질환의 원인을 발견한 공로로 노벨상을 받은 스탠리 프루지너 박사는 도축되는 모든 소에 대해 광우병 검사를 해야 한다고 주장한다. 그렇게 하는 것이 소비자 안전에 중요하며 광우병에 대한 감시를 강화할 수 있다는 생각이다. 예를 들어 질병을 일으키는 새로운 균주를 확인할 수 있다.

그러나 농무부는 모든 소를 검사하는 데 반대한다. 미국 캔자스 주의 육류 포장업체인 크릭스톤 팜스가 일본에 쇠고기 수출을 계속하기 위해 도축되는 모든 소를 검사하려 했을 때 이를 금지시키기까지 했다. 농무부는 그 회사가 검사(전수조사)를 허용한다면 값비싼 선례가 되어 모든 육류 포장업체도 그렇게 할 수밖에 없게 된다고 생각했다.

한 마리를 검사하는 데 30달러의 비용이 들면 매년 미국에서 도축하는 소 3500만 마리를 검사하는 데 10억 달러의 비용이 소요된다. 게다가 전수조사를 하면 쇠고기 가격이 500그램당 6센트 정도 오른다. 하지만 대부분의 소비자는 안전을 위해 이 정도는 부담할 용의가 있을 것이다. 그러나 농무부는 미국에서 도축하는 소는 대부분 연령이 18~20개월이며, 30개월 미만의 소에서는 광우병을 확인할 수 없다는 이유로, 모든 소를 검사하는 것은 적절하지 않다고 주장한다.

어떻든 다우너 소의 도축을 금지하는 새로운 도축규정이나 광우병 감시강화 방법을 도입하면 광우병의 발생을 믿지 않았던 과거보다 쇠고기의 안전성을 더 높여줄 것이다.

미친 소

프리온이 사람이나 소에게 어떻게 광우병을 발생시키는지 최신 연구 결과를 설명해주세요.

프리온은 광우병을 일으키고 인간에게는 그 변형인 크로이츠펠트-야콥병(vCJD)을 일으키는 원인으로 생각되는 단백질이며, 그 외에도 여러 가지 프리온 질환을 일으킨다. 프리온의 개념이 처음 등장했을 때는 가설 수준이었다. 단백질 자체가 질병을 일으킨다는 생각은 터무니없는 것으로 간주했는데, 왜냐하면 단백질은 스스로를 복제할 수 없기 때문이다. 질병을 일으키는 박테리아와 바이러스를 포함한 다른 병원체는 유전자 청사진(DNA 혹은 RNA)으로 자신을 복제한다.

1997년 질병 원인체로 프리온을 연구한 스탠리 프루지너가 노벨생리의학상을 수상한 후에도 많은 과학자는 여전히 프리온 질환이 아직 밝혀지지 않은 바이러스 때문이라고 믿었다. 단백질로만 된 병원체에 관해 계속 비판적이자 과학자들은 중요한 실험, 즉 프리온 단백질을 합성하고 이 단백질이 동물에게 신경학적 질환을 발생시킬 수 있음을 확인하는 실험을 수행할 수밖에 없었다.

감염된 동물의 뇌조직에서 순수한 프리온을 추출하여 이것이 질병을 일으키는 것을 보여주었지만 비판자들은 '순수한' 단백질에 DNA나 RNA가 전혀 없는 것은 아닐 것이라 주장했다. 그러나 프리온을 합성하여 그것이 질병을 일으키는 실험에 성공하여 2004년 8월 《사이언스》에 발표되자, 프리온에 대한 회의적 시각은 거의 사라졌다.

학자들은 프리온이 질병을 일으키는 기전을 단백질 접힘과 관련이 있다고 생각한다. 프리온도 다른 단백질과 마찬가지로 한 가지 형태 이상으로 접힐 수 있다. 한 가지 모양의 프리온은 해가 없지만 다른(감염성이 있는) 형태의 프리온은 서로 뒤엉켜서 신경세포에 손상을 줄 수 있다. 광우병의 학술명인 우해면양뇌증에서 해면양(spongiform)이라는 단어는 프리온이 뇌 신경세포에 커다란 손상을 입히면 뇌가 해면(스펀지)처럼 보인다고 해서 붙인 이름이다.

인간을 비롯한 대부분의 척추동물에서도 정상적인 프리온은 중추신경계에 밀집되어 있다. 이것의 기능은 아직 알려져 있지 않지만, 최근한 연구는 기억에 관여한다고 추정했다. 프리온의 정상적 기능이 무엇이든 감염성 프리온이 정상 프리온과 접촉하면 정상 프리온이 감염성 형태로 다시 접히는 것으로 생각된다. 그리고 이것은 신경계 내에서 프리온이 다시 접히는 연쇄반응을 촉발한다.

프리온 질환과 관련한 여러 의문은 아직 풀리지 않고 있다. 학자들은 감염성 프리온을 섭취했을 때 크로이츠펠트-야콥병이 언제 발병하는지, 또 그 사이에 인체에서는 어떤 일이 벌어지고, 어느 정도 프리온이 있어야 질병이 발생하는지 등을 이해하기 위해 계속 연구하고 있다. 광우병이나 사슴과 엘크에서 나타나는 만성 소모성 질환, 그리고 양과 염소에게서 발생하는 스크래피를 포함하여 여러 프리온 질환의 전파력이 크게 다른 이유도 앞으로 풀어야 할 미스터리다.

6
인간을 위협하는 질병들

두 얼굴을 가진 전사

에이즈 환자처럼 면역체계에 문제가 있는 사람은 감염병이나 특정한 종류의 암에 잘 걸린다고 들었습니다. 감염병에 대한 면역과 암에 대한 면역은 다른지요?

우리 몸의 면역체계는 '자신'이 아닌 침입자를 공격한다. 암세포는 신체 내에서 정상세포로 시작하기 때문에 면역체계는 이들을 인식하지 못하고 방치한다.

그렇지만 많은 암세포에는 표면에 특정한 단백질이 있기 때문에 환자의 면역체계가 이를 외부침입자로 인식하여 공격하도록 만드는 백신을 개발하기 위해 노력하고 있다. 암은 한 가지 질병이 아니라 통제 없이 성장하는 세포들에 의해 100가지 이상 여러 질병의 특성을 보이기 때문에 암의 백신은 구체적 특성에 맞게 개발해야 한다.

개인의 면역체계 상태가 암의 발생 가능성에 주는 영향을 조사한 연구에서는 모순된 결과가 나왔다. 한편으로는 AIDS와 같이 면역억제를 초래하는 질환을 가진 사람들은 특정한 암의 발생 위험이 더 높았다. 인유두종바이러스 같은 감염체와 관련된 암들이다. 인간에게 발생하는 암 중 최소한 15퍼센트가 감염성 질환이 일으키는 것으로 생각된다.

그러나 면역체계가 과잉으로 활발한 상태인 만성염증 질환을 가진 사람들 역시 암 발생 위험이 높았다. 일부 만성 염증성 질환은 감염으로 유발되지만 유전적인 사례도 있다. 장기간 항염증 약물을 투여하면 암 발생 위험이 낮아지는 것으로 나타났다.

면역반응이 컴퓨터게임 팩맨처럼 나쁜 침입자들에게 다가가서 삼켜버리는 면역세포들로만 구성된 단순한 체계라면 항상 '작동 중인' 상태인 면역체계가 암세포를 더 잘 발견하여 파괴할 수 있을 것이다. 그러나 면역반응에는 화학전쟁도 벌어지는데, 이것은 나쁜 미생물을 효과적으로 처치하지만 건강한 세포의 DNA를 손상시켜서 암세포로 변하게 하기도 한다.

면역체계가 언제나 전쟁광인 것만은 아니다. 건설적인 작용도 하여 정상세포의 성장에 기여하는데, 암세포의 성장에도 똑같이 작용한다. 예를 들어, 혈관을 새로 만들어 혈관망을 확대하는 혈관신생은 상처 부위의 재생에 필요하지만 성장하는 종양에 영양을 공급하는 통로의 기능도 한다.

오래전 의학문헌에 급성 감염(면역반응을 작동 혹은 중지시키는 역할을 한다)이 종양을 자연 소멸시킨다는 보고가 실린 적이 있는데, 이는 면역체계와 암의 관계에 대한 이야기를 더욱 복잡하게 만든다. 전통적 암치료법 중에는 박테리아 독소를 환자의 종양에 주사하는 방법이 있다. 이와 비슷한 전통적 치료법이 미국 식품의약국의 승인을 받았다. 방광암 치료를 위해 살아 있는 박테리아를 종양 부위에 직접 넣어주는 방법이다.

여드름을 유발하는 음식

초콜릿이나 기름진 음식을 먹으면 왜 여드름이 잘 납니까?

아이작 아시모프는 이런 말을 했다. "맛있는 것은 몸에 나쁘다. 이것이 식이요법의 첫번째 원칙이다." 청소년들이 다이어트나 여드름과 관련해서 듣는 조언도 이와 비슷하게 과학과 민속이 섞여 있다.

여드름은 농촌처럼 산업화가 덜 된 사회에서는 발생률이 낮다. 예를 들어, 에스키모인들이 전통적인 생활양식과 식습관을 유지할 때는 여드름이 없었다. 그러나 그들의 생활이 서구적으로 변하자 여드름 발생률은 서구 사회와 비슷해졌다. 그래서 어떤 학자들은 설탕이나 과당처럼 당분이 많은 식사가 여드름을 유발하며 서구사회의 10대에게 발생하는 전형적인 여드름의 원인으로 추정했다. 그들은 당분이 많은 식품을 자주 섭취하면 인슐린 농도가 높아진다는 가설을 세웠다. 높은 인슐린 농도는 일련의 연속적인 호르몬 생산을 초래하고 이것은 피부 구멍 내에 세포의 과잉생산을 초래하여 결과적으로 구멍이 막힌다.

이것은 그럴듯한 가설이지만 이를 입증하려면 많은 수의 사람들이 자신들의 식습관을 상당한 기간 동안 크게 바꿔야 한다. 현재 최소한 한 곳에서 이와 같은 연구를 시행하고 있다.

초콜릿과 같은 고당분 식품, 프랑스식 감자튀김이나 피자 같은 기름진 식품이 여드름에 미치는 영향을 연구한 결과 특정 식품과 여드름 사이의 관련성을 발견하지 못했다. 초콜릿은 여러 연구에서 무죄로 밝혀졌다.

최근에는 우유를 원인으로 지목하는 연구가 있었다. 그 연구에서는 여성에게 자신이 10대 때 얼마나 많은 우유제품을 먹었는지 회상하게 하여 그 양에 따라 분류하였는데, 가장 많이 소비한 여성 집단에서는 가장 적게 소비한 여성들보다 심한 여드름이 발생했던 비율이 더 높았다. 이를 토대로 연구진은 우유에 포함된 자연 호르몬이 여드름을 유발하는 것으로 추정했다. 그러나 이 연구도 우유가 여드름의 원인이라는 증거는 될 수 없다. 여드름이 많은 청소년은 우유가 피부를 깨끗하게 해준다는 생각에 부모들이 우유를 많이 마시도록 부추겼을 가능성도 충분히 있기 때문이다.

피부과 의사들은 요오드 민감증이 하나의 원인일 수 있다고 한다. 다시마나 새우류에 많이 들어 있는 요오드나 보충제제 형태의 요오드는 민감한 사람들의 피부 구멍을 자극할 수 있다. 그리고 젖소 사료의 보충제나 젖소 유방의 소독제로 사용되는 용액에도 요오드가 포함되며 이것이 우유 속으로 들어갈 수 있다.

그렇기 때문에 건강한 식사가 모든 사람에게 중요하지만, 특히 특정 식품에 과민증이 있다면 여드름이 일종의 질환이 될 수 있다. 특정 식품이 어떤 사람에게나 외모에 나쁜 영향을 준다는 확실한 증거는 없다.

알레르기에서 자유로운 사람

알레르기는 왜 발생하죠? 어떤 사람은 특정 물질에 알레르기가 나타나는데 다른 사람들은 그렇지 않은 이유가 무엇입니까?

미국 알레르기 및 감염병 연구소의 발표에 의하면 미국인 중 5000만 명 이상이 알레르기를 경험하며 이로 인해 매년 180억 달러의 비용이 지출된다고 한다.

알레르기는 몸에 해를 끼치지 않는 물질에 대해 우리 신체가 방어기전을 작동할 때 발생한다. 알레르기에 민감한 사람이 꽃가루와 같은 알레르기항원을 접하면 면역세포가 항체의 일종인 면역글로불린(IgE)을 다량으로 만들어낸다. IgE는 마스트세포에 부착되는데, 보통 때는 미생물이 침범에 대응하여 화학물질을 생산한다. IgE가 알레르기항원으로 인식하는 물질을 발견하면 마스트세포를 자극하여 여러 화학물질의 생산을 촉진한다. 그중 한 가지 물질인 히스타민은 혈관과 점액샘 등의 여러 신체장기에 작용하여 알레르기 반응의 여러 증상을 나타낸다.

꽃가루, 곰팡이 포자, 먼지진드기, 동물들의 깃털이나 비듬 등이 흔히 호흡기 알레르기항원이 되며, 합성고무나 벌레 물림, 약물(페니실린), 보석 등도 알레르기 반응을 일으킬 수 있다. 음식물 중에서는 우유, 달걀, 견과류, 밀, 해물 등이 흔히 볼 수 있는 알레르기항원이다.

특정 음식물을 먹지 못한다고 모두 알레르기는 아니다. 예를 들어, 많은 사람이 젖당(우유에 포함된 당류) 분해효소가 없다. 이런 사람들에게 나타나는 젖당과민증은 우유의 특정 성분에 항체가 생겨서 나타나는 알레르기와는 다르다. 하지만 이와 같은 음식물효소부족증과 알레르기는 비슷한 증상을 보인다.

50가지 이상의 유전자가 사람의 알레르기 발생과 관련이 있다고 한다. 예를 들어, 어떤 사람은 선천적으로 IgE 항체를 지나치게 많이 만들어내기 때문에 건초열, 천식, 습진, 식품알레르기 등이 나타난다.

유전 외적인 요인도 알레르기 발생에 중요하다. 예를 들어, 모유수유를 하는 아기는 알레르기 발생 빈도가 낮다. 심리적 스트레스는 알레르기 증상을 악화하는 것으로 알려졌다.

서구사회에서 알레르기 발생률이 높아지는 현상을 '위생가설'로 설명하는 사람들이 있다. 사람들이 청결에 강박적으로 신경을 쓰기 때문이라는 가정이다. 이 가설에서는 생애 초기에 공기 중의 알레르기항원과 미생물에 노출되면 몸의 면역체계가 과도하게 민감해지는 것을 막아

주어 알레르기 위험이 줄어든다고 주장한다. 그러나 이 가설은 도심지의 대기오염에 노출된 아동들에게서 천식과 알레르기의 발생률이 높은 현상을 설명하지 못한다.

식품 알레르기와 관련해서는 생애 초기의 노출이 알레르기 발생 위험을 높이는 경우가 많다. 예를 들어, 쌀 알레르기는 일본의 아이들에게 더 흔하며 생선 알레르기는 스칸디나비아 국가에서 더 흔하다. 이것은 아이들의 내장이 성인보다 좀 더 '구멍이 많아서, 혹은 새어나가기 쉬워서' 단백질이 혈류로 들어가 면역반응을 유발하기 쉽기 때문으로 생각된다.

딸꾹질

딸꾹질은 왜 하나요?

딸꾹질은 호흡할 때 가장 중요한 근육인 횡격막의 불수의적(의식적으로 통제가 되지 않는—옮긴이) 수축 때문에 발생한다. 그 결과 성문(두 줄의 성대 사이 간격)이 닫히면서 공기 흡입이 갑자기 중단되고 특정한 소리가 난다.

음식을 빨리 먹는 것처럼 횡격막의 갑작스러운 수축을 유발하는 어떤 요인들 때문에 딸꾹질을 할 수 있다. 식사 후 위장이 늘어나 있을 때 딸꾹질이 더 잘 발생하기도 한다. 일부 의학적 문제도 딸꾹질을 일으키는데, 예를 들어 뇌졸중이 호흡을 조절하는 뇌 부위에 이상을 초래하거나 폐렴으로 횡격막이 자극될 때도 딸꾹질을 한다.

딸꾹질을 하는 목적의 유무에 대해서는 의견이 엇갈린다. 그중 하나는 딸꾹질이 하등 척추동물의 호흡행동의 진화적 부산물이라는 주장이며, 다른 하나는 딸꾹질로 식도 하부 괄약근이 열리고 위장에서 가스가 배출되어 팽만감을 줄여준다고 주장한다.

딸꾹질을 멈춰라

딸기맛 식초를 묻힌 각설탕을 먹으면 딸국질이 멈추는 이유는 무엇입니까(이것은 아들에게 한 번도 실패한 적이 없는 방법이며 일반 식초나 다른 특별한 식초를 사용해본 적도 없습니다)?

민간에는 딸꾹질을 멈추게 하는 방법이 다양하다. 그중 일부는(예를 들어, 물 한 컵을 천천히 쉬지 않고 마시는 방법) 효과 여부를 떠나 매우 흔히 이용된다. 숨을 참거나 깜짝 놀라게 하여(경련성 호흡) 정상적인 호흡 주기를 차단하는 방법도 있다. 각설탕 덩어리를 삼키면 목구멍 뒤쪽을 자극하며, 그 결과 신경충격이 딸꾹질 회로를 중단시켜서 딸꾹질이 멈춘다.

그러나 이러한 민간 처방도 찰스 오스본이라는 사람에게는 소용이 없었다. 그는 68년 동안이나 멈추지 않고 딸꾹질을 해서 기네스북에 올랐다.

목에 덩어리가 걸린 듯

목에 덩어리가 걸린 느낌을 히스테리구(히스테리성 종류감)로 진단하려면 목에 어떤 손상이나 다른 원인이 없을 때 가능한 걸로 알고 있습니다. 그러면 어떤 손상이나 질병이 이러한 느낌을 줄 수 있습니까?

목에 덩어리가 걸린 느낌(종괴감)을 심리적 요인보다 신체적 원인으로 설명할 수 있다면 히스테리구는 정확한 진단명이 아니다. 그렇지만 많은 의사가 이렇게 잘못 진단한다. 한 연구에 의하면 히스테리구로 진단받은 231명의 환자를 대상으로 정밀검사를 시행한 결과 그중 80퍼센트에서 그와 같은 느낌을 발생시키는 신체적 질환이 있는 것으로 나타났다.

매우 다양한 범위의 질환이 목에 무언가 걸린 것처럼 불편한 느낌을 줄 수 있다. 먼저 가장 확실한 것은 실제로 종괴, 즉 양성 혹은 악성 종양이 존재하는 경우다. 퇴행성이나 뇌졸중 같은 신경학적 질환에서도 이런 느낌이 있다. 그 외에도 저혈당과 전해질불균형(칼슘, 칼륨, 마그네슘, 혹은 나트륨 수준의 저하)에서도 발생할 수 있다.

위식도역류성 질환(위산역류)도 원인이다. 한 연구에서는 종괴감을 호소하는 환자의 식도 내로 작고 가는 긴 관을 삽입하여 산도를 측정하였는데, 식도의 아래쪽 3분의 1에 한정된 위산역류가 그러한 느낌을 일으킬 수 있는 것으로 나타났다. 연구진은 식도 아래쪽의 자극이 미주신경을 통해 식도 위쪽으로 전달되는 것으로 추정했다. 이와 같은 환자들은 역류를 치료하면 대부분 종괴감이 해소되었다.

관절은 기상청

기압이 낮으면 관절의 통증이 심해지기 때문에 기압이 통증의 원인이라 말하는 사람들이 있습니다. 이런 표현이 정확한지요?

특정 지역에서 대기가 아래로 누르는 힘이 기압이다. 대기가 서서히 하강하는 곳은 기압이 높고 서서히 상승하는 곳은 기압이 낮다. 저기압일 때는 대기가 상승하면서 냉각되어 습기의 농축이 생기기 때문에 비가 내린다. 고기압은 청명한 날씨와 연결될 수 있는데 대기가 하강하면서 데워지면 구름 형성을 방해하기 때문이다.

그리고 고도가 높으면 공기 분자의 수가 더 적기 때문에 기압이 낮다. 일기도에서는 고도를 감안하여 기압을 보정한다. 이렇게 보정함으로써 기후 상태에 영향을 주는 대기의 이동과 관련한 기압의 차이를 더욱 정밀하게 나타낼 수 있다.

날씨와 신체 상태가 관련이 있다는 생각은 오래전부터 있었다. 히포크라테스는 기원전 5세기에 이와 관련한 기록을 남겼다. 한국에서는 이를 '날궂이'라 부르는데, 해당하는 한자어는 습풍(濕風)이며 이를 영어로 옮긴 것이 'Wind wet'이다.

관절염 환자 대부분은 자신의 상태가 기후의 영향을 받는다고 말한다. 그중에서는 관절의 통증으로 일기를 정확하게 예상할 수 있다고 주장한다. 여기에는 어느 정도 진실이 있지만 아직 기후와 관절 질환 사이의 정확한 관련성은 밝혀지지 않았다.

예를 들어, 기압이 높으면 관절염 환자의 증상이 악화된다고 보고한 연구가 있지만 그와 정확하게 반대 소견을 확인한 연구도 있다. 그리고 또 다른 연구에서는 기압이 변할 때만 관절의 통증이 심해진다고 보고했지만 추운 날씨 역시 전형적으로 증상을 악화시키며, 습도가 높아져도 마찬가지다. 일부 연구에서는 태양빛이 감소하고 바람 세기가 약해져도 증상이 악화된다고 한다.

연구 결과가 이렇게 다르게 나타나는 이유는 분명하지 않다. 연구 대상 환자들이 다르기 때문일 가능성도 있다. 관절염의 유형이나 관절 부위에 따라 기후에 대한 반응이 다르게 나타날 수 있다. 그리고 연구가 수행된 지리적 장소에 따라서도 다를 수 있다. 기후 변수들을 다르게 조합한 것도 영향을 주었을 가능성이 있다.

날씨가 통증에 미치는 영향을 여러 기전으로 설명할 수 있다. 기온이나 기압의 변화는 신경말단을 더 민감하게 만든다. 그 외에 인대, 건, 뼈, 근육, 흉터조직 등은 모두 밀도가 다르기 때문에 대기의 변화가 이러한 조직을 서로 다르게 수축 혹은 확장시켜 통증이 발생한다는 설명도 있다. 기후 양상이 정서에 영향을 주어 통증 인식이 변화되는 사람들도 있을 것이다.

뇌가 줄어들다

사람들의 뇌세포 수는 주로 어떻게 감소하는지요?

뇌세포 수를 가장 많이 줄이는 원인은 질병이나 부상이 아니다. 우리 몸의 정상발달이 뇌에 작용하는 가장 냉혹한 죽음의 신이다. 신경계의 일부 부위에서는 생성된 전체 신경세포 수의 절반 정도가 발달 과정에서 소멸된다.

발달 과정에 신경세포는 증식하고 최종 목적지로 옮겨가면서 그 수가 최대로 증가한다. 신경세포 생장점이라 부르는 '촉수'를 내어 다른 신경세포를 발견하고 연결한다. 적절한 연결을 만들지 못한 신경세포는 깨끗이 제거된다.

이 과정은 낭비로 보일 수도 있지만, 구체적으로 모든 신경세포와 연결들 각각에 빠짐없이 유전자가 배정되었을 때보다 유연성이 훨씬 크다. 인간이나 다른 복잡한 동물에서 뇌의 구조 기능은 이와 같은 기전을 통해 다양한 환경적 영향에 대응한다.

불필요한 세포들이 죽음으로 깔끔하게 제거되는 형태를 세포자멸사(apoptosis)라 부른다. 이 단어는 '나뭇잎이 떨어지다'는 의미의 그리스어에서 유래한 것이다. '자멸사'하는 동안 세포는 오그라들고 자신의 표면에 다른 세포들이 자신을 먹어치우라는 신호를 보낸다. 이웃 세포들 혹은 대식세포라는 백혈구들이 죽어가는 세포를 삼킨다. 자멸사는 아주 엄격한 통제를 받으며 주위 조직에 손상을 주지 않는다.

이와는 달리 감염이나 뇌졸중 혹은 부상(큰 바위가 와일리 코요테의 머리에 부딪칠 때처럼)이 발생하면 뇌세포는 괴사 과정에서 죽는다. 괴사는 자멸사처럼 깔끔하지 못하고 훨씬 지저분하다. 세포 내용물이 새어나가고 염증이 일어나서 주위 세포에 손상을 줄 수 있다.

그러나 자멸사가 언제나 좋은 것만은 아니다. 자멸사도 때로는 비정상적으로 활성화하기도 한다. 예를 들어, 발달 중에 있는 뇌가 알코올에 노출되면 자멸사가 활성화하여 수백만 개의 신경세포가 제거될 수 있다. 이와 같은 손상의 결과로 태아알코올증후군이라는 선천성 장애를 가진 아기가 태어난다.

중추신경계가 서서히 퇴행하는 질환인 루게릭병, 파킨슨병, 헌팅턴병, 알츠하이머병 등에서도 세포자멸사가 중요한 역할을 하는 것으로 밝혀졌다. 그래서 세포자멸사를 활성화하는 세포성 신호를 찾기 위한 연구가 활발히 진행되고 있다.

현대 사회에서 지적 능력 황폐화의 가장 심각한 원인은 알츠하이머병이다. 《미국의학협회지》에 실린 논문에 의하면, 미국 국민의 약 2퍼센트가 이 병을 앓고 있지만 85세 이상에서는 절반 이상이 앓고 있다. 이 질환이 진행하는 10년 혹은 20년 동안 뇌의 특정 부위에서는 세포 수가 20~80퍼센트 감소한다.

머리를 맞고 KO되다

머리를 강하게 맞은 후 의식을 잃고 링 위에 쓰러진 권투선수의 뇌에서는 어떤 일이 벌어지는지요?

뇌를 둘러싼 체액이 일상활동 중에 쿠션 역할을 하지만 머리에 강한 충격이 가해지면 뇌조직에 기계적 스트레스가 발생한다. 신경세포를 강제로 당기거나 압박하면 세포 외막에 있는 통로가 열린다. 이러한 통로로 이온들이 세포 내로 쏟아져 들어가서 갑작스러운 전기적 전하가 발생하고 그 결과 의식을 잃는다.

전기적 전하의 발생은 신경전달물질인 신경세포들이 서로 대화할 때 이용하는 화학물질의 방출로 이어진다. 물론 뇌조직에 잘라내는 힘을 가하면 직접 손상이 생길 수도 있다. 뇌 촬영 소견을 보면 뇌에 타격이 가해진 후 의식을 잃은 시간이 길수록 병변이 뇌 깊숙한 부위에 위치한 것을 알 수 있다.

프로권투선수 중 약 20퍼센트가 만성외상성 뇌손상을 경험한다. 생각과 행동 및 근육 통제에 나타나는 장애가 이 질환의 증상이다. 이 질환의 증상이 심하면 펀치드렁크(권투선수치매)라 부른다. 알츠하이머병에서처럼 만성외상성 뇌손상을 앓는 사람들의 뇌에서는 노화판(단백질이 비정상적으로 침착된 부위)과 매듭(섬유 뭉치가 꼬인 부위)이 관찰된다.

카푸치노에 중독되다

사람들은 왜 카페인에 중독되는 걸까요?

미국인의 80~90퍼센트가 카페인을 자주 섭취한다. 이런 사람의 하루 평균 카페인 섭취량은 280밀리그램이며, 이는 큰 잔으로 커피 한 잔과 콜라 두 캔을 마시는 양이다. 어떤 연구에 의하면 하루에 커피 한 잔만 마셔도 카페인에 중독될 수 있다고 한다. 그러나 다른 일부 학자들은 카페인이 뇌에 미치는 영향에 근거하여 카페인이 중독성이라는 주장에 반박한다.

카페인이나 암페타민 같은 중독성 약물들은 뇌의 보상체계에 작용한다. 인간을 비롯한 여러 동물에서 뇌의 보상체계가 하는 정상적 기능은 생존에 도움이 되는 행동에 기쁨을 느끼게 하여 이를 강화하는 것이다. 이런 약물은 뇌의 보상체계구조, 특히 측좌핵, 복측피개영역, 전전두피질을 자극하여 인위적으로 활성화한다.

카페인은 정상적 용량을 섭취하면 뇌의 앞전두피질을 자극하지만 다른 보상체계에 관여하는 뇌의 다른 부위에는 영향을 주지 않는다. 그래서 카페인이 뇌에 미치는 영향은 전형적인 중독성 약물과는 다르게 보인다. 하지만 자바산 커피의 섭취를 중단했을 때 많은 사람이 금단증상을 보이는 것처럼 통상적 용량의 카페인만으로도 끊기 힘든 습관이 생길 수 있다.

한 실험 연구에서는 카페인 섭취를 중단했을 때 50퍼센트의 사람들에게 두통이 나타났으며, 13퍼센트에서는 정상적 기능을 수행하기 어려울 정도의 심각한 금단증상이 발생했다. 카페인 금단증상으로는 피로감, 집중력 저하, 우울, 불안, 구역질, 근육통 등이 있다. 카페인 섭취를 중단한 지 12시간 이내에 증상이 시작되어 일주일까지 지속된다.

카페인은 초기에 심장박동수와 각성도를 높인다. 몸에서 신경활동을 억제하는 자연성 화학물질인 아데노신의 작용을 차단하기 때문이다. 아데노신은 혈관을 확장시키고 카페인은 반대로 수축시킨다. 일부 두통약에 카페인이 함유된 이유가 이것 때문이다. 뇌 속의 혈류량을 줄여서 두통을 완화하는 효과를 나타낸다.

우리 몸은 카페인이 자주 들어오면 그 반응으로 아데노신의 활동 수준을 높인다. 그러다가 카페인이 갑자기 중단되면 카페인에 의한 아데노신 효과를 차단하는 작용이 없어지기 때문에 어지럼증과 두통이 발생한다. 카페인을 점차 줄이면 이에 맞추어 몸이 스스로를 조절할 시간을 가지게 되고 심한 금단증상은 나타나지 않는다.

다행히도, 카페인 때문에 잠이 오지 않는 경우만 빼면 카페인이 건강을 해친다는 증거는 거의 없다.

드문 암

저는 심장암에 대해서는 한 번도 들어본 적이 없습니다. 심장암도 있습니까?

심장에도 암이 생긴다. 부검 자료를 토대로 추정한 결과 심장암은 1만 명 내지 10만 명당 한 명 정도 발생한다. 매우 드물기 때문에 언론의 큰 주목을 받지 못한다. 이와 비슷하게 남성도 유방암에 걸린다는 이야기를 거의 들어보지 못했을 것이지만, 전체 유방암 중 약 1퍼센트는 남성에게 발생한다.

세계보건기구에 의하면, 매년 약 1000만 명이 암에 걸린다. 전 세계에서 가장 흔한 암은 피부암(새로 진단받는 암 사례들 중 약 33%), 폐암(12%), 유방암(10%), 그리고 대장/직장암(9%)이다. 그다음으로 흔한 유형은 위장, 전립선, 간, 자궁경부, 식도, 방광, 림프샘, 혈액(백혈병), 구강/인후에 생기는 암이다.

대부분의 암은 상피세포에서 시작되는데 이것은 피부의 바깥층, 소화기, 호흡기, 비뇨기계의 내막을 이루는 세포들이다. 상피세포는 매우 빠르게 분열하기 때문에(근육세포와 비교할 때), 이 과정에 뭔가 문제가 발생할 가능성이 매우 크다. 심장은 주로 근육조직이며, 심장암 사례 중 대부분은 신체 다른 곳(예를 들어, 폐 혹은 유방)에서 발생해서 심장으로 전이한 경우다.

새로운 피부

사람의 피부는 끊임없이 죽거나 떨어져나가고 새로운 세포로 대체된다고 들었습니다. 손상된 피부도 새로운 세포로 계속 대체되는데 이때 햇빛에 손상된 피부에서 암이 잘 발생하는 이유는 무엇입니까?

피부의 가장 바깥층(각질층)은 각질세포라 부르는 죽은 피부세포들로 구성된다. 질문에서 언급한 바와 같이 이러한 세포는 끊임없이 떨어져나가고 깊은 층에서 공급되는 각질세포로 대체된다. 각질세포의 수명은 약 1개월이지만 암이 발생하는 데는 수년이 걸리는 경우가 많다. 암으로 되기까지 세포에 평균 5회 정도 돌연변이가 쌓여야 하기 때문이다. 아마 피부가 그렇게 빨리 대체되지 않는다면 피부암은 더 많이 발생할 것이다.

피부암 중 흑색종, 기저세포암, 편평세포암이 가장 많이 발생한다.

흑색종은 멜라닌 세포의 암으로, 이 세포들은 우리 피부가 짙은 색을 띠게 하는 색소인 멜라닌을 만든다. 멜라닌 세포는 각질세포처럼 빠르게 대체되지 않는다. 그러나 기저세포암과 편평세포암은 각질세포의 암이다. 이 두 가지 피부암은 각질세포의 줄기세포에서 발생하는 것으로 생각된다.

줄기세포는 분열할 때 자신을 재생하는 특성이 있다. 하나의 각질세포 줄기세포가 분열할 때 두 개의 딸세포들 중 하나는 피부 표면으로 옮겨가서 결국 벗겨져나가지만 다른 하나는 뒤에 남아서 줄기세포로 기능한다. 만약 부모 줄기세포에 돌연변이가 발생하면 이러한 변이가 각각의 딸세포에도 전달된다. 딸 줄기세포(혹은 그 후손 세포들)는 피부 안에 오래 남기 때문에 여러 차례의 돌연변이가 쌓여 결국 암으로 변할 수 있다.

병의 완치

저는 1년 전 제2형 당뇨병을 진단받고 약물치료와 식이요법, 운동 등을 함께했습니다. 그래서 지금은 체중을 25킬로그램 넘게 뺐으며 의사는 당뇨약을 끊어도 된다고 말했습니다. 마지막으로 검사한 혈당 수치는 정상범위로 나왔습니다. 그래도 아직 제게 당뇨병이 있는 것입니까?

완치에 대한 사전적 정의는 건강 상태로 회복되는 것이다. 즉 귀하의 당뇨는 완치되었다고도 볼 수 있다. 그러나 복잡한 질환이라면 이러한 정의로는 부족하다. 샌디에이고 캘리포니아의과대학 당뇨병 전문가인 스티브 에델먼에 따르면 귀하의 당뇨는 완전히 조절되었지만 완치된 것은 아니다. 아직 당뇨를 완치하는 방법은 없다. 만약 귀하의 체중이

다시 불어나면 당뇨가 다시 나타날 수 있으므로 당뇨를 완치하고 싶으면 체중을 조절해야 한다.

감염병도 완치의 정의가 명료하지 않다. 샌디에이고 캘리포니아의과대학 감염병 전문가인 프란체스카 토리아니에 의하면 완치란 감염의 증후(질병이나 염증)가 발견되지 않고 병원체 검사에서 음성으로 확인되는 상태라고 한다. 그러나 박테리아나 바이러스 검사에서 양성이 나온 사람들 중에도 질환이 발생하지 않는 사례가 있다. 그 사람의 감수성과 면역력이 영향을 주기 때문이다.

암은 완치라는 개념을 적용하기 가장 어려운 질환이다. 암은 하나의 질병이 아니라 100가지 이상의 질병이 모인 것이기 때문이다. 샌디에이고 무어스 암센터 흑색종 전문가인 그레그 대니얼스는 암의 완치에 대한 정의를 "암이 그 자리에 있지 않고 다시 발생하지 않는 상태"로 표현했다.

그는 이러한 정의를 후향적이라 지적했다. 같은 암을 가진 두 환자가 같은 치료를 받은 후 단기간에는 두 환자 모두 동등하게 상태가 좋더라도 시간이 지나면 크게 달라질 수 있다. 예를 들어, 제1기 흑색종의 경우 환자의 90퍼센트가 완치되지만 10퍼센트는 재발한다. 그러나 재발하기 전까지는 완치 환자와 완치되지 않은 환자를 구별할 수 없다. 완치에 대한 그의 정의 앞부분(암이 그 자리에 있지 않고)도 정확한 표현이 아니다. 암 검사의 민감도에 따라 다르기 때문이다. CT나 PET 검사는 암세포 수십억 개가 모인 큰 병소를 찾아낼 수 있지만 수백만 개의 암세포가 뭉쳐 있는 작은 크기는 발견되지 않는다.

그러므로 환자가 완치된 것으로 간주하기 전에 모든 질병에 대해 그 증후가 없어야 하지만 완치로 판단하기 위해서는 시간이 필요하다. 그리고 일부 질환은 치료는 가능하지만 완치는 불가능하다.

비듬에 대하여

비듬은 정확하게 무엇이며, 왜 눈썹이나 콧수염, 턱수염으로 번지지 않습니까? 그리고 비듬이 있을 때 가려운 이유는 무엇입니까?

'말라세지아'라는 곰팡이균이 비듬을 일으킨다는 사실이 알려진 것은 100년이 넘었다. 그러나 이 곰팡이균은 모든 사람에게 자연적으로 존재하며, 비듬이 있는 사람이 없는 사람들보다 더 많은 것도 아니다. 최근에 와서야 해롭지 않은 이 미생물이 일부 사람들에게만 비듬을 발생시키는 이유를 알게 되었다.

말라세지아는 피부에서 분비되는 기름인 피지를 좋아한다. 피지는 피부 분비액 등 여러 물질로 이루어진 기름지고 끈끈한 혼합물 덩어리다. 곰팡이균이 자리 잡을 수 있는 장소는 두피만이 아니다. 그러므로 비듬은 눈썹이나 이마 그리고 귀 뒷부분 등 어디나 생길 수 있다. 말라세지아는 식성이 까다로워서 특정한 지방만 먹고 그 분해 산물을 부산물로 배출한다. 그렇게 하는 과정에 곰팡이는 피부 기름의 구성을 변화시킨다.

피지는 보통 피부를 보호하고 매끄럽게 해준다. 하지만 최근의 연구에 의하면 곰팡이균의 지방부산물은 비듬이 잘 생기는 사람들의 두피로 배출되면 피부에 자극을 주고 박편을 벗겨낸다고 한다. 벗겨진 피부 박편을 현미경으로 관찰하면 정상적인 비듬처럼 보인다. 그러나 비듬에 감수성이 없는 사람들은 말라세지아가 지방부산물을 두피로 배출하여도 비듬이 생기지 않는다.

비듬이 많은 사람의 피부는 그렇지 않은 사람보다 투과성이 더 커서 말라세지아의 지방부산물이 피부를 자극하여 두피세포가 과도하게 교체되고 가려움증을 유발한다는 것이 연구의 결론이었다. 어떤 사람들은 스트레스를 받거나 면역체계가 약화되면 비듬이 갑자기 발생하는데 이런 경우도 피부 투과성의 변화로 설명할 수 있다.

성장발달 시기에는 피지 생산의 유형에 따라 비듬이 만들어지는데 이것은 호르몬의 통제를 받는다. 엄마 호르몬이 통제하는 출생 시에는 피지를 만드는 피부샘이 더 활발하다. 이때 말라세지아균이 처음으로 자리를 잡는다. 말라세지아는 피부를 자극하여 태열(유아지루성 피부염)을 일으킬 수 있다. 그후로 피부샘은 작아지고 피지 생산도 줄어들어, 사춘기가 될 때까지 말라세지아균의 수와 비듬 발생은 감소한다. 그리고 여성은 폐경 이후, 그리고 남성은 50~60세를 넘으면 피지생산이 또 다시 크게 줄어든다.

비듬은 성인의 절반 이상에서 발생한다. 여러 가지 비듬 샴푸에 포함된 성분은 다르지만 모두 항곰팡이균 작용을 한다.

근육경련

근육경련이 자꾸 일어나는 이유는 무엇이며 예방하는 방법이 있습니까?

샌디에이고 캘리포니아의과대학 교수인 조지프 셰거에 의하면 흔히 쥐가 난다고 하는 근육경련은 칼슘이나 칼륨 같은 미네랄의 불균형이 원인이라고 한다. 그리고 근육경련이 자주 발생하는 사람들은 의사의 진찰을 받아보라고 권한다.

의학문헌에서는 근육경련의 원인으로 다양한 가능성이 거론된다. 전해질(마그네슘, 칼슘, 칼륨, 나트륨)의 불균형과 탈수 외에도 약물 부작용이나 여러 질환의 증상 중 하나로도 발생할 수 있다고 한다. 당뇨병,

갑상선 질환, 그리고 말초혈관 질환 가운데 팔다리의 혈관이 좁아지는 경우다. 그러므로 근육경련을 없애기 위해서는 원인 질환을 치료하는 것이 우선이다. 그러나 근육경련은 대부분 특발성이어서 그 원인을 모른다.

《하버드 건강서신》의 저자들은 충분한 수분 섭취가 근육경련을 예방할 수 있다고 한다. 나이가 들수록 갈증 충동이 약해져서 물을 잘 마시지 않기 때문이다. 그리고 평균적으로 미국인은 칼륨 섭취가 부족하다고 지적하며, 칼륨이 풍부한 아몬드 및 바나나, 오렌지, 시금치, 상추, 버섯 등의 과일과 채소를 많이 먹을 것을 권장한다. 또한 편안한 옷과 잘 맞는 신발, 그리고 근육 스트레칭을 자주 하면 경련 예방에 도움이 된다고 한다. 침대 매트리스는 너무 푹신하지 않은 것이 좋지만 너무 딱딱해도 발에 압력을 주어 종아리와 발의 근육이 긴장한다. 근육이 긴장하면 경련이 발생하기 쉽다.

약물이나 비타민 E가 도움이 된다고 발표한 연구도 있지만 이런 방법은 의사와 상담 후 고려해야 한다.

지끈거리는 머리

두통은 왜 일어나며, 편두통은 어떻게 다릅니까?

두통의 양상은 매우 다양하며 그 원인과 발병기전도 다르다. 최근 국제두통학회에서 제시한 두통의 진단 분류를 보면 200종류 이상이 있으며 긴장형 두통, 편두통, 군발성 두통, 알코올유발성 두통, 그리고 냉자극성 두통(아이스크림두통) 등이 대표적이다.

엉뚱하거나 곤란한 행동을 하는 사람을 두고 '골치 아픈' 또는 '골때리는' 과 같은 표현을 흔히 사용하는데 뇌는 통증을 느끼지 않는 조직이다. 뇌수술을 받는 환자가 깨어 있을 수도 있으며(그래서 수술하는 의사에게 이래라 저래라 할지도 모른다), 수술칼이 닿아도 못 느낀다. 두통은 머리와 목에 있는 구조에서 발생한다. 피부, 관절, 근육, 부비동, 그리고 뇌경막(뇌를 둘러싼 막) 등이다.

긴장성 두통은 거의 모든 사람들이 경험하지만 아직 그 발생 기전을 잘 알지 못한다. 과거에는 불수의(의식적으로 통제할 수 없는) 근육이 수축되어 머리로 흘러가는 혈액이 차단되어 두통이 나타나는 것으로 생각했지만, 현재는 그보다 '목에서 발생하는 통증' 과 관계되는 것으로 믿고 있다. 긴장성 두통이 자주 발생하는 사람들은 목의 근육과 건(근육과 뼈를 연결하는 끈 모양의 조직—옮긴이)에 압통을 흔히 경험한다. 그리고 아직 논란이 있는 가설이지만, 긴장성 두통이 편두통의 초기 혹은 강도가 약한 편두통이며 발생기전도 비슷하다는 주장도 있다.

매년 여성의 18퍼센트와 남성의 6퍼센트가 편두통을 경험한다. 세계보건기구는 편두통을 전 세계적으로 장애를 초래하는 중요한 20가지 원인의 하나에 포함시켰다. 편두통은 신체활동을 하면 지끈거리는 증상이 더 심해진다. 구역질이 동반되거나 강한 불빛 혹은 냄새나 소리에 과민 반응하기도 한다. 일부는 편두통이 발생하기 전에 전조증상이 나타나는데, 불빛이 번쩍이거나 시야 결손, 감각소실 등의 느낌이다.

편두통은 대뇌피질(뇌의 표면 층)을 지나는 신경활동파의 감소와 함께 시작된다. 이러한 신경활동의 감소를 의학적으로 확산성 피질억제(CSD)라 하는데, 뇌세포들이 서로 커뮤니케이션하는 데 이용되는 화학물질을 변화시키고 뇌경막 혈관을 확장한다. 혈관이 부풀어오르면 주위의 신경을 당겨 늘리고 이렇게 되면 삼차신경에 신호가 가서 안면과 머리에서 통증을 인식한다.

스트레스와 음식, 불면, 식사를 거르거나 호르몬이 변하면 편두통을 유발한다. 이와 같은 요인이 어떻게 확산성 피질억제를 초래하고 사람들마다 이러한 요인이 다른 이유에 대해서는 아직 알려지지 않았다.

심장마비

심장마비가 구역질과 함께 나타나는 이유는 무엇이죠?

구토작용을 조절하는 곳은 뇌간인데 이곳은 뇌의 가장 아래에 위치하여 신체 및 뇌의 다른 부위에서 오는 정보를 받아들인다. 음식을 먹을 때 섞여 들어온 독소를 감지하여 이를 토해낼 수 있는 능력은 동물들이 적응하여 생존하는 데 매우 중요하다. 그러므로 사람의 소화기계에도 이러한 구조가 포함되어 있어 해로운 화학물질을 감지하고 그 정보를 뇌에 전달한다.

구역질과 구토에 관계하는 감각기관은 심장과 폐를 포함한 가슴 부위에도 있다. 심장이 특정 화학물질에 노출되면 기계적으로 확장되거나 전기적으로 우측심장신경을 자극하여 구토반사를 일으킨다. 심장의 좌심실에 있는 감각기관은 근육의 긴장도를 감지하여 심장마비와 관련되는 구역질을 유발한다.

이와 같은 구역질반사의 진화론적 의미는 불분명하다. 그러나 심한 운동을 할 때 나타나는 구역질에도 심장 내의 이와 동일한 감각기관이 관계하기 때문에, 이러한 반사는 치명적인 결과를 초래할 수 있는 과도한 활동을 멈추라는 경고의 기능을 하는 것으로 생각된다.

눈앞에 별이 번쩍이다

저는 별이 보이는 것 같은 느낌이 왜 생기는지 항상 궁금했습니다. 오늘도 수영을 한 다음 햇볕을 쪼이며 누워 있었습니다. 일어나려고 눈을 떴을 때 약 30초 동안 작은 하얀 점들이 눈앞에 어른거렸습니다. 제 생각에는 이런 현상이 산소와 관련 있을 것 같은데, 왜 그런가요?

눈앞에 별이 번쩍이는 느낌이 드는 것은 세 가지 이유다. 애니메이션 〈루니 툰〉의 주인공 고양이 실베스터는 새끼 새 트위티를 잡아먹으려다가 할머니 그래니에게 머리를 한 방 얻어맞고는 별을 본다. 이와 같이 머리에 타격이 가해지면 안구의 후방 3분의 2를 채우고 있는 유리체액이 망막에 마찰을 일으킨다. 사실 우리가 나이를 먹으면 유리체액이 두꺼워져서 머리가 조금만 흔들려도 망막을 당기거나 밀 수 있다.

망막에는 통증감각이 없고 자극이 있으면 빛신호를 보내는 것으로 반응한다. 어떤 종류의 무리가 가해지면 망막을 자극하여 '별무리'가 생겨난다. 샌디에이고 캘리포니아의과대학 안과 데이비드 그라넷 교수는 이렇게 말한다. "물론, 별이 쏟아지고 불빛이 번쩍이거나 눈앞이 캄캄해지는 현상은 모두 심각한 문제인 망막박리가 발생할 수 있으니 주의하라는 경고신호이다." 망막에 손상이 발생하면 즉시 치료하여 더 이상 많이 찢어지거나 눈 속으로 출혈이 일어나지 않도록 해야 한다. 손상이 너무 크면 레이저 수술이 필요할 수 있다.

별무리가 보이는 두번째 이유는 눈의 유리체액에 겔 형태의 작은 덩어리가 형성되기 때문이다. 이것이 유리체액에 '떠다니면서' 망막 앞을 지나면 망막에 그림자가 드리워진다. 편평하고 밝은 색깔의 배경을 볼 때 이런 현상이 가장 뚜렷하게 나타난다.

별무리가 보이는 세번째 이유는 뇌에 도달하는 산소 및 영양 성분의 수준과 관계가 있다. 샌디에이고 캘리포니아의과대학 내과 조지프 셰거 교수에 의하면 "(시각기능을 포함하여)뇌가 기능하기 위해서는 포도당, 산소, 전해질 균형, 그리고 다량의 혈액순환이 필요하다. 이들 중 어떤 것이 부족하면 '별무리'와 같은 시각적 변화가 나타날 수 있다."고 한다.

민감하게 반응하는 홍조

의사에게 홍조의 온도를 측정할 수 있는지 물어보았는데 모른다고 대답하여 집에서 직접 체온계를 이용해 측정해보니 정상이었어요. 하지만 저는 온도가 정상이 아니라고 느꼈습니다. 홍조의 온도를 측정할 수 없나요? 있다면 어떻게 측정하는지요? 그리고 홍조의 시작을 알려주는 신체 부위는 어디입니까?

홍조는 우리 몸의 체온조절기가 민감하게 반응하여 나타나는 것으로 생각된다. 방 안 온도가 1도만 올라도 에어컨 스위치를 켜도록 맞춰놓은 온도조절기에 비유할 수 있다. 방 안의 기온은 에어컨을 켤 정도로 덥지 않더라도 솥뚜껑을 열 때 올라오는 열기와 같이 엉뚱한 신호에 의해서도 에어컨이 가동될 수 있다. 이럴 경우에는 빨리 에어컨을 꺼버린다.

우리 몸의 체온조절은 뇌 속의 시상하부에서 관장하는데 신체 에어컨을 가동할 정도로 몸이 더워졌는지를 판단한다. 이 에어컨은 피부의 혈관 확장과 땀으로 구성된다. 따뜻한 혈액이 피부 속으로 많이 흘러가면 홍조의 화끈거리는 느낌이 든다. 주위 온도가 실제로 높지 않으면 우리 몸의 에어컨은 빠르게 꺼진다. 피부의 혈관은 수축되어 혈액이 다시 흘러나가고 피부는 창백하고 차가워진다.

연구에 의하면, 평균적으로 홍조가 잘 나타나는 여성은 심부 체온과 땀 흘리는 역치가 더 낮다고 한다. 즉 이들은 홍조가 나타나지 않는 여성에 비해 더 낮은 체온에서 땀을 흘리기 시작한다. 그러나 체온 차이는 매우 작아서 겨우 1도 정도에 불과하며 따라서 체온조절기가 매우 민감하게 반응한다.

폐경기에 나타나는 홍조에 대해서는 에스트로겐이라는 여성호르몬이 감소하여 유발된다는 설명이 정설이다. 에스트로겐은 땀 흘리는 역치를 높여서 홍조를 개선하는 것으로 알려졌다. 에스트로겐의 감소가 뇌에서 체온을 조절하는 신경세포의 민감성을 높이는 기전은 아직 모른다.

홍조는 폐경기의 전형적인 증상으로 간주되지만 여성과 남성 모두에서 삶의 어느 시기에나 나타날 수 있다. 그리고 모든 여성이 폐경기가 되면 홍조를 경험하는 것도 아니다. 요즘에는 홍조에 관계하는 다른 호르몬을 찾고, 여성의 홍조 발생 위험을 높이는 생활양식 요인을 밝히기 위한 연구가 활발히 진행되고 있다.

7
그래서 인간이다

특이한 식습관

인간은 왜 음식을 조리할까요? 그리고 인간은 언제부터 음식을 조리하기 시작했으며, 사람처럼 음식을 조리해 먹는 동물도 있습니까?

인간은 감자나 카사바와 같은 뿌리식물의 덩이줄기가 번갯불이 일으킨 들불에 구워진 것을 먹어보고는 익힌 음식의 가치를 처음 알게 되었을 것이다. 익힌 덩이줄기는 더 맛있을 뿐만 아니라 녹말과 단백질의 구조를 변화시켜서 소화가 잘되게 하고 독성이 있는 식물을 먹을 수 있게 만들기도 한다.

인간이 불을 통제하기 시작한 시기에 대해서는 논란이 있다. 약 25만 년 전 우리 선조는 이웃을 불러 바비큐 파티를 열었을 것이다. 유럽과 중동 지역에서 그 시기의 것으로 추정되는 고대의 흙 솥이 불에 탄 동물 뼈와 함께 발견되었다. 인류학자들은 인간이 거의 200만 년 전부터 불을 통제할 수 있었다고 주장한다. 아프리카에서 발견된 불에 그슬린 둥근 형태의 땅이 만들어진 시기가 거의 그 무렵으로 추정한 것에 근거한 주장이다. 이러한 화톳불 자리에는 불에 탄 나무가 인위적으로 쌓은 것처럼 정교하게 배열되어 있어 번개로 인한 자연의 화재 흔적으로는 보이지 않는다.

야생동물이나 가축은 형태와 냄새 혹은 맛을 토대로 먹이의 영양 성분을 구별하는 방법을 익힌다. 동물은 성장하면서 혹은 임신과 수유 중에 그리고 질병으로 변화되는 영양학적 필요에 따라 먹이를 바꾼다. 동물생약학(동물들이 스스로 이용하는 약물)은 먹이를 변화시킬 때 특히 중요한 측면이다.

병에 걸린 동물은 평상시에는 먹지 않던 것을 먹는데, 여기에는 약리적 효과가 있다. 설사를 하거나 멈추는 효과, 항세균 및 항기생충, 그리고 해독 효과 등이다. 예를 들어, 야생 침팬지가 기생충에 감염되면 쓴맛이 나는 관목의 잎을 먹는다. 그 잎에 함유된 여러 화학물질이 말라리아 등의 열대성 감염을 일으키는 기생충을 죽인다.

흙을 먹는(토식증이라는 습관) 동물도 많다. 어떤 형태의 진흙은 설사를 멈추는 효과가 있다. 흙이 어떤 식물의 독성 성분과 결합하면 안전하게 먹을 수도 있다. 식물의 약리 효과를 방해하는 성분과 결합하여 효과를 강화하기도 한다.

동물이 천연약물을 이용하기 위해서는 학습이 필요하며, 순수한 본능은 아니다. 한 실험에서 어느 한 가지가 복통을 일으키는 세 가지 화학물질을 섞은 먹이를 새끼 양에게 주었다. 그리고 각각 어느 한 가지 화학물질로 발생한 복통만을 치료해주는 세 약물 중에서 선택할 수 있게 하였다. 적절한 약물로 복통이 치료되었던 경험을 가진 새끼양만이 세 가지 중에서 선택할 수 있는 것으로 나타났다.

맥주병처럼 가라앉는 사람

영장류의 한 종인 우리 인간은 지시를 알아들을 나이가 되면 수영하는 방법을 배우는 것이 보통입니다. 다른 영장류는 본능적으로 수영을 할 수 있습니까? 본능적으로 수영을 하지 못하는 다른 포유동물이 있습니까?

나는 어릴 때 땅에서만 생활하는 고양이가 수영을 매우 잘한다는 사실을 알고는 매우 놀랐던 적이 있다. 많은 육지 포유류가 수영을 할 줄 알며, 물속에서도 땅 위에서와 비슷하게 걸으려는 경향이 있다.

그러나 많은 포유류는 물을 싫어하기 때문에 수영을 못하는 종류를 정확히 알기는 어렵다. 생쥐나 시궁쥐, 말, 코끼리, 낙타, 곰, 영양, 스컹크, 일부 종의 박쥐들, 그리고 최소한 한 종류의 아르마딜로 등은 수영할 수 있다고 한다.

샌디에이고 동물원의 포유동물 큐레이터인 카렌 킬마에 의하면, 대부분 원숭이는 수영할 수 있다고 생각한다. 모든 종에서 보고된 것은 아니지만 많은 원숭이가 수영하는 모습이 관찰되었다. 그러나 덩치가 큰 유인원(고릴라, 침팬지, 오랑우탄)이 수영한다는 보고는 없다. 이들은 깊은 물을 실제로 수영하지 않고 걸어서 건너는 모습이 관찰되었다. 대부분의 학자들은 이러한 동물이 본능적으로 수영할 수 있다고 생각하지 않는다.

공룡이 숨쉬다

공룡은 과거 수백만 년 동안 번성했습니다. 공룡이 살던 시대에는 공기 중의 산소가 적어서 사람이 살 수 없었을 것으로 생각되는데 맞는지요?

공룡은 약 2억3000만 년 전에서 6500만 년 전 사이의 지구를 지배했다. 공룡시대의 산소 수준은 많이 달랐을 것으로 추정되지만, 2005년 《사이언스》에 발표된 한 연구에 의하면 지구 대기 중의 산소 농도는 과거 2억500만 년 동안 10퍼센트에서 21퍼센트로 증가했다고 한다. 다른 연구에서는 약 2억4000만 년 전 산소 농도가 35퍼센트에서 12퍼센트로 급격히 떨어졌다는 증거를 발견했다. 이 두 연구를 근거로 공룡은 산소 농도가 현재의 절반 정도로 낮은 환경에서 살았던 것으로 추측된다.

현재 고도에 상관없이 공기 분자의 21퍼센트는 산소로 구성되어 있지만 높은 고도에서는 (일정한 부피 속의) 공기분자의 수가 적다. 고도가 해발 4000미터에 이르는 안데스 산맥과 티베트 고원에서 호흡할 때마다 들이마시는 산소 분자의 수는 초기 공룡이 살았던 시기에 해수면 높이에서 호흡할 때 마시는 산소 분자의 수와 비슷할 것이다.

이처럼 산소 농도가 낮은 환경에서도 인간은 살 수 있다. 사실 안데스 산맥에는 산소가 더 적은 6000미터 높이에서도 오랫동안 생활하는 광부들이 있다. 인류가 이처럼 낮은 산소 농도에서도 생존할 수 있다는 사실이 포유류의 진화에 산소 수준이 아무런 역할도 하지 않았다는 의미는 아니다. 작은 포유류는 공룡과 공존했다. 그러나 한 연구에 의하면 산소 수준이 상대적으로 높고 안정되었던 시기인 약 1억 년 전에서 6500만 년 전 사이에 포유류의 크기와 다양성이 크게 증가했다고 한다.

그 연구에서는 산소 수준의 증가가 대형 포유류의 진화를 촉진했을 것이라 주장한다. 대형 포유류는 작은 포유류보다 근육 단위부피당 혈관이 더 작기 때문에 신체 대사 속도를 최대로 하기 위해서는 환경에 산소가 더 높은 수준으로 존재할 필요가 있었다.

공룡은 신체 대사 속도가 포유류에 비해 낮기 때문에 산소 필요량도 더 적었다. 그리고 브론토사우루스 같은 공룡은 현대의 조류와 비슷한 호흡기 체계였던 것으로 생각된다. 즉 폐 속으로 공기를 불어넣어주는 송풍기 역할을 하는 일련의 공기주머니가 있었다. 이러한 구조는 신선한 공기가 폐 속으로 계속 흘러가게 하므로 산소 농도가 낮은 환경에서 공룡이 생존하는 데 유리했다.

호모사피엔스

호모사피엔스는 과학의 발전으로 생존을 위한 적응에 성공하여 진화를 멈춘 건가요? 아니면 아직도 우리가 인식하지 못할 정도로 아주 조금씩 진화하고 있는 건가요?

호모사피엔스는 약 20만 년 동안 지구상에서 살았지만 불과 약 1만 년 전에 와서야 수렵채집 생활을 벗어나 농경사회로 진입했으며, 이러한 변화는 인류의 진화에 커다란 압력으로 작용하였다. 구체적으로는 식생활의 변화, 인구밀도 증가에 따른 감염병 확산 등이다.

유전학자들은 여러 현대인의 유전자를 비교하여 인류의 DNA 염기서열이 얼마나 빠르게 변화하는지, 그리고 그러한 변화가 우연인지 아니면 어떤 진화적 압력에 의한 결과인지 알아내려 한다. 젖당 분해효소 유전자가 흥미로운 사례다. 이 효소는 우유에서 가장 많은 당류인 젖당을 분해하여 흡수할 수 있게 만든다. 성인이 젖당을 소화할 수 있게 하는 이 효소의 유전자는 유럽인과 일부 아프리카인은 대부분 가지고 있지만, 동남아시아나 사하라이남 지역의 주민은 매우 드물게 가지고 있다. 현대 낙농업이 발달함에 따라 이러한 유전자는 지리적으로 분포가 확대되고 발현이 증가하는데 이는 진화적 반응으로 볼 수 있다.

신체대사나 맛, 냄새, 임신, 그리고 피부 착색 등에 관여하는 유전자들은 비교적 최근에(지난 1000년에 걸쳐) 진화 압력의 결과로 일부 주민 집단에서 변화가 일어났다.

아직 AIDS와 말라리아 같은 여러 질환이 매년 수백만 명의 목숨을 앗아가는 저개발국에서는 질병에 저항하는 유전자들이 선택 압력을 받고 있다. 예를 들어, 최근에 말라리아가 발생하기 시작한 지역에서는 혈액 내에서 산소 운반을 담당하는 단백질인 헤모글로빈과 관련된 유전자에 변화가 생겼다. 이러한 유전자는 말라리아에 어느 정도 저항성을 나타내지만 겸상적혈구 빈혈과 같은 혈액질환을 일으킬 수 있다.

일부 학자들은 선진국에서는 인류가 더 이상 진화하지 않을 정도로 진화적 압력이 약화되었다고 주장한다. 그러나 모든 사람이 동일한 정도로 다음 세대의 유전자에 기여하지 않기 때문에 아직 인류는 진화 중이라고 주장하는 학자들도 많다. 그리고 기후변화와 인구증가가 새로운 진화 압력을 만들어낼 것이라고 예측한다.

진화가 미래 인류의 모습에 어떤 영향을 끼칠지 예상할 수는 없다. 역설적이지만, 현재 우리의 모습을 초기의 농부에 비교할 때 가장 큰 변화는 진화와 전혀 관련이 없다. 키가 커진 것은 영양 보급과 관련되어 있으며, 비만은 앉아서 생활하는 습관 때문이고, 부드러운 음식을 주로 먹었기 때문에 턱도 작아졌다. 키와 대사, 그리고 뼈 구조는 유전적 요인이 주요 역할을 하지만, 이러한 변화를 순수하게 유전자 변화의 결과로 보기에는 속도가 너무 빠르다.

새로운 세계로 떠나다

초기 인류는 어떤 요인 때문에 아프리카 밖으로 이주하였습니까? 위험을 극복하며 환경 변화에 적응하기보다는 떠나는 것이 생존에 더 좋을 만큼 기후변화가 심각했던 것입니까?

인류의 기원이 아프리카에서부터 시작되었다는 아프리카 기원설(Out of Africa)은 유전학적 연구와 화석의 증거를 토대로 널리 인정받고 있다. 많은 학자들은 인류가 아프리카에서 전 세계로 퍼져나가기까지 중요한 두 시기가 있었다고 한다. 첫째, 아웃오브아프리카1은 200만 년 전 직립보행 인류의 진정한 선조라 할 수 있는 호모에렉투스에 의해 진행되었다. 둘째, 아웃오브아프리카2는 이 두 전파 시기 사이에 진화하여 고대 인류를 대체한 호모사피엔스에 의해 약 10만 년 전에 진행되었다.

그러나 다른 학자들은 이와 같은 관점이 너무 단순하다고 말한다. 그들은 초기 전파에 대해서는 대체적으로 동의한다. 하지만 후기의 전파는 여러 차례에 걸쳐 일어났으며 그중 일부는 유럽과 아시아에서 아프리카로 돌아간 것이라 주장한다. 이렇게 의견이 대립하는 이유 중 하나는 석기 유적에 비해 인류 화석이 드물 뿐만 아니라 도구가 시사하는 문화적 특성이 그것을 만든 고대인의 생물학적 특성에 부합하지 않기 때문이다.

인류의 전파를 촉진한 원인은 알려지지 않았다. 인간 문화의 독특한 성격에서 전파의 원인을 찾는 설명도 있지만, 생존에 성공한 다른 동물 종들도 역시 전파된다는 점을 감안하면 환경 변화가 전파를 촉진한 가장 중요한 요인이라 설명하는 학자들도 있다.

첫번째 전파가 한 무리의 인류 집단이 다른 인류 집단과의 경쟁에서 비롯되었다는 가설이 있다. 이 가설은 같은 시기에 뚜렷하게 구별되는 두 무리의 인류가 존재했다는 발견을 근거로 한다. 그중 도구제작 능력이 떨어지는 한 무리만이 아프리카 바깥으로 이동했는데 그들은 같은 지역의 다른 무리에게 밀려났기 때문이다. 도구제작 능력의 발전과 두 무리 사이의 경쟁을 토대로 하는 가설은 두번째 전파를 설명하는 데도 이용되었다.

초기 전파와 후기 전파 사이의 기간에는 건조한 기후와 습한 기후가 반복되었다. 기후변화에 따라 다른 대형 동물들도 이주했으며, 인류도 이들을 따르며 사냥하였다.

전파가 시작된 이유가 무엇이든 인류의 생존을 강화하는 이러한 전파를 촉진한 요인은 사람과 동물이 공통으로 걸리는 질병이 줄어들었다는 것이다. 수면병이 이와 관련한 대표적 질병인데, 주로 동물이 전염시키지만 사람에서도 발생했다. 이와 같은 질병은 열대에서 멀리 떨어진 건조하고 추운 기후 지역에 비해 아프리카에서 특히 많이 발생했다.

나무 위에서 살던 인류

땅에는 사자나 호랑이 같은 포식자로부터 보호해줄 것이 없는데 인간은 왜 나무에서 땅으로 내려오게 되었나요?

인류의 진화를 연구하는 학자들의 견해에 따르면, 아프리카 초원지대 지상에 거주하며 대형 동물의 무리를 공격할 수 있었던 인류는 약 500만 년 전에 나무 위에 머물며 채식으로 살아가던 인류에서 시작되었다고 한다. 이들은 인간의 핵심적 특성인 직립보행과 커다란 뇌 등을 진화시켰는데 이것은 확 트인 대초원(사바나)에서 살아갈 때 부딪치는 도

전들을 헤쳐나가는 데 필요했기 때문이었다.

지상에는 포식자들의 공격 위험과 먹거리를 둘러싼 치열한 경쟁이 있기 때문에 이러한 가설은 문제가 될 수 있다. 만약 이 이론이 정확하다면 나무 위에서 초원으로 내려온 것은 점진적인 전환이었고 기후변화에 의해 촉진되었을 것이다. 아프리카 대륙이 점차 더 건조해져서 수풀 지역이 분리되어 여러 곳으로 나뉘던 시기에 이러한 전환이 일어났을 것이다. 호미닌(두 발로 서서 걷는 영장류)은 수풀 지역 사이를 이동하면서 더 많은 시간을 땅 위에서 보냈고 따라서 초원지대에서 얻을 수 있는 먹거리를 찾을 필요가 있었다.

그러나 다른 일부 학자들은 약 1만 년 전, 인간은 말이나 좀 더 건조한 지역에서는 낙타와 같이 타고 다닐 동물을 사육할 때까지 넓은 평원을 통제할 수 없었다고 한다. 이렇게 초원지대 거주 가설에 대해 반론이 제기되며 최근 두 가지 다른 이론이 등장했다. 물과 나무(aquarboreal) 가설 및 지질(tectonic) 가설이 그것이다.

물과 나무 가설에 의하면 인간이 나무에서 땅으로 내려와 살게 되는 전환은 바닷가 숲에서 일어났는데, 습지 식물과 조개류를 모을 수 있던 장소였다. 숲이 더 작은 지역으로 분리됨에 따라 호미닌들도 차츰 해안 지역과 강을 따라 퍼져나갔다. 수영도 하던 바닷가에서 채집하던 시기는 인간이 의식적으로 호흡을 아주 잘 조절하는 능력과 피하지방층의 존재 그리고 털이 없는 이유를 설명해준다. 영장류 중에서 인간에게만 있는 이와 같은 특성은 돌고래, 하마, 바다코끼리에서도 발견된다.

지질구조 가설에 의하면, 호미닌들은 동아프리카의 남북으로 형성되어 있는 아프리카 단층지구대 내에서 퍼져나갔다. 이러한 지구대는 화산 활동과 지각변동으로 만들어진 험한 지질구조다. 이처럼 복잡한 지형은 빠르게 네 발로 달리는 동물들보다 두 발로 걷는 기민한 동물들이 먹이를 구하거나 포식자를 방어하는 데 더 유리하다. 인류는 아프리카에서 지질학적 활동 지형으로 이어진 경로를 따라 유럽으로 퍼져나갔다. 이는 아프리카 이외에서 발견된 초기 인류 주거지 유적의 위치와도 일치한다.

사람은 왜 한 종류인가

다른 동물들, 예를 들어 새는 종류가 수백 종이나 됩니다. 그런데 왜 유독 인간은 그처럼 다양하지 않습니까?

데이비드 캐머런과 콜린 그로브스는 《뼈, 돌, 그리고 분자*Bones, Stones and Molecules*》에서 화석 기록을 연구하는 학자들은 현재 시기만을 생각한다고 지적했다. 우리 인류의 기나긴 진화계통에서 오직 한 인류(호모) 종만이 살아가는 아주 독특한 시기가 현재다. 다른 말로 하면, 인류 역사의 다른 여러 시기에는 많은 인류 종이 함께 살았을 것이다.

대부분의 학자들은 화석 자료를 토대로 고대 인류가 약 180만 년 전 아프리카로부터 처음 전파되었을 것으로 추정한다. 그리고 여러 다른 지역에 정착하여 각각 독립적으로 진화했다. 현대 인류(호모사피엔스)는 25만 년 전에서 15만 년 전 사이에 아프리카에 출현한 것으로 추정된다. 이후 퍼져나가기 시작하여 4만 년 전에는 호모사피엔스가 아프리카, 아시아, 유럽, 호주의 대부분에 거주하였다. 당시 네안데르탈인(호모네안데르탈렌시스)이 아직 유럽과 아시아의 일부에서 살았고, 인도네시아에는 호모에렉투스가 존재했을 것으로 추정된다(하지만 화석 증거는 확실하지 않다).

그다음에 일어난 일에 대해서는 많은 부분이 아직 추정 수준이다.

현대 인류가 이주하면서 기존에 거주하던 원주민 인류와 폭력적으로 충돌하여 그들을 쫓아냈다는 가설이 그중 한 가지다. 다른 가설은 현대 인류가 이주하면서 원주민과 일부 교배가 이루어져서 현재 우리 몸에는 네안데르탈인의 피도 조금 섞여 있다고 주장한다. 그리고 마지막으로 당시에 이용 가능한 자원을 두고 벌어진 경쟁에서 현대 인류가 좀 더 성공적이었을 뿐이며 다른 인류 종들은 살아남지 못하고 죽어갔다는 가설도 있다.

화석 기록만으로는 초기 인류에게 어떤 일이 일어났는지 충분히 설명할 수 없다. 약 2만7000년 전에 있었던 네안데르탈인의 멸종에 대한 정보는 많이 있지만, 호모사피엔스가 네안데르탈인의 대량 학살에 관여했다는 증거는 없다. 그리고 DNA 증거로 볼 때, 최소한 현대 인류와 네안데르탈인 사이의 교배는 드물었으며 현재의 우리는 네안데르탈인의 유전자를 물려받지 못했다.

현대 인류가 네안데르탈인과의 경쟁에서 이겨 그들을 멸종시켰을 가능성이 가장 크다. 네안데르탈인은 자신들이 오랫동안 살아왔던 계곡 체계 내에서만 머무르는 경향이 있었던 데 비해 현대 인류는 더 넓은 지역에서 사냥과 채집을 했을 것으로 생각된다. 그러므로 현대 인류가 환경에서 제한된 자원을 획득하기가 더 효율적이었다. 호모에렉투스 역시 호모사피엔스가 그들의 지역에 출현한 시기에 제한된 자원을 두고 벌어진 경쟁에서 패해 도태된 것으로 보인다.

인간과 침팬지의 연결고리

'사이언스 채널'에서 〈의문의 침팬지 올리브〉가 방송되는 것을 보았습니다. 전에도 그 녀석은 뉴스에 등장했던 것으로 기억하는데요. 저는 그 녀석이 우리 인간처럼 똑바로 서서 걷고 강한 어깨와 지적인 눈이 신기해서 이 녀석에 대해 알아보았죠. 다른 침팬지는 염색체 수가 48개인 데 비해 올리브의 염색체 수는 47개였습니다. 인간은 46개의 염색체를 가지고 있고. 그렇다면 올리브를 침팬지와 인간 사이의 '연결고리'로 생각할 수는 없습니까?

1970년대부터 올리브를 잃어버린 고리 혹은 '휴먼지(humanzee)'라 주장하는 사람들이 많아졌다. 신체 및 행동의 특성이 유별날 뿐만 아니라 염색체 수도 48개가 아닌 47개라는 소문이 있었기 때문이다. 언론보도에 의하면 팔다리가 매우 길고 귀 모양도 이상하며 심하게 벗겨진 머리에 얼굴은 침팬지치고는 너무 작다고 한다. 그리고 무릎을 펴고 (두 발로 서서) 걷는다.

올리브를 검사했던 영장류 학자들에 의하면 이 침팬지의 신체적 특성은 매우 많이 달라졌다고 한다. 그리고 올리브는 어렸을 때 사람을 물지 못하도록 치아 대부분이 뽑혔다. 그 결과 빰과 관자놀이의 근육과 턱뼈가 발달이 덜 된 상태로 남았다. 그리고 두발로 걷는 행동은 훈련의 결과다.

이런 설명에도 불구하고 올리브의 염색체 수와 특성에 대한 의문이 남아 있다. 밝혀지지 않은 '미국 학자'가 처음 염색체 검사를 시행하여 염색체 수가 47개로 확인했다고 하지만 이 또한 의문이며, 올리브 주인은 자신의 침팬지를 잃어버린 고리로 선전하기 위해 이를 이용했다.

염색체에 대한 의문은 1998년 올리브를 보호구역으로 옮기면서 풀렸다. 그해 《미국 형질인류학회지》에 게재된 유전자 검사 결과는 올리브의 염색체 수를 48개로 확인했으며, DNA 염기서열은 중앙아프리카 침팬지의 DNA와 비슷하다고 했다. 그리고 학자들은 올리브의 DNA 염기서열과 출생지가 알려진 다른 침팬지들과 비교했을 때 출생지가 가봉일 가능성이 크다고 보았다.

설령 올리브의 염색체 수가 47개라 하더라도 이것이 올리브가 연결고리라는 근거가 될 수는 없다. 난자와 정자 세포가 만들어지는 동안 감수분열이라는 과정이 염색체의 쌍을 떼어내고 염색체 수를 절반으로 줄이는데 이렇게 자손은 부모 양쪽으로부터 하나씩의 염색체를 받아 쌍을 이룬다. 감수분열 과정에 오류가 발생하면 정상보다 많거나 적은 수의 염색체를 가진 자손이 태어날 수 있다. 예를 들어, 다운증후군은 21번째 염색체가 하나 더 있어 발생하며 X염색체가 하나 더 있으면 클라인펠터증후군이 발생한다. 이들은 모두 염색체 수가 47개다.

울고 싶어라

울고 싶을 때면 왜 목에서 덩어리가 울컥 올라옵니까?

우리 신체는 본능적으로 분노나 슬픔 그리고 공포 같은 부정적인 감정을 스트레스로 해석한다. 우리가 스트레스 상황에 처하면 신경계가 '평온과 소화' 모드에서 '투쟁 혹은 도피' 모드로 전환된다. 이런 반응은 우리에게 문명이 있기 전 스트레스가 주로 생명을 위협하는 상황에서 비롯되었던 시기의 유물이다.

이와 같은 신경계 모드의 전환은 자율신경계의 기능이다. 자율신경계의 활동은 대부분 우리가 의식적으로 통제할 수 있는 부분이 아니기 때문에 불수의(不隨意) 신경계라고도 부른다. 자율신경계는 교감신경계와 부교감신경계로 구성되는데, 교감신경계는 투쟁-도피 반응을 활성화하는 반면, 부교감신경계는 그 반대 기능을 하면서 회복과 정상적인 신체 유지 활동을 다시 시작한다.

신체가 위험에 맞서거나 도피할 태세를 갖추기 위해 교감신경계는 부신에서 아드레날린이라는 호르몬을 생산하도록 자극하고, 눈의 동공을 확장시킨다. 맥박과 혈압을 높이고, 소화기관에 있던 혈액을 팔다리의 근육으로 재배치한다. 그 결과 소화기능이 중지되어 구역질이 날 수 있다.

교감신경계는 또한 폐 속으로 공기 흡입을 증가시킨다. 폐 속에 공기가 더 많이 들어가게 하기 위해서는 목구멍이 열려야 한다. 정상적인 호흡을 할 때는 상대적으로 목구멍이 작은 크기로 열리지만, 스트레스에 마주하면 이에 대한 반응으로 울음을 터트리기 시작하고, 성문(성대 사이의 간극) 및 목구멍 속의 관련 근육은 최대한으로 넓어진다.

반대로, 무엇을 삼키는 동안에는 음식이나 물이 들어가지 않도록 기도가 닫힌다. 음식이 식도를 통해 밀려 내려가면 인후 뒤의 근육이 기도의 상부를 움직이고, 성문은 수축하고, 후두개(혀 기저부 바로 아래에 있는 덮개 연골)가 성문 위에서 닫힌다.

목에서 덩어리가 울컥 치미는 느낌은 성문 근육들이 동시에 열리고 닫힐 때 나타난다. 말하자면 성문이 엎치락뒤치락한 결과다. 느낌이 지속되는 시간은 비교적 짧지만 스트레스를 받는 사람들 중에는 수주 혹은 수개월 동안 이런 느낌이 지속되기도 한다. 의학적 검사에서 원인이 되는 손상이나 질병이 없을 때 이러한 느낌을 히스테리성 종류감 혹은 히스테리구(球)라고 한다.

장님의 꿈

태어날 때부터 앞을 보지 못하는 사람들도 꿈을 꿀까요? 꿈을 꾼다면 무엇을 봅니까?

꿈은 대부분의 사람들에게 시각적인 경험이다. 볼 수 있는 사람들의 꿈에는 거의 항상 시각적 형상이 등장하며 보통 색깔이 있다. 이들의 꿈에서는 청각적 경험도 절반 이상에서 나타나지만 맛, 냄새, 그리고 촉감이 동반되는 경우는 적다.

대략 다섯 살 이후에 시각을 잃은 사람들은 계속해서 시각적 형상의 꿈을 꾼다. 꿈속에서 새로운 친구와 장소, 새로운 사물을 보는데, 이것은 단순히 시력을 잃기 전부터 유지해온 기억만이 아니다. 시력이 상실된 현재 상태가 꿈에 반영되지 않는다는 사실로 볼 때 꿈을 꾸는 뇌는 단순하게 인식을 재생산하는 것이 아니라(새로운 이야기가 될 때도 있지만) 그가 깨어 있을 때 한 번도 경험하지 못했던 일들을 실제로 만들어낸다고 볼 수 있다.

후천적으로 시력을 잃은 사람들과는 달리 태어날 때부터 혹은 태어난 직후 시력을 완전히 잃은 사람들은 잠잘 때 급속안구운동이 없다. 급속안구운동은 꿈과 관련이 있다. 그러나 그들도 꿈을 꾸며, 볼 수 있는 사람들과 동일한 시각적 언어로 자신들이 꾼 꿈에 대해 표현한다. 이전에 경험한 다른 감각을 통해 그들의 머리에서 창조된 '그림'을 자세하게 설명할 수 있다. 선천적 맹인들이 말하는 꿈에서는 경험 감각의 절반 이상이 촉각과 냄새 그리고 맛 감각이며, 나머지는 청각으로 구성된다.

한 연구에서는 선천적 맹인 여성이 멋진 레스토랑의 테이블에 앉았던 자신의 꿈에 대해 설명했다. 그녀는 근육과 건의 조직에서 오는 정보를 통해 인식되는 감각인 운동감각을 통해 자신이 테이블에 앉은 것을 알았다. 그리고 두꺼운 카펫을 느꼈고 주위가 조용했기 때문에 멋진 레스토랑임을 알았다고 말했다. 그녀는 이전에 테이블을 감각한 적이 있기 때문에 테이블을 머릿속에서 형상화할 수 있었다. 이와 비슷하게, 다른 연구에서 선천적 맹인 여성은 자신이 자동입출금기(ATM)로 생각되는 장비가 있는 방 안에 있다고 설명했다. 그녀는 이전에 ATM의 버튼을 만졌던 경험으로 그 기계임을 알았다고 말했다.

시력을 상실한 사람과 그렇지 않은 사람들의 꿈에서 구성, 조직, 주제 등을 비교한 연구에서는 거의 차이가 없음을 확인했다. 맹인들의 꿈에서는 걷거나 타고 이동하면서 겪는 어려움, 안내견과 관련된 꿈 등이 많아서 이들 역시 깨어 있을 때의 경험이 꿈의 내용으로 많이 이어졌다.

시끄러운 사회

우리 사회는 점점 더 폭력적으로 변하고 있습니다. 대기 중에 전기적 소음이 증가하면 뇌파를 방해할 가능성이 있습니까?

약 20년 전, 의학문헌에 새로운 질환에 대한 설명이 실리기 시작했는데 실제로는 다양한 증상의 집합이었다. 피부 트러블, 어지럼증, 두통, 피로, 근육통, 구역질, 집중력 및 기억장애, 우울, 신경쇠약 등이다.

많은 사람이 이러한 증상을 '전자기적 오염' 때문에 발생한다고 생각했다. 같은 조건에서 일해도 어떤 사람에게는 이러한 증상이 나타나지만 다른 사람은 나타나지 않는 이유는 그들이 환경의 전자기장에 특히 민감하기 때문이라 믿었다. 그래서 그러한 의문의 질환을 '전자기적 민감 증후군'으로 부르게 되었다.

전자기장은 새로운 것이 아니다. 빛도 전자기 복사의 한 형태이며 우리에게 아름다운 음악과 대화를 전해주는 라디오파나 얼린 음식을 데워주는 마이크로파도 그렇다. 그러나 기술이 발달하고 전기가 보편적으로 이용됨에 따라 우리는 전자기장에 점점 더 많이 노출되고 있다.

전자기장에 노출되면 건강에 문제를 일으킬 가능성이 있다는 지적이 많아지자 세계보건기구는 1996년 국제 전자기장(EMF) 프로젝트를 시작하였다. 전자기장이 인체 건강에 미치는 영향에 대한 연구 결과를 검토하는 사업이었다. 저주파 전자기장이 인체에서 전류를 발생시킬 가능성도 그중의 한 가지 검토 과제였다. 무엇보다도 심장박동이나 신경세포들 사이의 신호전달, 그리고 세포를 살아 있게 하는 화학적 반응 등에는 전하입자의 이동이 관계된다. 세계보건기구는 강한 전자기장은 신경을 자극하거나 다른 생물학적 반응에 영향을 줄 수 있지만, 우리가 접하는 전자기장은 아주 낮은 수준이기 때문에 이러한 영향을 주지 못한다고 결론을 내렸다.

특히 휴대전화 같은 고주파 전자기장이 뇌를 가열하는 영향을 미치는지도 검토과제였다. 고주파 전자기장이 조금이라도 체온을 올린다면 뇌의 활동과 동물의 행동에 영향을 줄 수 있다. 그러나 대부분의 학자들은 휴대전화에서 나오는 전자기장이 뇌의 온도를 올리기에는 너무 약하다고 생각한다.

실험실 연구로는 전자기적 민감 증후군의 여러 증상과 전자기장 노출의 관련성을 입증할 수 없었다. 그러므로 우리가 이러한 전자기장에 노출된다고 해서 건강이나 행동(폭력성을 포함하여)이 큰 영향을 받는 것으로 보이지는 않는다. 하지만 아직 연구가 끝난 것은 아니다. 세계보건기구는 전자기장에 장기적으로 노출되더라도 대부분의 사람들에게 무해하지만 일부 사람들의 건강에 나쁜 영향을 미친다면 이를 알아내기 어렵다고 지적한다.

감정의 정체는?

감정이란 무엇입니까? 뇌의 특정 부위에 존재하는지요? 아니면 인지적 사고(생각)의 결과입니까? 감정은 유전입니까 아니면 학습되는 것입니까? 그리고 동물도 감정이 있습니까?

감정에 대해 완전히 정립된 이론은 아직 없다. 하지만 연구에서는 여러 가지 중요한 사실들이 확인되었다. 우리의 경험으로 볼 때 감정에는 심장박동수의 변화, 불규칙한 호흡, 피부나 소화기관에 흘러가는 혈액량의 증감, 땀흘림, 떨림 같은 신체적 표현이 수반된다. 그러나 한 개인에게 어떠한 생리적 반응이 나타나는 것을 보고 그가 특정한 감정을 경험했다고 간단히 말할 수 있는 것은 아니다. 인식 역시 중요한 역할을 한다.

사람에게 그들의 생리적 반응에 대해 다르게 설명하면, 자동적으로 그와 같은 감정을 경험하기보다는 자신의 느낌을 합리화하는 경향을 보인다. 한 연구에서는, 사람들에게 식염수를 주사하고 '비타민 주사'의 부작용으로 떨림과 심장박동 증가가 나타날 수 있다고 말해주거나 혹은 아무 말도 하지 않았다. 그 결과 부작용에 대해 이야기를 들은 사람들은 화가 나거나 혼란스러운 상황에 처했을 때 느끼는 긴장감이 덜했다고 보고했다.

뇌의 여러 부위가 감정 경험에 관계된다. 신체의 생리적 반응은 자율신경계가 조절하고 자율신경계는 뇌의 시상하부에서 통제한다. 편도체는 주위 환경에서의 위험(감정의 대응이 필요하다)에 주의를 기울이도록 해준다. 그리고 해마는 학습과 기억에 관계하며 여기에는 감정의 기억도 포함된다. 뇌의 피질은 구체적인 감정의 상황에서 가장 적절한 반응을 선택할 수 있도록 해준다.

아기들은 아주 어릴 때부터 감정을 표현할 수 있으며, 감정의 표현은 여러 문화에 공통적이다. 1960년대 후반 학자들은 파푸아뉴기니 오지에서 서양 문화를 한번도 접해 보지 못한 원시부족민도 서양인의 사진에 나타난 얼굴 표정을 정확하게 해석할 수 있음을 확인했다. 그리고 서양인도 역시 원시부족민의 표정을 정확하게 해석할 수 있었다. 그러나 모든 감정표현이 천성적인 것은 아니다. 문화적 규율이 어느 때 그러한 표현들을 사용해야 적절한지 정의해준다. 그러한 감정을 유발하는 상황 역시 부분적으로 학습되는 것이다.

찰스 다윈은 1872년에 출판한 《인간과 동물의 감정 표현》이라는 책에서 인간의 감정표현이 다른 동물의 비슷한 표현에서 진화한 것이라 설명했다. 최근에는 침팬지들에게 감정적 상황(수의사가 침팬지를 쫓아가서 치료하는 모습)을 비디오로 보여주자 그러한 상황이 유발하는 감정을 표현하는 다른 침팬지의 사진을 정확하게 선택했다. 물론 다른 동물들도 감정표현으로 생각되는 모습을 보여주고 또 이를 해석하지만, 그들의 주관적인 감정경험이 우리 인간의 감정경험과 동일할 것이라고 확신할 수는 없다.

좋은 기분

우리에게 즐거움을 느끼게 해주는 것은 뇌 속의 도파민이라는 물질로 알고 있습니다. 그런데 세로토닌이라는 화학물질도 기분을 좋게 만들고, 운동 후 느끼는 도취감은 뇌 속의 엔돌핀 때문이라고 합니다. 그렇다면 우리가 기쁨을 느끼는 데 가장 중요한 역할을 하는 물질이 있는지 아니면 이 모든 물질이 상호작용한 결과인지 궁금합니다.

신경전달물질인 도파민, 세로토닌, 엔돌핀은 즐거움과 행복감을 느끼게 하는 화학적 언어 중에서도 매우 중요하다. 신경세포들이 말하는 언어는 100가지 이상이며, 앞으로 연구를 통해 우리 뇌가 말하는 기쁨의 언어들을 더 많이 알 수 있을 것이다.

뇌의 보상회로 발견은 1950년대로 거슬러 올라간다. 당시 학자들은 뇌에 대한 전기적 자극이 쥐의 학습능력에 미치는 영향을 연구하던 중 놀라운 발견을 했다. 뇌의 특정 부위에 전극을 심었을 때 쥐들은 탈진할 때까지 계속해서 스위치를 눌러 스스로 전기적 자극을 가했다. 그리고 이와 동일한 뇌 부위에 전기자극을 받은 사람들은 그 순간 진한 기쁨을 느꼈다고 말했다.

신경 보상회로에서 핵심은 뇌의 기저부 인근 복측피개영역이라는 부위에서 시작되는 신경세포들이다. 이 세포의 돌기들은 뇌의 전면 아래 깊숙이 위치한 구조인 측중격핵을 향해 연결되어 있다. 도파민은 이러한 연결에 중요한 신경전달물질이다. 신경세포들은 여러 가지 신경전달물질을 이용하여 보상회로를 기억과 감정에 관계하는 뇌의 영역들에 연결하고 이것은 보상반응에 영향을 준다.

이러한 체계가 있기에 동물들은 먹고 마시는 여러 적응 행동을 한다. 예를 들어, 헤로인은 신경세포에서 도파민을 더 많이 방출하게 만든다. 코카인은 도파민을 방출한 신경세포들이 이를 다시 재흡수하지 못하게 차단하여 도파민을 이용한 대화가 금방 조용해지지 않도록 막는다.

우울증은 세로토닌을 이용하여 대화하는 신경세포들의 활동이 감소한 것이 가장 중요한 요인이다. 그래서 우울증 환자에게는 선택적 세로토닌 재흡수차단제(SSRI)를 치료 약물로 가장 많이 이용한다.

하지만 SSRI 제제가 효과를 나타내는 비율은 50퍼센트도 안 된다. 우울증에는 그 외에도 여러 가지 신경전달체계와 뇌의 여러 영역이 관련되기 때문이다. 이 중에서 도파민과 뇌의 보상회로는 우울증의 여러 증상 중 하나인 무쾌감증(기쁨을 느끼지 못하는 사람)과 관련되어 있는 것으로 알려져 있다.

마라톤 애호가들은 장거리를 완주하면 도취 상태가 된다고 말한다. 그런 사람들은 달리기를 그만두기가 어렵다. 부상을 당했을 때도 달리려 한다. 격렬한 운동 과정에 뇌 속에서 감정을 조절하는 뇌 영역으로 자연아편(엔돌핀)이 분비되기 때문에 달리기에도 중독성이 생길 수 있다.

천재들의 광기

유명한 예술가나 작가가 미쳐서 비극적인 삶을 사는 경우가 있는데 실제로 창조적 활동과 정신병은 서로 관련이 있습니까? 아니면 그들의 특이하고 비극적인 삶이 더 많이 기억에 남아서 그런 것일까요?

정신병과 창조성이 관련된다는 생각은 오래전부터 있었지만 모두가 동의하지는 않으며, 일부 심리학자들은 건강한 정신에서 창조성이 나온다고 생각한다. 현재는 창조적 소질과 일부 정신질환이 관련된다고 보는 관점이 보편적이지만 직접 관련짓기는 어렵다.

학자들은 세 유형의 증거를 통해 정신질환과 창조성 사이의 관련성을 찾고 있다. 첫째, 역사적 데이터, 특히 유명한 창작가들의 일생을 분석하여 여러 정신병리와 관련된 증상을 찾는다. 둘째, 동시대의 창작가들을 대상으로 하여 정신병으로 진단 및 치료받은 비율을 조사하는 정신과적 연구, 셋째, 계량정신의학적 연구(표준인성검사)를 이용하여 창작가들과 보통 사람들 사이를 비교한다.

세 유형의 연구에서는 모두 일관성 있는 결론이 도출된다. 매우 창조적인 사람들은 다른 보통 사람에 비해 더 많이 정신질환, 특히 우울증에 빠진다. 정신질환의 유병률이나 그 증상의 강도는 창조성의 여러 영역별로 차이가 많다. 창조적 예술에 종사하는 사람들 중에서 우울증의 유병률은 50퍼센트에 달하여 사업가나 과학자, 그리고 다른 중요한 사회적 위치에 있는 사람들의 20~30퍼센트보다 매우 높다. 창조적 예술 중에서도 시와 소설을 쓰는 작가들과 시각예술가들이 우울증을 앓는 사례가 가장 많다.

우울증의 증상에 대한 정의에는 흥미와 열정의 결여 그리고 집중력 저하 등이 포함되기 때문에 우울증과 창조적 행동이 관련있다는 것은 역설적이다. 실제로 우울증이 창조적 활동의 원인으로 보이지는 않는다. 우울 상태에서는 창조성이 강화되지 않으며 정서를 안정시키는 약물은 생산성을 감소시키기보다는 증가시키는 것으로 나타났다.

그 대신, 자신을 계속 되돌아보는 성격(자신의 내적 감정에 몰두하며 의식적, 반복적으로 생각한다)이 이와 같은 역설에 대한 설명이 될 수도 있다. 이와 같이 강박적으로 돌이키는 경향은 우울증으로 이어지기 쉽다. 강박적 되새김은 창조적 능력과 흥미를 강화하는 것으로 알려져 있다. 말하자면, 우울증과 창조성은 다른 제3의 요인이 이 두 가지 모두의 원인이 되기 때문에 서로 관련된 것으로 보인다.

예술적 창조가들에 비해 과학 창조가들이 우울증 유병률이 낮은 것도 이와 같은 강박적 되새김의 역할로 설명할 수 있다. 과학과 예술에서는 원래의 생각이 중요하다. 그러나 자기성찰은 과학 발전에 있어 크게 유용하지 않지만, 시나 다른 여러 예술적 노력에는 결정적으로 중요한 요소다.

유체이탈 경험

저는 유체이탈을 세 번이나 경험했습니다. 이런 심령현상은 평행 우주와 관계있는 것입니까 아니면 서로 별개입니까?

유체이탈은 신세대의 신비에 대한 믿음이나 히피들이 이용하는 어떤 약물과 관련되기도 한다. 하지만 많은 사람, 특히 편두통이나 신경학적 문제를 겪고 있는 사람들이 흔히 경험했다고 말한다. 최근에는 《사이언스》와 《네이처》를 포함한 권위 있는 학술지에도 유체이탈에 대한 연구가 발표되고 있다.

그렇지만 이러한 연구는 유체이탈 경험과 대체우주를 하나로 보지는 않는다. 여러 개의 평행우주의 존재는 복잡한 수학적 및 양자물리학적 이론으로 예견된다. 그러나 물리학자들은 이러한 대체우주가 존재한다고 해도 우리가 그곳으로 갈 수 없을 뿐만 아니라 인지할 수도 없다고 말한다.

그보다는 심리학자들과 신경과학자들이 주로 유체이탈에 대해 연구한다. 간질 치료의 일환으로 뇌에 전기적 자극을 가할 때 우연히 이와 같은 유체이탈을 경험하는 환자들이 있다. 예를 들어, 뇌의 각회(角回)라는 부위에 전기적 자극을 받은 한 환자는 갑자기 주위가 환하게 밝아지면서 침대 위를 떠다니는 느낌이 들었다고 한다.

각회는 뇌의 표면에 뒤쪽을 향해 있는 구조로, 시각과 청각 및 촉각 관련 정보를 받아들인다. 각회는 전정피질이라는 구조에 인접해 있는데 이 부위는 감각정보를 처리하여 균형감을 유지하는 기능을 담당한다. 이와 같은 뇌 자극 연구 결과로 볼 때 유체이탈의 경험은 동시에 들어오는 두 개 이상의 감각정보가 서로 분리되어 나타나는 현상으로 생각할 수 있다.

최근 사람들의 머리에 비디오플레이어를 장착하여 그들이 마치 다른 장소에 있는 것처럼 느끼게 하는 시각정보 제공 실험에서 이와 같은 가설이 입증되었다. 시각정보 그 자체만으로는 사람들이 자신의 영혼이 몸 바깥으로 빠져 나왔다는 느낌을 주지 못했다. 그러나 그들의 실제 신체를 터치하는 동시에 가상의 신체를 터치하는 모습을 보여주었을 때는, 가상 신체를 실제인 것처럼 느꼈다. 그리고 망치를 휘둘러서 가상의 신체를 때릴 듯이 하면서 피부 전기전도성(스트레스를 측정)을 검사하였을 때, 망치가 실제로는 아무런 위험이 되지 않지만 큰 위협으로 인식되고 있음을 보여주었다.

그 연구는 감각에서 오는 정보가 자신의 신체에 대한 뇌의 인식을 굴절시킬 수 있음을 보여준다. 자신이 신체적 몸 안에 있다는 느낌이 자아개념의 기초를 이룬다. 따라서 연구는 유체이탈 경험을 이론적으로 설명할 뿐만 아니라 의식에 대해 이해하는 단서도 제공했다.

마음속의 음악

저는 가끔 환청이 들립니다. 다양한 음악 소리뿐만 아니라 시끄러운 자동차 소리, 멀리서 지나가는 기차 소리, 그리고 거친 북소리도 들립니다. 이와 같은 환청에 대해 설명해주세요.

많은 사람에게 고장난 녹음기처럼 귓속을 맴도는 소리가 있다. 휴대전화 벨소리, 놀이공원의 소음들, 혹은 듣기 싫은 어떤 구절이 될 수도 있다. 음악적 환청은 외부에서 들려오는 것 같다는 점에서 이런 소리와는 구별된다.

그렇지만 사람들은 이런 소리가 들린다고 말하면 정신질환이 있다고 오해받을 수 있다는 생각 때문에 좀처럼 말하지 않는다. 그러나 환청은 정신적으로 건강하지만 귀에 문제가 있는 사람들에게 비교적 흔히 나타난다. 양측 귀의 청력을 소실한 32명의 사람들을 대상으로 조사한 연구에서 모두가 음악적 환청을 경험한 것으로 나타났다.

이러한 환청은 이명(좀 더 단순한 울림이나 윙윙거림이다)의 한 형태다. 메니에르병에서와 같이 속귀에 들어 있는 체액 수준이 변하면(청력 소실 없이 혹은 소실을 동반하여) 환청을 일으킬 수 있으며 알코올, 혈압약, 아스피린 등의 약물도 원인이 되기도 한다.

음악적 환청은 시각 장애를 가진 사람들이 없는 것을 보는 찰스보넷 증후군이나 절단되어 없는 팔다리에서 감각을 느끼는 환상사지증후군과 유사하다. 모두 감각이 결여된 증후군이다. 방출이론이라는 설명에 따르면, 정상적으로 입력된 감각정보는 감각기억이 저장된 신경회로를 억제한다. 그러나 오랫동안 이러한 억제가 없으면 기존에 저장된 인식이 '방출' 되어 그 감각을 다시 경험한다.

원인에 따라 다르지만, 음악적 환청을 줄이기 위해서는 보청기를 이용하거나(청력 소실이 있다면) 신체 내 체액이 많아지지 않도록 하며(속귀의 체액량이 문제가 될 경우) 필요하면 의사와 상의하여 복용 중인 약물을 변경한다. 실제로 음악적 환청의 세기를 '생각으로' 낮춘 여성도 있었다.

좋은 환상을 이용하는 방법도 가능하다. 음악가들은 음악적 환청을 먼저 경험한다고 믿는 학자들도 있다. 베토벤이나 슈만 같은 유명 작곡가들은 실제로 이런 경험을 했다.

8

아는 만큼 건강해지는 삶

칼로리 계산

한 식단에 많은 성분이 섞여 있어 계산이 어렵거나 불가능할 때는 그 식단의 전체 칼로리를 어떻게 산출합니까?

한 가지 방법으로, 음식을 봄베 열량계라는 장치에 넣고 완전히 연소시켜서 이산화탄소와 물로 될 때 나오는 열에너지 양을 측정한다. 그러나 얻은 값에서 봄베 열량계로 측정한 대변의 칼로리를 빼준 값이 음식에서 얻을 수 있는 칼로리이며, 그렇지 않으면 실제보다 과다하게 추정하게 된다.

동물 사료에 이 방법을 가끔 사용하지만, 봄베 열량계가 비싼 장치이기 때문에 흔하지는 않다. 그리고 소화기관을 통과하여 나오는 배설물의 칼로리를 조사해야 하는 어려움도 이 방법을 널리 이용하지 못하는 한 원인이다.

그보다는 음식에 포함된 지방과 단백질, 탄수화물, 각각의 에너지

구성을 모두 합하여 전체 에너지량을 계산하는 방법이 많이 이용된다. 지방은 화학 용제를 이용해 추출하여 양을 확인할 수 있다. 단백질에는 평균 16퍼센트의 질소가 포함되어 있기 때문에 음식의 총 질소량을 알면 단백질의 양을 계산할 수 있다. 탄수화물의 양은 음식의 총량에서 지방과 단백질, 수분, 그리고 미네랄 등의 양을 빼서 계산한다.

19세기 후반 미국 농무부에서는 아트워터라는 영양학자가 이끄는 연구진이 꽤 지저분한 연구를 수행했는데, 소화과정에서 소실된 양을 제외할 때 지방과 단백 그리고 탄수화물에서 나오는 에너지의 평균량을 산출하는 연구였다. 에너지전환계수라 부르는 값이 이 연구에서 결정되었는데, 지방 1그램당 9칼로리, 단백질 1그램당 4칼로리, 그리고 탄수화물 1그램당 4칼로리다.

다른 지방이나 단백질, 그리고 탄수화물은 각기 구조와 소화력이 다르기 때문에 9-4-4 전환계수를 그대로 적용하면 오류가 생길 수 있다. 예를 들어, 섬유질이 많은 음식은 탄수화물 총 그램 수에 4를 곱하면 우리 몸이 얻을 수 있는 에너지 양을 너무 많게 계산하는 결과가 된다. 그렇기 때문에 보통은 탄수화물 총량에서 물에 녹지 않는 섬유질의 양을 뺀 다음에 에너지를 계산한다.

성분을 정확히 안다면 구체적 식품별 아트워터 계수표를 이용할 수 있다. 여기에는 구체적 식품들 속에 포함된 지방, 탄수화물, 그리고 단백질의 칼로리 수치가 열거되어 있다. 예를 들어, 달걀에 포함된 단백질은 콩(대두)의 단백질보다 에너지가 그램당 1칼로리 이상 많다. 평균적으로 볼 때, 구체적 식품의 에너지양은 전환계수를 사용하여 얻는 값보다 5퍼센트 정도 적다.

살찌는 탄수화물과 살 빠지는 탄수화물

실제로 살찌는 탄수화물과 살 빠지는 탄수화물이 따로 있습니까?
왜 살 빠지는 탄수화물을 먹어야 합니까(꼭 그래야 합니까)?

이 질문은 모든 사람의 관심사일 것이다. 모든 식품을 흑과 백으로 나눌 수는 없다. 사실, 지방이 많은 식품은 무조건 나쁘게 취급되고, 저지방 혹은 무지방 상표가 붙은 식품만 대접받던 시기가 불과 얼마 전이었음을 기억하자.

저지방 만능의 시대에는 지방이 적은 음식이라면 무엇이든 먹어도 좋았으며, 그것이 칼로리가 높거나 당분이 많아도 상관없었다. 그러나 문제는 간단하다. 소비하는 양보다 더 많은 칼로리를 섭취하면 그 칼로리가 지방이나 탄수화물 등 어디에서 나왔건 살이 찐다.

탄수화물을 줄이더라도 전체 칼로리 섭취량이 줄어야만, 즉 탄수화물의 칼로리가 지방이나 단백질의 칼로리로 대체되지 않을 때에만 체중이 감소한다.

저지방의 시대가 서서히 막을 내리고 저칼로리의 시대가 도래하기 전 우리는 지방을 좀 더 나누어 생각하기 시작했다. 예를 들어, 지방 중에서도 생선기름은 심장질환을 감소시킬 수 있다는 지식이다. 그리고 이제 탄수화물에 대해서도 좋다 혹은 나쁘다는 식의 이분법적인 극단론으로 접근하지 않는다.

모든 탄수화물이 다 같은 효과를 나타내지는 않는다. 전형적인 미국인의 식단에 포함되는 탄수화물은 주로 정제된 곡물로 제조된 식품이다. 곡물을 요리하기 쉽게 만들기 위해 제분해 곡물의 바깥층을 제거하고 녹말 부분만 남긴다. 그러나 이렇게 벗겨져 나가는 곡물의 바깥층은 섬유질과 비타민 B군, 구리나 아연 같은 미네랄이 풍부하게 함유된 부분이다.

그리고 정제된 곡물로 만든 흰빵 같은 식품은 빠르게 소화되어 포도당으로 변하여 혈당 수치를 급속히 높인다. 이렇게 혈당을 빠르게 높이는 식품은 혈당지수가 높다고 말하며 그와 같은 식품들이 많이 포함된 식단은 심장질환과 당뇨병과 관련되는 것으로 알려져 있다.

한편, 흑빵이나 현미, 그리고 통곡물로 만든 파스타 등은 혈당지수가 낮다. 이런 식품은 혈당을 급속히 높이지 않을 뿐만 아니라 비타민, 미네랄, 섬유질 등이 풍부하여 암을 예방하고 콜레스테롤을 낮춘다.

미국인들은 거의 대부분이 매일 충분한 통곡물을 먹지 않는다. 식사에 관련해서는 프랑스인들이 모범적이다. 그들은 건강한 식사를 위해 균형과 다양성, 그리고 신선함을 중요시한다. 건강한 식사는 특정 식품을 마녀로 만드는 것이 아니다. 미국인들은 과일과 채소, 그리고 통곡물같이 우리에게 좋은 식품을 충분히 섭취하지 않는다고 많은 연구에서 반복적으로 지적한다.

육식의 조합

저는 보통 아침 식사로 오렌지주스, 달걀 한 개, 토스트, 커피를 먹습니다. 이렇게 조합된 음식들에서 더 많은 영양분을 얻으려면 이 음식들을 긴 시간 동안, 말하자면 2시간에서 3시간에 걸쳐 따로따로 먹는 방법과 한꺼번에 전부 다 먹는 방법 중 어느 쪽이 더 좋을까요?

많은 사람이 어떤 음식은 함께 먹으면 안 좋다고 생각한다. 하지만 음식물을 분리해서 먹을 때 혹은 함께 먹을 때의 장단점에 대해 과학적으로 연구한 결과는 거의 없다. 비타민과 미네랄은 서로 효과를 상승시키거나 저하시키는 상호작용을 한다고 잘 알려져 있다. 하지만 이러한 상호작용은 대부분 음식의 전체적 성분 조합에 따라 결정된다. 예를 들어, 마그네슘이 결핍되면 나트륨, 칼륨, 칼슘, 인의 대사에 문제가 생길 수 있다.

한 번의 식사에 포함된 영양분 중에도 상호작용이 일어나는 경우가 있다. 칼슘을 음식에 추가하면 철분 흡수가 크게 감소한다. 그렇기 때문에 칼슘강화 오렌지주스나 우유를 탄 커피는 우리 신체가 토스트와 달걀에서 흡수하는 철분 양을 감소시킨다. 반대로, 오렌지주스에 포함된 비타민 C는 철분 흡수를 촉진한다. 어느 경우든 우리 신체는 시간을 두고 이를 조절하는 것으로 보인다. 또 다른 연구에서는 수개월 동안 식사하면서 칼슘 보충제를 함께 먹은 경우에도 혈액 속의 철분 수준은 변화가 없었기 때문이다.

분리 식단을 주장하는 사람들은 아침 식사 때 토스트는 주스, 달걀과 별도로 먹고 버터나 우유(전유)도 함께 먹지 않는 편이 좋다고 말한다. 탄수화물과 지방, 단백질을 함께 섭취하면 하루 종일 몸 전체에 퍼진다는 이유다. 탄수화물이 인슐린 분비를 촉진하기 때문에 탄수화물을 지방과 함께 섭취하면 인슐린이 지방을 체내에 더 많이 저장한다는 주장도 있다. 이러한 이론은 저칼로리 식단 두 가지를 비교한 연구에서 근거가 없는 것으로 밝혀졌다. 한 가지는 지방과 탄수화물을 함께 포함한 혼합 식단이며 다른 한 가지는 지방과 탄수화물을 각각 따로 구성한 분리 식단이다. 혼합 식단을 이용한 집단과 분리 식단을 이용한 집단의 체중 감소 정도는 동일했다. 그리고 두 가지 식단이 혈당과 인슐린, 콜레스테롤, 그리고 혈압을 높이는 정도도 비슷했다.

어떤 사람은 음식을 먹을 때 물을 함께 마시지 말라고 한다. 소화효소가 묽어질 수 있다는 이유다. 그러나 수분 보충이 목적일 경우에는 적용되지 않는다. 음식과 함께 물을 마실 때 체내에 수분이 더 많이 남아 있게 된다.

물론 각각의 식품에는 많은 영양소가 복합적으로 들어 있다. 예를 들어, 달걀에는 단백질과 지방의 양은 거의 비슷하고, 탄수화물도 약간 있으며 각종 비타민과 미네랄도 함유되어 있다. 그래서 우리의 소화기관은 어떤 영양소든 처리할 준비가 되어 있다.

원 샷

저는 하루에 여덟 잔의 물을 마십니다. 그러나 한 시간에 한 잔씩 마시지 않고, 아침에 일어나서 석 잔을 마시고, 점심 식사 때 석 잔, 그리고 오후에 두 잔을 마십니다. 이 정도면 내 몸에 필요한 수분을 제대로 섭취하고 있는 것입니까?

20년 전부터 지구인을 연구하는 외계인이 있다면 분명히 뭔가 이상한 현상을 발견했을 것이다. 어느 때부턴가 물병이 항상 우리 옆에 붙어 있기 때문이다(사실, 이 글을 쓰고 있는 나도 손이 닿는 곳에 커다란 물병이 있다).

〈'하루에 최소한 여덟 잔 이상의 물을 마셔라'는 속설에 과학적 증거가 있을까?〉라는 논문 제목(2002년 《미국생리학회지》에 발표)은 이것이 건강의 상식으로 간주될 정도로 보편적인 생각임에 견주어보면 좀 놀라운 주제였다. 그리고 더 놀라운 것은 논문 저자인 다트머스 의과대학의 신장전문의 하인즈 발틴의 결론이었다.

저자는 물을 매우 적게 마시는 사람은 방광암과 대장암, 심장병, 그리고 편두통 발생위험이 높다는 일부 증거를 발견했지만 그 연관성을 확정적으로 입증할 수는 없었다. 그는 물을 하루 여덟 잔씩 마시면 건강에 좋다는 여러 주장이 전체적으로 볼 때 근거가 없다고 결론 내렸다. 그리고 더운 날씨나 격렬한 신체활동을 할 때는 수분이 더 많이 필요하지만 주로 앉아서 생활하는 온대기후의 사람들에게 여덟 잔은 평균의 필요량보다 많다고 주장했다.

마신 물에서 수분 흡수율을 최대로 높이는 연구에서는 2시간에 걸쳐 물을 여러 잔 마시면 수분이 체내에 많이 남아 있지만 15분 안에 같은 양의 물을 마시면 체내에 남지 않고 배설되는 것으로 나타났다. 수분 흡수는 개인별 차이가 크고 염분 섭취와 관련된다. 혈액 속의 나트륨 이온 농도는 뇌 속의 갈증중추라는 감각기에 영향을 주고 여기서는 갈증과 수분축적을 조절하는 신호를 보낸다.

음식과 함께 섭취된 수분은 체내에 더 잘 남아 있으며, 많은 사람의 생각과는 달리 소화를 방해하지 않는다. 먹이와 함께 물을 먹인 쥐는 물 없이 먹이만 먹게 한 쥐와 비교할 때 소화 속도에 차이가 없었다.

수분 섭취는 칼로리 섭취에 영향을 줄 수 있다. 중년과 노년의 성인에게 12주 동안 식사 30분 전에 물을 두 잔 마시게 한 다이어트 연구에서는 식사 전 물을 마시지 않은 사람들에 비해 식사량이 적었고 체중도 2킬로그램 이상 더 줄었다. 젊은 성인에서는 물이 식욕을 억제하는 것으로 보이지 않지만, 다른 연구에서는 음식 속에 포함된 수분의 양을 늘리면 그 자체로 칼로리 섭취량을 줄이는 것으로 나타났다.

코코아와 건강

초콜릿이 몸에 좋을까요? 그리고 초콜릿 종류에 따라 차이가 많습니까?

근래 들어 초콜릿이 건강에 좋다는 주장이 많이 등장하여 많은 사람이 '새로운 적포도주'라며 애호하고 있다. 해독 작용을 하는 플라보노이드 성분에 관심이 집중된다. 생 코코아에는 플라보노이드가 풍부하여 무게의 10퍼센트 이상을 차지한다.

연구에 의하면 분리된 플라보노이드나 플라보노이드를 포함한 초콜릿은 심장질환에 관계되는 다섯 가지 위험요인에 좋은 효과를 나타낸다고 한다. 첫째, 플라보노이드는 자유라디칼을 청소하여 저밀도지질단백(LDL)의 산화를 억제한다. LDL이 산화하면 동맥 내에 찌꺼기가 쌓이는데 이것은 심장질환의 위험요인이 된다. 둘째, 플라보노이드는 찌꺼기가 쌓이는 또 다른 초기 과정(백혈구들이 혈관 내벽에 엉겨 붙는 현상)을 억제한다. 셋째, 이것은 신체에서 콜레스테롤을 제거하는 데 도움이 되는 고밀도지질단백(HDL)을 증가시킨다. 넷째, 플라보노이드는 아스피린처럼 혈소판의 반응성을 감소시킨다. 혈소판은 혈액 속의 가장 작은 성분구조 단위로 반응성이 약해지면 서로 얽혀 피떡이 생기는 경향이 감소한다. 다섯째, 플라보노이드는 산화질소 수준을 증가시켜서 혈관을 확장하고 혈압을 낮춰준다. 플라보노이드가 신경의 퇴행성 질환과 암을 예방하는 효과가 있다는 증거도 있으며, 인슐린 내성을 저하시키는 효과도 확인되었다.

그러나 플라보노이드가 건강에 효과가 있다는 모든 주장은 역학적 연구와 매우 짧은 기간의 실험연구를 토대로 한다. 역학적 연구는 장기간에 걸친 플라보노이드 섭취를 다루지만, 그와 같은 연구들은 많은 문제점을 내포한다. 코코아 소비 습관만이 아니라 다른 여러 측면에서도 차이가 있는 자연적 주민 집단을 비교하기 때문이다. 현재까지 장기간에 걸쳐 초콜릿 섭취의 건강효과를 다룬 실험연구나 다양한 형태의 초콜릿을 체계적으로 비교한 연구는 발표되지 않았다.

모든 초콜릿이 동일한 효과를 나타내는 것은 아니다. 코코아나무의 유형이나 그 재배 조건에 따라 플라보노이드의 농도가 달라진다. 플라보노이드의 농도에 영향을 주는 가장 중요한 요인은 열매의 가공방법이다. 현재 시장에서 판매되는 대부분의 초콜릿 상품은 플라보노이드를 함유하지 않거나 아주 적게 포함하고 있다. 발효과정이나 열매를 볶을 때 그리고 알칼리로 처리하는 동안 플라보노이드가 파괴되기 때문이다. 초콜릿 섭취에 관한 실험연구들 중에는 상업적으로 판매되지 않고 플라보노이드 함량이 많은 초콜릿을 이용하는 경우가 많다.

같은 방법으로 가공했다면 다크초콜릿이 밀크초콜릿보다 플라보노이드 함량이 많다. 미국 식품의약국은 다크초콜릿에는 분쇄 혹은 녹인 코코아 열매로부터 추출한 초콜릿 액을 최소한 15퍼센트 이상 포함하도록 규정하고 있다. 밀크초콜릿에는 코코솔리드를 함유하지 않기 때문에 플라보노이드도 없다.

철인 마라톤 경기

80~100킬로미터나 150~200킬로미터 울트라 마라톤(마라톤보다 긴 거리를 달리는 경기)에는 남성보다 여성이 더 뛰어나다고 들었습니다. 남성 마라토너는 40킬로미터 정도를 달린 후에는 몸에 있는 당원을 거의 다 사용하고 주로 지방 성분을 태우기 시작할 때 '한계를 느낀다'고 합니다. 그러나 여성은 지방을 잘 태우기 때문에 이런 문제가 없습니다. 실제로 여성이 남성보다 울트라 마라톤을 더 잘한다는 증거가 많습니까?

미국은 여성의 마라톤 경기 참여를 공식적으로 금지했다가 1984년 LA올림픽 때 여자마라톤을 처음 정식종목으로 채택하였다. 여성들이 42.195킬로미터 달리기 코스에서 경쟁할 수 있자 기록은 급속히 향상되었으며 1992년 《네이처》에 실린 논문에서는 1998년까지 여성의 기록이 남성을 따라잡을 것으로 예측했다. 현재까지 이런 일은 일어나지 않았지만 가장 빠른 남녀 마라톤선수의 기록 차이는 12분도 채 되지 않는다(남자 마라톤 세계 기록은 케냐의 패트릭 마카우가 2011년 베를린 마라톤에서 세운 2시간 03분 38초, 여자는 영국의 폴라 래드클리프가 2003년 런던 마라톤에서 세운 2시간 15분 25초다—옮긴이).

울트라 마라톤에서는 최소한 한 대회에서 여성이 이미 남성을 추월했다. 2002년과 2003년 세계에서 가장 격렬한 경기 중의 하나인 배드워터 울트라 마라톤에서 여성 선수가 우승했다. 이 경기는 푹푹 찌는 한여름에 캘리포니아 데스벨리의 배드워터 분지에서 출발하여 217킬로미터를 달려 휘트니 산의 밑자락까지, 높이로는 2590미터 이상을 올라가는 경주다. 결승점에 5위 이내로 도착한 참가자들 중 여성이 포함되어 있는 경우가 많다.

여성이 남성에 비해 장거리 달리기를 더 잘하는 이유에 대해서는 여러 가설이 있다. 통증에 대한 내성이 크고 자기를 더 잘 조절할 수 있는 생리적 요인이 관계될 수 있다. 신체 크기도 영향을 받는다. 가벼운 사람들은 열에너지 생산과 발산 사이에 균형을 더 잘 유지한다. 일부 연구에서는 장시간 운동할 때 여성이 남성보다 지방을 더 잘 연소시키는 것으로 나타났다.

기록이 크게 향상된 다음부터 여성 장거리 육상선수들의 기록 향상 속도는 남성과 거의 같다. 그리고 마라톤과 비슷한 거리에서는 여성과 남성이 거의 비슷한 기록을 보이며, 현재까지는 50마일(약 80킬로미터)과 100마일 경기의 기록도 비슷하다. 그래서 장거리에서 여성이 남성보다 유리하다는 주장은 아직 확실하지 않다.

마라톤이나 울트라 마라톤은 사회적 현상이며 피트니스에 대한 관심과 관련이 있다. 2009년 미국에서는 40만 명 이상이 마라톤 코스를 완주하였으며 그중 40퍼센트가 여성이다. 최근에 와서야 여성의 장거리 경주 참여가 허용되었다는 사실을 감안하면 아직 더 많은 가능성이 있다고 생각된다.

올바른 운동방법

저는 러닝머신 위에서 하루에 8킬로미터를 달리고 싶지만 체력이 안 됩니다. 그래서 2킬로미터 달리고나서 나중에 또 2킬로미터 달리기를 반복합니다. 이런 식으로 쉬면서 하면 (칼로리 소비와 같은) 운동 효과가 줄어들까요?

많은 연구에서 운동을 연속해서 할 때와 나누어서 할 때의 효과를 비교했다. 공중보건에 실천적으로 큰 의미가 있기 때문이다. 그리고 대부분의 연구에서는 운동을 여러 번에 나누어 할 때가 연속해서 할 때보다 건강에 더 효과적인 것으로 나타났다.

운동 방식과 관계없이 소비되는 칼로리는 운동할 때뿐만 아니라 운동 후에도 증가한다. 소파에 누워서 TV를 보더라도 운동 후라면 칼로리를 많이 소비한다는 의미다. 운동 후에 몸의 대사활동이 계속 활발한 상태로 있는 시간은 운동을 얼마나 오랫동안 또 어느 정도의 강도로 했느냐에 따라 결정된다. 운동 후에 대사 활동이 증가하는 것은 근육에 연료를 다시 채우고 손상된 부분을 보수하고 세포가 젖산과 같은 폐기물을 제거하는 과정이 필요하기 때문이다.

같은 운동을 여러 번 나누어 해도 전체 운동량이 같다면 운동 중에 소비되는 칼로리의 양은 달라지지 않는다. 하지만 운동을 나누어 했을 때 운동 후에 소비되는 칼로리의 양이 더 많다. 하지만 그 차이는 적다. 한 달 동안 매일 지속된 운동 대신에 나누어서 운동을 했을 때의 차이가 사과 파이 한 조각을 부담 없이 먹어도 될 정도의 양이다. 계속 운동하면서 전체 평균 운동 강도는 동일하지만 강도를 변화시키면서 운동을 할 때도 운동을 나누어 했을 때와 같은 효과가 나타났다.

연속 운동과 나누어 하는 운동은 혈압이나 다른 심폐기능 및 콜레스테롤 수준 등에도 동일한 효과를 나타내는 것으로 보인다. 그러나 연속 운동과 나누어 하는 운동을 비교한 연구들은 모두 단기간의 관찰이었기 때문에, 장기간에 걸쳐 이렇게 다른 방식으로 운동할 때 심장질환, 당뇨병, 암 등의 발생에 다른 영향을 미칠 가능성은 배제할 수 없다.

미국 보건복지부는 1998년 미국인을 위한 신체활동 지침을 발행했는데 성인이면 매주 2.5~5시간 동안 중간 정도의 강도로 운동할 것을 권장했다. 어떤 방식으로 해도 좋지만 근력강화운동과 유산소운동을 함께하는 것이 이상적이다. 그리고 지침에 의하면 유산소운동은 최소한 10분 이상 계속해야 한다.

조깅 장소

저는 조깅할 때 안전을 위해 주로 인도를 이용합니다. 그러나 아내는 표면이 '더 부드러운' 도로 위에서 조깅하는 것이 관절에 부담을 덜준다고 주장합니다. 교통사고의 위험이 없다면 조깅할 때 콘크리트와 아스팔트 표면이 어떤 차이가 있습니까?

상식적으로 생각해도 콘크리트 위에서 달리면 아스팔트보다 부상을 당할 위험이 크다. 달릴 때는 1킬로미터에 600~700회 정도 발로 땅을 치면서 간다. 그러므로 발에 가해지는 충격을 조금이라도 줄여주는 효과가 있으면 이러한 충격 관련 부상의 위험을 감소시킬 수 있다.

1997년 《러너스 월드》는 달리는 길의 표면 재질을 가장 나쁜 재질(1)에서 가장 좋은 재질(10)까지로 점수를 매겼다. 눈(2), 콘크리트(2.5), 모래(6), 아스팔트(6), 러닝머신(6.5), 인조트랙(7), 숲(7.5), 흙(8), 목재(9), 잔디(9.5). 일부 대중잡지는 좋지 않은 표면 위에서 달리는 것이 압박에 따른 부상의 가장 큰 원인이라 주장하는 임상 연구를 인용한다. 그러나 부상으로 병원을 찾는 이유가 길의 재질 때문이라 확증할 수는 없다. 얼마나 많은 사람이 같은 표면 위를 달리면서도 부상을 입지 않는지 알아야 하기 때문이다.

검색 결과 콘크리트길을 달린 사람과 아스팔트길을 달린 사람들이 당한 부상을 비교한 네 개의 의학 논문을 찾았다. 이들 논문을 종합하면 달리기 경주에서 혹은 레크리에이션을 목적으로 달리는 사람 4600명을

2~12개월에 걸쳐 조사했다. 그중 세 개의 연구에서는 달리는 표면에 따른 부상 횟수의 차이가 없었다.

나머지 한 연구에서는 남성 러너들에게 발생하는 부상은 길의 표면에 따른 차이가 없었지만, 여성 러너들은 콘크리트길을 달릴 때가 아스파트길보다 3분의 2 이상 더 많은 부상을 당하는 것으로 나타났다. 이 연구는 네 개 연구 중에서 조사 규모가 가장 작아서 콘크리트길을 이용한 여성 러너들 15명만 조사했다. 그러므로 이러한 러너들이 다른 이유로 부상 위험이 높았을 가능성도 있다.

1986년 10월 《스포츠의학회》에 흥미로운 생체역학 연구 결과가 발표되었는데, 러너가 당하는 부상이 달리는 길 표면의 단단한 정도와 관계가 없다는 결과였다. 그 연구에서는 발이 콘크리트 바닥을 칠 때 발생하는 수직 압력의 최댓값이 아스팔트 바닥보다는 실제로 더 낮은 것으로 나타났다. 그리고 러너의 발이 콘크리트 표면에 접촉된 상태로 유지되는 시간도 다른 표면보다 더 길었다.

러너의 발이 길 표면을 치기 전에, 표면의 강도에 대한 느낌을 토대로 하여 무의식적으로 다리의 경직 정도를 조절하여 발이 닿는 순간 쿠션을 준다고 결론내릴 수 있다.

라디칼에 대하여

항산화제가 신체 내 자유라디칼의 수를 감소시키는 것으로 알고 있습니다. 그러면 자유라디칼의 수는 어떻게 셀 수 있습니까?

자유라디칼은 쌍을 이루지 않은 전자를 가진 분자이다. 전자는 쌍을 이루는 경향이 있고 자신이 쌍을 이루지 못했으면 다른 분자의 전자쌍을 떼어놓으려 한다. 자유라디칼은 DNA, 단백질, 지방질 등에 손상을 초래하여 암, 알츠하이머병, 심장질환 등의 원인이 된다. 그러나 자유라디칼이 태생부터 해로운 것은 아니다. 우리 몸의 세포에서 벌어지는 많은 화학반응 과정에서 정상적으로 만들어지며 중요한 역할도 담당한다. 예를 들어, 우리 몸의 면역체계는 침입해오는 세균 및 바이러스에 대항해서 자유라디칼을 무기로 이용하여 싸운다.

몸 안에 얼마나 많은 자유라디칼이 있는지 알아낼 수는 없다. 의사들은 자유라디칼 검사를 하지 않는데, 샌디에이고 캘리포니아의과대학의 조지프 셰거 박사는 신체 조직이 매우 복잡하기 때문에 이런 검사는 불가능하다고 한다. 셰거 박사는 자유라디칼의 증가를 직접 측정할 수는 없지만 그 영향을 측정할 수는 있다고 말한다. 예를 들어, 자유라디칼은 혈관에 염증을 일으켜서 동맥경화나 막힘을 초래할 수 있다. 염증은 혈액 내에서 C-반응단백(CRP)이라는 화학물질의 양을 증가시킨다. 그러므로 CRP 수준을 측정하면 자유라디칼의 활성도에 관해 간접 정보를 얻을 수 있다.

언젠가는 신체 특정 장기에서 자유라디칼의 활성도 측정이 가능해질 것이다. 작은 동물에서 자유라디칼을 감지하기 위해 전자회전공명(자기장 내에서 자유라디칼의 움직임을 토대로 자유라디칼을 감지하는 측정 기술)이 이용되어 왔다. 이 기술을 확장해서 인간에까지 적용하기 위해서는 해결해야 할 문제들이 많다. 예를 들어, 자유라디칼을 잡아서 측정하려면 안전하지 않은 화학물질을 인간의 몸에 투여해야 한다.

그리고 자유라디칼의 수준은 변동이 매우 심하기 때문에 자유라디칼 검사로부터 어떤 결론을 이끌어내기는 어렵다. 자유라디칼의 상승은 어떤 만성적 문제가 있다는 표시가 될 수 있지만 일시적인 감염에 대한 우리 몸의 정상적 반응에서도 자유라디칼이 상승한다.

그러므로 의사들은 그와 같은 검사보다 자유라디칼과 항독소 사이의 균형을 유지하기 위해 금연하고, 트랜스지방을 줄이며, 과일과 채소를 많이 섭취하는 것이 더 중요하다고 말한다.

인듐에 대한 진실

원소번호 49인 인듐에 대해 알려주세요. 인체의 영양 성분이라면 어떤 역할을 합니까?

인터넷을 검색하면 인듐이 건강에 좋다는 주장을 많이 볼 수 있다. 인듐이 약물중독, 탈모, 피부노화, 암, 선천성 결함, 저혈압과 고혈압, 체중문제 등 다양한 질환을 치료해준다고 한다. 이러한 주장들 중 대부분은 근거가 없지만 일부 사이트에서는 과학적 연구(그러나 왜곡된 경우가 많다)를 인용하고 있다.

예를 들어, 한 웹사이트에서는 1971년 헨리 슈뢰더 박사가 인듐 보충제제가 체중을 줄여주는 것을 확인했다고 주장한다. 특히 여성에서 더 많은 칼로리를 소비시켜서 체중을 줄인다고 한다. 슈뢰더 박사는 그 해에 《영양학회지》에 논문을 발표했는데, 저용량 인듐(염화인듐의 형태로)이 생쥐의 성장과 수명에 미치는 영향에 대한 내용이었다. 그러나 실제로 그 논문은 인듐이 지방을 소비하는 작용에 대해서가 아니라 인듐이 생쥐, 특히 암컷의 성장을 방해한다고 보고했다.

그리고 인듐이 만병통치약이라는 주장과는 달리 인듐 보충제제를 먹인 경우와 대조군 사이에 수명이나 종양의 수 등에서 통계학적으로 의미 있는 차이가 발견되지 않았다.

인듐의 방사선 활성화 동위원소는 의학에서 암치료에 이용된다. 그러나 이것은 활성화된 방사성 동위원소의 작용이지 인듐의 영양학적 효과는 아니다.

전자업계에서 인듐(물론 방사능이 활성화된 형태가 아니다)의 이용이 증가하고(예를 들어 반도체와 태양광전지), 근로자에게 건강위험을 초래할 가능성이 대두되어, 최근에는 여러 연구에서 인듐 노출의 영향을 분석하였다. 동물 연구에서는 고용량의 인듐이 간이나 신장, 태아 발달에 나쁜 영향을 주는 것으로 나타났다.

필수 미네랄도 용량이 많으면 독성을 나타내기 때문에 고용량 인듐에 부작용이 나타난다고 해서 저용량으로 이용할 때도 효과가 없다고 말할 수는 없다. 그러나 인듐에는 알려진 생물학적 기능이 없으며, 인듐이 건강에 좋다는 주장을 뒷받침하는 과학문헌도 없다.

젊게 보이기

중년에 파라아미노벤조산(PABA) 성분이 포함된 비타민 B군을 섭취하면 흰머리가 생기지 않는다고 합니다. 이 말이 사실일까요?

PABA는 한때 햇빛 차단제로 잘 알려져 있지만 우리 몸의 장내 세균도 이것을 만들어낸다. 종종 PABA를 비타민 Bx라 부르기도 하는데, 맥주(양조용) 효모, 간 그리고 가공하지 않은 곡물 등에 다른 비타민 B군과 함께 들어 있다. 하지만 공식적으로는 비타민에 속하지 않으며 인체 건강을 위해 섭취가 꼭 필요한 영양성분도 아니다.

PABA가 흰머리를 막아준다는 주장은 1940년대와 1950년대에 수행된 연구에 근거한다. 당시의 연구에서 흰색 혹은 회색 머리칼을 가진 사람들이 PABA를 다량으로 섭취했을 때 그중 일부의 머리칼이 짙은 색으로 변했다. PABA 치료를 시작하기 전 흰머리를 가졌던 기간의 길이는 짙은 색으로 변하는 데 영향을 주지 않는 것으로 보였다. 흰머리가 아닌 사람들의 머리칼도 짙은 색으로 변했다는 연구도 있었다.

연구에 이용된 PABA의 용량은 매일 수백 밀리그램에서 수천 밀리그램까지 고용량이었다. 약사이자 영양학자인 파멜라 메이슨이 편찬한 《영양보조제*Dietary Supplements*》(2007)에 의하면, 훨씬 낮은 용량(30밀리그램 정도)에서 구역질, 발열, 발진, 그리고 간독성 등이 발생했다고 보고했다.

그리고 PABA 관련 연구 결과는 그 편차가 매우 크다. 일부 연구에서는 PABA를 섭취한 사람들 대부분에서 머리칼 색에 변화가 없었다고 한다. 어떤 요인 때문에 이렇게 결과의 편차가 심한 것인지, 또 과연 PABA가 머리칼이 희게 변하는 현상을 되돌릴 수 있는지도 확실하지 않다.

심한 영양결핍은 머리칼을 희게 만들 수 있으며, 각각의 영양성분 중 어느 한 가지가 크게 결핍되어도 이런 결과를 초래한다. 구리, 아연, 엽산 등이 대표적이다. 그렇지만 개인별로 머리가 희게 변하는 시기를 결정하는 가장 중요한 요인은 유전으로 보인다.

머리칼의 색은 멜라닌 색소의 존재 여부에 따라 정해지는데, 이것은 멜라닌 세포라는 특수 세포 내의 작은 기관인 멜라닌소체에서 만들어진다(속 썩이는 일이 많다고 해서 머리카락이 백발로 변하는 것이 아니다). 흰머리는 모구(毛球) 내에 활동성 멜라닌 세포의 수가 적기 때문에, 머리칼이 성장할 때 포함되는 멜라닌소체의 수도 적다.

머리칼의 중심층이 두꺼워지고 바깥층은 얇아지는 머리칼 구조가 생기면 색소의 변화도 수반된다. 멜라닌 색소 형성을 감소시키는 요인과 머리칼의 구조 및 조성의 변화, 그리고 색소 변화의 관련성에 대해서는 아직 정확하게 알려진 바가 없다.

비타민 제제

판매되는 비타민제(개별 혹은 복합 제제)의 효과에 대한 과학적 증거가 있습니까?

영양학적으로 특별히 어떤 필요가 있거나 비타민 결핍 상태라면 비타민 보충제제가 도움이 된다. 임신 전과 임신기 동안의 엽산 보충제제가 그 대표적인 예로서, 특히 척수 기형 같은 선천성 결손의 발생을 크게 줄여준다.

심각한 비타민결핍증은 선진국에서도 과거의 이야기가 아니다. 미국에서는 비타민 D 결핍으로 인해 성장이 지체되고 뼈의 기형이 초래되는 구루병에 걸린 아기의 사례가 그 수는 적지만 매년 확인되고 있다. 65세 이상 고령층에서도 비타민 결핍증이 흔히 발생한다.

미국의 성인 세 명 중 한 명 이상이 복합비타민 제제를 복용하며 거의 4분의 3은 어떤 형태로든 영양보충제를 이용한다. 복합비타민제 다음으로 많이 이용되는 영양보충제는 칼슘, 비타민 E, 그리고 비타민 C 등이다.

많은 학자들이 복합비타민제와 영양보충제가 암이나 심혈관계 질환, 그리고 노화에 따른 인지능력 저하와 같은 질환의 예방에 나타내는 효과를 조사했는데, 그 결과는 매우 큰 편차를 보였다. 위험을 줄이는 것을 확인한 연구나 아무런 효과가 없다는 연구가 있는 반면, 위험을 오히려 증가시키는 것으로 나타난 연구도 있다.

대규모로 시행된 몇 가지 연구에서는 영양보충제가 미국의 일반적 성인에게 효과가 있다고 보기에는 그 증거가 매우 빈약하다는 결론을 내렸다. 그리고 앞으로의 연구에서는 참가자들의 연구 전 영양 상태를 보다 엄격히 통제해야 한다고 주문했다. 그리고 만성질환이 발병하기까지는 10년 이상 걸릴 수 있기 때문에 영양보충제 관련 연구는 수개월 혹은 수년 정도로는 불충분하다.

미국 식품의약국(FDA)은 영양보충제 감독에 매우 소홀하다. 보충제는 감시가 엄격한 약품보다는 식품으로 분류되어 오염물질이 함유되는 경우가 잦다. 예를 들어, 국제올림픽위원회의 조사 결과 선수들이 이용하는 일부 영양보충제에 신고되지 않은 스테로이드가 함유되어 있다고 한다.

미국에서 건강식품 안정성을 검사하는 민간단체인 컨슈머랩(www.ConsumerLab.com)의 인증 표시가 있는 제품들은 성분표시의 정확성과 성분의 질을 믿을 수 있다. 미국 약전(USP)의 확인 표식도 이와 비슷하여 해당 보충제가 USP에서 확인하는 우수생산과정(GMP)을 통해 만들어졌음을 의미한다.

FDA에서는 생산자가 자신의 영양보충제 성분에 대한 평가를 의무화하는 새로운 규정을 시행할 예정이다. 하지만 이와 같은 감시의 어떤 것도 그 제품의 효과를 입증하지는 않는다. FDA의 감시가 없기 때문에 제품의 상표에 해당 영양보충제가 신체 구조 및 기능에 효과를 나타낸다고 주장할 수 있다(그러나 질병을 예방하거나 치료한다고 주장해서는 안 된다).

인체대사의 경제학

사람의 몸에서 일어나는 대사의 속도는 어떻게 계산합니까?

대사속도(대사율)에는 다음과 같은 세 가지 요소가 있다. 기초대사율(호흡과 같은 기본적인 생명 유지활동 및 세포의 일상활동 준비에 필요한 최소한의 에너지를 말하며, 안정대사율이라고도 함), 먹는 활동에 투입되는 에너지(소화, 흡수, 저장), 그리고 다른 활동을 수행하는 데 필요한 에너지. 기초대사율은 우리가 매일 소비하는 칼로리의 약 60퍼센트를 이용한다. 먹는 활동(근처 햄버거 가게에 가는데 소비되는 칼로리를 제외하고)은 일상적 에너지의 약 10퍼센트를 소비한다. 그리고 다른 여러 활동에 나머지 30퍼센트의 칼로리를 소비한다.

신체활동은 몸을 움직이는 활동과 움직이지 않지만 열을 생산하는 활동(NEAT)으로 나눌 수 있는데, NEAT는 피트니스와는 관계없이 에너지를 소비하는 일상적 활동들로 서 있거나 두리번거리기, 무엇을 만지는 행동 등을 말한다. 움직임 감지장치가 달린 속옷을 입게 하여 연구한 결과, 스스로를 리모컨족, 즉 소파에 앉아 TV만 보는 사람이라 대답한 사람들, 마른 체구의 사람이 비만인 체구보다 NEAT 활동을 하루에 2시간 이상 더 많이 하는 것으로 조사되었다. NEAT 활동량에서 이와 같은 차이는 뚱뚱한 사람들이 마른 체구의 사람들보다 하루에 350칼로리 이상을 덜 소비한다는 의미다. 그리고 흥미롭게도 뚱뚱한 사람들이 체중을 줄일 때에도 NEAT 활동은 하지 않는 것으로 나타났다.

다른 연구에서는 7~9킬로그램 정도 체중을 줄이면 실제로 대사율은 감소하는 것으로 확인되었다. 이것은 다이어트만으로는 줄인 체중을 유지하기 어려운 이유를 설명해준다. 한편, 운동은 단기적으로는 칼로리를 소비하고 장기적으로는 근육이 강화되어 대사율을 높이는 효과를 나타낸다.

사람에 따라 다르게 나타나는 대사율은 근육의 크기 차이가 중요한 요인인데, 휴식기에도 근육조직은 지방조직보다 더 많은 칼로리를 소비하기 때문이다. 여성이 남성보다 1일 에너지 소비량이 평균 10퍼센트 이상 적은 이유도 이와 같은 근육 크기의 차이 때문이다. 그리고 나이가 많아지면 대사속도가 느려지는데 여기에는 활동량 감소뿐만 아니라 근육 크기가 줄어든 이유도 있다.

대사는 신체와 뇌 사이의 정교한 피드백 기전으로 조절된다. 예를 들어, 오랫동안 굶으면 갑상선호르몬이 급격히 떨어져서 기초대사율이 40퍼센트까지 줄어든다. 갑상선은 뇌하수체의 영향을 받고 뇌하수체는 시상하부의 명령을 받는다. 그리고 시상하부는 지방세포에서 생산되는 렙틴의 영향을 받는다. 렙틴(leptin, 그리스어로 '야위다'는 의미인 leptos에서 유래)이 10여 년 전에 발견될 당시에는 살을 빼는 기적의 묘약이 될 것으로 기대했지만 애석하게도 신체 대사를 조절하는 기전은 생각만큼 간단하지 않다.

땀이 많은 사람

건강한 사람은 그렇지 않은 사람보다 땀을 더 많이 흘린다는 것이 사실인가요?

건강한 사람은 그렇지 않은 사람보다 동일한 '상대 강도'로 운동할 때 땀을 더 많이, 더 빨리 흘린다.

여기서 '상대 강도'란 비율을 말하는 것으로, 한 개인이 운동 중에 산소를 흡입하고 이산화탄소를 배출하면서 만들어낼 수 있는 최대의 유산소 체력으로, 예를 들어 80퍼센트 등으로 나타낸다. 체력이 강한 사람이 자신의 최대 유산소 체력의 80퍼센트로 운동하려면 체력이 약한 사람이 80퍼센트로 운동할 때보다 에어로빅 자전거 저항이나 런닝머신 속도 혹은 경사를 더 높여야 한다.

운동생리학자들은 동일한 양만큼씩 운동하는 사람들보다는 동일한 상대 강도로 운동하는 사람들을 주로 비교한다. 운동 중인 사람이 체력

한계에 가까워질 때 그 한계의 크기에 상관없이 신체의 적응이나 땀, 심장박동, 산소소비 등에 나타나는 변화를 이해할 수 있기 때문이다.

그러므로 누워 빈둥대는 사람이 우편함까지 30미터를 빨리 걸어갈 때면 마라토너보다 더 많은 땀을 흘릴 수 있다. 그러나 건강한 사람이 자신의 체력 한계에 대비하여 동일한 비율의 강도로 운동하면 더 많은 땀을 더 빠르게 흘린다. 남녀 차이(평균적으로 남성은 여성보다 땀을 더 많이 흘린다)와 같은 개인별 차이 역시 땀흘리는 정도에 영향을 준다.

붉은 고기와 흰 고기

제 딸은 붉은 고기를 먹지 않습니다. 돼지고기 업계에서 만든 TV 광고에서는 돼지고기가 영양학적으로 닭고기에 비교되는 '또 다른 흰고기'라고 선전합니다. 돼지고기를 쇠고기와 비교하면 어떻습니까?

그 광고는 점점 더 확대되는 닭고기 유행에 편승하려는 돼지고기 업계의 재치 있는 마케팅 전략이다. 1970년대 이후, 1인당 닭고기 소비량은 증가한 반면, 쇠고기 소비는 감소했다. 돼지고기 소비량은 비교적 일정하여 1인당 매년 20킬로그램 정도를 유지한다.

돼지고기는 쇠고기에 비해서 흰색이지만 미국 농무부는 소, 돼지, 양 등 모든 가축 고기를 붉은 고기로 분류한다. 고기의 붉은색은 미오글로빈 때문인데, 철을 함유하며 근육에 산소를 저장하는 기능이 있다. 돼지고기에는 미오글로빈 함량이 쇠고기보다는 적지만 닭고기보다는 많다.

돼지는 번식 및 사육 기술의 향상으로 과거보다 지방이 적어졌지만,

지방과 영양 성분은 고기의 부위 및 요리 방법에 따라 달라진다. 연구에 의하면 지방질을 발라 낸 돼지고기 및 쇠고기의 살코기와 흰고기(닭이나 생선)에 포함된 콜레스테롤과 중성지방의 양은 비슷하다고 한다. 고기에는 미네랄과 비타민 B군도 풍부하다. 평균적으로 돼지고기에는 쇠고기보다 철분과 아연은 적지만 구리의 양은 거의 비슷하다. 비타민 B군은 쇠고기보다 돼지고기에 티아민(B_1)이 더 많으며, 리보플라빈(B_2)과 나이아신(B_3)은 비슷하다.

귀하의 딸은 지방 섭취를 줄이려고 하거나, 혹은 붉은 고기 섭취가 암 발생 위험을 높인다는 연구 결과를 접했을 것으로 생각된다. 대장암과 유방암 등 붉은 고기 섭취와 암 발생 사이의 정확한 관련성은 불확실하다. 붉은 고기를 먹는 사람과 그렇지 않은 사람들은 대부분 식단의 메뉴가 다르기 때문이다. 예를 들어, 붉은 고기를 먹지 않는 사람들은 항독소 기능이 큰 과일이나 채소를 더 많이 섭취한다.

많은 사람이 건강 외에도 다른 이유 때문에 고기를 먹지 않는다. 종교에 따라 특정 동물을 신성시하거나 불결하게 여긴다. 포유류나 어떤 동물을 먹는 행위를 비윤리적이라 생각하기도 한다. 그리고 대규모 기업형 농장으로 인한 환경문제나 육류를 생산하기 위해서는 식물사료에서 얻는 칼로리보다 더 많은 자원이 필요한 문제 등을 걱정하는 사람들도 많다.

악당으로 취급하는 노른자위

의사들은 노른자위 때문에 달걀을 많이 먹지 말라고 말합니다. 그렇다면 과학자들은 왜 아직까지 노른자위가 작은 달걀을 만들지 않았습니까? 아니면 만들지 못한 것입니까?

닭은 종종 노른자위가 없는 달걀을 낳지만, 머랭 만들기에 적합한 흰자위만 있는 달걀을 계속해서 낳는 암탉은 비싸고 번식이 어렵다. 무엇보다도 노른자위는 네덜란드 소스 속의 불량성분인 것만은 아니며, 병아리가 먹고 자라는 영양 공급원이다. 그러므로 노른자위가 없거나 작은 달걀은 병아리가 되지 않는다.

달걀 노른자위를 콜레스테롤이 많다는 이유로 건강을 해치는 악당으로 취급하지만 노른자위에는 흰자위보다 비타민과 미네랄이 더 많다. 연구에 의하면 건강한 사람이 하루에 달걀 한두 개 먹는다고 해서 심장병 위험이 증가하는 것이 아니라고 한다.

소금 섭취량을 줄여라

자신의 제품에는 '나트륨 함량이 일반 소금보다 훨씬 적은 바다 소금'을 사용한다는 TV 광고를 보았습니다. 두 가지 소금의 성분이 모두 염화나트륨인 것으로 알고 있는데 맞습니까? 사실 소금을 적게 먹기는 매우 힘든 일입니다. 어떤 제품은 1회 분량에 나트륨 1000밀리그램 이상이 포함되어 있을 정도니까요. 식품 생산자들에게 소금을 적게 사용하도록 할 수는 없습니까?

인내력 경주에 참가한 사람들이 땀으로 소실된 나트륨을 보충하지 않고 물만 너무 많이 마시면 저나트륨혈증(혈액 속에 나트륨, 즉 소금의 농도가 비정상적으로 낮은 상태)이 발생할 수 있으며 이것은 매우 위험하다. 그러나 대부분의 국가에서는 국민의 평균 소금(염화나트륨) 섭취량이 세계보건기구의 일일 권장량 최대 5그램(1티스푼 혹은 나트륨으로 2.3그램)의 두 배에 달한다.

많은 연구에서 소금을 많이 섭취하면 고혈압 위험이 증가하는 것으로 나타났으며, 고혈압은 심장마비와 뇌졸중의 원인이 된다. 그러나 소금 섭취가 혈압에 미치는 영향은 개인차가 매우 크다는 연구도 있다.

짠 음식은 위장벽을 자극하고 많이 섭취하면 위암 발병의 원인이 된다. 소금을 많이 섭취하면 체내에 수분이 많아지고 따라서 신장결석과 골다공증에 관련되고 천식을 악화시킨다는 연구도 있다.

우리가 섭취하는 대부분의 소금은 가공식품에 포함된 것이므로 라벨에서 나트륨 함량을 살펴볼 필요가 있다. 소금은 수천 년 동안 방부제로 이용되었고 요리에서도 중요한 역할을 했다. 하지만 소금을 첨가하면 좋지 않은 성분의 음식도 맛있게 느껴진다. 그리고 짠 음식은 혀의 소금에 대한 감각이 무디어지도록 만든다.

소비자의 미각에 영향을 주지 않고 요리에 소금 사용을 줄이는 전략은 여러 국가에서 효과적으로 시행되었다. 교육과 로비활동, 그리고 소비자의 요구 같은 활동으로 생산자들이 더 많이 변화할 수 있다. 소금 섭취와 고칼로리, 저영양 가공식품을 줄이기 위해서는 가정의 노력이 필요하다. 질 좋은 재료로 음식을 준비해야 하며, 바쁘다는 이유로 즉석식품에 의존하는 습관은 바꾸어야 한다.

생선 속의 수은

생선의 요리 방법에 따라 섭취하는 수은 양에 차이가 있습니까?
생선을 어떻게 요리해야 수은을 섭취하지 않을 수 있습니까?

생선 속의 수은은 단백질과 강하게 결합되어 있어 어떤 방식으로 요리해도 제거되지 않는다. 그리고 레몬주스를 첨가해도 수은을 결합 상태에서 떼어낼 수 없다. 그러나 요리 방법에 따라 생선이 건강에 주는 효과가 달라질 수 있으며 생선의 종류에 따라 수은 농도의 차이가 크다.

이러한 수은의 출처는 자연(예를 들어 화산)과 사람에서 비롯되었다(화력발전소, 쓰레기 소각, 금광). 동식물은 환경으로 방출되는 형태(금속수은 혹은 무기수은) 그대로의 수은을 흡수하지 못한다. 빗물이 무기수은을 호수와 바다로 보내면 미생물이 이를 메틸수은 혹은 유기수은으로 바꾼다(화학에서 사용하는 '유기'라는 용어는 탄소를 함유한 화합물을 지칭하며 유기농법과는 관련이 없다).

유기수은은 동식물에게 흡수되어 그들의 체내에 축적된다. 수중 먹이사슬에서 생체 내 축적이 일어나는 것이다. 즉 먹이사슬의 아래에 위치한 짧은 수명의 동물들(예를 들어 조개와 연어)의 몸에는 수은이 낮은 농도로 축적되지만, 수명이 긴 포식자들(예를 들어 황새치나 상어)은 수은 농도가 높다. 날개다랑어의 수은농도는 황새치보다는 낮지만 연어보다는 높다.

급속히 진행된 공업화로 수은을 대량으로 소비하자 인체에 신경독성을 초래하였는데, 특히 성장 초기에 수은에 노출된 아동들에게 큰 문제가 발생하였다.

임신 중이거나 수유 중의 여성이 생선의 지방산을 섭취하면 아기의 뇌세포 발달에 좋다는 연구 발표가 있으며 생선(크게 기름지게 튀긴 생선을 제외하고)이 심혈관계에 좋다는 사실은 이미 잘 알려져 있다. 예를 들어, 생선에 포함된 오메가 3 다가불포화지방산은 심장세포막의 유동성을 높여서 심장마비 발생 위험을 줄여준다.

생선이 건강에 미치는 영향에 대해 여러 이론이 혼란된 가운데 2006년 《미국의학회지》에 실린 논문에서는, 몇 종류의 생선을 제외하고 적당히 섭취한다면(1주일에 2회 정도) 위험보다는 유익한 효과가 더 크다는 결론을 내렸다. 그 논문에서는 임신 중이거나 수유 중인 여성들은 상어나 황새치 등의 대형 생선을 피하고, 참치는 1주일에 150그램 이내로 제한하며 특정 지역에서 잡히는 생선에 대해서는 자문을 구할 것을 권고했다.

제 2 부

지구상의 생명체와 우주에 대한 질문

1

슬금슬금 기어가는 곤충의 세계

여덟 개의 다리를 가진 식도락가

거미는 모기를 잡아먹나요? 피를 가득 빤 암컷 모기는 좋은 단백질 덩어리이기 때문에 거미가 먹잇감으로 노릴 것이라 생각됩니다. 혹시 모기가 거미줄을 피하는 기술을 진화시켰습니까?

냄새가 고약한 치즈나 간 소시지를 즐겨 먹는 사람들이 있듯이 사람들은 저마다 음식에 대한 개인적 취향이 다르다. 마찬가지로 다리가 여덟 개인 우리의 거미 친구도 선호하는 먹이가 있다. 거미는 거미줄에 걸린 것은 뭐든지 먹는데 그중에서도 특히 모기를 좋아한다.

동아프리카의 깡충거미 등은 방금 피를 빨아먹은 암컷 모기를 특히 좋아한다. 실험실 연구 결과 거미는 언제나 설탕을 먹은 모기보다 피를 먹은 모기를 먹이로 선택하는 것으로 나타났다. 왜냐하면 간접적으로 척추동물의 피를 먹는 효과가 있기 때문이다. 척추동물의 피를 직접 먹는 거미는 아직 보고된 바 없다. 피를 빨아 먹는 특수한 입 구조가 없기 때문이다.

모기가 피를 배불리 먹으면 몸무게가 200퍼센트 이상 늘어난다. 무게가 늘면 몸이 느리고 둔해지기 때문에 포식자의 좋은 목표물이 된다. 동아프리카의 깡충거미는 피를 찾는 모기를 애써 추격하지 않는다. 모기가 배부를 때 쉽게 잡을 수 있다는 것을 알기 때문이다. 이와 같은 선호는 본능적이다. 모기를 잡아본 경험이 없는 실험실 거미들도 피를 먹은 모기 냄새를 더 좋아한다.

동아프리카의 어린 깡충거미는 말라리아를 일으키는 기생충을 가진 학질모기를 좋아한다. 학질모기는 뒷다리가 올라가고 배가 표면에서 45도 각도로 위를 향해 서 있기 때문에 눈으로 보아도 학질모기임을 알 수 있다. 이에 비해 다른 모기들은 서 있을 때 몸이 표면과 평행을 이룬다. 학질모기는 그 자세 때문에 어린 깡충거미의 공격에 취약하다. 거미는 모기의 뒤쪽에서 슬그머니 접근하며 밑으로 기어가서 아래로부터 모기를 거머쥔다. 이러한 기술로 거미는 자신보다 몸집이 몇 배나 큰 모기를 제압한다.

태국에서 발견된 또 다른 종류의 거미도 흥미롭다. 이 녀석들은 뎅기열의 원인 바이러스를 가진 모기들을 공격하는데 레슬링 선수보다는 카우보이처럼 행동한다. 뒷다리를 이용해서 거미줄 한 가닥을 던져 모기를 감아서 잡는다.

세계에 서식하는 거의 대부분의 거미들이 모기를 먹는다. 그렇지만 거미가 모기를 잡기 위해 반드시 카우보이나 레슬러가 되어야 하는 것은 아니다. 고리타분한 방법을 이용해서도 잡을 수 있다. 모기 역시 거미줄에 걸리기 때문이다.

환상적인 발동작

거미는 거미줄에 걸리지 않나요?

거미는 몇 가지의 뛰어난 적응이 있어 자신이 쳐놓은 그물에 걸리지 않는다. 거미는 끈적거리는 거미줄을 만들 때 몇 가닥은 접착 성분을 바르지 않고 남겨둔다(방사상으로 뻗은 가닥인 경우가 많다). 거미가 자신이 쳐둔 거미줄을 돌아다닐 때는 접착성분이 있어 들러붙는 가닥과 그렇지 않은 가닥을 구별해가면서 조심조심 걷는다.

발에 나 있는 발톱과 돌기도 거미줄 위에서 움직이기 쉽게 해준다. 발톱과 돌기 사이로 거미줄 가닥을 쥘 수 있다. 쥐었던 가닥을 놓을 때는 돌기에서 반동을 가해 가닥을 발에서 떨어져나가게 밀어준다. 거미가 실수로 끈적한 가닥을 쥐더라도 이렇게 하여 거미줄 가닥을 떼어낸다. 어떤 거미는 다리의 털에서 액을 분비하여 들러붙지 않게 막는다.

바람이 세게 불어서 거미가 자신의 거미줄에서 끈적한 가닥에 떨어져도 스스로 헤어날 수 있다. 곤충도 시간이 많으면 거미줄에서 벗어날 수 있다. 예를 들어 칠성풀잠자리는 거미줄에 걸리면 거미줄 가닥을 당기고 끊어서 날개 외의 모든 부분을 자유롭게 만든다. 날개는 털로 덮여 있어 거미줄에 잘 붙지 않으므로 마침내 자유롭게 떨어져나간다. 그러나 그 전에 거미가 먼저 다가오지 않아야 한다.

거미는 서로 잡아먹는 데 주저하지 않는다. 작은 거미가 운이 나빠서 더 큰 거미의 거미줄에 걸린다면 작은 거미의 일생은 훌륭한 한 끼 식사거리로 끝날 것이다. 한편 교미하려는 수컷 거미는 암컷이 쳐둔 거미줄에 걸리지 않고 길을 잘 찾아간다.

거미줄 짜기

거미는 어떤 방법으로 5미터 이상 떨어진 두 기둥 사이에 거미줄을 만듭니까?

거미줄을 만들 때는 두 개의 기둥 사이를 연결하는 첫번째 가닥 설치가 가장 어렵다. 거미는 접착성의 실 한 가닥을 뽑아내고 이것을 마치 연날리기처럼 부드러운 바람에 날린다. 그러면 이 가닥은 다른 물체에 붙어 연결 교량을 만든다. 그 한 가닥이 무엇엔가 붙었다는 느낌이 오면 거미는 그것을 당겨서 탱탱하게 만들고 출발점에 붙인다.

그다음 거미는 높이 연결된 교량 위에서 곡예를 펼친다. 특수 발톱을 이용하여 가닥을 쥐며 걸어가면서 연결 교량 아래로 느슨한 가닥들을 뽑아내린다. 이런 가닥들이 반대편에 붙으면 거미가 다시 중간 부위로 돌아와서 타고 내려간다. 그리고 그 가닥을 다른 물체에 붙여 Y자 형태로 만드는데 Y자 형태는 두 기둥 사이에서는 할 수 없기 때문에 연처럼 날리거나 기둥을 타고 내려가 기둥의 낮은 지점에 가닥을 붙여야 한다.

가장 어려운 주요 버팀 구조를 만들면 먼저 틀을 완성하고, 여기에 틀에서부터 중심 방향으로 방사상 가닥을 추가한 후 다시 중심부터 틀 방향으로 나선형 구조를 만들어 완성한다.

죽은 파리가 살아나다

냉장고 속에서 죽은 파리를 발견해(죽은 날짜는 모릅니다) 싱크대에 버렸습니다. 그런데 몇 분 후 파리가 살아나 날아갔습니다. 어떻게 이런 일이 일어날 수 있지요? 파리는 냉장고 안에서도 살 수 있습니까? 그렇다면 얼마나 오랫동안 살 수 있습니까?

그 파리는 죽은 것이 아니라 추위로 인해 실신한 상태다. 북극지방에서는 추위가 끝나고 따뜻한 날이 되면 목공품에서 한 무리의 파리가 기어나오는 광경을 흔히 볼 수 있다. 그 파리들은 몸이 따뜻해질 때까지 매우 느리게 움직인다. 이때 파리를 구해주지 않으면 죽는다. 움직이거나 먹고 마시기에는 너무 춥기 때문이다. 파리의 수명은 종에 따라 다르며 기온에도 좌우된다. 예를 들어, 20도일 때보다 30도의 기온에서 수명이 더 짧다.

학자들은 초파리의 장수에 관계하는 구체적 유전자를 찾아냈다. 예를 들어 므두셀라라는 이름의 유전자인데, '나 아직 죽지 않았다'라고 이름 붙인 유전자도 있다. 이런 유전자에 돌연변이가 발생하면 1개월 정도인 파리의 수명이 두 배로 늘어난다. 물론 장수를 연구하는 목적은 늙고 영리한 파리를 만드는 것이 아니고 파리와 인간의 노화 과정을 이해하는 것이다.

모기가 나는 높이

보통의 파리나 모기는 얼마나 높이 날 수 있습니까? 땅의 높이에 따라 다릅니까 아니면 고지대와 저지대 모두 동일한가요?

보통 곤충은 지표면에서 약 8미터 위가 비행 상한이다. 물론 기압과 곤충 종류에 따라 다르긴 하다. 이곳에서는 바람의 속도가 곤충이 비행하는 최고 속도와 같다. 고도가 높을수록 바람 속도가 빨라지기 때문에 곤충이 먹이사냥이나 교미, 혹은 피신하기 위해 원하는 방향으로 비행하려면 이러한 비행 상한 고도 아래에 머물러야 한다.

그렇지만 그보다 훨씬 높은 고도에서도 곤충이 흔히 발견된다. 모기는 300미터 높이에서도 잡힌다. 집파리도 그 정도 높이까지 올라갈 수 있다. 메뚜기나 나비처럼 이동하는 곤충은 훨씬 더 높이 올라간다. 거의 3킬로미터 고도에 있는 곤충이 지상의 레이더로 탐지된 경우도 있다. 이러한 높이에서도 곤충은 움직일 수 있지만 바람이 너무 강하면 거슬러 날아갈 수 없다. 예를 들어 메뚜기 떼가 바람의 방향에 따라 전파되는 경향을 이것으로 설명할 수 있다.

곤충은 너무 추우면 날 수 없다. 고도가 높으면 기온이 내려가지만, 온도의 역전이 있을 때는 차갑고 밀도가 높은 공기 위에 더운 공기가 얹힌다. 연을 이용하여 기온을 측정했을 때 이동성 곤충이 기온 역전의 맨 위층인 더운 공기에 밀집해 있는 것을 확인하였다.

수동적으로 이동하는 곤충은 예외다. 작은 나방 애벌레나 작은 거미(곤충이 아니지만)는 높이 떠 있기 위해 날개를 펄럭일 필요가 없기 때문이다. 거미줄을 타고 상승하는 공기에 얹혀서 아주 먼 거리까지 이동할 수도 있다. 그러나 이동 중에 바람이 변해서 아래로 떨어지거나 폭우에 휩쓸려 떠내려갈 수 있다.

낮은 공기층의 이동은 특정 지역의 지형구조에 영향을 받는다. 따라서 산은 곤충의 비행을 변화시킬 수 있다. 나비는 산의 경사면을 따라서 생기는 공기의 상승기류에서 부양력을 얻어 더 높이 올라가고 활공하듯이 산을 넘어간다.

고도가 높으면 평균기온도 변하기 때문에 특정 지역에 서식하는 곤충의 종류가 이에 따라 결정된다. 과거 산악지역에서는 곤충이 질병을 전파하기 어려웠다. 그러나 연중 기온이 상승함에 따라 이러한 양상도 변하고 있다. 예를 들어 말라리아나 뎅기열 같은 모기 매개성 질환이 아시아와 아프리카, 그리고 중남미의 고지대에서도 보고되고 있다.

철새의 내비게이션

황제나비는 그처럼 먼 거리를 어떻게 길을 잃지 않고 이동할 수 있습니까?

북아메리카에는 철따라 이동하는 황제나비 두 개체군이 있다. 그중 한 개체군은 로키산맥 서부에서 번식하여 캘리포니아 해안의 숲에서 겨울을 지낸다. 그보다 훨씬 큰 다른 한 개체군은 로키산맥 동쪽에서 번식한 후 겨울을 나기 위해 캐나다 남부에서 멕시코시티 인근 산악지대 숲까지 4000킬로미터를 이동한다.

가을이 되어 낮이 짧아지면 황제나비 몸속에 호르몬 변화가 시작된다. 이것은 생식의 휴면기, 즉 교미의 중단으로 이어진다. 이제 이들은 남쪽으로 급히 이동해야 하는데, 지방을 많이 축적하여 추위에 잘 견디고 수명도 길다. 이동하는 황제나비는 꼬리 바람을 이용하여 에너지를 보존하고 날개를 아낀다. 황제나비들이 겨울나는 장소에 도착하면 대부분의 시간을 아무런 활동도 하지 않고 보내지만 가끔 둥지를 떠나 이슬 젖은 땅이나 인근의 시냇물에서 물을 마신다.

춘분 무렵이 되면 월동 장소를 떠나 북쪽으로 여행을 시작한다. 그리고 미국 남부 지역에서 새로 피어난 금관화에 알을 낳고는 죽는다. 금관화가 서식지 북단까지 피어나면 성체로 자라난 황제나비 신세대는 자신의 부모가 시작했던 여행을 마무리한다. 그리고 여름 동안 수명이 짧은 2~3세대가 태어난다.

가을에 이동하는 무리는 그 전년도에 월동 지역에 있던 무리와는 3~5세대 정도 간격이 있기 때문에 황제나비가 같은 지역으로 다시 돌아오는 행동은 매우 특징적이다. 황제나비의 이동이 학습의 결과가 아니고 유전적 행동임을 시사한다.

황제나비에게는 시간보정 태양나침판이 있다. 태양을 이용하여 비행 방향을 결정하고 낮에 태양이 하늘을 가로질러 가는 동안 생체시계를 이용해서 남쪽 혹은 남서쪽으로 향하는 비행 방향을 유지한다.

학자들은 실험실에서 황제나비의 밤과 낮 주기를 바꾼 다음 햇빛에 노출시키는 방법으로 시간보정 태양나침판을 실제로 확인했다. 이 나비들은 시차증이 발생하여 엉뚱한 방향으로 비행했다.

황제나비의 생체 시계는 낮 주기에 따라 설정된다. 시계 자체는 '분자 톱니바퀴'가 있는데 이것은 주기적 방식으로 서로 스위치를 켜고 끄면서 상호작용하는 여러 개의 유전자이다. 처음에는 황제나비의 중심뇌에서 시계로 작동하는 네 개의 세포를 발견했지만 최근 연구에서는 황제나비의 더듬이에도 시계가 있는 것으로 확인되었다.

시간보정 태양나침판의 나침판 부분은 나비의 눈에서 자외선 빛에 반응하는 세포로 구성된다. 나침판과 시계의 상호작용 방식에 대해서는 아직 연구 중이다. 황제나비가 어떻게 지구 자기장을 내비게이션으로 이용하여 그 먼 여행을 하는지에 대해서도 집중적으로 연구하고 있다.

변태의 메커니즘

곤충은 변태를 거치면서 유충, 번데기, 성충 형태를 취하는데 이때 모두 동일한 DNA가 작용합니까? 아니면 각각의 DNA 구조가 다릅니까?

곤충의 몸은 형태가 극적으로 변하는 변태 과정을 겪는다. 기어다니면서 먹이만 먹는 애벌레에서 걷고, 날아다니며 생식을 하는 성충으로 변하는 과정은 곤충의 DNA가 변해서 생기는 결과가 아니다. 우리 인간과 마찬가지로 각 곤충은 자신만의 DNA 프로필이 있고 갖가지 장기를 구성하는 세포의 유전자 지도는 모두 동일하다.

특화된 세포는 발현하는 유전자가 다르고 그에 따라 여러 단백질을 만든다. 난자세포는 신호 분자들이 특별히 많이 있어 배아기 때 여기서 각 세포의 초기 유형을 정한다. 그리고 발달 과정에 수많은 화학적 신호가 작동하여 유전자 스위치를 켜고 끈다.

유충 호르몬과 엑디손이라는 두 가지 호르몬이 곤충의 변태에 가장 중요한 역할을 한다. 유충 호르몬의 양이 감소하고 그와 동시에 일어나는 엑디손의 급상승에 반응하여 애벌레가 성충으로 몸을 변형한다. 호르몬의 변화로 애벌레의 일부 세포는 죽고 새로운 세포를 만들며 세포의 역할이 변화하기도 한다.

애벌레 근육세포는 변태 과정에 죽는다. 성충의 근육은 애벌레의 근육섬유 중 남은 것을 이용하지만 대부분은 성충아(成蟲芽) 속의 세포에서 발달한다. 이것은 배아기에 형성되고 애벌레기를 거치면서 남아 있는 미분화 세포들의 주머니다. 비행 근육은 성충 몸무게의 10퍼센트 이상을 차지하기도 하며 애벌레 근육보다 거의 60배나 빠르게 수축한다. 그리고 비행 근육은 단백질의 성분도 다르다.

애벌레의 감각신경은 죽고 대체되지만 근육을 움직이는 운동신경세포는 재사용한다. 애벌레 운동신경세포들은 애벌레 근육이 죽으면 신경의 분지를 회수하여, 새로운 분지가 자라서 연결되기 전에 성충의 근육이 발달할 수 있게 해주는 역할을 한다.

애벌레 세포를 폐기하는 대신에 재사용하여 자원을 아끼는 형태는 중추신경계에서도 일어난다. 애벌레와 성충의 행동은 크게 다르지만 일부 행동은 변태를 거치고도 남아 있다. 한 연구 결과 나방은 자신의 애벌레 시절에 배운 것도 기억한다고 보고했다. 약한 충격과 함께 냄새를 맡게 한 애벌레들은 그 냄새를 피하도록 배웠으며 성충이 되어서도 그 냄새를 피하는 행동을 한다.

나비, 딱정벌레, 꿀벌, 파리 등은 형태가 완전하게 변하는 완전변태 곤충이다. 이에 비해 불완전변태 곤충은 애벌레 시기가 없으며, 바퀴, 메뚜기, 귀뚜라미, 잠자리 등이 여기에 속한다. 이러한 곤충은 날개와 생식기관이 없는 작은 성충으로 태어난다. 완전변태 곤충은 애벌레와 성충이 다른 장소에서 살고 먹는 먹이도 다르기 때문에 생존에 장점으로 작용한다.

곤충의 뇌

곤충도 뇌가 있나요? 있다면 벼룩이나 개미의 뇌는 크기가 어느 정도입니까? 그리고 만약 뇌가 없다면 어떻게 '생각'을 합니까?

곤충도 뇌가 있다. 따라서 복잡한 행동을 하고 학습도 가능하다. 예를 들어, 가위개미는 잎을 잘라 모아서 먹이용 곰팡이를 기르는 데 이용한다. 꿀벌은 춤을 추어서 먹이가 있는 위치를 동료에게 알려준다. 초파리는 이전에 과학자들이 전기충격과 함께 어떤 냄새를 풍겼을 때 이를 학습하여 그 냄새를 피했다.

큰 곤충의 뇌는 지름이 약 7.5밀리미터다. 개미의 뇌는 지름이 0.15밀리미터에 불과하지만 25만 개의 신경세포로 이루어져 있다. 집파리의 뇌는 무게가 0.5밀리그램(고운 모래알 하나의 무게)에도 못 미치지만 그 속에는 약 35만 개의 신경세포가 있다. 이들 행동의 상대적 정교성을 토대로 비교할 때 벼룩의 뇌는 개미나 파리보다 덜 복잡해 보인다. 이에 비해 꿀벌 뇌의 신경세포 수는 85만 개나 되며 우리 인간의 뇌에는 1000억 개의 신경세포가 있다.

곤충 뇌의 두 가지 특징은 시신경엽과 버섯체 구조다. 파리의 뇌신경세포 중 4분의 3이 시신경엽에 포함된다. 이들은 겹눈과 연결되어 시각정보를 걸러내고 통합하는 기능을 한다. 버섯체(버섯 모양으로 생겨서 이렇게 부른다)는 감각정보, 특히 화학정보를 통합하는 기능을 하는데, 벌이나 다른 날카로운 냄새 감각을 가진 곤충들의 버섯체가 가장 크다. 버섯체는 기억정보에서도 중요한 역할을 한다. 예를 들어 얇고 차가운 바늘을 이용해서 벌의 버섯체 신경활동을 차단하면 새로운 냄새와 먹이 사이의 연관을 학습하지 못한다.

곤충의 통증

곤충도 아픔을 느낄까요? 그들이 지각하는 통증을 우리 인간이 경험하는 통증과 비교할 수 있습니까?

과학계는 아직 이 주제에 대해 명확한 결론을 내리지 못하였다. 어느 학자는 무척추동물은 통증을 느끼지 못한다고 주장하지만, 또 다른 학자들은 무척추동물도 척추동물과 마찬가지로 통증을 느낄 것이라고 주장한다.

곤충이나 다른 여러 무척추동물은 주위 환경에서 해로운 것을 감지할 수 있다. 예를 들어, 독성 화학물질이나 뜨거운 표면을 피하며 물리적 압박에서도 벗어나려고 한다. 이렇게 피하거나 벗어나는 행동이 바로 곤충이 통증을 느낀다는 증거다. 그런데 곤충은 부드러운 터치나 갑작스러운 조명의 변화와 같은 해롭지 않는 것에서도 벗어나려 한다.

최근에 이루어진 초파리 애벌레에 대한 관찰 연구에서 이들이 해로운 것과 해롭지 않은 것을 근본적으로 다른 방법으로 감지한다는 것을 발견했다. 살짝 건드리면 애벌레가 멈추고 몸을 약간 뒤집지만 뜨거운 막대로 건드리면 옆으로 뒹굴기 시작한다. 반면 이와 같이 체조선수처럼 능숙한 벌레와는 달리 통증을 느끼지 못하는 멍청이 돌연변이도 관찰되었다. 부드럽게 건드리면 정상적으로 반응하지만 뜨거운 막대와 같이 해로운 자극에는 반응하지 못하는 변종들이었다.

통증을 느끼지 못하는 변종에는 통증감각기라 불리는 특정한 단백질 분자가 없는데, 해로운 열이나 화학물질 그리고 압력 등을 감지하는 역할을 하는 물질이다. 정상적 초파리 애벌레가 이러한 위험을 감지하면 신경이 활성화되며, 이러한 신경 속에는 통증감각기 분자가 들어 있다.

인간의 몸도 이와 비슷한 신경과 통증감각기가 있다. 이러한 것들이 활성화될 때 우리가 통증을 느끼는 것으로 보아 곤충도 통증감각이 있을 것으로 생각할 수 있다. 그러나 우리가 통증을 인식하는 데는 뇌가 중요한 역할을 하기 때문에 훨씬 미개한 뇌를 가진 곤충은 통증이 다른 형태의 어떤 경험일 것이다.

우리의 뇌는 통증감각기가 포함된 신경에서 오는 신호를 받아들여 등록하는 기능만 하는 단순히 '통증계량기'가 아니다. 이렇게 들어오는 신호를 뇌의 여러 다른 영역에서 처리한다는 사실이 뇌 영상 연구에서 확인되었다. 예를 들어, 우리 뇌의 대뇌변연계에 있는 영역이 활성화되면 통증을 주관적으로 그리고 감정적으로 경험하는 데 영향을 준다. 고차원적 사고에 관여하는 뇌의 영역인 대뇌피질의 여러 다른 영역 또한 통증신호를 능동적으로 처리한다.

사람에게 통증은 단순한 감각적 경험 이상이다. 얼마나 아플까 하는 예상이 우리가 느끼는 통증에 영향을 미친다. 별로 아프지 않다고 생각하면 통증을 더 잘 견딘다. 우리의 정서 상태도 통증 인식에 영향을 준다. 그리고 우리는 몸에서 통증 관련 신호를 전달하는 신경이 제거된 후에도 통증을 경험할 수 있다.

개미 무리의 행진

서로 반대방향으로 행진하는 개미들을 관찰하면 개미들이 스쳐 지나갈 때 '서로 코를 맞대는' 것처럼 보이는데 이런 행동으로 의사소통을 하는 것 같습니다. 실제로 그런가요?

그렇다. 그들은 서로 소통을 하는 중이다. 개미는 사회적 집단으로 살아가며 매우 정교한 화학적 커뮤니케이션 체계를 발달시켰다. 화학적 흔적을 남겨서 동료들이 새로 발견한 먹이장소를 찾아갈 수 있게 하고, 포식자의 위험을 알리는 화학적 경고신호도 발산한다. 그리고 각 개체는 자신이 그들 무리의 일원임을 인증받는 화학적 '서명'을 가지고 있다.

한 동물이 발산하는 화학적 물질은 같은 종의 다른 동물의 행동에 영향을 주는데, 이러한 물질을 페로몬이라 부른다. 개미는 종류에 따라 페로몬을 발산하는 분비샘의 형태가 다르며, 머리에 이런 분비샘이 있는 개미도 있다. 다른 개미가 발산한 페로몬은 더듬이를 이용하여 감지한다.

개미는 길을 가다가 같은 둥지 동료와 마주치면 액체 상태의 먹이를 모이주머니(crop)라 부르는 팽창성 주머니 속에서 꺼내주는데 이곳은 소화시키지 않고 오래 저장해둘 수 있다. 이 먹이를 받은 개미는 자극을 받아 길을 더 잘 따라간다.

주방의 침입자

우리 집 주방에 침입한 작은 흑개미가 싱크대, 빵 상자 등 집 안 곳곳에서 보입니다. 단맛을 좋아하는 것으로 보이는 흑개미는 어디에서 왔을까요? 어떻게 하면 흑개미를 없앨 수 있을까요? 저는 보이는 대로 살충제 뿌리고 식품은 모두 냉장고에 넣어둡니다.

그 흑개미는 아르헨티나 개미로 아르헨티나 북부, 파라과이, 그리고 인근 지역이 원산지인 공격적인 개미다. 흑개미의 선조는 아마 1800년대 말 남미에서 커피를 싣고 오던 배를 타고 왔을 것이다. 지금은 캘리포니아 등 미국 남부의 여러 주에서 서식한다.

샌디에이고 캘리포니아대학의 생물학 교수 데이비드 홀웨이는 아르헨티나 개미는 축축한 땅을 좋아한다고 한다. 남캘리포니아처럼 건조한 지역에서는 주로 강기슭이나 안개가 많은 해안을 따라 서식한다. 그러나 관개시설이 보급됨에 따라 아르헨티나 개미는 예전에 서식이 불가능했던 지역까지 침범하여 살 수 있게 되었다. 따라서 비가 적게 내리는 지역에 거주한다면 물을 자주 뿌려주어야 하는 잔디를 심지 않는 것도 개미 문제를 해결하는 좋은 방법이다.

개미가 침입하여 집 안에 이미 서식하는 상황이라면 없애기가 쉽지 않다. 나 역시 어느 날 잠에서 깨어나니 개미 탐험대가 내 머리카락 속에서 행진하는 것을 발견하고 절망적인 기분으로 화학살충제를 이용한 경험이 있다. 살충제는 뿌린 후 몇 주 동안은 살충제가 묻은 자리를 지나가는 개미들을 죽일 수 있다. 그러나 동시에 사람이나 애완동물도 살충제의 독성물질에 노출될 위험이 있다.

사람과 애완동물에 안전한 살충제도 있다. 예를 들어 개미들은 탤컴 파우더(활석가루) 위를 지나가는 것을 싫어한다. 그들의 관점에서 보면 깨진 유리 위를 걷는 것이나 마찬가지기 때문이다. 붕산도 아주 효과적이다. 가구 뒤에 붕산가루를 뿌려두거나 물에 타서 스프레이로 이용해도 된다. 박하와 비누 혼합액 등 시중에 판매되는 다른 살충제도 효과적이다. 하지만 대부분 개미를 없애지 못하고 다른 길로 돌아가게 하는 데 그치고 만다.

빗속에서도 살아남는 개미

개미도 숨을 쉴까요? 그렇다면 비 오는 날 개미는 어떻게 되죠? 물에 빠지거나 호흡기관에 물이 들어가면 죽는 겁니까?

개미를 비롯한 대부분의 곤충은 기관(氣管)이라는 복잡한 구조로 호흡한다. 커다란 기관은 점차 작은 관으로 분지되어 몸 전체에 이르며 날개와 다리에도 있다. 이러한 구조 말단의 소기관지는 지름이 1마이크로미터(머리카락 굵기의 100분의 1 크기)도 안 되는 가장 작은 관으로 여기에서 신체 조직의 가스 교환이 이루어진다.

곤충은 폐가 없기 때문에 기관에서 일어나는 가스 교환은 수동적으로만 이루어지는 것으로 생각했다. 즉 과거 학자들은 높은 농도에서 낮은 농도로 흘러가는 가스의 특성에 따라 산소가 신체로 들어가고 이산화탄소가 신체 밖으로 나간다고 생각했다. 그러나 곤충은 이와 같이 수동적 방법뿐만 아니라 능동적 기전을 통해서도 호흡하는데 그 기전은 스위치와 주름상자를 이용해 아코디언을 연주하는 방법과 비슷하다.

아코디언의 스위치가 리드의 구멍을 열고 닫듯이, 곤충은 신경계가 기관구조와 외부 공기 사이의 공기구멍 창을 열고 닫는다. 곤충에서 외골격(곤충의 외부를 둘러싸고 있는 단단한 껍질)을 압박하는 근육은 아코디언의 주름상자에 해당하는 부위이며, 이것은 혈림프(체강을 채우고 있는 곤충의 혈액)에 압력을 주어 기관을 누른다. 따라서 곤충의 외골격계에 부착된 근육은 기관이 팽창하고 꺼지는 주기를 조절한다.

공기구멍을 열고 닫는 능력은 곤충이 익사하지 않게 도와준다. 부분적으로 물에 빠진 곤충은 물에 잠기지 않은 공기구멍만 선택적으로 열 수 있다. 물속에 완전히 잠긴 곤충은 모든 공기구멍을 닫는다. 곤충의 호흡기계는 매우 효율적이기 때문에 어떤 상황에서는 30분 정도나 숨을 멈춘 상태를 유지할 수 있다. 그래서 비가 그치기를 기다릴 수 있다. 그러나 비가 오래 계속 내리면 이들도 피난처를 찾아야 한다.

땅 밑의 개미 군락에는 비바람을 막아주는 건축물이 있는데, 놀랄 정도로 정교한 구조임을 연구 결과 확인하였다. 플로리다 주립대학의 생물학자 월터 쉰켈은 플로리다 수확개미들의 서석지를 발굴한 후 개미집의 기둥과 방의 네트워크 전체를 재구성하여 금속 및 석고를 이용해 모형을 만들었다. 가장 큰 둥지는 깊이가 3.6미터나 되는데 일개미들이 거의 40킬로그램에 달하는 모래를 파내고 만들었다. 어린 일개미들과 개미알집은 둥지의 가장 아래쪽 방에 빽빽이 위치해 있었으며 그곳에는 비가 내릴 때 공기주머니가 만들어지는 구조였다.

낮에만 활동하는 꿀벌

왜 꿀벌은 밤에는 날 수 없는 거죠? 꿀벌은 어둡기 전에 집으로 돌아가지 못하거나 숨을 장소를 찾지 못하면 죽는 것으로 보입니다. 꿀벌이 날기 위해서는 열이나 햇빛이 필요한 건가요?

해가 지고 기온이 떨어지면 꿀벌은 움직이기 힘들다. 벌이 비행할 때 이용하는 근육은 따뜻해야 작동한다. 그리고 낮에 활동하는 벌들은 어두워지면 잘 보지 못하는 것도 다른 한 가지 요인이다. 먹이를 구하거나 집으로 돌아가는 활동은 주로 눈으로 보아야 하기 때문이다.

낮에 활동하는 곤충은 대부분 연립된 겹눈을 가지고 있으며, 광수용체(망막에서 빛을 감지하는 세포들)에 도달하는 빛은 대부분이 바로 앞의 수정체를 통과한 빛이다. 이와 달리 나방을 포함하여 대부분의 야행성 곤충은 겹눈이 중첩되어 있어 각각의 광수용체가 수백 혹은 수천 개의 수정체를 통과한 빛을 받아들인다. 중첩 눈은 빛을 모아들이기 때문에 연립 눈에 비해 훨씬 민감하다. 모든 벌의 눈은 연립 눈이지만 놀랍게도 일부 종의 벌은 밤이나 땅거미가 내릴 무렵에도 먹이를 구하러 다닌다. 특히 어리호박벌은 달이 없는 밤에도 먹이를 구한다고 알려져 있다.

해가 진 후부터 해가 뜰 때까지 활동하는 벌 종류는 주로 따뜻한 사막지역이나 열대 혹은 아열대의 숲 지역에서 살아간다. 많은 식물이 밤에만 꽃을 피우는 곳으로, 밤에는 꿀물 등 여러 먹이를 찾는 경쟁이 줄어든다.

약한 빛에서 먹이를 구하는 벌들은 연립 눈의 약점을 극복하기 위해 시각적으로 많은 적응을 이루었다. 그중 어떤 것은 눈 자체에 있고, 다른 것들은 시각정보를 처리하는 신경회로에 위치한다. 이와 같은 벌들은 머리 윗부분에 있는 세 개의 홑눈이 상대적으로 크다. 이 홑눈은 벌의 비행을 조절하는 것과 관계가 있어 보인다.

밤에 활동하는 벌의 겹눈을 구성하는 홑눈의 수정체는 신체 크기에 비해 상대적으로 크고, 겹눈은 더 많은 수의 홑눈으로 구성된다. 그리고 광수용체는 빛에 더 민감하다. 이처럼 벌은 광수용체가 받아들인 신호가 통상적인 시각통로를 거쳐 뇌로 전달될 뿐만 아니라 이웃의 시각통로에서 얻는 정보를 종합해주는 특수 신경세포도 있다.

어두워지고 기온이 내려갈 때까지 머물 곳을 찾지 못해 죽은 벌을 살펴보면 늙었거나 다쳐서 죽었다. 벌 무리가 일을 분담할 때 가장 늙은 일벌들이 먹이 구하기를 담당하기 때문이다. 벌에게는 은퇴가 없다.

꿀벌과 새

우리 정원의 쇠뜨기나 계곡에 핀 용설란은 많은 벌과 새를 끌어들입니다. 둘 다 꿀을 찾기 때문에 벌이 새를 침으로 찌를 수도 있을 것 같은데, 그런 일이 실제로 일어납니까?

벌침은 탄력성이 있는 부위를 찔러야 벌의 엉덩이에서 뽑히면서 독을 주입한다. 새는 피부가 두껍고 깃털이 있지만 벌침에 찔릴 수도 있다. 벌꿀길잡이새(아시아와 아프리카에서 발견되는 새로 벌집의 밀랍을 먹는다)는 벌침에 수백 군데를 찔려 죽은 채 벌집 아래에서 발견되기도 한다.

벌은 주로 집을 지키기 위한 목적으로 침을 이용하지만 일부 벌은 꿀이 많은 구역을 확보하기 위해 적극적으로 이용한다. 꽃을 둘러싼 싸움은 주로 자원이 부족할 때 일어난다. 이런 싸움 과정에서는 가해자와 피해자가 뒤바뀌기도 한다. 어떤 경우에는 벌새가 벌들을 꽃에서 쫓아내고 또 어떤 경우에는 벌이 도망가지 않고 오히려 벌새를 쫓아낸다.

시에라네바다산맥에서 관찰 연구한 결과 벌이 많은 목초지의 벌새들은 주로 아침이나 저녁에 먹이를 찾았다. 벌의 활동력이 떨어지는 시간이다. 그러나 벌이 적은 목초지에서는 벌새가 하루 종일 꿀을 찾아다녔다. 벌새는 각시나방에게는 이와 같은 양보심을 보여주지 않고 꽃에서 쫓아버렸다.

새와 벌이 언제나 경쟁만 하는 관계는 아니다. 특히 아프리카를 중심으로 100종류 이상의 새들이 꿀벌이나 말벌, 그리고 개미의 둥지 가까이(1미터 이내)에 둥지를 짓는다. 이런 곤충들이 그들 자신의 새끼를 지키기 위해 다른 침입자를 물거나 찔러주면 새들에게는 어부지리가 된다.

새가 먹이를 구하러 나가면 알이나 새끼에게는 큰 위험이 닥칠 수 있다. 들키지 않거나 접근 불가능한 위치에 둥지 짓기가 항상 가능한 것은 아니며, 특히 나무를 잘 타는 포식자가 있는 지역에서는 더욱 위험하다. 그래서 꿀벌이나 말벌, 개미의 둥지 가까이에 위치하면 포식자들에게 위협을 가하는 효과를 거둘 수 있다.

코스타리카에서 시행된 관찰연구에서는 말벌 둥지를 굴뚝새 둥지 가까이에 옮겨놓았을 때, 말벌 둥지 가까운 곳의 굴뚝새 새끼들이 가까운 곳에 말벌 둥지가 없는 새끼들보다 생존율이 더 높았다. 새들의 가장 무서운 천적인 원숭이들이 새 둥지를 약탈하려다가 이웃에 살고 있는 공격적인 곤충들 때문에 허둥지둥 물러서는 모습이 관찰되었다. 이처럼 새들은 말벌을 피하지만 항상 말벌에게 피해를 당하기만 하는 것은 아니다.

몸으로 부르는 노래

귀뚜라미는 왜 노래를 부를까요?

만약 귀뚜라미 소리를 들었다면 신사 귀뚜라미가 숙녀 귀뚜라미에게 사랑의 세레나데를 불러주고 있다고 생각하면 된다. 수컷이 암컷을 유혹할 때는 단조롭고 큰 소리를 내며 주위의 암컷과 교미할 때는 빠른 템포로 조용한 소리를 낸다. 수컷은 다른 수컷으로부터 자신의 구역을 방어할 때도 소리를 낸다.

귀뚜라미 소리는 몸의 부위를 문지를 때 발생한다. 한쪽 날개 끝의 날카로운 모서리(스크레이퍼)를 다른 날개의 톱니모양 돌기들(줄) 위에 문지른다. 바이올린의 현 위를 활로 켤 때처럼 스크레이퍼를 줄 위로 끌며 진동을 만들어낸다. 진동은 날개막에서 울리면서 증폭된다.

귀뚜라미는 종에 따라 고유한 노래가 있으며 또 개체들마다 노래가 다르다. 큰 수컷은 낮은 주파수 혹은 저음으로 노래한다. 암컷은 수컷의 노랫소리를 듣고 몸의 크기를 알아낸다. 저음으로 노래하는 수컷이 더 매력적임을 알기 때문이다.

기온은 귀뚜라미 노래의 속도에 영향을 미친다. 미국에서 가장 오래된 정기간행물《늙은 농부의 책력》에는 귀뚜라미 노래 속도를 온도로 바꾸는 공식이 있다. 14초 동안 귀뚜라미 노래마다 수를 세고 40을 더하면 화씨(℉)로 나타낸 기온이다. 온도계만큼 정확하진 않겠지만 귀뚜라미가 노래를 멈추면 외투를 꺼내 입어야 할 때가 된 것이다.

2

상상하는 것보다 더 놀라운 동물의 세계

푸시업하는 도마뱀

도마뱀은 햇볕에 몸을 쬐면서 '푸시업' 동작을 하는데 왜 그런가요?

도마뱀이 푸시업을 하는 것은 자신의 힘을 과시하려는 것이다. 즉 "너는 내 상대가 아냐", "아가씨, 나 어때?" 등의 의미를 담고 있다. 특히 건달 도마뱀은 이와 같은 신체언어를 많이 사용한다.

도마뱀들은 서로 전체적인 자세는 어떤지, 머리를 끄덕이는 형태, 다리를 굽히고 뻗치는 방식 등 푸시업의 특성을 보고 정보를 얻는다. 예를 들어, 영역 내의 수컷이 푸시업을 하는 횟수는 공격성이나 싸우는 힘과 관련 있다. 그것을 보고 이길 가능성이 거의 없다고 판단하면 적대자는 싸움을 피한다.

도마뱀은 종에 따라 자신만의 푸시업 스타일이 있으며, 같은 종끼리도 다르다. 그리고 지역별로 푸시업 언어의 뜻에도 차이가 있다. 해당

지역의 암컷과 수컷이 서로를 이해하지 못할 정도로 푸시업 언어가 다양해지면 새로운 종이 출현한다고 생각하는 학자들도 있다.

도마뱀 개체들 역시 자신만의 푸시업 스타일이 있다. 과학자들이 도마뱀을 러닝머신 위에서 계속 달리게 하여 지치게 만들었을 때도 푸시업은 개체별로 일정한 스타일로 계속되었다. 푸시업 스타일은 사회적 행동이나 동족을 확인할 때 중요한 역할을 한다.

도마뱀은 암컷과 수컷 모두 여러 상황에서 푸시업을 한다. 다른 도마뱀을 만날 때, 다른 도마뱀이 남긴 화학적 표식이 있을 때, 그리고 한 장소에서 다른 장소로 옮기고 났을 때 등이다. 근처에 다른 도마뱀이 있건 없건 상관없이 푸시업으로 자신의 존재를 알린다.

푸시업과 머리 끄덕임(헤드 보빙)은 시각에서도 중요한 기능을 한다. 인간을 비롯하여 이마에 두 눈이 있는 동물은 사물이 망막에 맺히는 상의 작은 차이를 이용해서 사물까지의 거리를 확인한다. 머리의 양쪽에 눈이 있는 도마뱀은 수평 방향의 파노라마 상을 본다. 이러한 구조는 포식자가 어느 방향에서 오더라도 주목할 수 있지만 거리는 측정하지 못한다.

달리는 차 안에서 보면 가까운 곳의 물체가 먼 곳의 물체보다 더 빠르게 움직이는 것처럼 보이듯이 도마뱀은 머리를 움직이면서 사물까지의 상대적 거리를 파악한다. 두 눈 사이가 많이 떨어져 있는 새와 같은 동물 역시 거리를 가늠하기 위해 머리를 움직인다.

사막의 주인

낙타는 물을 마시지 않은 채 어떻게 그 먼 거리를 여행할 수 있지요?

우리는 어릴 때 낙타 등의 혹에 물이 들어 있다는 말을 들은 적이 있을 것이다. 그러나 낙타는 물을 저장하지 않는다. 낙타는 물 보존의 효율성이 아주 높고, 탈수를 잘 견디기 때문에 물을 마시지 않고도 오랫동안(수주일) 생존할 수 있을 뿐이다. 그리고 낙타 등의 혹은 대부분 지방이기 때문에 오랫동안 먹지 않고도 살 수 있다.

인간을 포함한 대부분의 포유류는 체온을 일정하게 유지해야 하므로 땀을 흘리거나 헐떡임으로 수분을 증발시켜 몸을 식힌다. 낙타는 더운 날이면 체온이 6도 이상 올라가기 때문에 땀을 흘리지 않아도 된다. 낙타의 소화기관과 신장은 깡마른 대변과 고농축 소변을 배설하도록 진화했다. 다른 동물도 탈수가 있으면 배설물에 물을 적게 포함시키는 방법으로 대응하지만 낙타만큼 효율적이지는 않다. 그리고 낙타는 입안이 단단하기 때문에 선인장 같은 가시 달린 식물도 먹는데, 이런 식물에는 수분이 풍부하다.

이와 같은 진화 덕분에 낙타는 다른 동물들보다 천천히 탈수된다. 낙타는 또한 체중의 3분의 1에 해당하는 양의 물이 없어도 견딜 수 있다. 만약 말이 이 정도로 탈수된다면 죽는다. 그리고 마실 물이 있으면 낙타는 몇 분 안에 체내 수분을 빠르게 보충할 수 있다.

낙타의 혈액 또한 탈수에 잘 견디고 수분을 빠르게 보충하도록 진화했다. 대부분의 동물은 탈수될 때 혈액에서 많은 양의 수분을 잃는다. 혈액은 농도가 더욱 짙어지고 따라서 피부의 작은 혈관(주위 환경으로 열을 발산해주는 기능이 있다) 속으로 심장이 혈액을 펌프질하여 보내기 힘들게 된다. 그 결과 체온이 상승하여 생명이 위험해질 수 있다. 하지만 낙타는 혈액에서 소실되는 수분이 적은데, 물을 붙잡아두는 작용을 하는 알부민이라는 단백질이 혈액에 많이 함유되어 있기 때문이다. 낙타가 탈수로 잃는 수분은 대부분 소화기관 내에 포함된 수분이다. 낙타나 소와 같은 동물은 여러 개의 위장을 가지고 있으며 여기에 많은 양의 수분을 저장한다.

그래도 혈액에서 소실되는 수분이 있지만 이에 대처하기 위해 헤모글로빈(혈액 내에서 산소를 운반하는 분자)의 단백질이 친수성, 즉 물을 잘 끌어당기는 특성이 강한 구조이다. 그 결과 낙타의 헤모글로빈은 물을 더 잘 붙잡아서 적혈구 내에 유지해준다. 낙타의 적혈구는 희석된 용액에 넣어도 터지지 않고 잘 견디기 때문에 혈액에 수분이 빠르게 보충될 때도 문제가 발생하지 않는다. 낙타의 적혈구 세포막이 파열되지 않고도 크게 팽창할 수 있는 것은 적혈구 모양과 세포막의 구성 성분 때문이다. 낙타 적혈구의 세포막은 다른 동물에 비해 단백질 성분이 상대적으로 많으며 이러한 단백질이 세포막을 강하게 만들어준다.

야마와 알파카 같은 낙타과에 속하는 동물은 유일하게 적혈구가 원형이 아니라 타원형이다. 이러한 타원형 모양은 세포막에 가해지는 압력의 분포를 분산시켜 막의 파열에 대한 저항성이 생긴다. 타원형 모양은 또한 탈수 상태에서 혈액 흐름을 촉진하는데, 혈액이 흘러가는 방향으로 타원형의 장축이 향하면 혈관 속을 지나는 동안 마찰이 감소하기 때문이다.

덩칫값도 못하는 코끼리

코끼리는 생쥐를 무서워한다고 들었습니다. 사실이라면 그 이유는 무엇인가요?

동물원이나 서커스단의 코끼리 사육사들에 의하면 코끼리는 쥐를 무서워하지 않는다고 한다. 쥐에게 동물 우리는 안식처이자 먹이도 쉽게 구할 수 있는 곳이다 보니 우리에 갇힌 코끼리는 생쥐들과 자주 접하면서 성장한다. 또한 야생 코끼리에게 쥐 공포증이 있다고 생각할 이유는 없다. 코끼리는 쥐가 나타나면 알아차리지도 못할 것이다.

쥐를 만난 코끼리가 겁먹고 움츠러드는 모습을 그린 만화나 우스갯소리는 아주 오래전부터 있었다. 2000년 전 고대 로마의 자연철학자이자 저술가인 플리니는 《자연사백과사전》에서 "코끼리는 쥐를 가장 나쁜 생명체인 것처럼 싫어한다. 쥐가 코끼리의 먹이를 건드리기만 해도 질색하며 내친다."고 적었다. 플리니가 어디에서 이런 정보를 얻었는지는 모르지만, 그의 저서에는 여러 가지 많은 진기한 이야기가 실려 있다. 하지만 많은 부분을 풍문에 의존했다.

주위를 맴도는 새

어떤 새들은 특정한 곳에 모여 있는데 왜 그런 행동을 하나요? 먹이 때문에 공원 같은 공공장소에 비둘기들이 무리지어 있는 것은 알겠는데, 도로 상공을 가로지르는 전선이나 간판 위에 줄지어 앉아 있는 새들은 무슨 이유인가요?

나무가 거의 없는 지역에서는 전선이나 간판이 새가 올라앉을 수 있는 가장 높은 횃대이다. 높이 위치할수록 포식자를 막고 먹이의 위치를 확인하기가 쉽다. 그리고 높은 횃대에서 날아오르면 낮은 곳보다 힘이 적게 든다.

거위나 메추라기, 어치, 펭귄, 꿩, 참새, 병아리 등이 무리를 이루어 행동하는 이유는 여러 가지다. 대가족을 이루면 새끼를 양육하는 데 도움이 되고 포식자로부터 방어하기도 쉽다. 포식자가 거의 없는 섬에서 서식하는 새들은 인근의 포식자가 많은 지역에 서식하는 같은 종의 새들에 비해 무리를 이루는 경향이 적다는 관찰연구 결과가 이를 뒷받침한다. 무리를 이루면 먹이가 있는 장소를 찾는 데 도움이 된다는 연구도 있다.

박쥐와 새가 충돌을 피하는 법

나뭇가지에 걸어둔 벌새 먹이통의 작은 벌새는 나뭇가지 사이를 부딪치지 않고 빠른 속도로 날아다닙니다. 박쥐는 일종의 음파탐지기(소나)가 있어 물체에 부딪치지 않고 비행하는 것으로 알고 있는데, 벌새는 어떤 방법으로 충돌을 피하며 날아가는 걸까요?

벌새는 복잡하고 빠른 비행이 가능하도록 독특한 해부학적 및 생리적 적응을 이루었다. 특히 다른 어떤 새보다 공중을 맴도는 능력이 뛰어나다.

일반적으로 새들이 능숙하게 방해물을 피해 날아다닐 수 있는 것은 눈의 점멸융합주파수(FFF)가 높기 때문이다. FFF란 개별적인 움직임을 판독할 수 있는 최고 주파수를 말한다. FFF가 높으면 비행 중에는 관찰하려는 물체를 다른 것과 혼동하지 않고 정확하게 구분할 수 있다.

꽃이나 동물의 액을 빨아먹으려면 비행을 안정시키는 또 다른 시각적 적응이 필요하다. 비행 안정에는 눈운동 반응이 중요하다. 즉 대상의 움직임에 대해서 망막 전체의 시각적 반사를 통해, 머리와 눈 혹은 몸동작은 대상이 움직이는 방향을 향하게 된다. 눈과 환경이 연결되어 동작에 안정을 주는 토대가 만들어진다.

이와 같은 눈운동 반응은 벌새나 새들에게만 있는 것이 아니다. 그러나 벌새는 이러한 반응을 조절하는 뇌 부위(렌즈 모양 중뇌핵, LM)가 전체 뇌에서 차지하는 비중이 다른 새에 비해 상당히 크다. 벌새는 큰 LM 덕분에 뒤로 나는 능력도 있다. 벌새 LM에는 역방향 움직임에만 반응하는 신경세포가 있기 때문이다.

벌새는 이와 같은 신경학적 적응 외에도 높은 신체대사율, 큰 심장, 그리고 적절하게 변형된 날개뼈와 근육 구조를 갖추고 있다. 그래서 벌새는 다른 새들보다 훨씬 빠르게 날갯짓을 하며 날개를 아래로 펄럭일 때와 위로 펄럭일 때 모두 힘이 들어간다.

벌새는 박쥐처럼 반향정위(동물이 이용하는 일종의 초음파감지)를 이용하지는 않지만 쏙독새과 칼새 같은 일부 새들은 반향정위를 한다. 이 새들의 둥지는 주로 동굴에 있는데, 동굴의 어둠 속을 출입할 때는 반향정위를 주로 이용하며, 동굴 바깥에서 사냥할 때는 시각에 의존한다.

이와는 달리 곤충을 먹는 박쥐는 위치 확인뿐만 아니라 작은 먹잇감을 잡을 때도 반향정위를 이용한다. 반향정위를 하는 새들은 방해물의 직경이 0.5센티미터보다 클 경우만 피할 수 있지만, 박쥐는 사람의 머리카락보다 가는 철사도 피해 간다. 그래서 덫을 놓아 박쥐를 잡았다는 말은 허풍일 가능성이 많다.

캥거루 주머니 속의 배설물

캥거루 같은 유대류는 새끼를 몇 달 동안 육아낭이라는 주머니 속에서 키우는데 새끼들의 배설물은 어떻게 처리합니까?

캥거루는 앞발을 이용해 주머니 입구를 열어놓고 주둥이를 밀어넣어 청소한다. 임신을 하면 출산 전에 주머니를 부지런히 핥아둔다. 새끼가 주머니까지 기어올라갈 배의 털도 깨끗이 한다. 번식기가 되면 주머니가 빠르게 성장하고 주머니 속의 땀샘에서 짙고 기름진 물질이 분비된다. 이 분비물은 주머니를 깨끗이 할 뿐만 아니라 주머니 속의 박테리아로부터 새끼를 보호한다.

달팽이의 접착력

커다란 달팽이 한 마리가 차 문에 올라가 붙어 있는데 어떻게 된 것일까요? 차 주변에는 아무것도 없었습니다. 달팽이가 차 문까지 가려면 타이어 옆을 기어올라 프레임과 엑셀을 지나야 하는데 도무지 가능해 보이지 않습니다. 달팽이는 가끔 우리 집 벽이나 쇠로 된 울타리에 붙어 있기도 합니다.

달팽이는 점액의 흡착력을 이용해 기어오르고 내려가기 때문에 아마 그 달팽이는 땅에서 올라왔을 것이다. 아니면 그 전에 자동차를 덤불 부근에 주차했을 때 올라왔을 수도 있다. BBC 방송보도에 따르면 일부 극성스러운 달팽이는 집단으로 우편함으로 기어올라가서 서식하기도 한다. 달팽이는 우편봉투 냄새를 좋아하는 것처럼 보이는데 아마 종이 봉투에 셀룰로오스가 포함되어 있기 때문일 것이다.

달팽이는 습한 날씨와 밤에 더 활동적이다. 날이 너무 건조하면 달팽이는 껍데기 속으로 들어가서 꼼짝하지 않는다. 입구를 점액으로 막으면 마르면서 막을 형성하는데 이를 동개(冬蓋)라고 한다. 동개는 달팽이가 건조해지는 것을 막는 역할을 하므로 몇 달 동안 잠을 잘 수 있다.

달팽이 점액에는 특수 단백질이 있으며 이것은 전기적 힘으로 점액 내의 다른 분자와 결합한다. 달팽이 점액에 대해 좀 더 연구(이런 연구를 생체모방이라 부른다)한다면 습한 환경에서도 효과를 나타내는 접착제를 개발할 수 있을 것이다.

수영하는 달팽이

태평양 연안 코스타리카 자코 해변에서 바다달팽이 두 종류를 본 적이 있는데 이동하는 속도가 너무 빨라 정말 놀랐습니다. 한 달팽이는 물의 표면을 넘어갈 때 발을 정교하게 움직였고, 다른 달팽이는 인간이 접영할 때 물을 차듯이 실제로 발을 움직였습니다. 제가 본 달팽이에 대해 설명해주세요.

생명체는 모두 가장 넓은 범위에서 가장 좁은 범위까지 계통적 구조의 범주, 즉 영역, 계, 문, 강, 목, 과, 속, 종으로 분류된다. 질문한 달팽이는 대추고둥과(영어명 Olividae는 올리브 열매를 닮았다고 해서 붙은 이름)이다. 속명은 '올리베라', '올리바', 혹은 '아가로니아'이다. 묘사만으로 종명까지 추정하기는 어렵다.

대추고둥과에 속하는 달팽이는 약 400여 종이다. 대추고둥의 모양은 올리브 열매를 닮았으며 껍데기가 번질거리고 그 무늬가 다양하다. 죽은 동물뿐만 아니라 다른 달팽이종과 같은 살아 있는 연체동물과 갑

각류를 먹는다. 발의 앞부분을 이용해 먹이를 붙잡고 발의 뒷부분으로 밀어 주머니처럼 감싼 다음 먹어치운다.

달팽이는 이와 같은 먹이 사냥술 외에도 수영 실력이 뛰어나 해변의 안전한 지점에 착지하여 다음 번 파도에 휩쓸려가지 않는다. 그리고 달팽이는 끊임없이 바뀌는 서식지의 상황에 대응해야 한다. 조류에 따라 파도의 높이나 각도가 변하기 때문이다.

고래의 잠

고래는 산소 없이도 오래 버틸 수 있다는데 고래의 잠에 대해서 설명해주세요.

고래는 통나무처럼 물 위에 떠 있는 자세로 쉬기도 한다. 이럴 때 뇌파검사를 하면 한쪽 뇌에서 약한 전기파가 감지되는데, 인간이 깊은 잠을 잘 때 나타나는 파형과 비슷하다. 그리고 반대쪽 뇌에서 이루어지는 전기적 활동은 깨어 있는 동물의 뇌에서 보이는 것과 비슷하다. 그러므로 고래는 한 번에 뇌 반구 한쪽씩만 잠드는 것으로 보인다.

고래에게서 렘수면이 관찰되었다는 보고는 아직 없다. 인간에게 나타나는 렘수면이 꿈과 관련이 있기 때문에 고래는 꿈을 꾸지 않는다고 할 수 있다. 많은 동물을 대상으로 한 연구 결과 유일하게 고래만 렘수면이 관찰되지 않았다.

갓 태어난 고래가 잠을 자지 않는 것도 또 다른 차이점이다. 어미 고래도 새끼를 낳은 후에는 상당히 긴 시간 잠을 자지 않고 지낸다(이것은 어쩌면 인간과 크게 다르지 않은 면일지도 모른다). 몇 달이 지나면 새끼 고래의 잠자는 시간도 점차 늘어나서 어른 고래와 비슷해진다.

몇 주일씩 해안으로 나가지 않고 물속에서만 지내는 물개의 수면도 고래와 비슷하다. 그러나 물개는 육지로 올라가면 곧바로 수면 양상이 변한다. 뇌의 양쪽 반구가 동시에 잠자기 시작할 뿐만 아니라 렘수면도 나타난다.

가장 큰 민물고기

가장 큰 민물고기는 무엇이며 얼마나 큽니까?

가장 큰 물고기가 무엇인지 아직 확실하게 말할 수는 없다. 오지나 물속 깊은 곳에서 사는 물고기 중에는 아직 연구되지 않은 종이 많기 때문이다. 어떤 종이 가장 크다는 주장은 잘못되었거나 과장일 가능성이 있다(사실 가장 크다고 했던 것보다 더 큰 물고기가 발견되기도 한다).

철갑상어가 민물고기 중에서는 가장 클 것이다. 러시아와 유럽의 강에서 알을 낳는 일부 철갑상어는 길이가 3.5~4.5미터에 무게가 900킬로그램에 이른다. 그러나 과도한 포획으로 멸종 위기에 놓여 있다.

민물고기 중에서 큰 종에 속하는 것은 아마존강의 아라파이마(불의 물고기라는 뜻)와 골리앗메기, 중국의 주걱철갑상어, 메콩강의 초대형 가오리, 역시 메콩강의 자이언트메기 등이다. 이들은 대부분이 희귀종이어서 어느 정도까지 자라는지 확인하기 어렵다.

기네스북에는 세계에서 가장 큰 민물고기로 메콩강의 자이언트메기가 등재되어 있다. 2005년 태국 북부 지방의 한 어부가 293킬로그램 무게의 메콩자이언트메기를 잡았는데, 1981년 이후 태국 정부가 공식적으로 기록을 관리하기 시작한 이후 가장 무거운 물고기였다.

얼음 물고기

물고기는 영하의 차가운 물속에서 어떻게 겨울을 보내는 거죠? 인간이라면 5분도 못 견딜 텐데요. 저는 이러한 능력이 물고기 몸속의 특수한 기름 성분과 관계있다고 봅니다.

고래나 바다표범 같은 바다 포유류에게 지방 성분은 매우 중요하다. 지방층이 몸의 열을 빠져나가지 않게 차단하는 역할을 하기 때문이다. 이들은 인간처럼 온혈동물이어서 좁은 범위에서 체온을 유지해야 효소, 세포, 그리고 여러 장기의 기능이 원활히 작동한다.

인간 역시 더울 때는 몸을 차게, 추울 때는 따뜻하게 유지하도록 진화했다. 예를 들어, 추울 때 우리는 피부로 가는 혈액량을 줄여서 외부 환경으로 열이 적게 빠져나가게 하고 몸을 떨어 열을 낸다. 그러나 우리가 체온을 조절하는 능력에는 한계가 있다. 그래서 해안에 사는 사람들조차 차가운 물에서 수영하다가 목숨을 잃는 경우가 생기는 것이다. 찬물에 들어간 직후 호흡이 급격히 빨라져서 수영하기가 어렵고 근육이 차가워져서 움직이기 힘들어진다. 몸 중심의 체온이 떨어져서 심장마비 위험이 높고, 뇌의 신경세포들이 서로 작용하지 못하여 의식을 잃는다.

냉혈동물에 속하는 물고기는 물이 너무 차가우면 연못이나 호수 바닥으로 내려가며 신체 대사활동이 매우 느려진다. 겨울잠을 자는 포유류도 대사활동이 크게 느려지지만 물고기와는 달리 체온은 거의 정상으로 유지된다. 겨울잠을 자는 다람쥐 같은 일부 포유류는 체온이 얼기 직전까지 떨어지지만 과학자들은 아직 그 기전을 정확하게 파악 못하고 있다.

민물에서 살아가는 물고기는 호수나 연못이 모두 얼지 않을 정도로 충분히 깊으면 얼어 죽지는 않는다. 그러나 바닷물에서는 상황이 다르다. 물에 소금이 있어서 어는 온도가 낮다. 열대나 온대 지역의 물고기라면 냉동 생선으로 변해버릴 남극 및 북극의 바다에서 살아가는 물고기들은 부동액 역할을 하는 분자가 있다.

이러한 부동액은 단백질 분자로 물고기 혈액 속의 미세한 얼음 결정과 결합하여 결정이 더 커지지 않게 막아준다. 그러나 이러한 단백질의 작용 기전은 아직 정확하게 밝혀지지 않았다. 이것은 단지 학문적 관심사만이 아니다. 이러한 단백질은 같은 농도의 화학적 부동액보다 수백배 더 효과적이다. 그러므로 오염 없이 비행기의 결빙을 막는 물질이나 조직 및 장기를 냉동 보존할 때 손상을 주는 얼음결정의 생성을 막는 데 이용될 수 있다.

콘도르 수를 늘리기 위해

많은 동물학자와 자연보호운동가들의 끈질긴 노력 끝에 멸종 위기에 놓인 일부 동물의 개체수가 다시 증가하고 있다는 소식을 들었어요. 특히 아주 적은 수였던 동물의 개체수도 복원되고 있다고 합니다. 이 과정에 유전학적 다양성이 떨어지기 때문에 위험에 직면할 수 있을 것 같습니다. 캘리포니아 콘도르의 개체수 복원이 대표적인데, 이 경우 유전학적 다양성이 떨어져서 나타날 수 있는 영향에는 어떤 것이 있습니까? 그리고 이러한 유전학적 다양성이 진화할 수 있는지 설명해주세요.

생물 종은 환경 변화의 압력에 대응하기 위해서 유전학적 다양성이 있어야 한다. 유전학적 다양성이 감소할 때 개체수의 건강과 번식에 나쁜 영향을 미친다는 것은 많은 연구에서 확인되었다.

개체수를 복원할 때, 특히 적은 수의 개체만으로 많은 자손을 낳아야 하는 상황에서는 유전학적 다양성이 결여되어 문제가 발생할 수 있다. 예를 들어 사육하다 자연으로 돌려보낸 갈라파고스 거북의 유전자를 분석했을 때 대부분의 거북이 가진 유전자가 소수의 종자 거북으로부터 전달된 것으로 나타났다.

사육된 동물의 생식력은 야생에서 생존의 성공과 직결되지 않는다. 예를 들어 우리에 가두어 기른 동물에서는 질병으로부터 보호해주는 유전적 형질이 유전자 전달 과정에서 선택되지 않는다.

1982년 캘리포니아 콘도르의 사육부화 프로그램이 시작될 때 남아 있던 개체수는 23마리에 불과했다. 그후 거의 40마리까지 증가했지만 그중 약 절반만이 사육되거나 캘리포니아와 애리조나 그리고 멕시코에서 야생으로 남아 있다.

콘도르의 유전학적 다양성은 매우 낮기 때문에 사육부화 프로그램은 이제 남아 있는 다양성을 보존하는 게 목표이다. 샌디에이고에 있는 멸종위험 종의 보존 및 연구센터 유전학 부책임자 올리버 라이더에 의하면, 유전자 분석을 이용하여 최초의 번식 군과 가장 관련이 적은 개체를 선택하여 짝을 지어 번식시킨다고 한다. 연골위축증이라는 유전질환이 콘도르에서 확인되었는데 이 병에 걸린 새끼들은 뼈가 성장하지 못해 죽는다. 라이더는 사육번식 프로그램이 시작되기 전 무리의 개체수가 감소한 결과로 이 병이 나타난 것이라고 말한다.

긴 시간 동안 돌연변이가 발생하면 새로운 유전학적 다양성을 확보할 수 있다. 그러나 콘도르가 당면한 가장 시급한 위협은 유전학적 다양성이 아니다. 콘도르는 죽은 동물의 썩은 고기를 먹는 청소부다. 그래서 콘도르가 먹이를 먹다가 총탄의 납 파편을 삼켜 납중독에 걸리는 일이 자주 발생한다. 이러한 문제를 해결하기 위해 납이 함유된 총탄 사용을 금지하는 규제가 시행되었다.

인간의 오래된 친구들

집에서 기르는 개는 크기가 아주 다양하지만 고양이는 크기가 모두 비슷합니다. 왜 그런가요? 어떤 유전적인 한계가 있습니까?

개의 진화는 인간이 개입하면서 인위적 선택이 더 많이 작용했다. 반면 집고양이의 진화는 자연선택이 대부분 그대로 작용했다.

개는 약 1만5000년 전 회색늑대에서 진화했다. 수렵과 채집으로 살아가던 인류의 거주지 부근에 버려진 먹잇감을 덜 포악한 늑대가 먹으려 접근한 데서 시작되었을 것이다. 인간은 이러한 늑대의 출현을 용인했는데 그 이유는 이들이 야간에 접근하는 다른 침입자들을 쫓아내주었기 때문이다. 그러다 인간은 늑대 새끼를 애완용으로 키웠고 이들의 교미도 통제하였다. 개가 인간과 함께하는 이와 같은 초기 단계에 대해 아직 알려진 바가 적지만 약 1만 년 전에 이미 작은 테리어 종과 비슷한 크기에서 아주 커다란 그레이트데인 종에 이르기까지 다양한 개들이 존재했다.

고양이는 약 1만 년 전 인류가 중동의 비옥한 초승달 지역인 나일강 하구와 티그리스·유프라테스강 유역에서 농사를 짓기 시작할 무렵에 함께 산 것으로 보인다. 유전자 연구 결과 집고양이는 모두 이 지역이 원산지인 야생 고양이(리비아 고양이)의 후손으로 밝혀졌다.

초기 인류 거주지 부근의 곡식 저장소나 쓰레기더미는 들쥐들에게는 좋은 먹이 공급처였고 따라서 야생 고양이가 거주지에 머물러도 용인되었다. 이러한 고양이 수는 크게 불어났고 길들여진 개체들이 자연선택에 더 유리하게 작용했다. 고고학적 연구에서는 고양이가 인간 거주지에 들어온 직후부터 애완용으로 키우기 시작한 것으로 나온다. 하지만 3600년 전에 이미 고양이가 인간과 같이 살도록 완전히 길들여졌음을 분명하게 알려주는 증거도 있다. 그 시기의 이집트 벽화에는 집 안에서 목걸이를 한 채 접시에 담긴 먹이를 먹는 고양이 모습이 있다.

약 2000년 전에 고양이는 그리스와 로마로 그리고 교역로를 따라서 극동까지 퍼졌는데, 쥐와 같은 해로운 동물을 잡을 목적으로 배에 싣고 갔을 것이다. 이 시기에는 인간이 고양이의 번식을 직접 통제하지는 않았겠지만 지구 전체로 널리 퍼져감에 따라 새로운 품종이 나타났다.

유전적 부동(遺傳的浮動)이라는 진화과정을 통해 새로운 품종이 탄생했는데, 이는 집고양이 무리가 서로 고립되어 나타나는 현상으로 16개의 '자연적 품종'이 등장했다. 그 외의 다른 품종은 150년에 걸쳐 인간이 인위적으로 선택하면서 만들어졌다. 사람들이 좀 더 독특한 애완고양이를 원하고 이에 인공수정 기술이 발달하면서 최근 고양이 품종은 크게 늘어났다. 드워프캣(난쟁이 고양이), 짧은 다리 고양이, 집고양이와 야생고양이의 교배종, 곱슬털 고양이, 대머리 고양이 등은 이미 나와 있다. 그러나 이와 같은 교배는 심각한 문제를 동반할 수 있다. 즉 개체수가 적은 무리 중에서 선택적으로 교배를 하면 유전질환이 발생할 가능성이 높다.

개의 눈물

어떤 개를 보면 눈 가장자리에 뭔가 고여 있는데 그것이 무엇이죠?

개(그리고 우리 인간도)의 눈 주위에 고이는 물질은 주로 증발된 눈물 성분이다. 눈물은 단순한 소금물이 아니고, 세 개의 층과 여러 가지 화합물로 구성된다.

눈에 가장 가까운 부분은 결막에서 만들어지는 단백질로 된 점액질 층이며 얇은 막의 형태로 눈을 덮고 있다. 먼지나 박테리아, 바이러스 등을 둘러싸서 눈의 표면을 보호한다. 중간층은 일반적으로 말하는 '눈물'로, 양쪽 눈의 바깥 위 구석에 위치한 눈물샘에서 분비되는 소금물이다. 이러한 중간층도 역시 단백질과 여러 화합물로 구성되며, 각막에 공급되는 산소와 영양소를 포함하고 있다. 눈물의 바깥층은 기름 성분으로 눈꺼풀에서 만들어지며 중간층의 수분증발을 줄여준다.

눈동자가 눈꺼풀로 덮이는 밤이 되면 눈물이 눈의 각막 부위 쪽으로 밀려간다. 그리고 수분이 증발하면 단백질과 소금, 기름 성분과 함께 죽은 세포 및 먼지 등의 찌꺼기가 남는다. 이와 같이 쌓이는 것은 정상이지만 노란색 혹은 녹색 점액질이 두껍게 끼어 있다면 박테리아나 바이러스에 감염되었다는 증후일 수 있다.

눈물은 눈동자 위를 지나서 양쪽 눈꺼풀 각 내측 끝 부분으로 연결된 두 개의 작은 관을 통해 빠져나간다. 이러한 관(코눈물관)의 입구 구멍은 아래 눈꺼풀을 앞으로 살짝 들어 올리면 볼 수 있다. 관의 반대쪽 끝은 코로 연결되어 있다. 눈물이 이 관을 통해 코로 들어가 혀에 닿으면 눈물 맛이 느껴진다.

눈물이 빠져나가는 양보다 만들어지는 양이 더 많으면(예를 들어, 울음을 터트릴 때) 눈물이 밖으로 새어나가 흘러내린다. 일부 개들은 코눈물관이 쉽게 막힌다. 그리고 또 일부 개들은 눈구멍이 얕아서 계속해서 눈물이 얼굴을 타고 흘러내린다. 눈물은 투명해 보이지만 소량의 철분을 함유하기 때문에 수분이 증발하면 털에 남으며 이것이 쌓이면 녹슨 것처럼 얼룩이 생긴다.

사람을 치료하는 개

여배우 로지 오도넬이 TV에 출연하여 "개가 상처를 핥으면 치료에 도움이 된다. 개의 침은 기적의 치료약이며 개의 입은 사람 입보다 더 깨끗하다."고 말하는 것을 들었습니다. 그리고 이것이 단지 낭설일 뿐이라는 글도 읽었습니다. 저는 이 말을 믿고 따라하는 사람이 어리석다고 봅니다. 왜냐하면 감염만 초래할 것이기 때문입니다. 저의 판단이 옳은가요?

침은 강아지를 질병으로부터 보호하는 중요한 역할을 한다. 하지만 개의 입은 박테리아가 득실거리는 곳이다.

갓 태어난 강아지는 어미의 위생이 생존을 좌우한다. 임신한 어미 개는 젖과 생식기 주위를 자주 핥는데, 새끼가 가장 먼저 접촉하는 부위다. 강아지가 어미의 젖을 먹고 보호 면역을 얻기 전에 어미의 털에 묻은 배설물에 노출되면 치명적인 결과를 초래할 수 있기 때문이다. 개의 침은 배설물 속에 포함된 최소한 두 종류의 위험한 박테리아를 죽인다는 연구 결과도 있다.

침은 아주 많은 성분으로 구성된 복합물이며, 인간의 침과 마찬가지로 개의 침에도 여러 항박테리아 물질이 포함되어 있다. 그렇지만 모든 종류의 박테리아에 다 작용하는 것은 아니다. 그중에서도 황색포도상구균이나 녹농균은 죽이지 못한다. 이 두 가지 균은 치명적인 피부 감염을 일으킨다.

인간과 가장 친한 이 동물 친구들은 조금 더러운 곳에서 먹이를 찾는 습성이 있기 때문에 이 녀석들의 입 안에서 84종의 박테리아를 찾아낸 연구도 있다. 그중 일부 박테리아는 사람의 입에서도 발견되지만, 다른 균들은 과학계가 새롭게 확인한 종들이었다.

모든 박테리아가 다 해로운 것은 아니고 상처를 핥는 행동이 좋은 효과를 나타낼 수도 있다. 예를 들어, 피부에 묻은 이물질을 제거하고 그 부위에 영양을 공급하는 혈액순환을 촉진할 수 있다. 침에는 성장인자나 세포증식을 촉진하는 화학물질도 포함되어 있다. 그러므로 아주 운이 좋다면 개가 핥아서 치유가 촉진될 수 있으며, 중세시대에 많은 사람이 개에게 상처를 핥도록 한 이유가 이것으로 설명될 수 있다.

그러나 이와 반대의 예도 있다. 한 여성이 푸들에게 자신의 발가락 상처를 핥게 했는데 결과는 최악이었다. 그 여성은 인공관절 수술을 받은 무릎에 박테리아 감염이 계속되어 결국 감염된 인공관절을 제거하고 대체하는 수술을 다시 받아야 했다. 원인이었던 '파스투렐라 멀토시다'라는 박테리아는 개에게 물렸을 때 발생하는 감염균이다.

교잡동물의 불임

노새와 같이 서로 다른 종이 교배하여 태어난 교잡동물은 왜 불임인가요?

아주 오래전부터 서로 다른 종을 교배하여 태어난 동물들이 불임인 이유를 찾기 위해 노력해왔다. 고대 그리스 철학자 아리스토텔레스도 노새가 불임인 이유에 대해 고민했다. 다윈도 이것을 흥미롭게 여겼는데, 새로운 종이 출현하는 과정을 이해하는 것과 관련되었기 때문이다. 오늘날의 학자들은 어느 한 가지 기전만으로 이와 같은 교잡동물이 모두 불임인 이유를 설명할 수 없다고 말한다.

노새는 암말과 수탕나귀가 교배하여 태어난다. 암탕나귀와 수말을 교배시킨 새끼는 버새라고 부른다. 말의 염색체 수는 64개, 당나귀는

62개이며, 이들의 교배 산물인 노새와 버새의 염색체는 63개다. 염색체 수가 홀수이면 문제가 된다. 염색체는 대부분 쌍을 이루며 이것이 감수분열이라는 과정 때 분리되어 난자와 정자 세포를 형성하고 이러한 생식세포는 원래 염색체 수의 절반에 해당되는 염색체를 갖기 때문이다. 감수분열은 염색체 수가 홀수일 때도 정상적으로 일어날 수 있으며 가끔 보고되는 생식이 가능한 노새와 버새가 여기에 해당한다. 버새와 당나귀의 교배로 62개의 염색체를 가진 건강한 새끼가 태어났다는 보고도 있다.

종의 아래 분류단계, 즉 아종이 다른 개체들(예를 들어 생쥐 중에서도 다른 아종) 사이의 교배로 태어난 새끼도 불임이 될 수 있다. 이 경우 부모 양쪽의 염색체 수는 같다. 이러한 교배에서 교잡 불임을 유발하는 유전학적 변화는 아직 밝혀지지 않았지만 여러 유전학적 요인이 관계된 것으로 보인다. 예를 들어, 유전자는 다른 유전자와 상호작용하기 때문에 부의 유전자와 모의 유전자 사이의 상호작용이 잘못되면 자손이 정상적으로 발달하지 못할 수 있다. 서로 다른 종의 유전자는 함께 복합적으로 기능할 수 없거나 유전자 기능을 발현 또는 중지시켜야 할 시점을 일치시키지 못하는 것으로 생각된다.

교잡동물은 부모 종들 양쪽의 교미 양태를 전수받지 못하기 때문에 생식이 불가능할 수도 있다. 교미의 계절이나 구혼 행위, 그리고 상대를 찾는 데 도움이 되는 냄새 등에 차이가 있기 때문에 야생에서는 서로 다른 종 사이의 교잡이 일어나긴 하지만 상대적으로 드물다. 2006년 사냥꾼에게 잡힌 곰의 유전자를 검사한 결과 회색곰과 북극곰 사이의 교잡으로 판명되었다.

사육되는 동물은 다른 종과 서로 익숙해질 기회가 많다. 예를 들어 동물원에서는 타이곤(수호랑이와 암사자의 교잡), 라이거(수사자와 암호랑이의 교잡), 표범/사자 교잡이 잘 알려져 있으며 큰 고양이의 교잡은 흔히 볼 수 있다.

같은 집단 아니면 별개의 집단

멸종 위기에 처한 동물 종의 목록을 자세히 살펴보면 '묶음'과 '분리'라는 두 이론이 대립되는 것 같습니다. 묶음을 주장하는 학자들은 이러한 목록 중 어떤 동물군을 위험에 처한 무리라는 같은 종으로 간주해야 한다고 주장합니다. 이렇게 보면 종에 대한 개념이 애매해집니다. 종은 어떻게 정의할 수 있습니까?

현대 생물학의 거장인 에른스트 마이어는 1942년 생물 종(種)을 "실제적 혹은 잠재적 이종교배로 만들어진 자연적 무리의 집단이며 그러한 다른 집단들과는 생식적으로 분리된다."고 정의하였다. 대부분의 생물학 강의에서 마이어의 정의를 이용하지만 여기에도 한계는 있다. 즉 유성생식을 하지 않는 종을 정의하지 못한다. 그리고 지리적으로 분리된 무리가 서로 교배할 수 있는지 결정할 수도 없다. 그러나 서로 다른 종으로 간주되는 식물이나 동물 사이에서도 자연적으로 교배가 일어나기도 한다.

대안으로, 신체적 혹은 행동의 특성에 따라 종을 정의할 수 있다. 이러한 정의 방법은 오랜 역사를 가지고 있지만 역시 단점이 있다. 특히 특정한 종의 암컷 혹은 수컷은 너무 다르게 보이므로(예를 들어, 일부 새와 나비 종) 처음에는 서로 다른 종으로 분류할 수 있다.

많은 논문에서 종을 정의하고 확인하는 방법에 대해 발표했다. 최근 한 문헌연구에서는 종을 정의하는 방법이 20가지가 넘는다고 했다. 물론 이와 같은 학술적 논의는 실제적으로 영향을 미친다. 예를 들어 흔히 이용되는 분류체계에 따르면(묶음의 관점을 취하는 학자들의 분류), 전 세계적으로 1만 종 정도의 새가 있지만 다른 일부 생물학자들은(분리의 관점을 취하는 학자들의 분류) 좀 더 정확하게 2만 종으로 보아야 한다고 주장한다.

1973년에 제정된 미국의 멸종위기종보호법(ESA)은 "성숙했을 때 교배하는 야생 동식물로 뚜렷이 집단으로 구분될 수 있는 무리"라고 정의하였다. 이렇게 정의할 때 중요한 특성은 동물과 식물의 특정 종 전체뿐만 아니라 그중에서도 어떤 구체적 무리를 멸종 위기 혹은 위험에 처한 것으로 등재할 수 있다는 점이다. 알래스카를 제외한 북미대륙 48개 주는 회색곰을 멸종위기 동물로 등재했지만 알래스카에서는 상대적으로 회색곰 무리의 개체수가 잘 유지되고 있어 ESA의 보호를 받지 않는다.

즉 생물보존 프로그램은 '종'이라는 애매한 용어보다 더 많은 것을 고려한다. 보존 대상 무리로 선정되는 기준은 명확하게 정해져 있지 않다. 각각의 사례별로 지역의 생태학, 무리의 역사, 신체적 특성, 행동, 유전학 등 많은 요소를 고려하여 보호대상 무리로 선정한다.

같은 종 내에서의 유전학적 다양성을 보호하는 것도 생물보존 차원에서 중요한 요소이다. 현대 유전학적 기술을 이용하면 무리 내에서 그리고 무리들 사이의 다양성을 비교할 수 있다. 미국 야생동물보호국은 대상 동물 무리가 다른 무리와 구분되는 특성을 입증하지 못하면 ESA 목록에 등재해 달라는 요청을 받아들이지 않는다.

고대 문자

지구의 땅 위나 밑, 바닷속, 그리고 하늘에서 살았던 혹은 살고 있는 모든 생명체에게는 어떤 공통된 DNA가 있습니까?

모든 종에 걸쳐 공통된 유전자는 드물다. 인간 유전자 중 0.2퍼센트에 해당하는 약 60개의 유전자는 판독된 다른 모든 유전체에서도 발견되지만, 더 많은 종의 유전체가 자세히 해독됨에 따라 이 숫자는 줄어들 것이다.

많은 수의 생명체에서 유전자가 모두 겹치는 부분이 적은 이유는 시간이 지나면서 서로 다른 생명체들은 자신들의 기본적인 과제를 성취하기 위해 각자 새로운 분자학적 전략을 발전시켰기 때문이다. 이와는 달리 임의의 두 생명체 사이에는 유전자가 동일한 부분이 상당히 많다. 예를 들어, 초파리 유전자의 61퍼센트는 인간에게도 존재한다. 학자들은 이처럼 두 종의 생명체 사이에 겹치는 유전자를 연구에 많이 활용해왔다. 인간의 발달이나 질병에 대한 이해의 상당 부분은 파리처럼 다른 생명체에 대한 연구로부터 얻었다. 이들은 번식과 사육 및 유전자 조작이 쉬운 생명체이다.

유전자 자체보다는 적지만, 유전자 지도를 기록하는 화학적 언어 또한 시간에 따라 변화한다. 세포로 이루어진 오늘날의 모든 생명체에게는(박테리아도 포함) DNA 유전체가 있지만 일부 바이러스에는 RNA 유전체가 있다. 우리가 살고 있는 DNA의 세계 이전에 RNA의 세계가 있었다는 것이 진화학자들의 일반적인 견해다.

DNA와 RNA는 모두 네 가지 화학적 글자로 구성되는데 이러한 글자들이 이루는 끈에는 생명체의 모든 요소의 구성에 관한 지시가 담겨 있다. 이 글자들은 당(糖) 분자로 이루어진 골격에 부착된다. 단백질이 합성되는 동안 이러한 화학적 글자들의 배열이 아미노산의 배열 방식에 관한 지시로 번역된다. 그리고 이렇게 배열된 아미노산으로 단백질이 구성된다.

DNA와 RNA 사이에는 단지 두 가지 화학적 차이가 있지만, 이들이 함께하여 유전자 지도가 더욱 신뢰성을 가진다. 그중 하나는 RNA에는 리보오스라는 당이 있지만 DNA에는 좀 더 안정된 디옥시리보오스가 있다는 것이다. 다른 하나는 유전자 암호가 기록된 화학적 글자(염기)의 차이로, RNA를 구성하는 네 개의 염기(A, C, G, U) 중 하나인 U가 DNA에는 T로 바뀐 것이다. 몇 종의 바이러스는 예외적으로 RNA와 DNA의 중간에 해당되는 유전체를 가지는데 여기에는 디옥시리보오스 당과 U 염기가 있다.

갈겨쓴 글씨에서 한 글자가 다른 글자로 바뀔 수 있듯이 화학적으로 복잡하면 염기 C가 U로 바뀔 수 있다. 그러나 T로는 되지 않는다. 그러므로 DNA에서는(RNA에서는 아니다) 교정 장치가 U를 C가 어지럽힌 것으로 인식하여(DNA에는 U가 일절 없어야 하기 때문에) 이러한 변이가 딸세포에 전달되기 전에 수정한다.

학자들은 알려진 유전체를 비교하여 생명체의 마지막 공통 조상의 특성에 대해 연구한다. 그러나 마지막 공통 조상(생명나무의 뿌리에 위치한 것으로 생각되는 단세포생물)의 특성이 확실히 밝혀질지라도 과거의 생명체가 모두 같은 유전물질을 공유했다고 말할 수는 없다. 다른 유형의 유전물질을 가진 생명체가 존재했지만 그것을 전수하지 못하고 사라졌다면, 그러한 생명체의 존재는 물론 그들이 소유한 다른 종류의 유전물질의 존재도 발견되지 않을 것이다.

멸종을 자초하는 행동

어떤 종은 드러나게 혹은 암암리에 자신의 종이 멸망할 수 있는 행동을 하기도 합니까?

외부에서 오는 치명적 영향이 없는 상황에서 어떤 종의 행동 특성이 그 종의 멸종을 초래하는 것으로 알려진 경우는 없지만, 행동이 멸종 위험에 심각한 요인이 되는 경우가 있다. 행동에서 오는 어려움 때문에 어떤 종이 새로운 위협에 적응하지 못할 수 있으며, 그러한 위협이 행동 양상을 변화시키고 멸종을 앞당기기도 한다.

새로운 포식자에게 대응하지 못하는 것은 행동 때문에 생기는 어려움의 대표적 예다. 갈색나무뱀은 제2차 세계대전 직후에 태평양의 괌섬에 들어갔는데 10여 종 이상의 새를 멸종시키는 원인이 되었다. 1600년대에 도도새가 멸종한 것도 인간의 포획뿐만 아니라 새로 들어온 포식자에게 대응하지 못한 것이 원인이었다.

한곳에 머물거나 특정 경계를 넘지 않으려는 습성, 혹은 햇빛을 싫어하여 분산된 숲 사이를 옮겨가지 못하는 것과 같이 이동을 제한하는 행동도 그 동물 종이 서식지를 소실할 위험을 높인다. 맹금류가 송전탑 위에 둥지를 만들고 새, 물고기, 바다거북 등이 인공불빛에 끌려가는 습관도 멸종의 위험을 높이는 행동이다.

대규모 사회적 집단을 이루는 종에서 외부 요인이 무리의 크기를 감소시키는 상황에서는 앨리 효과로 알려진 현상이 중요한 역할을 한다. 이것은 무리를 이루는 개체의 밀도와 무리의 성장 사이의 관련성을 설명하는 이론으로, 외부의 위협 때문에 어떤 무리를 구성하는 개체수가 너무 적어지면 그러한 외부 위협이 없어져도 무리가 다시 성장하지 않고 계속해서 감소할 수 있다고 한다. 일부 동물에서는 교미나 사냥 혹은 포식자에 대한 방어 같은 행동에는 개체의 숫자가 중요한데 무리의 개체수가 줄어들면 이와 같은 행동이 기능하지 못하기 때문이다.

앨리 효과는 한때 육지에서 가장 흔했던 나그네비둘기의 멸종 원인이 되었다. 서식처의 파괴와 사냥 등으로 이 새의 무리 규모가 10분 1 수준으로 줄어들었다. 이렇게 무리의 규모가 줄어들자 함께 협동하여 둥지를 짓는 능력이 떨어졌고 이것은 개체당 생식력의 감소 및 포식자에 대한 대응력 저하로 이어졌다. 19세기 초에 이르러 나그네비둘기는 멸종되었으며, 일부에서는 이 새들의 행동이 스스로 멸종을 초래한 것이라고 주장하기도 했다. 오늘날에는 앨리 효과와 같은 동물행동학적 지식을 멸종 위험에 처한 종의 보호에 활용하고 있다.

어린 그리폰독수리를 새로운 번식지로 유도하기 위해 절벽에다 새의 배설물처럼 흰색 페이트를 뿌려두었다. 그리고 미끼를 제공하거나 새 울음소리를 녹음하여 들려주는 등의 방법으로 새로운 번식지에서 무리 지어 둥지를 짓도록 유도한다. 사육된 플라밍고(홍학)들은 무리의 개체수가 적기 때문에 사회적 자극이 없어 번식하지 못하는데, 이러한 한계를 극복하기 위해 독신자용 숙소에서 힌트를 얻어 활용했다. 즉 사육되는 플라밍고 부리 주위에 거울을 배치하여 거울에 비친 교미 모습을 보고 자극을 받아 교미를 하게 만들었다.

나그네쥐의 집단 자살

나그네쥐들이 집단으로 자살한다는 이야기가 있는데 과학적으로 근거가 있습니까?

전설이나 옛날이야기가 그렇듯이 나그네쥐는 4년 주기로 개체수가 증가하여 먹이가 소진되면, 집단으로 가까운 계곡이나 바닷속으로 뛰어내린다고 믿는 사람들이 많지만 이는 과학적 근거가 없다.

한편 나그네쥐와 다른 설치류를 장기적으로 관찰한 연구에서는 집단의 개체 밀도에 주기적으로 큰 변동이 있음을 확인했다. 북극 설치류 거의 모든 종에서 이러한 개체수의 주기적 변동이 관찰된다. 무리를 구성하는 개체수의 변동 주기는 종들 사이에 다르게 나타난다. 그리고 같은 종이라도 지역이 다르면 변동주기도 다르다. 변동은 계절적이거나 여러 해에 걸쳐 혹은 두 가지 양상이 모두 나타나기도 한다. 특정 지역마다 주기적 변동의 시기가 있지만 변동의 크기는 주기마다 다르게 나타난다.

나그네쥐의 집단자살 이야기는 스칸디나비아의 노르웨이와 스웨덴 사이에 있는 고지대에서 시작되었다. 나그네쥐는 무리가 불어나면 언덕 아래로 이주하는데 피오르 협만을 따라 넓은 바다로 향해 간다. 그중 일부는 떠다니는 얼음을 타고 흘러가는데 자살하려는 목적이라기보다는 새로운 서식지를 찾는 것으로 보인다. 툰드라 지대가 낮고 편평한 북아메리카 북극 지역에 서식하는 나그네쥐에서는 무리가 곧바로 바다를 향해 가는 모습이 관찰되지 않았다.

1955년 디즈니에서 제작한 다큐멘터리 〈백색의 광야〉는 나그네쥐의 집단 자살에 관한 속설을 한층 더 부추겼다. 여기에 등장하는 나그네쥐의 집단 자살 사례는 영화 제작진이 조작한 내용이었다. 제작진이 그 동물들을 언덕 아래로 던져서 촬영한 사기 행위였으며, 이러한 사실은 여러 책에 기록되어 있다. 그중 하나가 1996년 옥스퍼드대학 출판부에서 데니스 치티가 펴낸 《나그네쥐가 정말로 자살했을까: 아름다운 가설과 추악한 사실》이다.

생태학자들은 지난 세기 동안 설치류가 개체수, 즉 무리의 크기를 주기적으로 조절하는 원인을 두고 논문과 토론회 등에서 치열한 논쟁을 벌였다. 질병, 기생충, 기후, 포식자, 먹이 부족, 영역 분쟁 같은 사회적 요소 등이 설치류가 무리의 크기를 스스로 조절하는 요인이라고 지적했다. 이러한 모든 요인이 설치류 무리의 개체수에 영향을 미치지만, 어느 한 가지 요인만으로 모든 지역에서 그리고 모든 종에서 관찰되는 개체수 변동의 주기를 설명할 수는 없다.

한 연구에서는 기후 상태, 즉 눈으로 덮인 땅이 단단히 얼어붙었을 때 그 밑으로 터널을 파고 포식자를 피할 수 없으면 개체수의 변동이 발생한다고 설명한다. 또 다른 연구에서는 먹이 부족이 무리 크기의 변동 주기를 설명하는 가장 중요한 요인이라고 결론지었다. 나그네쥐는 성장이 매우 느린 이끼류를 주로 먹는다. 설치류의 무리 크기가 변동하는 주기의 사례는 들쥐에서도 볼 수 있다. 한 연구에서는 천적의 포식이 원인이라고 지목하는데 이는 무리가 붕괴되는 속도에 근거하여 내린 결론이다.

그래서 아직 이에 대한 정답은 없이 여전히 과학계의 흥미를 끌고 있다. 나그네쥐의 전설 그 자체처럼…….

물에 가라앉는 체질

어떤 사람은 물에 잘 뜨는 반면 아무리 해도 가라앉는 사람이 있습니다. 왜 그런가요?

물에 뜨는 사람은 가라앉는 사람에 비해 부력이 크다. 이것은 뼈와 근육을 비교할 때 공기와 지방의 양이 상대적으로 많기 때문이다. 공기와 지방은 물보다 밀도가 작고 뼈와 근육은 물보다 밀도가 큰 조직이다. 그래서 물에 완전히 잠긴 사람의 무게를 측정하면 신체 조직의 구성을 측정하는 간단한 방법이 된다.

평균적으로 여성과 아동은 성인 남성에 비해 부력이 크며, 성인은 노화되며 뼈와 근육이 소실됨에 따라 부력이 점점 커진다. 폐 용량을 늘리는 호흡운동을 하면 부력이 약간 증가한다.

폐의 용량은 펭귄과 바다사자가 부력을 조절할 때 중요한 역할을 한다. 이러한 동물들은 계절에 따라 지방의 양이 변하기 때문에 물속에서 부력을 유지하기 위해 폐의 공기량을 조절한다.

수중동물이 부력을 조절하는 방법은 다양하다. 자신이 살아가는 민물 혹은 바닷물과 몸의 밀도가 같으면 물에서 가만히 맴돌기가 쉽고 수영이나 사냥을 할 때 에너지가 적게 든다. 펭귄이나 바다사자와 마찬가지로 많은 종류의 물고기도 공기의 밀도가 물의 밀도에 비해 무시될 정도로 작다는 사실을 이용한다. 즉 이러한 물고기들은 몸속에 공기통을 가지고 있다. 바로 '부레'라는 기관이다.

수중 포유류는 찬물에서 체온이 낮아지는 것을 억제하기 위해 피하지방이 두꺼운데 이것은 부력을 주는 역할도 한다. 물고기는 자연적인 부력을 얻기 위해서도 지방을 이용한다. 물고기의 종류에 따라 지방은 간과 근육, 장관 속, 혹은 피부 밑에 저장된다. 그리고 부레나 특수 기름주머니 혹은 뼈에 지방을 저장하는 물고기도 있다. 몸에서 가장 밀도가 높은 부위인 뼛속에 지방을 저장하면 뼈의 밀도가 바닷물보다 더 낮아질 수 있다. 그리고 골격계의 밀도를 낮추기 위해 뼈의 크기를 줄이거나 뼈의 미네랄 성분을 감소시키는 등 다른 전략도 이용한다. 극단적으로는 골격계 거의 전부가 뼈가 아니라 연골로 구성된 물고기도 있다.

물속에서는 부력과 유체역학이 중요하다. 인간이나 다른 동물들이 물의 표면에서, 즉 물에 비해 높은 위치에서 수영하면 마찰력을 줄이는 장점이 있다. 가슴지느러미나 물갈퀴가 있는 동물은 물에서 부양력을 만들어내며 빠르게 나아갈 수 있다. 이것은 비행기 날개처럼 지느러미 아래보다 위쪽에서 물이 더 빠르게 흘러가 생겨난 압력 차이로 발생하는 힘이다.

위장의 달인

일부 동물은 어떻게 주위 배경색에 맞춰 몸 색깔을 변화시킵니까?

북극여우처럼 계절에 따라 색이 달라지는 동물은 낮의 길이나 기온의 변화를 신호로 삼아 색을 바꾼다. 이러한 환경 영향으로 호르몬 수치가 변하여 모낭에서 생산하는 색소의 양이 달라진다. 털은 죽은 조직이기 때문에 안에서 새로운 털이 자라남에 따라 모피 색은 비교적 서서히 변한다.

한편 카멜레온 같은 일부 도마뱀과 물고기 및 문어는 몇 분 안에 색을 바꾼다. 이렇게 빠르게 색을 바꾸는 목적이 항상 위장에만 있는 것은 아니다. 경쟁자에게 싸움을 걸거나 교미가 준비되었음을 알리는 등의 커뮤니케이션에도 이용된다.

주로 주위 환경에 맞게 색깔이 변화되는 경우가 많지만, 기온이나 중력감지체계도(예를 들어, 오징어) 이러한 역할을 한다. 빛에너지는 색소 생산 세포를 직접 자극하거나 시각체계와 신경 및 호르몬에 반응해 간접적으로 작용한다.

색깔은 색소 및 특수한 반사구조라는 두 가지 기전으로 만들어진다. 색소는 어느 각도에서 보아도 동일해 보이지만 반사구조로 나타나는 색은 반짝이는 등 다양하게 나타나고 표면을 보는 각도에 따라 변한다. 색소는 빛의 특정한 색을 흡수하고 나머지는 반사하며 세포 속의 색소포라는 구조에 들어 있다. 각 색소포는 미세한 근육이 주위를 둥글게 감싼 형태다. 근육이 수축하면 색소가 세포의 표면 쪽으로 밀려가서 근육이 이완되었을 때보다 더 많은 색소가 보이게 된다.

구조적인 색상은 얇고 투명한 결정이 모인 구조에서 빛을 반사시켜 만들어진다. 이러한 결정 구조에 백색광이 부딪치면 그중 일부 빛은 결정의 위 부분에서 반사되고 다른 빛은 깊이 위치한 각각의 결정에서 반사된다. 반사된 빛의 일부는 그다음에 반사된 빛보다 약간 더 멀리 나아가기 때문에 빛의 파장에서 각각의 위상이 서로 상쇄되어 사라지거나 간섭을 일으킨다. 일부 색깔은 위상이 완전히 사라져 보이지 않게 되고, 다른 파장은 반사되며 서로 강화작용을 일으켜서 더 밝게 보인다. 어떤 물고기는 결정들 사이의 간격을 변화시키는데, 이렇게 되면 빛의 파장이 일으키는 간섭현상이 변하고, 따라서 반사되는 빛의 색상도 변화한다.

배경색에 맞추어 몸 색깔이 변하는 일부 동물은 '내가 먹은 것의 색'으로 바뀌기도 한다. 갯민숭달팽이는 자신의 안식처 역할을 하는 산호와 색을 일치시키는데, 자신의 먹이에서 얻은 색소를 피부에 축적시켜 색을 표현한다. 이 동물이 다른 색상의 산호로 옮겨가면 새로운 먹잇감에서 색소를 얻어 점차 이전의 색소를 대체한다.

동물도 논리적으로 사고할까

동물도 문제를 해결하거나 새로운 방식으로 도구를 사용하는 능력이 있다고 들었어요. 동물과 인간의 생각은 얼마나 비슷합니까?

생각을 하기 위해서는 언어가 필요하기 때문에 언어 없이는 이러한 논리가 불가능하다고 주장하는 학자들이 많다. 그러나 다른 한편에서는 생각을 '유전적으로 사전 설정된 방식이 아니고 유연하게 정보에 대응하여 행동하는 능력'으로 정의한다면 많은 동물들이 생각을 한다고 주장한다. 일부 무척추동물도 여기에 포함된다.

최근 이루어진 연구에서 까마귀가 자발적으로 세 개의 도구를 차례로 사용하여 과자를 얻었는데 이것은 그 이전까지 인간이 아닌 다른 동물에게서 관찰되지 않았던 기술이었다. 또한 동물이 생각할 수 있음을 보여주는 사례는 많다. 근처 다른 수조 속의 물고기를 훔치기 위해 자기 집을 빠져 나온 문어와 영리한 까마귀가 있으며, 알렉스라는 아프리카 회색앵무는 수를 세고 덧셈을 했다. 그리고 워쇼라는 침팬지는 기초적인 미국 수화를 배운 후 다른 침팬지들을 가르쳤다.

크게 보면 인간의 두뇌는 다른 포유류, 특히 다른 영장류와 비슷하다. 그러나 현미경으로 관찰하면 인간의 뇌에는 신경세포가 더 많다. 특히 언어 및 복잡한 사회적 사유와 관계된 뇌 영역에는 신경세포 사이의 연결이 훨씬 많다.

동물과 인간의 뇌에 양적 차이가 있듯이, 동물과 인간의 사유 사이의 차이도 주로 많고 적음의 문제이다. 예를 들어, 일부 동물은 가르치기도 하지만 이들이 다른 동물의 행동을 관찰하고 판단하여 수정시키는 능력은 아주 원시적이다.

동물은 다른 동물을 속이기도 함으로써 다른 동물의 정신이 움직이는 과정을 어느 정도 이해하는 것처럼 보인다. 하지만 어떤 상황에서는 속이는 행동이 어렵다. 침팬지가 어떤 먹이통을 찾으면 사람이 그 속의 먹이를 훔쳐가는 실험을 했을 때, 수백 번의 시도 끝에 네 마리 중 한 마리만이 그 고약한 먹이통을 확인하는 방법을 알게 되었다는 연구가 있다.

동물은 원인과 결과를 관련지을 수 있지만 일부 인과 관계에 대해서는 알기 어렵다. 사람 역시 원인에 대해 잘못된 결론을 내릴 수 있으며,

동물의 사유를 테스트하는 데 이용된 것과 동일한 실험에서 사람 역시 추론에 오류를 범하였다. 밧줄을 이용해 바나나를 가장 잘 따는 방법을 찾는 실험이 대표적인 사례다.

이러한 연구에 참가한 사람들은 잘못된 방법을 선택했을 때 그에 대한 논리가 있었으며, 따라서 동물이 실험에서 실패했다고 해서 동물에게 추론하는 능력이 없다고 단정할 수는 없다.

3

침묵 아래 숨어 있는 식물의 언어

식물과 동물 사이

파리지옥이 곤충을 잡는 동영상을 보면 동물의 삶과 식물의 삶 사이에 어떤 관련성이 있어 보입니다. 과학자들은 이러한 관련성을 어떻게 생각하는지요?

파리지옥 이파리가 0.1초 안에 닫히는 모습은 식물을 움직임이 없는 생명체로 생각하는 우리의 관점을 흔들어놓는다. 다윈은 파리지옥의 빠른 동작을 보고 '세계에서 가장 놀라운' 식물이라고 했다.

파리지옥 외에도 곤충 등을 먹는(일반적으로 수동적이다) 육식식물은 수백 종이나 되며 먹이사슬에서 동물과 식물 사이의 일반적 관계는 역전된다. 그러나 이러한 육식 능력 외에도 식물답지 않은 능력을 지닌 여러 식물들이 있다.

중남미 열대우림지역에 서식하는 걸어가는 야자나무는 식물을 주인공으로 하는 영화의 소재로 사용하면 적당할 것이다. 이 나무는 그늘에서 햇볕이 드는 지역으로 천천히 '걸어간다.' 햇볕을 향해 새로운 뿌리를 성장시키고 또 이동에 방해가 되는 오래된 뿌리를 죽게 하는 방법이다.

식물은 빛이나 물, 미네랄, 그리고 토양 구조 같은 환경의 여러 신호를 감지하고 통합하여 반응한다. 그리고 일종의 '기억'도 있다. 예를 들어 해가 뜨는 방향을 예측하여 밤에 잎의 방향을 바꾸는 식물은 인공 불빛이 비치는 실내에 두었을 때에도 며칠 동안 같은 식으로 잎의 방향을 바꾸었다. 그리고 식물이 자신의 친족을 인식할 수 있다는 연구 결과도 있다. 이것은 많은 동물에게도 없는 능력이다. 몇 가지 종의 식물은 근처에 친족 식물이 자라고 있다는 것을 알면 뿌리를 덜 공격적으로 뻗는다. 이웃에 낯선 식물이 있다는 것을 알면 훨씬 공격적으로 뻗친다는 사실을 확인했다.

이러한 발견을 토대로 최근에는 식물신경생물학을 연구하는 국제학회가 설립되었다. 몇몇 학자는 식물의 뿌리 끝에는 뇌와 비슷한 단위가 존재한다고 주장하기도 한다. 하지만 식물을 연구하는 데 신경생물학이라는 용어를 사용하는 것을 완강하게 반대하는 학자들도 많다. 그들은 식물세포가 전기신호로 서로 커뮤니케이션하는 것은 인정하지만 식물에서 신경과 비슷한 역할을 하는 구조를 찾았다는 어떤 증거도 없다고 주장한다.

유전자 서열 분석 데이터를 토대로 추정하면, 식물과 동물은 약 16억 년 전에 마지막 공통 조상인 단세포생물로부터 분화된 것이다. 그리고 그 이후 어느 시기에 식물의 세포 내에 박테리아 엽록체가 포함되고 식물은 이 엽록체를 이용하여 광합성을 하게 되었다. 식물이 태양에너지를 이용한 광합성으로 당분을 생성하지 않는다면 지구상의 거의 모든 생명은 죽을 것이다.

우리는 학교에서 식물만 광합성을 할 수 있고 동물은 하지 못한다고 배웠다. 해면이나 산호, 해파리, 말미잘 등 많은 동물이 편법을 동원해서 광합성을 한다. 언제나 그렇듯이 자연은 이러한 규칙에 예외를 인정하여, 최소한 한 가지 종의 동물은 광합성을 하는데, 캐나다와 미국 동부 해안 갯벌에 서식하는 푸른민달팽이다.

푸른민달팽이는 조류세포를 이용하여 광합성하는 동물과는 달리 조류에서 엽록체를 빨아내고 삼켜서 자신의 세포 내에 저장한다. 특히 동물은 엽록체가 원활하게 작동하는 데 필요한 엽록소를 만들지 못하는데 반해 푸른민달팽이 세포 내에서 이러한 엽록체는 기능을 계속한다. 푸른민달팽이가 조류에서 유전물질도 훔쳐서 스스로 엽록소를 만들어낼 수 있다. 이와 같은 도둑질을 끝낸 후 이 녀석들은 일광욕으로 자신들의 식욕을 충족시킨다.

식물의 앵벌이

겨우살이는 기생식물이라고 합니다. 식물은 스스로 광합성을 해서 먹이를 직접 만들어내는 것으로 알고 있는데 어떻게 식물이 기생할 수 있습니까?

겨우살이가 기생한 전나무는 성장이 느리고 형태가 일그러져서 목재로서의 가치가 크게 떨어진다. 이처럼 기생식물은 자신의 일생 중 일부를 숙주가 되는 개체와 연결되어 보내는데 그 연결은 숙주에게는 희생이고 기생자에게는 이득이 되는 관계로 정의할 수 있다. 꽃이 피는 식물 중 약 1퍼센트인 4000종의 식물이 기생식물이다. 여러 종의 식물에 기생하는가 하면 한 가지 혹은 몇 가지 종에만 기생하기도 한다.

기생식물의 특수 부위만 숙주에 부착하는 경우가 많지만 이러한 연결이 땅 밑에 있어 보이지 않을 수도 있다. 기생식물의 둥글고 굵게 생긴 '흡수뿌리'라는 구조가 숙주의 줄기나 뿌리를 관통하여 연결된다. 흡수뿌리는 숙주식물의 맥관(脈管)과 연결되어 물과 영양소를 기생식물에게 전달한다.

기생식물이 숙주에 의존하는 정도는 다양하다. 반(半)기생식물은 그 극단적인 경우로, 엽록소를 가지고 광합성을 하지만 물과 미네랄은 숙주에 의존한다. 일부 반기생식물은 다른 식물에 기생하지 않고도 일생을 보낼 수 있지만 가뭄 때는 숙주의 깊은 뿌리에서 빨아들이지 않으면 생존할 수 없다. 반대쪽 극단에는 전(全)기생식물이 있는데, 엽록소가 없어 숙주가 광합성으로 생산하는 당분이 없으면 생존할 수 없다.

식물은 토양 미생물과 곤충, 그리고 다른 식물을 끌어당기거나 내쫓는 물질을 방출하는데, 기생식물은 이러한 화학물질을 감지하여 적당한 숙주를 찾는다. 미국 농무부의 유해잡초 목록에 들어 있는 실새삼이라는 기생식물은 밀(소맥)과 토마토에서 방출되는 화학물질을 구분할 수 있다. 실새삼은 이 두 가지 식물 모두에 기생할 수 있지만 주로 토마토에 기생한다. 실새삼 씨는 보유한 양분이 많지 않기 때문에 숙주식물을 감지하여 부착하지 못하면 발아 후 며칠 내에 죽는다. 실새삼과는 다르게 다른 일부 기생식물은 인근에서 숙주가 방출하는 화학물질을 감지하지 않으면 발아하지 않는다. 기생식물과 숙주 사이에서 화학물질을 통한 이와 같은 확인 작업은 흡수뿌리가 만들어지기 위한 필수 조건이기도 하다.

기생식물은 농사에 피해를 주기도 하지만 생태계에서는 유익한 기능을 한다. 예를 들어 겨우살이의 열매와 꽃, 잎은 새들에게는 좋은 먹잇감이다. 그리고 겨우살이는 새에게 피난처가 되고 둥지를 만드는 데 필요한 재료를 제공해준다.

이끼는 식물이 아니다

이끼는 정확하게 무엇이며, 식물이라고 할 수 있습니까? 이끼는 어떻게 바위에서 살아갈 수 있습니까?

이끼는 남조류나 녹조류, 혹은 이 두 가지 모두와 연결되어 살아가는 진균, 즉 곰팡이다. 진균 종의 약 5분의 1이 이와 같은 관계를 형성한다. 조류나 박테리아는 광합성을 통해 탄수화물을 공급하고 진균은 이와 같은 광합성 파트너에게 물과 영양소를 제공한다.

과거 생명체를 동물과 식물로 나누었던 분류 체계에서 이끼는 식물에 속했지만, 현재는 그렇게 분류하지 않는다. 현재는 동물계와 식물계 외에 세 가지의 계가 추가되었는데(네 가지 계를 추가하는 분류체계도 있다) 그중 하나가 진균계이다. 이끼는 조류와 연결되어 있지만 진균으로 분류된다. 이와 마찬가지로 산호 역시 조류와 연결되지만 동물로 분류된다. 조류는 주로 단세포생물로 이루어진 두 가지 다른 계에 속한다.

이끼는 물에 대한 내성이 있어서 바위에 붙어서 살아갈 수 있다. 오랜 기간 물이 없는 상황이면 가사 상태가 되었다가 다시 물을 얻으면 광합성과 호흡이 빠르게 재개된다. 탈수와 수화가 반복되면 이끼의 섬세한 가닥이 수축과 팽창을 되풀이하면서 바위 결정 사이를 뚫고 들어가 바위에 밀착한다.

이끼는 또한 산(酸)과 같은 여러 물질을 내어 미네랄 흡수를 촉진한다. 그리고 매우 효과적으로 영양소를 흡수하기 때문에 영양이 부족한 환경에서 특히 생존에 유리하다. 하지만 이 때문에 대기오염 물질에 민감하다. 그래서 이끼는 오염 연구에서 생물학적 감지체계로 이용되기도 한다.

씨 없는 과일

씨 없는 과일을 어떻게 생산하며 씨 없는 수박의 씨앗은 어떻게 얻을 수 있습니까?

씨 없는 과일이 많아지면서 여름이면 항상 열리던 과일 씨앗 멀리 뱉기 대회가 없어질 위험에 처했다. 염색체 수를 변화시키거나 특정 유전자를 교체, 혹은 성장호르몬을 넣어주는 등의 방법이 과일 종류에 따라서 이용된다.

바나나와 같은 일부 과일은 씨 없는 변종이 자연적으로 생기기도 한다. 농부는 야생의 씨 없는 바나나 줄기에서 돋아난 어린 가지를 심어서 이를 재배한다. 씨 없는 바나나가 생기는 정확한 유전학적 변이는 아직 밝혀지지 않았다.

씨 없는 수박은 각각의 염색체가 3개의 쌍으로 된 3배체다. 배체라는 용어는 세포 내에서 쌍으로 존재하는 염색체 세트를 구성하는 염색체의 숫자를 의미한다. 3배체 수박 묘목은 부모의 한쪽이 정상적인 2배체 염색체 쌍을 가졌고, 다른 한쪽은 4배체 염색체 쌍을 가진 부모에서 나온 자손이다. 4배체 수박 묘목은 정상 씨앗의 세포분열을 방해하는 화학처리로 얻는다.

2배체와 4배체 수박을 교배시켜 얻은 3배체 수박 씨앗은 발아하여 성장할 수 있지만 3배체 수박 묘목은 생식력이 없다. 염색체의 수가 홀수이기 때문에 난자와 정자 세포를 만드는 동안 정확하게 절반씩 나눌 수 없기 때문이다.

3배체 수박의 열매를 만들기 위해서는 3배체 묘목의 꽃이 정상적인 2배체 수박 묘목의 꽃가루로 수정되어야 한다. 그러므로 두 가지 형태의 묘목을 함께 길러야 하기 때문에 씨 없는 수박 씨앗 상품에는 두 가지 형태의 씨앗이 모두 들어 있다. 3배체 수박의 꽃이 2배체 묘목의 꽃가루로 수정되면 열매가 열리기 시작하지만 이렇게 수정되지 못했을 때는 씨 없는 창백한 색의 말랑거리며 발달이 덜 된 씨앗이 들어 있다.

열매와 씨앗 발달은 대부분 밀접한 관련이 있다. 성공적인 수분(꽃가루받이)에서는 정자와 난자가 결합하며 여기에서 씨앗 속의 배아가 발달한다. 꽃가루는 지베렐린이라는 식물호르몬도 생산한다. 이 호르몬은 식물의 난자에서 다른 호르몬인 옥신을 증가시켜서 난자가 열매로 발달하기 시작한다.

배아가 발달하는 과정에 여러 화학적 신호가 방출된다. 이와 같은 신호들은 배아를 둘러싼 열매에서 세포분열 속도뿐만 아니라 세포 팽창(팽창하면 열매의 크기가 커진다)도 조절한다. 정상적으로 발달하는 씨앗이 없기 때문에 열매 발달을 조절하기 위해 묘목에 호르몬을 뿌리기도 한다. 예를 들어, 씨 없는 톰슨 포도에 지베렐린을 뿌려서 질과 수확량을 높일 수 있다.

씨 없는 과일 개발에는 유전공학도 이용된다. 씨앗이 정상적으로 생산하는 화학적 신호를 바꾸는 특수 기술도 있다. 우리는 어렸을 때 "씨앗을 삼키면 뱃속에서 자라나서 열매가 열린단다."는 말을 듣곤 했지만, 미래 세대에는 이런 말이 사라질지도 모른다.

토마토의 빨간색

토마토가 숙성되면 빨갛게 변하는 기전은 무엇이고 빨간색은 어디에서 온 것인지요?

식물의 발달과 성장에는 여러 호르몬이 관계하는데, 그중에서 에틸렌은 토마토 등의 과일 숙성을 조절한다. 토마토는 난자에서 발달하기 때문에 과일로 간주한다. 에틸렌은 가스이며 과일 세포에서 여러 효소의 생산을 촉진하여, 딱딱하며 시고 덜 익은 과일을 숙성시켜 향과 맛을 낸다.

효소는 산 성분을 분해하여 과일의 신맛을 떨어뜨린다. 열매에 있는 설탕 분자는 과일의 단맛을 낼 뿐만 아니라 물을 과일 속으로 빨아들여 즙을 만든다. 그리고 효소는 과일 세포를 함께 묶어주는 역할을 하는 펙틴이라는 성분도 분해하는데, 이 작용으로 과일이 부드럽게 되어 세포들이 서로 미끄러지듯 분리되는 과일이 많다. 과일향기를 내는 화합물을 생산하는 효소도 있다.

효소가 엽록소를 소화시키면 녹색이 없어진다. 엽록소가 있으면 다른 색소, 특히 노랑이 표현되지 못한다. 일부 과일은 색소, 특히 대부분의 과일이나 잎, 꽃에서 보이는 빨간색은 안토시아닌이라는 색소가 표현된 것이다.

에틸렌은 "상한 사과 한 개가 바구니 속의 과일을 다 썩게 만든다."는 말의 원인이다. 과일에 상처나 병이 생기면 에틸렌 분비가 촉진된다. 그래서 상한 사과는 과일 바구니 속의 다른 과일도 빠르게 숙성시킨다.

가을의 달콤한 색깔

안토시아닌은 당분을 만들고 나뭇잎의 녹색이 사라지면 빨간색으로 변하게 합니다. 그러면 어떤 낙엽수에서나 다 시럽을 만듭니까? 아니면 가을에 잎이 붉게 변하는 나무(단풍나무처럼)에서만 가능합니까?

가을에 나뭇잎을 빨간색으로 물들게 하는 성분은 안토시아닌이다. 안토시아닌 생산은 나뭇잎을 시들게 하기 때문에 과학자들에게는 오랫동안 수수께끼였다. 이와는 달리 노란색 혹은 오렌지색 색소는 엽록소의 녹색에 가려서 표현되지는 않지만 여름 내내 존재한다.

나뭇잎은 안토시아닌의 전구물질과 당분이 작용하여 붉은색 색소를 만든다. 이 과정에는 햇빛이 필요하기 때문에 나무의 가장 꼭대기에 위치한 잎부터 붉게 변하고 가을날 많이 내리는 햇빛이 안토시아닌 생산을 촉진한다. 그리고 건조한 날씨는 나뭇잎 내의 당분 농도를 높이고 당분의 농도가 높으면 또 안토시아닌 생산이 많아진다.

안토시아닌이 당분을 만들지는 않는다. 하지만 계절적으로 스트레스를 받는 엽록소를 보호하여 가능한 한 오랫동안 광합성을(따라서 당분 생산을) 할 수 있게 한다. 날씨가 추워지고 낮 길이가 짧아지면 엽록소가 줄어든다. 남아 있는 엽록소에 비해 훨씬 많은 태양빛은 광합성을 방해할 수 있다. 안토시아닌은 이와 같이 넘치는 햇빛을 흡수하여 나뭇잎의 생애 마지막 몇 주 동안 가능한 한 효율적으로 광합성을 할 수 있게 돕는다.

이 기간 동안 중요한 재난대비 활동이 일어난다. 질소와 당분 등의 영양소는 나뭇잎에서 몸체와 뿌리로 옮겨 겨울에 대비해 비축한다. 봄이 오면 이 영양소는 수액에 포함되어 다시 올라온다.

안토시아닌은 영양소 비축을 촉진하여 단풍나무 수액의 당도를 높인다. 설탕단풍나무의 수액은 당분 농도가 매우 높기 때문에(2~3%) 시럽을 만드는 재료로 이용된다.

모든 나뭇잎이 다 붉게 변하지는 않으며, 안토시아닌 없이 영양소를 비축하는 나무도 있다. 알래스카에서는 자작나무(가을에 나뭇잎이 노란색으로 물든다) 수액으로 시럽을 만든다. 시럽 1갤런을 만들기 위해 단풍나무는 수액 40갤런이 필요하지만 자작나무는 수액 100갤런이 필요하다. 하지만 안토시아닌과 수액의 당도 사이의 상관관계는 명확하지 않다. 홍단풍나무의 나뭇잎은 선홍색으로 물들지만 그 수액의 당도는 설탕단풍나무에 비해 많이 떨어진다.

모든 낙엽수가 시럽을 만들 수 있는 것은 아니다. 수액 속에 아미노산과 같은 다른 화학물질이 존재하기 때문이다. 설탕단풍나무라도 잎이 나기 시작할 때 안에서 어떤 생리적 변화가 일어나면 시럽은 달지 않다.

물이 실처럼

뿌리에서 흡수된 물이 어떻게 땅에서 수십 미터 높이의 나무 꼭대기까지 중력을 거슬러 올라갈 수 있습니까?

식물에서 물이 올라가는 기전은 활발한 논의와 많은 연구가 이루어진 분야로, 19세기 말에 제안된 응집력설이 현재도 가장 널리 인정받는 설명이다.

물의 증산(잎에서 공기 중으로 물이 증발되는 현상—옮긴이)으로 흡입력이 생기고 물 분자 사이의 끌어당기는 힘이 물을 계속 빨아올린다는 이론이 응집력설이다. '히페리온'이라는 이름의 삼나무와 같은 녹색 거인도 이와 같은 유체역학과 나무의 해부학적 구조로 인해 가능하다(히페리온은 그리스신화에 나오는 거인의 이름이며, 이 나무는 높이가 100미터가 넘어 살아 있는 생물 중 세계에서 가장 키가 크다).

물에 용해되어 있는 미네랄 영양소는 나무 뿌리에서 물관부를 따라 잎으로 올라간다. 이것은 실처럼 아주 가는(0.1~0.3밀리미터) 관이 평행하게 배열된 통로망이다. 각 관은 죽은 세포들이 연이어 배열되어 형성된 것으로 이웃 세포 사이의 벽은 없어지고 바깥벽은 더 두껍고 단단해진 구조다. 수액이 물관부를 따라 흘러가면서 물과 미네랄이 나무 전체에 살아 있는 세포에 전달된다.

잎에 도달한 물은 잎 내부에서 세포의 벽을 따라 퍼져나간다. 세포벽에는 종이 수건처럼 가느다란 셀룰로오스 섬유가 많이 분포하여 물이 증발되는 표면으로 작용한다. 수증기는 기공이라는 미세한 구멍을 통해 공기 중으로 빠져나간다. 기공은 광합성에 이용되는 이산화탄소가 들어오는 통로 역할도 한다. 물이 증발하면 계속해서 물관부로부터 잎의 증발 표면으로 물이 빨려들어간다.

이런 작용이 일어나면 물 분자 사이에 서로 끌어당기는 강한 힘, 특히 수소결합의 힘이 작용하여 물관부 속의 물기둥이 위를 향해 당겨진다. 수소결합은 이웃한 물 분자의 수소 원자와 산소 원자 사이에 수소와 산소 원자의 전기적 전하가 다르기 때문에 형성된다. 각각의 물 분자를 구성하는 수소 원자는 약한 양전하를 띠고 산소 원자는 약한 음전하를 띤다.

물관부 내에서 물을 위로 끌어올리는 힘은 매우 강하기 때문에 물관 속에서 물의 기둥이 끊어져서 물의 흐름이 차단될 수도 있다. 밤에는 대부분의 나무에서 기공이 닫혀서 위로 끌어당기는 힘이 없어지지만 뿌리의 압력이 끊어진 물기둥을 채워서 연결하는 데 도움을 준다. 즉 뿌리가 능동적으로 미네랄 이온을 흡수하여 생기는 압력과 그에 의한 농도 차이의 힘이 물이 안으로 흘러들게 해준다. 기공이 열렸을 때는 뿌리에서 미는 힘이 잎에서 물을 끌어당기는 힘에 비해 미미한 수준이다.

바위도 뚫는 나무뿌리

나무뿌리는 콘크리트도 깨트릴 만큼 힘이 강합니다. 이와 같이 강력한 힘이 나타나는 기전은 무엇입니까?

나무뿌리가 보도블록을 들어올리고 땅에 묻힌 관을 뚫는 능력은 식물학적인 주제를 넘어 성벽까지도 무너뜨리는 무기로 여러 이야기에 등장한다. 이렇게 식물의 뿌리가 단단한 땅이나 다른 여러 장벽을 뚫는 힘은 환경에 대한 뛰어난 감지 능력에서 나온다.

뿌리는 여러 환경 요소와 관련된 신호를 감지하고 이를 종합한다. 중력, 습기, 빛, 영양소, 온도, 이산화탄소, 산소, 박테리아, 진균, 질감 등에 관한 정보들이다. 성장하는 뿌리의 끝이 좋은 신호와 나쁜 신호를 함께 만나면 나름대로 순위에 따라 대응한다. 예를 들어 땅속에 금속이온이 많아 독성을 나타내는 상황에 노출되면 뿌리가 중력을 무시하고 공기 중으로 자신을 뻗쳐 올릴 수 있다. 뿌리 끝에서는 환경적 신호가 복잡한 화학적 대화로 연결된다. 단백질, 이온, pH(산성도) 변화, 식물호르몬 등이 이러한 화학적 대화에 속하며 궁극적으로는 뿌리 끝이 어느 쪽으로 방향을 바꿔야 하는지 말해준다.

보도블록을 뚫고 나오는 나무뿌리는 뛰어난 감각을 이용해 진로를 가로막는 장벽 앞에서 방향을 전환하기 전에 상대의 약점을 찾는다. 보도블록 파손 사례를 조사한 연구 결과 보도블록 쪽으로 자라는 뿌리가 모서리를 따라가다가 블록 이음새의 약한 지점 아래에서 위로 뚫고 성장한 것으로 확인되었다. 파손된 보도블록 아래의 토양은 성한 블록 아래 토양에 비해 산소 농도가 높아서 이미 약간의 파손이 있으면 그 아래에서 뿌리가 성장하는 데 도움이 된다.

뿌리가 성장할 때 뿌리 자체의 끝부분(뿌리골무)이 뿌리를 보호하는데 가장 바깥의 세포(경계세포)들이 끊임없이 떨어져나가고 새로 교체되기 때문이다. 경계세포들이 제거되면 곧바로 뿌리의 끝에서 세포분열이 일어나서 손실된 층이 대체된다. 점액물질은 경계세포 안쪽의 뿌리골무 표면을 매끄럽게 하여 토양을 뚫을 때 마찰저항을 줄여준다. 경계세포와 토양 사이에 마찰이 발생하지만 안쪽에 점액이 분비되는 매끄러운 뿌리가 골무에서 떨어져나가는 경계세포를 향해 미끄러진다.

뿌리의 생장점에 있는 세포가 늘어나면서 뿌리끝을 앞으로 밀어준다. 뿌리는 물관들의 직경을 좁히고 세포층을 줄여서 자신보다 좁은 구멍이나 틈새를 빠져나간다. 그리고 뿌리에 물리적 손상이 생기면 세포성장이 느려진다. 뿌리의 세포는 두꺼워지고 뿌리 직경이 커지며, 세포벽 내에 섬유 성분이 축적된다. 이와 같은 변화로 뿌리는 압력에 잘 견디고 힘이 더 강해진다.

나무를 속이다

나무뿌리가 가진 강한 힘의 기전을 안다면 뿌리의 성장을 조절하거나 비껴가게 만들어 뿌리로 인한 피해를 줄일 수 있지 않을까요?

아래쪽으로 경사를 만든 물리적 장벽과 같은 장치는 뿌리가 토양층 깊숙이 성장해가도록 흔히 이용하는 방법이다. 이러한 장벽에는 뿌리의 성장을 억제하거나 비켜가게 만드는 제초제 성분이 포함된다.

그렇지만 나무도 고분고분하지만은 않다. 뿌리가 단단한 토양 장벽에 부딪치면 일단 그 아래쪽으로 뿌리를 뻗은 다음 위를 향해 자란다. 그래서 우리는 보도블록 등의 구조물을 지지해주기 위해 토양의 깊은

층은 빈틈없이 단단하게 만든다. 하지만 나무뿌리는 단단한 토양을 뚫는 대신 보도블록 바로 아래에서 옆으로 뻗어나가는데 이는 보도블록 밑의 기반층인 모래자갈 사이에 작은 구멍이 있기 때문이다.

뿌리가 보도블록 아래 깊숙한 곳으로 뻗으면 피해가 덜하기 때문에 이와 같은 기반층을 바꾸는 것도 하나의 전략이다. 돌과 토양이 분리되지 않게 겔을 입힌 자갈과 흙을 섞어 보도블록을 시공하면 흙과 돌이 분리되지 않아서 뿌리는 관통하지만 하중을 적절히 지지할 수 있다.

파란색 장미는 없다

장미는 색깔이 다양한데 왜 파란색 장미는 없습니까?

파란 장미 수백 종이 상품화되었다. 블루헤븐, 블루문, 랩소디인블루, 블루바조, 쇼킹블루 등의 품종이다. 그러나 정작 꽃은 연보라나 자홍색, 혹은 우중충한 보라처럼 음영이 많은 색일 뿐이다. 진짜 파란색 장미를 만들기는 매우 어려우면서도 많은 사람이 원하고 있어 농업의 성배라고도 부른다.

야생 장미는 흰색과 분홍, 빨간색이다. 인간은 수백 년 동안 변이와 선택, 그리고 교배를 통해 다양한 모양과 크기 그리고 갖가지 색의 관상용 장미를 만들었다. 1820년에는 노란 장미가 출현했다. 그러나 푸른 장미는 매우 어렵다. 파란색을 내는 데 가장 중요한 델피니딘이라는 색소가 자연 장미에는 존재하지 않기 때문이다.

꽃이 색상을 만드는 가장 큰 목적은 꽃가루를 날라주는 곤충 등의 매개동물이 꽃을 구분할 수 있게 하는 것이다. 자연이라는 물감은 특정한 종류의 꽃에 어떤 색을 부여하여 매개동물을 끌어들일지 정한다. 매개

동물에 따라 인식하는 색깔이 다르기 때문이다. 붉은 꽃은 벌새에게는 뚜렷하게 인식되지만 붉은빛을 거의 인식하지 못하는 꿀벌에게는 잘 보이지 않는다. 어떤 유형의 색상은 우리 인간에게는 안 보이지만 벌에게는 뚜렷하게 인식된다. 벌은 자외선을 감지하기 때문이다.

현재는 유전공학을 이용하여 전통적인 교배 방법보다 식물의 색상을 훨씬 더 다양하게 만들 수 있다. 붉은 제비꽃이나 파란 장미를 만들려면 새로운 색소 유전자가 필요하고 pH(산성도)를 조절해야 한다. 델피니딘 색소를 생산하는 유전자를 장미에 삽입하였을 때 그 장미의 꽃잎에 그 색소가 침착되고 다른 장미보다 좀 더 파란색을 나타냈다. 하지만 진짜 파란색은 아니었다. 꽃의 pH가 맞지 않았기 때문이었다.

pH는 일부 식물 색상에 영향을 준다. 보라색 양배추를 식초를 이용해 요리하면 양배추가 뚜렷하게 붉은색으로 변한다. 이와 비슷하게 장미의 액포(식물세포 속의 구조물로 색소가 들어 있다)는 산성이며, 이러한 산성 환경에서 델피니딘은 파란색보다는 붉은색에 가까운 꽃을 피운다.

부가 색소는 델피니딘이 파란색을 표현하는 데 영향을 주는 또 다른 요소다. 이것은 델피니딘과 함께 존재하는 분자로, 델피니딘과 복합체를 이루어서, 델피니딘 단독일 때보다 파란색을 더 짙게 해준다.

아직은 장미에 원하는 색소와 부가색소를 넣어주고 이를 교배시키고 pH를 맞춰주며 재배하기보다는 흰 장미에 물감을 칠하는 편이 훨씬 더 쉽다. 하지만 유전공학은 새로운 색으로 피어나는 장미꽃을 현실화하고 있다.

제비꽃은 파란색이다

선생님께서 설명하신 파란색 장미를 만들기 어려운 이유를 읽고 저는 오래전에 들었던 "어떤 꽃도 두 가지 이상의 원색을 가지지 않는다."는 말이 생각났습니다. 이것이 사실입니까? 그리고 붉은 꽃을 피우는 식물이 가장 진화한 종이며, 노랑과 파랑은 녹색 잎이 꽃으로 바뀔 때 만들어진 일차색이라는 말도 들었습니다.

제비꽃은 노랑, 빨강, 파랑이 있지만 교배로 다양한 색을 만들어낸다. 식물이 피울 수 있는 꽃의 색깔은 한정되며, 특히 야생에서는 더욱 제한된다.

꽃의 색상을 표현해주는 세 가지 중요 색소군은 안토시아닌, 베타레인, 카로티노이드다. 안토시아닌은 같은 식물의 꽃에 카로티노이드와 함께 존재할 수 있으며 베타레인과 카로티노이드도 같은 식물의 꽃에 존재할 수 있다. 그러나 안토시아닌은 베타레인과 함께할 수 없다.

두 가지 색소군은 상호 배타적이지만 각각의 색소군에 다양한 색상이 포함되므로 원색은 함께 나타날 수 있다. 그러므로 식물의 색소는 색상에 따라 분류하기보다는 식물들이 그 색소를 합성하는 과정에 서로 겹치는 단계나 화학적 구조의 유사성에 따라 분류된다.

안토시아닌 색소는 오렌지색, 빨강, 보라, 파랑 꽃을 만들 수 있으며, 베타레인은 노랑에서 오렌지색, 빨강에서 보라색으로 표현될 수 있다. 카로티노이드는 노랑에서 오렌지색까지 많은 관상용 꽃의 색상을 표현하는데 메리골드(금잔화), 수선화, 장미, 백합 등이 포함된다. 카로티노이드는 빨강 혹은 보라색 색소와 함께 꽃에서 갈색 및 청동색을 표현한다.

안토시아닌과 카로티노이드를 조합하면 한 가지 종의 식물에서 노랑, 빨강, 파랑 꽃을 피울 수 있지만 그와 같은 색소를 생산하기 위해서는 특별한 효소군이 필요하다. 꽃 세포의 형태, 색소와 반응하는 화합물의 존재, 그리고 색소를 저장하는 세포 구조물 내의 pH 등도 꽃의 색상을 좌우한다.

그러므로 야생에서 새로운 색깔의 꽃을 얻으려면 여러 요인이 모두 적절히 작용해야 하며, 또 그 식물에게 해당 색상이 유리하게 혹은 최소한 불리하지 않게 작용해야 한다. 예를 들어 온실에서 재배되는 피튜니아는 파란색의 pH 변이종이 자연적으로 나타나며 이것은 완전히 건강한 개체다. 반대로 야생 개체들 사이에서는 푸른색 피튜니아가 발견되지 않는데, 푸른색 피튜니아는 꽃가루 매개동물을 끌어들이지 못하는 색상이라 추정할 수 있다.

꽃 색상의 진화에 대해서는 아직 모르고 있는 것이 많지만, 노란 꽃이 빨강과 파랑 꽃보다 먼저 있었던 것으로 생각된다. 카로티노이드는 광합성에서 중요한 역할을 하기 때문에 오래전부터 존재했다. 베타레인은 꽃피는 식물들 중 한 가지 부류에만 한정되고 안토시아닌과 같은 시기에 혹은 그 이후에 진화한 것으로 보인다.

행운의 네잎클로버

네잎클로버는 어떻게 생기는지 설명해주세요.

클로버뿐만 아니라 다른 식물 종도 한 줄기에 생기는 잎의 수가 다른 예가 있다. 다만 네잎클로버는 사람들의 마음에 깊이 새겨져 있기 때문에 눈에 더 잘 들어오는 경향이 있다. 세 개가 정상이고 이와 다른 수의 잎(네 개, 다섯 개 혹은 그 이상)은 유전자나 환경적 요인 그리고 단순한 우연 등으로 생긴다.

클로버와 알팔파(클로버와 비슷하게 생겼고 같은 과에 속하는 식물)를 대상으로 연구한 결과 잎의 수가 많아진 개체는 다음 세대로 전달될 수 있는 것으로 나타났다. 이러한 특성을 조절하는 유전학적 기전은 완전히 밝혀지지 않았지만 여러 유전자가 잎의 수를 변화시킬 수 있는 것으로 보인다.

환경적 요인은 식물의 발달 과정에 중요한 역할을 할 뿐만 아니라 잎의 수에도 영향을 준다. 어느 한 연구에서는 낮에 햇빛을 많이 받은 알팔파 군락보다 태양빛을 적게 받은 군락에서 잎의 수가 많은 알팔파를 더 흔하게 볼 수 있는 것으로 확인되었다.

마지막으로 잎의 위치를 일정하게 유지하는 기전, 즉 잎이 되는 세포군 사이에 일어나는 화학적 물리적 상호작용은 완전하지 않다. 그래서 같은 유전자와 환경적 요인이 작용해도 우연적으로 잎의 수가 다른 개체가 나타날 가능성이 있다.

특정 유전자를 가진 개체들

유전자 변형 작물은 생태계나 건강에 어떤 위험을 초래합니까?

유전자 변형 식물은 현대에 처음 등장한 것이 아니다. 약 7000년 전에 중앙아메리카 농민들은 테오신트에서 옥수수를 개발했다. 테오신트는 옥수수와 비슷하지만 자루가 작고 낟알이 매우 딱딱한 야생 풀이었다. 매년 농민들은 가장 좋은 테오신트를 골라서 그 씨를 재배하는 과정을 통해 옥수수를 개량하였다.

우리가 먹는 거의 모든 작물은 두 부모 개체를 선택적으로 교배하고 그 후손 중에서 원하는 특성을 가진 개체만을 고르는 방식으로 변형된 품종이다. 원하는 결과를 얻기 위해서는 많은 세대에 걸쳐 교배와 선택을 되풀이해야 하는데 종이 다르면 대부분 교배가 불가능하다.

한편 현재는 생물학적 기술을 이용하여 한 생명체에서 특정한 유전자를 추출하여 다른 개체 속으로 삽입할 수 있다. 유전공학은 농생물학자들이 보유한 강력한 무기로서, 새로운 작물 질병이나 기생균들과의 끝없는 싸움뿐만 아니라, 농업이 환경에 미치는 영향을 줄이는 데도 이용된다.

이종교배는 예상치 못한 독성 식물을 만들어낼 수도 있다. 그러나 관계없는 개체에서 추출한 유전자를 삽입하면 알레르기와 관련된 또 다른 문제를 야기할 수 있다. 예를 들어 땅콩 유전자를 보유한 '고단백 토마토'는 토마토를 좋아하는 사람들에게 뜻하지 않은 땅콩 알레르기를 일으킬 수도 있다. 미국 식품의약국은 이러한 문제를 감안하여 유전공학으로 만든 새로운 식물 품종은 알레르기 유발 가능성에 대해 검증을 거치도록 의무화하였다.

약물을 추출하거나 약제로 가공될 '약용 작물'도 건강에 또 다른 위험이 될 수 있다. 미국의 과학자 단체인 참여과학연대에서는 식량용으로 재배되는 작물로 약물을 생산해서는 안 된다고 주장한다. 2000년의 사례에서 볼 수 있듯이, 동물 사료용으로 승인된 옥수수가 각종 약물 제조에 사용되면 우리가 아침 식사로 먹는 시리얼이 약물에 오염될 우려가 많다.

자체적으로 살충 성분을 만들어내는 옥수수는 특히 문제다. 이것은 나비 애벌레의 통상적인 먹잇감 풀에 유전자 변형 옥수수의 꽃가루를 묻혀서 먹이는 실험 결과 애벌레가 죽는 것으로 확인되었다. 이는 유전자 변형 작물의 위험을 알려준 가장 대표적인 실험이다. 그러나 옥수수 재배 시기마다 이러한 살충제를 유전자 변형과 일반 옥수수 모두에 몇 차례나 뿌리는 일이 아주 흔하게 행해지고 있지만 이를 지적하는 보고는 거의 없다.

유전자 변형 옥수수로 생산하는 살충제가 유기농 작물에 사용하도록 허가받았다는 사실은 더욱 문제다. 생물살충제는 흔히 있는 토양 박테리아에서 만들어지는 것으로 척추동물들에게 안전하며, 다른 살충제와는 달리 이것을 먹은 벌레만 죽인다.

농사는 어떻게든 환경에 영향을 주며 만병통치로 이용되는 기술은 없다. 새로운 작물이 주는 위험과 이익은 다른 대안과 비교하여 평가해야 할 뿐만 아니라 그 작물이 재배될 곳의 지역적 생태계도 고려해야 한다. 그러나 유전자 변형 식량을 둘러싼 논쟁은 예상치 않았던 성과도 낳고 있다. 모든 형태의 농사가 생태계에 미치는 영향에 대해 활발한 논의와 연구가 이루어졌다는 것이다.

뜨거운 산호

최근 많은 사람이 해수면 상승으로 산호초가 급속히 사라질 수 있다고 걱정합니다. 이러한 우려에 근거가 있습니까? 작년에 파나마의 콘타도라 섬에 갔을 때 저는 살아 있는 거대한 산호초를 보고 놀라지 않을 수 없었습니다. 그곳의 밀물과 썰물 높이 차이는 6미터가 넘고 바닷물은 매우 뜨거워서 발을 넣으면 화상을 입을 것만 같았습니다. 엘니뇨 현상으로 바닷물의 온도가 상승하면 '산호 표백'이 일어난다고 하지만 저는 이와 관련된 어떤 증거도 발견할 수 없었습니다.

질문은 산호초가 당면할 수 있는 해수면 상승과 해수 온도의 상승이라는 두 가지 위험을 제시하였다. 두 가지 모두 범지구적 기후변화와 관련이 있다. 해수면 상승 자체가 산호초에게 직접 위협을 가하지는 않는다. 거센 파도는 보호가 덜 된 산호를 마모시킬 수 있지만 해수면 상승은 산호가 수직으로 더 클 수 있게 한다.

이와 달리 해수 온도 상승은 대규모 표백으로 이어질 수 있는데, 엘니뇨 현상이 심했던 1998년에는 전 세계 산호초의 16퍼센트에서 표백이 발생했다. 대규모 표백은 비교적 최근의 현상으로 생각되며, 1979년 이후 여섯 차례 발생했다.

표백은 각각의 산호충(산호의 석회질 골격을 만드는 생명체)이 공생관계에 있던 조류(藻類)를 잃게 될 때 발생한다. 갈충조(황록공생조류)라는 조류가 산호에 색을 만들어준다. 갈충조는 산호에게 필요한 산소와 먹이를 생산해주고, 산호가 배출하는 영양이 풍부한 배설물로 돌려받는다.

약한 표백은 산호 스스로 회복이 가능하다. 하지만 과학자들은 산호가 온도에 매우 민감하기 때문에 2030년까지 전 세계 산호초의 절반이 사라질 것이라고 예상한다. 연구 결과 표백이 발생한 산호들 중 일부는 좀 더 열에 잘 견디는 갈충조와 공생하여 회복될 수 있는 것으로 나타났다.

산호초는 기후변화에 어느 정도 적응력이 있는 것으로 보이며, 따라서 과학자들의 예상과 다르게 산호초의 운명이 결정되지 않았다. 기온변화와 그 밖의 여러 위험 요인이 복합적으로 작용하여 산호초에 미치는 영향은 아직 불확실하다. 예를 들어 하수 배출로 질병 전파가 확산되어 나타나는 문제와 같은 위험들이다. 그리고 바닷물 속의 이산화탄소가 증가하여 탄산이 만들어지면 산호의 골격이 약화되는 위험도 있다.

차가운 산호

샌디에이고 바다에 바위는 많은데 왜 산호초가 없죠?

대부분의 사람들은 산호가 열대의 낙원이나 따뜻한 바닷물에 있다고 생각하는데 찬물에 서식하는 산호도 있다. 최근의 연구에 따르면 찬물 산호가 서식하는 해저의 면적이 따뜻한 물 산호보다 더 넓은 것으로 알려졌다.

미국 스크립스 해양과학연구소의 해양생물다양성보존센터 소장 낸시 놀턴에 따르면, 빠르게 성장하는 산호초에게는 따뜻한 물이 필요한데, 이는 광합성을 통해 먹이를 공급하면서 산호와 공생관계에 있는 갈충조라는 조류가 좁은 온도 범위의 바닷물에만 살 수 있기 때문이다. 찬물에서 사는 산호 종에는 이러한 갈충조가 없으며 따라서 해류에 실려오는 먹잇감에 의존한다. 이러한 산호는 따뜻한 물 산호에 비해 거의 10배 정도 느린 속도로 성장하지만 대신 아주 웅장한 산호초를 만들 수 있다.

알래스카에서 멕시코 북서부까지 북태평양 찬물에 산호들이 서식하는데 샌디에이고도 여기에 포함된다. 놀턴은 이들이 수심 200미터 이상의 매우 깊은 바다에 서식하기 때문에 해안에 돌출되거나 스노클링으로 볼 수 없다고 설명한다. 따뜻한 물 산호와 달리 찬물 산호는 광합성에 필요한 햇빛을 얻기 위해 해수면 가까이 있을 필요가 없다. 간혹 따로 떨어진 컵산호들이 얕은 물에서 발견되기도 하지만 눈에 잘 띄지는 않는다.

이미 100여 년 전부터 심해(찬물) 산호를 기록한 문헌이 있지만 그 분포 범위와 양상, 성장 속도, 그리고 생태학적 역할 등은 아직 잘 알려져 있지 않다. 그러나 찬물 산호가 물고기나 다른 여러 해양생물의 중요한 서식처가 된다는 사실은 명확하며, 저인망 어선을 이용한 포획 등 대규모

어업이 계속되면 이들 산호의 생존이 위험에 처할 것이라는 우려가 높다.

곰팡이 천국

집 안 청소를 조금만 게을리하면 욕조 배수구 주위에 분홍색 곰팡이, 세면대에는 오렌지색 곰팡이, 그리고 세면대의 넘침 방지 구멍에는 검은색 곰팡이가 생기고 주방 싱크대의 금속 가장자리 주위에도 검은색 곰팡이가 자랍니다. 이와 같이 색이 다른 곰팡이가 생기는 이유는 무엇입니까? 그리고 집 안의 곰팡이는 어떤 문제를 일으킵니까?

곰팡이는 진균계에 속하는 생물로, 100만 종 이상이 있으며 지금도 계속 발견되고 있다. 집 안이나 냉장고에 방치된 식품 등에서 보이는 곰팡이 외에도 우리 주위에는 많은 진균이 있다. 고사된 나무에 핀 진균이나 마트에서 판매되는 버섯, 빵을 부풀리는 효모, 치즈 가공에 이용되는 곰팡이(예를 들어 로크포르 치즈와 브리 치즈), 무좀을 일으키는 곰팡이 등이다. 곰팡이를 현미경으로 보면 대부분이 가느다란 버섯과 비슷하게 생겼다. 실처럼 생긴 뿌리와 긴 줄기 그리고 줄기 끝에 달린 포자가 있다. 포자는 씨와 같은 것으로 대부분 곰팡이의 색을 만든다.

곰팡이가 먹이를 소화하고 배출하는 배설물 혹은 화학물질이 곰팡이 색을 만들기도 한다. 그리고 이러한 화학물질은 또한 곰팡이가 풍기는 케케묵은 냄새의 원인이 된다. 곰팡이 종류가 다르면 색깔이 다르며 곰팡이가 성장하면서 색이 바뀔 수도 있다. 예를 들어 빵곰팡이는 처음엔 흰색이지만 포자가 만들어지면 푸른 녹색으로 변한다.

포자 알갱이 각각을 맨눈으로 볼 수는 없다. 포자는 공기 중에 떠다니다가 습기 찬 표면에 붙어서 싹을 틔운다. 진균이 성장하기 위해서는 영양소가 있어야 한다. 효모가 가장 먼저 자리를 잡는데 그 이유는 비누 찌꺼기같이 영양소가 매우 적은 곳에서도 성장할 수 있기 때문이다. 그리고 효모가 만들어낸 물질에서 곰팡이가 성장할 수 있다.

곰팡이나 다른 여러 진균이 배출한 포자는 실내외 어디에나 존재하기 때문에 피할 수 없다. 그리고 곰팡이가 항상 눈에 띄게 자라는 것은 아니다. 예를 들어 베개 속에서 여러 종의 곰팡이를 확인한 연구도 있다. 수해를 당하면 얇은 벽에도 곰팡이가 자란다.

수해를 당한 곳에 광범위하게 곰팡이가 자라면 천식이나 알레르기를 악화시키는 등 건강에 문제를 일으킬 수 있다. 그러나 곰팡이 포자가 이러한 질환의 원인인지 아니면 기존의 호흡기 질환 증상을 심화시키는 것인지를 두고 아직 논란이 있다. 일부 곰팡이균은 독소(진균독)를 만들기도 하는데, 이것은 폐를 자극하거나 피부반응을 일으킨다.

곰팡이를 자라지 않게 하려면 틈새를 막아 습기가 차지 않게 하며 곰팡이가 슬 수 있는 파이프는 차단하고 환기를 자주 해야 한다.

산들거리는 버드나무

어느 날 저녁 친구들과 함께 잎이 무성한 나무와 관목이 있는 정원에 앉아 있었습니다. 그런데 관목의 나뭇잎 중 하나가 마치 미풍에 날리듯 움직이기 시작했습니다. 하지만 주위에는 전혀 바람이 불지 않았습니다. 이렇게 나뭇잎 하나만이 움직이는 이유는 무엇 때문인가요?

버클리 캘리포니아대학 생물기상학 교수인 데니스 발도치는 강한 바람은 한꺼번에 커다란 규모로 식물 숲을 관통한다고 말한다. 즉 정상적으로는 많은 잎이 동시에 움직여야 한다. 그러나 소용돌이 바람이 생기는 지역에서는 질문과 같은 현상이 나타날 수 있다. 공기의 커다란 소용돌이가 나무줄기와 잎에 의해 작게 갈라지기 때문이다.

나뭇잎은 기타 줄과 비슷하게 줄기의 자연적 진동 주파수에 맞춰 진동한다. 그리고 나뭇잎은 각각 그 크기와 모양, 방향 등이 다르기 때문에 바람 속에서 다르게 움직인다.

오래 살아 있는 과일

우리 집 정원에서 자라는 오렌지와 블랙베리를 '살아 있다' 고 생각해야 할까요? 이런 과일이 살아 있다면 과일을 딴 다음에는 죽은 것이 됩니까?

전통적으로 살아 있음에 대한 정의는 그 존재가 어떤 시점에 다음과 같은 다섯 가지 특성을 보여주어야 한다. 즉 성장, 대사(에너지 이용과 변환), 환경에 대한 반응, 생식, 그리고 움직임(최소한 내적인 움직임) 등이 있어야 한다. 생명을 다르게 정의하자는 제안도 많은데, 이와 같은 전통적 정의는 불도 살아 있는 것이 되지만, 노새(생식을 하지 못한다)는 그렇지 않은 것으로 분류되기 때문이다.

식물은(그 열매를 포함하여) 전통적 정의를 비롯한 여러 정의에서 살아 있다고 간주된다. '움직임' 이라는 기준은 식물 내에서 수액의 움직임이 해당된다. 그리고 일부 식물은 움직일 수도 있다. 해바라기는 태양을 향해 방향을 바꾸며, 파리지옥은 곤충이 날아들면 잎을 닫아서 가두고, 미모사는 건드리면 아래로 처진다.

과일을 따면 살아 있음에 대한 다섯 가지 기준을 충족시키지 못한다. 그러나 과일에 들어 있는 씨앗은 살아 있음의 정의에 해당되는데, 새로운 식물로 자라날 잠재력이 있기 때문이다. 그러나 씨앗도 너무 오랫동안 혹은 나쁜 조건에서 보관하면 죽을 수 있다. 그러나 어떤 씨앗은 특별히 긴 기간 살아남을 수 있다. 최근에는 2000년 된 유대 대추야자 씨앗이 싹을 틔워 므두셀라란 별명이 붙기도 했다. 싹을 틔우고 자라난 것 중 가장 오래된 씨앗이다.

4

자연이 벌이는 재미있는 현상

녹색 달걀과 유해성

달걀을 삶으면 노른자위 표면이 녹색으로 변하는데 그 이유를 설명해주세요.

노른자위에 함유된 황화철 성분 때문에 녹색을 띤다. 이것은 달걀 노른자위 단백질 속의 철 성분이 흰자위 단백질의 황화수소와 반응할 때 만들어진다.

노른자위의 특수 단백에 철분이 함유되어 있는데 병아리로 될 때 필요하기 때문이다. 황은 일부 아미노산 속에 존재한다. 흰자위의 단백질에는 황을 함유한 아미노산이 풍부하다.

달걀을 익히면 일부 단백질이 분해되면서 흰자위에서 황화수소가, 노른자위에서는 철분이 나온다. 이 두 가지 화학물질이 만나면 반응한다. 신선한 달걀을 익힌 후 빠르게 식히면 녹색으로 변하는 것을 줄일 수 있지만 녹색 부위는 인체에 아무런 해가 없다.

여성의 절친

다이아몬드의 굴절계수는 2로 알고 있습니다. 이 계수로 빛의 속도를 나누면 다이아몬드 속을 지나는 빛의 속도를 나타낼 것입니다. 다이아몬드가 반짝이는 이유가 이것 때문입니까?

빛이 물이나 유리, 혹은 다이아몬드처럼 광학적 밀도가 높은 매질 속을 통과할 때는 속도가 느려지고 굴절된다. 매질의 굴절률은 진공 속에서 빛의 속도를 매질 속에서 빛의 속도로 나눈 값이다. 다이아몬드의 굴절률은 2.4로 물(1.3)이나 유리(1.5)보다 훨씬 크다.

굴절률이 높은 것은 두 가지 의미가 있다. 첫째, 다이아몬드의 임계각이 매우 작다(25°). 임계각이란 그 이상에서는 내부 반사가 일어나는 각이다. 다이아몬드의 반짝임은 다이아몬드 내부의 많은 표면에서 빛이 반사된 결과 입사각이 작아서 빛이 바깥으로 나오기 때문이다. 둘째, 빛이 크게 굴절되면 무지개 색의 요소들로 분리되어 색깔을 내며 반짝인다.

매질의 굴절률을 나타내는 수치는 빛을 구성하는 여러 색 요소, 즉 여러 파장의 평균을 의미한다. 백색광은 모든 색을 다 포함하며 각각의 파장은 약간씩 다른 굴절률을 갖는다. 그 결과 백색광이 광학적 밀도가 높은 매질 속으로 들어가면 빛을 구성하는 무지개 색 요소들의 속도와 방향이 분산된다. 다이아몬드는 다른 매질에 비해 매우 높은 굴절률을 가질 뿐만 아니라 크게 분산된다. 즉 빛의 가장 긴 파장과 가장 짧은 파장 사이의 굴절률 차이가 크다. 이렇게 크게 분산되기 때문에 다이아몬드의 어느 한 면에서는 푸른 빛이 많이 나오고 다른 면에서는 녹색 혹은 붉은 빛이 나온다.

모든 다이아몬드의 굴절률과 분산 정도는 동일하지만 보석의 모양에 따라 반짝임이 다르다. 빛이 다이아몬드의 날카로운 각에서 들어오고 나갈 때, 내부 반사가 많이 일어나서 빛의 경로가 길어질 때, 두 개 이상의 면이 인접한 부위에서 빛이 반응할 때 반짝임이 커진다. 이와 같은 모든 요인은 빛이 퍼지면서 나가게 만드는데 이들은 모두 다이아몬드의 절단면과 크기에 영향을 받는다.

반짝임은 주위의 조명 상태에도 영향을 받는다. 분산된 조명 아래에서는 빛이 다이아몬드의 모든 각으로 들어가고 반짝임이 억제된다. 너무 많은 빛이 있으면 빛이 다이아몬드를 통과할 때 색깔들이 다시 합쳐져 백색광이 되기 때문이다. 촛불처럼 한 지점에서만 나오는 밝은 빛으로 비추어볼 때 다이아몬드의 반짝임이 가장 크다.

뜨거운 돌

화강암에서 방사선이 나온다고 하여 화강암 조리대를 사용하는 사람들은 이에 대해 관심이 많습니다. 보석 가공에 이용되는 준보석(보석원석)에도 방사선이 나옵니까?

대부분 적은 양이지만 이온화 방사선(원자에서 전자를 유리시킬 정도로 에너지가 강한 복사파)을 발산한다. 준보석과 보석은 이온화 방사선을 방출하는데 이러한 방사선을 강화 처리하여 보석의 색깔을 강조할 수도 있다.

지구의 지각에는 50종 이상의 방사성 동위원소가 자연적으로 존재한다. 그중에서 우라늄, 토륨, 칼륨 방사성 동위원소가 중요하다. 이 세 종류를 비롯한 여러 동위원소가 광물이나 보석원석에 자연적으로 존재한다.

그리고 인위적으로 방사선을 쪼여 보석의 색깔을 짙게 할 수도 있다. 이와 같은 방사선 처리는 지구의 지각 내에 포함된 보석이 주위 암석에서 나오는 방사선에 노출될 때 나타나는 자연적 과정을 인위적으로 통제한 버전이다.

방사선 처리를 하면 투명한 수정을 연수정으로, 철분을 함유한 수정을 자수정으로 만들 수 있고, 연분홍색 전기석(토르말린)을 진분홍색이나 붉은색으로 만들 수 있다. 반면에 지르콘, 전기석, 스포듀민, 주석(스카폴라이트), 형석, 녹주석, 강옥, 그리고 다이아몬드의 여러 색깔을 투명하게 만들 수도 있다. 황옥(토파즈)은 가장 흔히 방사선 처리하는 보석으로, 매년 수천만 캐럿이 방사선 처리된다.

어떤 물질이 방사선에 노출되면 그 물질 자체가 방사능을 갖는다고 생각하는 사람들이 많지만 이는 오해다. 방사선이 물질의 원자핵을 교란시켜 핵이 방사능 붕괴를 할 때만 그렇게 된다. 인위적 방사선 처리에 가장 흔히 이용되는 세 가지 방법 중 하나는 방사능 코발트에서 나오는 감마선에 보석을 노출하는 것으로 보석의 방사능 활성도를 증가시키지 않는다.

그러나 보석을 방사선 처리하는 다른 두 가지 방법은 선형가속기의 전자를 보석에 충돌시키거나 핵반응기에서 중성자와 충돌시키는 것으로 보석이 방사능을 갖게 될 수 있다. 짙은 푸른 빛깔의 토파즈처럼 원하는 색을 얻기 위해서 높은 방사선량이 필요한 보석에는 이런 방법이 이용된다.

미국에서는 핵통제위원회의 허가를 받은 업자만이 선형가속기나 핵반응기에서 방사선 처리된 보석의 최초 판매자가 될 수 있다. 그 판매자는 남아 있는 방사능이 기준치 이하로 내려갔는지 확인해야 한다. 보통 수개월이 지나 방사능이 붕괴되었을 때 판매한다.

핵통제위원회의 안내서에는 현재 시장에서 거래되는 방사선 처리 보석들은 안전하다고 적혀 있다. 다른 연구에서도 화강암 조리대는 극히 미량의 방사선만 방출할 뿐이라고 결론 내렸다. 오히려 일반 대중이 의학적 검사 과정에서 노출되는 이온화 방사선 양은 1980년대 이후 평균 일곱 배나 증가했으며 현재도 방사선 노출의 가장 큰 원인이다.

금속을 갉아먹다

금속에 소금물이 묻었을 때 즉시 제거하지 않으면 나쁜 이유가 무엇입니까?

레이 브래드버리의 단편소설 〈나뭇조각Piece of Wood〉에는 금속으로 만든 모든 것이 미세한 붉은 먼지 입자로 분해되는 장면이 있다. 한 어린 병사가 전쟁을 끝내려는 의도에서 무기를 분해하여 금속을 삭아버리게 한다. 브래드버리의 생각이 틀린 것만은 아니다. 미국에서 부식에 의한 손실은 국내총생산(GDP)의 3퍼센트에 달한다.

부식을 초래하는 화학반응은 전자를 잃고 얻는 것으로 요약된다. 부식의 흔한 형태인 전기적 부식(이종금속 부식)은 서로 다른 두 금속이 바닷물 속에서 접촉할 때 발생한다. 한 금속(예를 들어 철)에서 전자를 더 잘 끌어당기는 다른 금속(예를 들어 구리)으로 전자가 흘러간다.

전자를 얻는 금속(음극)은 이러한 전자를 바닷물에 녹아 있는 산소와 수소 이온에 전달한다. 반응 결과로 음극에서는 H_2O, 즉 물이 생긴다.

전자를 잃은 금속(양극)은 양전하를 띤 이온으로 구성되는데 여기에서는 조건에 따른 추가 반응이 일어날 수 있다. 산소가 많은 환경에서는 반응 결과 철에 녹이 생긴다. 산소가 적을 때는 철이 반응하여 녹색 혹은 검은색 자철을 형성한다. 양극의 표면에서 철 원자가 떨어져나가기 때문에 녹이 슬거나 자철 아래에 틈새가 생긴다.

공기 중의 습기에 노출될 때도 철이 부식되지만 바닷물 속에서는 부식 속도가 10배나 더 빠르다. 순수한 물에서는 양극에 양전하가 축적됨에 따라 한 금속에서 다른 금속으로 전자가 전달되는 속도가 느려진다. 그러나 바닷물에서는 염소이온과 같은 여러 이온이 용액을 통해 전하를 전달한다. 그리고 이온은 양극에서 전하를 중성화시킨다.

한 종류의 금속 내에서도 전기적 부식이 발생할 수 있다. 완전하게 순수한 금속은 드물며 대부분이 다른 금속을 일부 함유하며, 바닷물에도 다른 금속들의 염이 포함되어 있다. 그러므로 불순물이 포함된 금속이나 바닷물과 접촉한 금속에는 양이온과 음이온이 생긴다.

금속이 부식되면 부분적으로 pH가 변하여 바닷물에 녹아 있는 탄산칼슘이 침착되고 이것이 금속을 딱지처럼 덮는다. 그리고 바닷물에 존재하는 황산염을 대사시키는 박테리아도 반응에 가세하여 저산소 환경에서의 부식이 더 빨리 일어나게 한다. 타이타닉호가 가라앉아 있는 깊은 바다 밑과 같은 곳이다.

물에 젖은 옷

직물이 물에 젖으면 더 검게 보이는 이유는 무엇입니까?

빛이 직물의 섬유와 반응하면 빛의 일부는 흡수되고 나머지는 반사된다. 젖은 직물은 섬유 사이에 있는 작은 공간에 스며 있는 물이 빛을 굴절시킨다. 그래서 빛이 섬유에서 반사되어 관찰자의 눈으로 들어오지 않고 섬유를 지나가면서 빛의 일부가 흡수된다. 이렇게 여러 차례 반복되면 관찰자의 눈에 도달하는 빛이 옅어지고 따라서 직물이 검게 보인다.

색이 바래다

햇빛 아래에 두면 탈색되거나 색이 옅어지는 이유는 무엇인가요?

색소가 특정 색을 흡수하고 반사하는 능력은 색소 분자를 구성하는 원자 사이의 화학 결합 특성에 따라 결정된다. 원자가 전자를 공유하면 결합이 형성된다. 태양에서 오는 빛 가운데 에너지가 높은 자외선은 전자를 흥분시켜서 색소 내 원자 사이의 결합을 끊을 수 있다. 이 과정은 색소 분자에서만 일어나는 것이 아니다. 직물, 플라스틱, 목재 등의 재질도 시간이 지나면 빛이 그 속의 화학적 결합을 파괴해서 색이 바래게 된다.

탈색된 금발

햇빛을 받으면 머리칼이 희게 되는 이유를 설명해주세요.

머리칼의 색은 멜라닌 색소가 만든다. 멜라닌 색소는 머리칼의 뿌리에 존재하는 멜라닌 세포에서 만들어지며, 유멜라닌(갈색-검정색)과 페오멜라닌(노랑-빨강) 두 종류가 있다. 평균적으로 머리칼 무게의 3퍼센트를 멜라닌 색소가 차지한다.

햇빛은 멜라닌을 파괴해 머리칼을 탈색시킨다. 멜라닌은 햇빛을 흡수할 뿐만 아니라 자외선이 머리칼의 다른 단백질에 작용할 때 생성되어 손상을 일으키는 자유라디칼을 억제한다. 즉 멜라닌은 햇빛으로부터 머리칼의 단백질을 보호하지만 멜라닌 자신은 손상을 입고 색을 잃는다.

거품의 기하학

비누거품 모양을 사각형으로 만드는 방법은 없습니까?

거품을 이루는 막은 양쪽의 비누 분자 층 사이에 물의 층이 끼어 있는 구조다. 비누 분자는 친수성(물과 잘 결합하는) 머리 부분이 안쪽으로 향하여 물 분자와 결합한다. 그러나 비누 분자의 꼬리 부분은 소수성(물과 결합하지 않는)이어서 바깥을 향한다. 물 분자와 비누분자는 약하게 결합하고 비누 분자의 꼬리는 상호 작용하기 때문에 비누막은 잘 늘어나는 성질이 있다. 그렇기 때문에 어떤 구조틀을 이용하지 않는 한 비누거품은 표면적을 가장 작게 하는 형태로 오그라든다. 같은 부피의 공기를 포함하는 데는 사각형보다 공 모양의 표면적이 더 작다.

빗물은 순수한가

빗물은 수돗물처럼 화학물질이 포함되지 않은 순수한 물이라고 합니다. 빗물의 기원은 바닷물이라고 하는데 물이 증발하여 빗물이 될 때 여기에 포함된 각종 화학물질은 무엇이 있습니까?

빗물은 주로 바닷물에서 비롯하는데 지구 전체에서 일어나는 증발의 86퍼센트가 바다에서 이루어지기 때문이다. 바닷물에는 소금의 성분인 나트륨과 염소 외에도 다양한 원소가 포함되어 있으며 이러한 화학물질은 물이 증발하면 남게 된다. 가습기, 찻주전자, 물잔에서 물이 증발하고 남는 찌꺼기가 이와 동일한 과정의 산물이다.

많은 사람의 생각처럼 빗물은 순수하지 않다. 대기 중에 있는 여러 물질이 빗물과 섞인다. 먼지나 바다생물, 바람에 날린 토양미생물, 공장과 자동차의 매연, 식물이 탈 때 나오는 질소와 황화합물, 바닷물 속의 소금, 그리고 작은 벌레까지 포함될 수 있다. 땅의 이용 방법, 인간의 활동, 지형, 그리고 지역의 기후에 따라 빗물의 성분은 다르다.

겨울에 입술을 쇳덩이에 대면

일부 재질(면직물, 플라스틱 물병, 탄력 고무밴드 같은)은 상온에서도 온도가 올라가지 않는 것으로 알고 있습니다. 우리 몸이 하는 것처럼 열을 만들지 않기 때문입니다. 그러면 어떤 재질은 다른 것보다 훨씬 더 차갑게 느껴지는데 그 이유는 무엇입니까?

열과 온도에 대해 처음 공부하는 사람들은 목재와 플라스틱 책상의 온도가 철제 의자 다리와 같다는 사실을 인정하지 않고, 차갑고 뜨겁게 느껴지는 감각으로 그 재질의 온도를 측정할 수 있다고 생각한다.

18세기 과학자들에게 열은 수수께끼와 같아서 질량이나 냄새와 맛이 없고 투명한 액체가 뜨거운 물체에서 차가운 물체로 흘러간다고 생각했다. 그러나 지금은 열이 한 물체에서 다른 물체로 전달되는 에너지로 이해하고 있다. 열은 물질이 아니지만 대상 물체에서 우리 피부로(혹은 그 반대로) 에너지 '흐름'이 얼마나 빠르게 진행되는지에 근거하여 온도를 추정한다.

체온을 가진 사람의 손이 실내온도의 물체에 접촉하면 피부 분자가 물체의 분자와 충돌하여 에너지를 전달한다. 이러한 분자는 빠르게 진동하며 느리게 움직이는 이웃 분자와 충돌한다. 충돌로 열운동의 에너지가 물체에 전달된다.

이와 같은 기전을 '전도'라 부른다. 재질의 열전도성은 밀도와 분자 결합에 따라 결정된다. 공기와 대부분의 직물, 목재의 전도성은 가장 낮은 편에 속하고 금속은 전도성이 가장 높다. 물, 콘크리트, 고무, 플라스틱은 중간 정도이며, 우리가 만졌을 때 얼마나 뜨겁고(체온보다 높을 때) 차갑게(체온보다 낮을 때) 느껴지는 정도는 재질에 따라 열전도성이 정해진다.

하지만 우리가 전체적으로 춥다 혹은 덥다고 느끼는 감각에는 이와 같은 전도성이 큰 역할을 하지 않는다. 전도성은 인간이 환경으로 열을 잃는 네 가지 경로 중 하나일 뿐이다. 적외선 복사, 공기 흐름인 대류, 그리고 땀의 증발이 나머지 세 가지 경로다. 전도, 대류, 복사, 증발은 에너지가 전달되는 속도를 결정할 뿐이며 물체의 온도를 상승시키는 에너지의 양과는 관계가 없다. 온도 상승에 필요한 에너지의 양은 물질의 비열에 따라 다르다. 비열이란 물질의 온도를 1도 상승시키는 데 필요한 단위질량당 에너지의 양이다.

물은 비열이 가장 높은 물질이며, 이러한 특성은 실제적으로 많은 의미가 있다. 예를 들어, 많은 양의 물은 기온을 낮추고, 라디에이터의 냉각에도 효과적이며, 호흡기 속의 수분은 흡입되는 찬 공기를 데워서 세포를 보호한다.

음펨바 효과

더운물이 찬물보다 더 빨리 얼 수 있습니까. 그렇다면 그 이유는 무엇인지요?

이런 현상은 불가능해 보이지만 더운물이 찬물보다 더 빨리 어는 경우가 종종 있다. 여기서 핵심 단어는 '종종'이며 그렇기 때문에 이런 현상이 수수께끼처럼 보인다.

기원전 350년 아리스토텔레스가 이러한 현상을 최초로 언급했다. 19세기까지 이에 대한 기록과 많은 논의가 있었지만 열, 온도, 에너지와 관련한 현대적 인식이 발전하면서 잊고 있었다. 1960년대 탄자니아의 에라스토 음펨바라는 고등학생이 이 현상을 과학계에 다시 등장시켰다. '음펨바 효과'로 알려진 이 현상은 음펨바가 동료 학생들과 함께 아이스크림을 만들던 중에 처음 관찰하였다. 그는 끓인 우유 혼합액을 식히지 않고 냉동실에 넣었는데 이 혼합액이 식힌 다음에 냉동실에 넣은 혼합액보다 먼저 얼었다.

그 이후 음펨바 효과를 확인했다는 보고가 발표되기 시작했고 이에 대한 다양한 이론이 쏟아졌다. 예를 들어, 더운물은 찬물보다 더 빨리 증발한다. 적은 양의 더운물은 많은 양의 찬물보다 더 빨리 얼 수 있다. 이와 같은 증발 논리로 음펨바 효과를 설명할 수도 있지만 밀폐 용기를 사용한 실험에서도 이러한 현상이 관찰되는 이유는 설명할 수 없다.

냉동실 바닥에 낀 성에나 얼음도 음펨바 효과의 원인일 수 있다. 뜨거운 용기의 열기가 아래 부분의 얼음 일부를 녹여서 용기가 얼음 속으로 끼어든다. 용기와 얼음이 더 단단하게 접촉할수록 얼음이 물로부터 열을 더 빠르게 빼앗는다. 그리고 이 이론은 일상에서 관찰되는 일부 음펨바 효과를 설명할 수 있다. 하지만 과학 잡지에 발표된 실험의 대부분은 열 차단제를 이용해 이러한 요인을 배제한 상태에서 관찰된 결과다.

물에 포함된 성분도 하나의 요인이다. 자연수에는 여러 미네랄 염이 녹아 있으며 물이 가열될 때 이러한 성분의 일부가 응결된다. 이와 같은 불순물이 소량 포함되면 얼음 결정이 만들어지는데 불순물이 많으면 오히려 얼기가 더 어렵다. 열이 가해지면 이와 같은 불순물 중 일부가 제거되기 때문에 더운물이 찬물보다 더 빨리 어는 현상이 나타날 수 있다.

과학자들은 음펨바 효과가 어떤 실험에서는 관찰되지만 다른 실험에서는 관찰되지 않는 이유를 설명하지 못한다. 간단하게 보이는 문제에도 다음과 같은 여러 요인이 복합적으로 작용한다. 더운물과 찬물, 그 주위의 처음 온도, 냉동실 내의 공기 흐름, 냉동실의 모양과 재질, 그리고 물의 성분 등이다. 이 현상은 아직 과학계의 재미있는 숙제로 남아 있다.

얼음 기둥

얼음덩어리를 만들면 얼음덩어리 위에 특이한 모양으로 작은 얼음 기둥이 생기곤 합니다. 왜 이런 모양이 생기는지요?

물이 얼 때 팽창하면서 이와 같은 형태를 만든다. 물이 얼 때는 물 표면에서 가장 먼저 얼음 층이 형성되고 나머지 물은 팽창하는데 이때 압력이 생겨서 얼음의 표면에 균열을 일으킨다. 이렇게 되면 얼지 않은 물이 표면의 균열 사이를 밀고 올라와서 얼어붙는다. 냉동실의 온도가 충분히 낮지 않아서 얼음덩어리가 빨리 단단한 고체가 되지 않으면, 액체 상태의 물이 계속해서 균열 부위 사이로 밀려 올라와서 위로 작은 기둥이 생긴다.

서리와 상고대

서리가 형성되는 온도는 어떻게 결정됩니까? 제 생각에는 어는점일 것 같습니다. 그렇다면 어는점 이상에서도 서리가 맺히는 이유를 설명해주세요.

서리는 어는점 이하에서 형성되지만 표준온도는 지상 2미터 높이에서 측정한다. 땅이나 지붕의 온도는 표준온도 측정값과 몇 도 정도 차이가 날 수 있다.

지붕의 기온이 땅 위보다 낮으면 땅에는 서리가 맺히지 않아도 지붕에는 서리가 형성될 수 있다. 그리고 바람이 거의 없이 맑은 날 밤에는 땅에서 공중으로 복사열이 방출되어 땅 위에는 냉각된 공기가 모일 수 있다. 즉 땅의 온도가 낮아져서 땅에만 서리가 맺히고 다른 곳에는 서리가 맺히지 않는다.

서리가 불규칙하게 형성될 때도 있다. 찬 공기는 더운 공기보다 밀도가 더 높아서 낮은 곳으로 모인다. 그래서 고요한 밤이면 다른 곳에는 서리가 없어도 계곡이나 움푹 꺼진 땅에만 서리가 맺힌다. 그리고 열을 빠르게 배출하는 표면에 서리가 먼저 맺힌다. 예를 들어 금속이나 유리, 바위 같은 곳이다.

온도가 어는점 아래로 떨어지는 밤에는 얼어붙은 이슬이 서리가 될 수 있지만 보통은 수증기가 직접 얼음이 된다. 수증기는 토양에서 증발하거나 식물의 증산작용에서 생긴다. 그러므로 매우 건조한 토양에서는 서리가 형성되지 않는다.

서리에는 나무 서리와 상고대 두 가지가 있다. 나무 서리는 처음에 맺힌 결정에서 서서히 얼음 결정이 자라면서 서로 얽혀서 깃털이나 고사리 혹은 꽃처럼 얇고 섬세한 모양을 이룬다. 상고대는 안개나 구름이

온도가 어는점 아래인 표면 위를 지날 때 형성되며 해안 지역의 산에서 흔히 볼 수 있다. 상고대는 좀 더 입자에 가까운 형태를 보이며 두껍게 형성된다.

편안한 집

어머님은 더운 여름에는 아침에 일어나면 먼저 집의 모든 문을 단단히 닫아서 해가 질 때까지 혹은 열기가 누그러질 때까지 밀폐 상태를 유지해야 한다고 말씀합니다. 하지만 낮 동안에는 창문을 닫거나 여는 것과 상관없이 기온이 올라가기 때문에 신선한 공기로 환기하는 것이 더 좋은 방법이 아닐까요?

우리가 편안함을 느끼는 수준은 온도로만 결정되는 것이 아니다. 땀을 증발시켜서 몸을 식혀주는 부드러운 바람과 습도도 중요하다. 창의 블라인드를 달아서 햇빛을 차단하는 것은 좋은 방법이다. 그러나 미풍이 불고 있다면 바깥이 더 더워도 창문을 여는 것이 더 편안한 느낌을 준다. 그리고 선풍기는 공기를 순환시킬 뿐이지 식혀주는 것은 아니다.

게으름의 즐거움

TV 리모컨은 어떻게 작동합니까? 아내는 방의 반대쪽에 있는 화장대 앞에 앉아 거울에 비친 TV를 향해서도 리모컨을 사용할 수 있는 것을 발견하고는 무척 좋아합니다.

TV 리모컨은 대부분 적외선 신호를 이용한다. 리모컨 앞에 위치한 발광소자(LED)가 적외선 신호를 방출하면 TV 앞의 센서가 이를 감지한다. 인간의 눈에는 그 신호가 보이지 않지만 적외선은 가시광선처럼 거울에서 반사된다.

리모컨이 보내는 신호는 펄스가 켜짐과 꺼짐의 연속인데 감지기가 이를 이진수 코드로 해석한다. 1과 0이 배열된 컴퓨터 언어와 같다. 각각의 명령(전원 켜기, 음소거, 채널 바꾸기 등)에는 고유한 이진수 코드가 배정되어 있다. 리모컨이 명령신호를 보낼 때는 그 신호가 목표로 하는 장비를 지정하는 짧은 코드도 함께 보낸다. 그래서 DVD 플레이어는 TV 리모컨의 신호를 무시하기도 한다.

먼 거리에서나 코너를 돌아간 위치에서, 그리고 벽 뒤에서도 작동하는 차고문 개폐기, 원격작동 장난감, 블루투스 등의 리모컨은 적외선 대신에 라디오파를 이용한다. 일부 가정용 홈시어터 등의 장치에 이용되는 라디오파 익스텐더는 적외선 신호를 라디오파로 전환하여 전송하고 이것을 수신하여 다시 장치가 해석할 수 있는 적외선 신호로 바꾸어 주는 것으로 더 넓은 범위에서 작동이 가능하다.

원자의 춤

중학교 과학시간에 선생님은 지구 어디에나 열이 존재한다고 했습니다. 그리고 얼마 뒤 그 선생님은 또 원자의 핵과 그 주위를 도는 전자 사이에 공간이 있다고 했습니다. 그러면 원자핵과 전자 사이에도 열이 존재합니까?

없다. 열은 온도 차이에 따라 발생하는 에너지의 전달로 정의한다. 어떤 물체 속의 원자들이 더 빠르게 움직이면 물체가 가열된다. 예를 들어, 전자레인지는 음식 속의 물 분자를 회전시켜서 발생하는 열로 음식을 데운다.

물 분자는 남극의 얼음 위에서도 일정하게 움직이며 더 차가운 물체도 가열할 수 있다. 원자는 절대온도 0도(−273.15℃)에서만 움직임이 없다. 과학자들은 그렇게 예측하지만 아직 절대온도 0도까지 물체의 온도를 내리지는 못했다.

가열은 세 가지 방법으로 일어난다. 첫째는 원자가 흔들리며 서로 부딪치는 전도이고, 둘째는 액체의 더운 부분 혹은 찬 부분의 흐름인 대류이다. 셋째는 복사로서 진공에서는 전자기 복사로만 열이 전달된다. 태양열은 거의 진공 상태인 공간을 지나서 지구로 전달된다.

원자에서도 높은 에너지 상태로 있던 전자가 낮은 에너지 상태로 떨어질 때 적외선이 방출된다. 원자핵의 분열이나 융합으로도 적외선이 방출된다. 이것은 원자 속에 열이 저장되어 있기 때문에 나타나는 현상이 아니라 다른 형태의 에너지가 열로 전환되는 것이다.

주위의 자동차 소음

최근 고속도로에서 수 킬로미터 떨어진 곳으로 이사를 했습니다. 그런데 이곳에서는 저녁에 고속도로 소음이 더 크게 들리는 것 같습니다. 실제로 그런 것인지 아니면 제가 그렇게 느끼는 것일까요?

실제로 자동차 소음이 더 커진 것은 아니다. 그렇다고 단지 그렇게 생각하는 것만도 아니다. 저녁에는 인간 활동에서 비롯되는 외부의 배경 소음이 줄어든다. 동물실험 결과 배경 소음이 일정한 수준 이하로 떨어지면 청각신경계가 더 민감해지는 것으로 나타났다. 저녁에는 고속도로의 소음을 가려주는 다른 외부 소음이 줄어들 뿐만 아니라 고속도로에서 발생하는 다양한 소음도 함께 들릴 가능성이 있다.

아주 오래전 우리 선조들에게는 갑작스러운 고요가 포식자가 출현했다는 신호였기 때문에 청각이 이런 방식으로 기능한 것이라고 생각하는 사람들도 있다. 아주 작은 소리에도 민감해지면 잡아먹히지 않고 도망가는 데 유리하기 때문이다.

고속도로의 소음이 밤에 더 잘 들리는 이유를 생물학이 아닌 물리학으로 설명할 수도 있는데, 기온과 소리의 전달 속도 관련성이 그것이다. 소리는 따뜻한 공기 중에서 더 빠르게 전달된다. 낮에는 지표면 바로 위의 공기가 가장 따뜻하고 고도가 높아짐에 따라 온도가 내려간다. 소리파가 지표면에 가까운 곳에서 진행하면 소리파 중에서 지면에 가장 가까운 부분이 가장 빠르고 지표면에서 먼 부분은 느리게 진행한다. 이렇게 되면 소리파의 굴절이 발생하여 소리파가 지표면에 위치한 관찰자에서 멀어진다.

특히 맑고 고요한 밤에 나타나는 기온 역전 현상(지면에 가까운 공기의 온도가 가장 낮고 높은 곳의 공기가 더 따뜻한 상태)도 한 가지 원인일 수 있는데, 이것은 지표에서 대기 중으로 열이 복사되고 더운 공기와 찬 공기를 섞어줄 바람이 없기 때문에 나타난다.

이와 같은 조건에서는 소리파 중에서 지표에 가까운 부분이 높은 곳보다 느리게 진행하여 소리파의 진행 방향이 아래쪽으로 굴절된다. 기온 역전에 의한 영향은 매우 극적으로 나타난다. 보통은 들을 수 없는 소리지만 듣는 사람의 상대적 위치에 따라 크고 깨끗하게 들릴 수도 있다.

고속도로 소음의 크기가 배경 소음이나 청각신경 민감도 대신 기온 역전에 주로 좌우된다면, 기후 상태에 따라 고속도로 소음의 강도가 다르게 들린다. 예를 들어 따뜻한 밤과 추운 밤에 소음의 크기가 다르다.

머리칼이 헝클어지다

머리칼에 종이를 문지르면 바늘과 같은 물체를 들어올릴 수 있는데 그 원리는 무엇인가요?

문지를 때 발생하는 전기 때문이다. 사실 전기(electric)라는 단어는 그리스어 '호박(amber)'에서 기원했는데, 고대 그리스인은 호박 막대를 옷감에 문지르면 나뭇잎이나 먼지와 같은 물체를 끌어당기는 것을 관찰했기 때문이다.

원자는 양전하를 가진 핵과 이를 둘러싼 음전하의 전자로 구성된다. 두 물질을 서로 문지르면 한 물질에서 다른 물질로 전자가 이동할 수 있다. 예를 들어, 플라스틱 빗은 머리에서 전자를 빼앗는다. 그래서 음전하를 띤 빗은 양전하의 머리칼을 끌어당긴다. 그러나 같은 극의 전하는 서로 밀치기 때문에 머리칼들이 서로 밀어내서 뻗치게 된다.

종이클립처럼 중성인 물체도 끌어당길 수 있는데, 전하를 띤 물체 가까이 있으면 전자가 이동하기 때문이다. 그 결과 중성 물체의 한쪽 끝은 양전하를 띠고 반대쪽 끝은 음전하를 띤다.

물체를 문질러서 생긴 전하는 공기 중의 물 분자가 중화시켜 곧 사라진다. 물 분자에는 양전하를 가진 쪽과 음전하를 가진 쪽이 있다. 양극 쪽은 음전하를 띤 물체로부터 전자를 받아들일 수 있으며 음극 쪽은 양전하를 띤 물체에 전자를 전달한다. 습기가 많은 날보다 건조한 날에 정전기가 더 많이 발생하는 이유도 여기에 있다.

오래된 속도계

물리학 교과서에 따르면 1600년대에 빛의 속도를 최초로 계산했다고 합니다. 옛날 사람들이 비교적 정확하게 빛의 속도를 구했다는 사실이 매우 놀랍습니다. 그 당시 빛의 속도를 어떻게 계산했나요?

빛의 속도를 최초로 측정한 사람은 올라우스 뢰메르라는 덴마크의 천문학자로 1676년에 당시로서는 매우 정확한 값을 구했다. 그는 목성의 안쪽 위성인 이오가 목성의 그림자에 가려지는 월식시간을 측정했다. 그는 지구와 목성이 태양과 같은 방향에 있을 때보다 태양의 반대편에 있을 때 이오의 월식시간이 예상보다 더 걸리는 것을 관찰했다.

뢰메르는 목성과 지구가 가장 가까이 있을 때보다 가장 멀리 떨어져 있을 때 그 거리 차이만큼 목성의 그림자 상이 지구의 망원경으로 들어오는 데 시간이 더 걸린다고 생각했다. 지구의 태양 주위 공전궤도 지름이 그 거리 차이에 해당한다. 이런 논리로 뢰메르는 지구 공전궤도의 지름(당시에는 정확하지 않았다)을 지체된 시간으로 나누어서 빛의 속도를 초속 22만 킬로미터로 계산했다. 빛의 실제 속도는 초속 30만 킬로미터다.

절대속도

어떤 것도 빛의 속도보다 빠를 수 없는 이유는 무엇인지요?

빛보다 빠른 물체는 없다. 물체가 빨리 움직일수록 질량이 커지기 때문이다. 이와 같은 효과는 극단적으로 빠른 속도에서만 나타난다. 물체의 속도가 빛의 속도에 가까워지면 질량은 무한대로 커진다. 그러므로 물체를 빛의 속도까지 가속하려면 무한대의 에너지가 필요하다.

우리는 일상생활에서 질량, 공간, 시간을 서로 분리된 절대적인 것으로 생각한다. 그리고 아인슈타인이 특수상대성이론을 발표하기 전까지 물리학자들 역시 그렇게 생각했다. 이 이론의 핵심은 빛이 진공을 나아갈 때는 광원이나 관찰자의 속도와는 관계없이 항상 일정한 속도로 진행한다는 것이다. 관찰자가 광선 옆에서 아무리 빠르게 날아가더라도 빛은 관찰자로부터 항상 빛의 속도로 멀어져 간다.

아인슈타인은 자신의 결론이 맥스웰의 전자기장 이론(전기 및 자기 현상을 설명하는 이론으로 빛도 일종의 전자기파로 간주된다)이 가진 문제를 풀어주는 것으로 이해했다. 하지만 아인슈타인의 결론은 전혀 새로운 지평을 여는 결과를 가져왔다. 빛의 속도가 광원이나 관찰자의 속도에 상대적이지 않고 항상 절대적이라면 공간과 시간, 그리고 질량이 기준계에 대해 상대적이어야 한다. 특수상대성이론은 빠르게 움직이는 물체에서는 느린 혹은 정지해 있는 물체에 비해 길이가 압축되고, 시간은 느려지며, 질량은 증가할 것으로 예측한다.

상대성이론의 예측이 일반적인 생각과는 매우 달랐기 때문에 검증이 필요했다. 1971년 네 개의 원자시계를 실은 비행기가 세계를 일주하고 미 해군 천문대 원자시계에 기록된 시간과 비교했다. 비행기의 속도는 빛의 속도에 비해 훨씬 느리기 때문에, 나노 초(10억 분의 1초) 단위까지 측정할 수 있도록 정확해야 움직이는 시계가 더 느리게 가는지 확인할 수 있었다. 실제로 시간의 차이가 기록되었으며 그 차이는 상대성이론에서 예측한 값과 일치했다.

입자가속기를 이용한 실험에서도 상대성이론의 예측이 입증되었다. 뮤온이라는 입자는 2마이크로초(100만 분의 2초) 만에 자연적으로 소멸하지만 입자가속기로 광속의 99.5퍼센트까지 가속했을 때는 수명이 10

배 정도 늘어났다. 이러한 소립자들의 정지 질량은 무시될 정도로 아주 작지만 속도가 빨라지면 무게가 너무 무거워져서 어떤 방법으로도 빛의 속도까지 가속시킬 수 없었다.

공상과학소설 같은 중력

중력이 완전하게 이해되지 않는데 중력도 시간과 마찬가지로 어려운 개념입니까?

시간은 사람들이 가장 많이 이용하는 단어임에도(시간이 너무 없다고 고민하면서 너무 많은 시간을 보내기 때문일지도 모른다), 아직 수수께끼 같은 개념이다. 시간이 째깍째깍 항상 일정하게 흘러가는 것으로 간주하던 우리의 생각은 아인슈타인이 등장하면서 근본적으로 흔들렸다. 아인슈타인의 상대성이론에 따르면 시간이 길어질 수 있다는 결과가 나온다. 그러나 빠른 속도에서는 시간이 느리게 흐른다.

시간이 늘어난다는 개념은 상대성이론의 복잡한 수학 계산으로만 도출되는 기이한 결과가 아니다. 우주왕복선에 실린 원자시계가 지구상의 시계보다 더 느리다는 것이 측정되었다. 그 차이는 매우 작지만 빛의 속도에 가까워질수록 느리기 때문에 이른바 '쌍둥이 패러독스'가 발생한다. 즉 우주인이 빛의 속도로 오랫동안 우주여행을 한 다음 지구로 돌아온다면 지구에 남았던 쌍둥이 형제보다 훨씬 젊은 상태일 것이다.

상대성이론의 또 다른 결과로 길이가 단축되는 현상이 있다. 지구에 남은 쌍둥이 형제 중 한 명이 자신의 쌍둥이 형제가 우주선에서 저녁을 먹는 모습을 본다면 길이 단축으로 음식 분량이 적게 보일 것이다. 하지만 또한 시간이 늘어나서 음식이 지구 시간에 따라 좀 더 길어진다. 다른 말로 하면, 시간과 공간은 4차원의 시공간(3차원과 다른 한 차원, 즉 시간)에서 서로 본질적으로 연결되어 있다. 일부 학자들은 숨은 차원이 존재할 것이라 생각한다. 그리고 부가되는 차원은 시간으로 추정한다. 시간은 과거에서 미래로 직선적으로 진행하지 않고 공간의 부가 차원을 통해 곡선을 그리며 진행한다. 그리고 과거에 시간이 지나간 속도는 현재 시간이 진행하는 속도와 달랐을 것이다.

중력 역시 수수께끼 덩어리다. 뉴턴의 중력법칙(두 입자는 각각의 질량의 곱에 비례하고 거리 제곱에 반비례하는 힘으로 서로 끌어당긴다)은 일상에서는 들어맞는다. 그러나 태양 주위를 공전하는 수성 궤도가 불규칙한 이유를 설명하지 못함으로써 이론의 불완전성이 드러났다. 중력에 대한 아인슈타인의 해석은 우주에서 무거운 천체 주위를 지나는 빛이 굽는 현상과 수성 공전궤도의 변동을 설명해주었다. 무거운 질량이 존재하면 시공간의 구조도 휘고 자유롭게 이동하는 물체는 이렇게 휘어진 경로를 따른다고 한다.

매우 큰 질량이 갑자기 움직이면 시공간에 굴곡(중력파)이 생긴다. 하지만 이러한 파장은 직접 감지되지 않았다. 그리고 우주의 팽창 속도가 더 빨라지는 것으로 관찰되며 이는 중력에 대한 기존의 이해가 틀렸거나 중력에 반대되는 어떤 알려지지 않은 힘이 존재하는 것을 시사한다. 물체가 가장 작은 단위로 나뉠 때도 마찬가지다. 중력의 표준모형(물질의 구성 및 이들을 묶고 있는 힘에 대해 설명하는 물리학 이론)이 적용되지 않는다. 그래서 중력은 이제 물리학자들에게 만만한 개념이 아니다.

어디에나 존재하는 물질

전자는 무엇으로 이루어져 있나요? 만약 전자에 질량이 있다면 분명히 무엇인가로 만들어져 있을 것으로 생각됩니다.

입자물리학자들은 전자는 더 이상 나눌 수 없고 어떤 형태로든 내부 구조가 없다고 생각한다. 물리학의 표준모형에 의하면 전자는 12가지 기본(보이지 않는) 물질 입자 유형 중 하나다.

언젠가는 이러한 기본 입자가 그보다 더 작은 입자로 구성되어 있음을 알 수도 있다. 사실 '원자(atom)'라는 단어는 '보이지 않는'이라는 뜻을 가진 그리스어에서 유래했다. 20세기로 진입하기 직전까지만 해도 원자를 가장 작은 입자로 생각했지만 전자가 발견되면서 수정되었다. 원자를 더 나눌 수 있음을 보여주는 가장 잘 알려진 사례는 원자폭탄이다.

원자에는 전자와 핵이 있으며, 핵은 양성자와 중성자로 구성된다. 그리고 양성자와 중성자는 또 쿼크로 구성되는데 이것은 전자와 비슷한 기본 입자다. 전자와 두 가지 유형의 쿼크(업쿼크와 다운쿼크)는 물질을 구성하는 기본 입자들의 세 가지 유형이다.

원자의 빈 공간

원자가 주로 공간으로 이루어져 있다면 어떻게 원자로 만든 물체가 딱딱할 수 있습니까?

1911년 러더퍼드가 양전하를 띤 입자를 금으로 된 얇은 판막을 향해 발사하는 실험을 했다. 입자의 대부분은 판막을 통과했지만 일부는 반사되어 돌아왔다. 이에 러더퍼드는 원자의 구조가 양전하를 띤 조밀하고도 꽉 찬 구역(핵)을 둘러싼 빈 공간이 대부분이라고 결론을 내렸다.

원자 내에는 공간이 존재하지만 입자 사이의 힘이 물체를 단단하게 만든다. 책상에 책을 올려놓을 수 있는 것은 책상의 원자들 사이에 결합력(공유 전자)이 있기 때문이다. 서로 당기는 힘이 원자를 함께 묶어두는 한편, 원자의 바깥 전자들 사이에는 반발력이 있어 원자가 서로 엉켜드는 것을 막아준다.

원자 내 입자들 사이의 힘을 설명하기는 좀 난해하다. 표준모형에 의하면 이러한 힘도 역시 입자에서 나오는데 농구선수들이 패스하는 것처럼 앞뒤로 던져지는 입자이다. 핵 안에 쿼크를 묶어두는 강한 핵력은 글루온이라는 입자에서 나온다. 광자(광양자)는 전자기력을 가진 입자로 이 힘은 전자를 핵과 결합시킨다. 물고기 그물이나 체인으로 연결된 장벽이 매우 강한 힘을 발휘할 수 있는 것도 그 구조 때문이다. 즉 빈 공간으로 되어 있다.

5

분노하는 지구, 지구를 지켜라

폭풍을 막는 기술

레이저를 이용해 공기 흐름을 차단하는 방법으로 허리케인을 막거나 그 위력을 약화시켜 열대성 저기압 정도로 만들 수는 없나요?

허리케인을 약화시키려 했던 최초의 노력은 1947년 10월의 '시러스' 프로젝트였는데 오히려 시민을 분노하게 만들어 법률 소송에 휘말리는 결과를 초래했다. 목표로 했던 허리케인은 그 프로젝트를 실행하기 전에 플로리다 해안을 지나 동쪽으로 진행 중이었는데, 프로젝트 이후 방향이 바뀌어 조지아와 사우스캐롤라이나 해안을 덮쳤다. 현재 밝혀진 바로는 그와 같이 방향이 바뀐 것은 프로젝트와 아무런 관련이 없었지만 허리케인을 약화시키고자 했던 노력이 그 책임을 뒤집어쓴 것이다.

2년 연속 대형 허리케인으로 큰 피해를 입자 허리케인 연구가 다시 활력을 얻어 1960년대 초 '스톰퓨리' 프로젝트로 이어졌다. 그 목적은 허리케인의 생성, 구조, 움직임을 연구하여 예보 능력을 향상하고 위력을 약화시킬 방법을 찾는 것이다. 이 프로젝트는 21년 동안 계속되었지만 약화시키려는 시도는 네 개의 허리케인만 대상으로 하였는데, 허리케인의 방향을 바꿀 수 있는 지역이 매우 제한되었기 때문이다.

시러스와 스톰퓨리는 '씨뿌리기'라는 낮은 수준의 기술을 이용했다. 드라이아이스나 아이오딘화은을 구름 위에 뿌려서 이것이 구름 속의 수증기가 응결되는 표면으로 작용하여 눈이나 비를 만들도록 하는 것이다. 수증기가 응결될 때 방출되는 열이 폭풍 체계 내의 공기 흐름을 차단하여 바람을 약하게 만들 것이라는 가설이었다.

이렇게 씨를 뿌린 허리케인 네 개 중 세 개에서는 가설과 일치하는 결과가 나왔다. 하지만 더 많은 허리케인을 대상으로 연구한 결과 씨를 뿌린 허리케인에서 관찰된 세력의 약화가 씨를 뿌리지 않은 다른 허리케인에서도 관찰되었다. 그리고 근거를 이루는 가설 자체에 오류가 나타났다. 학자들은 자연적인 얼음 결정이 씨앗으로 작용할 정도로 충분히 존재하지 않는 상황에서는 씨를 뿌리는 것이 효과가 있다고 생각했다. 그러나 처음 생각과는 달리 상승 혹은 하강 허리케인 모두에 많은 양의 자연적 얼음 결정이 존재하는 것으로 확인되었다.

컴퓨터 시뮬레이션에서는 허리케인을 약화시키거나 방향을 바꾸는 것이 이론적으로 가능한 것으로 나타났다. 그중 한 방법은 태양열로 가동되는 마이크로웨이브 빔 발생 장치를 지구 주위 궤도에 띄워놓고 빔으로 폭풍의 일부분을 가열해서 교란하는 것이다. 그 밖에도 대양의 표면을 냉각하거나 생분해가 가능한 필름으로 덮어 수증기 증발을 줄여서 폭풍이 에너지를 얻지 못하게 만들자는 제안도 있다.

허리케인은 그 규모와 위력이 엄청나기 때문에 어떤 방법도 역부족이다. 시러스 프로젝트 이후 허리케인에 대한 과학적 이해가 크게 깊어졌지만 여전히 예측 불능의 재난이다. 그리고 어떤 대처 방법이 실패하거나 허리케인이 다른 지역을 향해 우연히 방향을 바꾼다면(혹은 그 대처 방법이 허리케인의 방향을 바꾸게 만든 것처럼 보인다면) 정치적 문제로 비화될 우려도 있다.

태풍의 눈

태풍이 에너지를 얻는 데는 따뜻한 물이 필요하다고 들었습니다. 왜 그런가요?

태풍이 발생하고 계속되기 위해서는 따뜻하고 수분이 많은 공기가 하늘을 향해 상승해야 한다. 그래서 따뜻한 바닷물(보통 27도 이상)은 태풍이 유지되고 발달하도록 에너지를 공급하지만, 태풍이 찬물 위를 지나거나 바다 깊은 곳의 찬물을 휘저을 때 혹은 육지에 상륙하면 위력이 약해진다.

공기덩어리나 표면의 바람이 모여들면 따뜻하고 습기가 많은 바다 공기가 위로 상승한다. 공기가 상승하면 냉각이 일어나고 그 속에 포함된 수증기는 응결된다. 응결 과정에 열이 방출되고 이 열은 공기를 데워서 더 높이 올라가게 만든다. 이에 대한 보상 기전으로 폭풍의 정점 부위에서 주위 공기는 바깥으로 흘러간다. 이와 같이 공기가 바깥으로 흘러가면 폭풍이 만들어지는 축 내의 공기 양이 감소하고 바다 표면에서는 기압이 낮아진다.

대양 표면의 기압이 낮아지면 증발이 더 활발히 일어난다. 그래서 바다 표면에 따뜻하고 습기 찬 공기가 있는 동안은 이와 같은 증발과 응결의 연쇄작용이 일어나서 폭풍 속에서도 바람이 없는 상태가 된다. 연쇄반응이 계속되면 폭풍의 중심부 높은 고도에서는 온도가 매우 높아진다. 그리고 바다 표면에서는 기압이 낮은 지역으로 더 많은 공기가 몰려들어 바람이 더 강하게 분다.

지구의 자전은 바람이 폭풍의 중심 주위를 반시계 방향으로(북반구에서 볼 때) 회전하게 만들고 이로 인해 태풍은 폭풍우 구름이 중심의 눈을 향하는 나선형 띠 모양을 이룬다. 격렬한 바람과 구름은 폭풍의 눈 바로 주위(눈의 벽)에서 발생하지만 눈 자체는 고요한 지역으로 유지되는데 바람이 눈 주위를 소용돌이치면서도 안으로 들어오지는 않기 때문이다.

태풍 이름 짓기

태풍의 이름은 어떻게 짓습니까? TS06W 이후 태풍 '파북'이 발생하고 곧이어 열대성 폭풍(TS) '우딥'이 발생했다는 뉴스를 보았습니다.

제2차 세계대전 때 미 육군 및 해군 기상학자들은 자신의 여자 친구 혹은 아내의 이름을 따서 비공식적으로 폭풍에 이름을 붙였다. 1953년 미국 기상국은 열대성 폭풍에 여성의 이름을 붙이는 정책을 채택했다. 그후 양성 평등 주장을 받아들여 남성 이름도 부여할 수 있었다.

현재는 대부분의 폭풍 이름을 유엔 산하 세계기상기구(WMO)에서 짓는다. 세계기상기구는 각각의 대양별로 미리 정해진 이름 목록을 이용한다. 매년 해당 지역 국가의 언어로 된 이름의 목록을 만들어두었다가 알파벳 순서로 배정한다. 예를 들어, 북대서양 지역의 폭풍은 영어, 스페인어, 프랑스어 이름을 이용하는데, 멕시코 만과 카리브 해도 여기에 속한다.

북서태평양 지역의 폭풍, 즉 태풍 이름은 다른 방식으로 짓는다. 대부분의 이름이 나무나 동물, 음식을 나타내는 아시아 국가 단어 혹은 형용사들이며 사람 이름도 가끔 있다. 그리고 이름을 부여하는 순서는 알파벳순이 아니며 제출한 국가의 순서로 짓는다. 라오스에서 파북이라는 이름을 제출했는데 이것은 민물고기 이름이다. 우딥은 마카오에서 제출한 이름으로 '나비' 라는 뜻이다.

하와이에 위치한 '합동태풍경고본부' 에서 열대성 저기압(저기압 주위를 회전하며 열대성 폭풍으로 되는 지역)을 발견하면 두 자리 숫자와 문자 하나로 구성된 기호를 붙인다. 문자는 지역을 지칭하는데, W는 북서태평양 지역이다. TD06W는 서북태평양 지역의 태풍 계절에 발생한 여섯 번째 열대성 저기압(Tropical Depression, TD)을 의미한다. TD06W가 풍속 34노트(시속 63킬로미터) 이상으로 정의되는 열대성 폭풍(Tropical Storm, TS)의 위력으로 발달하는 시점에 태풍 이름을 부여해야 한다. 그러나 이 경우는 열대성 폭풍 상태로 유지된 시간이 하루 이하였다. 그리고 열대성 저기압으로 다시 약화되어 그 상태를 유지했기 때문에 피해가 있었지만 태풍 이름을 붙이지 않았다.

폭풍 이름 목록은 다시 사용하지만 한 폭풍이 큰 피해를 끼치고 많은 목숨을 앗아갔다면 희생자를 기리고 보험금 청구에 혼란이 발생하는 문제를 막기 위해 그 이름을 퇴출시킨다. 현역에서 은퇴한 태풍 이름은 카트리나, 리타, 이시도르, 후안 등이다. 폭풍으로 최악의 피해를 당한 국가는 세계기상기구의 지역협의회에 그 이름을 퇴출할 것을 요구하고 대체할 다른 이름을 제출할 수 있다.

회오리바람

토네이도는 왜 발생하는지요?

미국에서는 매년 800~1000개의 토네이도가 발생한다. 대부분은 중부나 남동부 지역에서 발생하는데, 멕시코 만에서 온 따뜻하고 습한 공기가 캐나다와 로키산맥에서 온 공기덩어리와 만나는 지역이다. 토네이도는 봄과 여름에 가장 많이 발생하지만 연중 어느 때나 장소를 가리지 않고 발생한다.

토네이도는 천둥을 동반한 폭풍우(뇌우)로부터 발달하는데, 뇌우는 따뜻하고 습기 많은 공기가 상승하여 차가운 공기층과 만나서 생긴다. 이것은 따뜻한 공기를 냉각시키고 그 속의 수증기가 응결되어 물방울이나 얼음 결정으로 된다. 이와 같이 응결되면 열이 방출되는데 그 열은 공기를 더욱 상승시키고 폭풍 에너지는 증가한다. 토네이도는 비나 우박을 동반하여 하강하는 찬 공기와 상승하는 더운 공기 사이에서 형성된다.

강력한 토네이도는 엄청난 양의 구름 구조를 가진 대형 뇌우(흔히 슈퍼셀이라 부른다)로부터 형성된다. 보통 뇌우가 비를 뿌리면 비가 냉각시킨 공기가 따뜻하고 습기 찬 공기의 상승을 차단하기 때문에 규모가 축소된다. 그러나 슈퍼셀 뇌우는 용오름(메조사이클론)이라 불리는 천천히 회전하는 공기 기둥 때문에 비가 내리지 못하고 상승 공기 속으로 빨려 들어 천둥번개를 동반한 강풍이 몇 시간이나 지속된다.

용오름은 높은 고도에서 부는 바람과 낮은 고도의 바람 속도가 다를 때 그 사이의 공기가 밀리며 회전하면서 시작된다. 뇌우 속에서 상승하는 더운 공기가 이렇게 수평으로 회전하는 기둥을 수직으로 들어올려 용오름이 탄생한다. 강하고 파괴적인 토네이도 대부분은 이러한 용오름에서 형성된다.

기상학자들은 뇌우와 용오름이 형성되는 기전을 이해하지만 모든 뇌우가 다 토네이도를 만들지 않고, 또 아직 뇌우로 발달하지 않은 구름에서도 토네이도가 형성되는 이유를 설명하지 못하고 있다. 현재까지 밝혀진 바로는, 강우가 몰고 오는 하강기류 때문에 토네이도의 에너지가 생기는 것으로 보인다. 하강기류로 인해 회전이 아래쪽으로 끌어당겨지고 집중된다.

바람이 흘러가는 곳

지구는 시속 1600킬로미터로 동쪽으로 회전합니다. 그래서 제트기류는 동에서 서로 불 것으로 생각됩니다만 실제로는 그렇지 않다고 합니다. 그 이유는 무엇입니까?

대기는 지구를 따라 회전하기 때문에 제트기류는 컨버터블 자동차로 빠르게 달릴 때 얼굴에 부딪치는 바람과 다르다. 만약 그렇다면 제트기류가 적도 지역에서 가장 강해야 한다. 자전축에서 지구 표면이 가장 멀어서 회전도 가장 빠르기 때문이다. 그러나 이 지역에서는 바람이 거의 불지 않아 초기의 뱃사람들이 적도 지역을 '무풍지대'라고 불렀을 정도다.

제트기류는 지구 표면이 가열되는 정도가 다르기 때문에 생성된다. 지구의 자전축이 기울어져 있기 때문에 고위도 지역은 적도 지역보다 태양 복사에너지를 적게 받는다. 각 지역이 받는 태양에너지의 분포는 계절에 따라 다르고 따라서 제트기류의 세기와 위치도 변한다. 이와 같이 받아들이는 태양에너지가 달라 대기압에 차이가 생기고 공기덩어리가 남북으로 이동하는 컨베이어벨트가 형성된다.

적도 부근의 공기는 따뜻해지면서 상승하여 저기압 지대를 만든다. 이러한 공기는 높은 고도에서 각각 남극과 북극 방향으로 흘러간다. 그 과정에 공기는 냉각되어 하강한다. 이러한 고기압 지대에서 공기는 적도의 저기압 지대로 흘러가고 남북 순환 고리가 완성된다.

대기가 거대한 규모로 역전되는 이와 같은 현상을 해들리 순환이라 부른다. 북반구와 남반구에서 해들리 순환과 극지방 사이에는 또 다른 작은 순환 고리가 존재한다. 적도와 극지방 사이 온도 차이의 경사는 고르지 않다. 제트기류는 지구 표면에서 수십 킬로미터 상공에서 동쪽으로 흘러가는 바람의 강으로, 커다란 온도 차이가 나는 공기덩어리들 사이의 경계를 따라 형성된다.

코리올리 효과는 지구의 자전으로 나타나는 간접 영향으로, 바람이 서에서 동으로 불게 만든다. 적도 지역에서 상승하는 공기덩어리는 그 아래의 표면과 마찬가지로 서에서 동으로 움직이는 힘을 가진다. 공기덩어리가 북쪽으로 이동하여도 여전히 서에서 동으로 움직이려 하지만 결과적으로는(적도 부근에서 지표의 회전속도가 더 빠르기 때문에) 공기덩어리가 아래의 땅보다는 더 빠르게 동쪽으로 이동한다.

반대로 고위도에서 적도를 향해 흘러오는 공기덩어리는 그 아래의 지표보다는 동쪽을 향한 이동의 힘이 약하다. 따라서 열대 부근에서 바람은 서쪽을 향해 부는 경향을 보인다. 뱃사람들은 오래전부터 유럽에서 아메리카로 갈 때는 적도에 가까운 지역으로 항해하고(하지만 무풍지대는 피하여), 다시 집으로 돌아올 때는 훨씬 북쪽 항로를 택해서 이와 같은 바람의 유형을 이용하였다.

변기 속의 소용돌이

자연에서 발생하는 회오리바람은 북반구에서는 시계 방향으로 그리고 남반구에서는 반시계 방향으로 회전합니다. 어떤 사람이 이 법칙은 화장실 변기의 물을 내릴 때 생기는 소용돌이에도 적용된다고 자신있게 말하는 것을 들었습니다. 하지만 저는 지구의 남반구 혹은 북반구가 아니고 단지 변기의 디자인에 따라 소용돌이 방향이 결정된다고 생각합니다. 실제로는 어떻습니까?

적도를 넘어 여행한 사람들은 정말로 남과 북에서는 변기 세척물의 소용돌이가 반대 방향인지 질문한다. 나는 호주에 갔을 때 (멍청하게도!) 변기 물 내리기 버튼이 대변용과 소변용으로 구분되어 있는 것에 정신이 팔려서 소용돌이 방향 보는 것을 그만 잊고 말았다.

이것은 남반구와 북반구의 문제가 아니다. 굽은 관을 통해 변기로 물이 들어가는 방향이 볼일을 마무리하는 방법을 결정한다. 지구의 남북에 따라 변기에 물이 차고 나가는 방향이 결정된다는 생각은 많은 사람이 오해한 것으로서 유명한 애니메이션 〈심슨 가족〉에서도 에피소드로 다룰 정도며, 학식 있는 사람들 중에도 그렇게 생각하는 사람이 많다.

다른 많은 오해처럼 이와 같은 생각도 실제 현상을 잘못 적용한 데서 비롯되었다. 1800년대 북반구에서 적도를 향해 일직선으로 발사된 포탄은 직선 궤도보다 우측으로 휘어져서 떨어지는 경향이 있다고 한다. 이렇게 편차가 생기는 현상은 날아가는 포탄 아래 지구의 자전에 의한 코리올리 효과 때문이다.

지구의 자전에 의한 물체의 동쪽 방향 속도는 고위도 지역에서는 느리다. 북극에는 이와 같은 동쪽 방향 운동이 없다. 하루에 한 바퀴 제자리에서 회전할 뿐이다. 적도에 위치한 물체는 지구를 동쪽으로 한 바퀴

도는 셈이 되어 그 속도가 시간당 1600킬로미터 이상이다. 그러므로 북반구에서 북쪽으로 발사된 포탄은 그 아래 땅의 속도보다 동쪽방향 속도가 더 빠르다. 따라서 포탄은 정지 상태 지구를 가정할 때의 궤도보다 동쪽(오른쪽)에 떨어진다.

코리올리 효과는 대기와 바다의 대규모 움직임에 영향을 준다. 예를 들어, 북반구에서는 고기압 지역 둘레에서 공기가 시계 방향으로 움직이며, 저기압 지역 둘레는 반시계 방향으로 움직인다. 태풍에서 이를 관찰할 수 있다. 남반구는 북반구와 거울상처럼 반대로 움직인다.

그렇지만 마을 공터에서 공놀이를 할 때 코리올리 효과에 신경 쓸 필요는 없으며, 화장실 변기나 싱크대 배수구와 같이 작은 규모에서는 무시할 수 있다. 물이 빠지면서 소용돌이를 그리는 방향은 처음 물이 주입되는 형태 및 변기나 싱크대의 구조에 따라 결정된다.

배수구

완전한 수평이며 대칭인 분지 속에 정지 상태인 물은 지구의 자전으로 반시계 방향(북반구에서)으로 서서히 회전하지 않을까요? 물이 구멍으로 흘러나간다면 흘러나가는 데 필요한 반경이 점점 작아지고 따라서 각운동량을 유지하기 위해 속도가 증가합니다(두 사람이 스케이트를 타며 서로 팔을 맞잡고 회전하는 경우에 비교할 수 있다). 그렇다면 정지 상태의 물이 분지를 흘러나갈 때는 눈에 보이지 않을 정도로 느리게 반시계 방향으로 회전하던 운동이 점점 더 커져서 보인다고 생각합니다. 과연 그렇습니까?

염력(念力, 토크: 비트는 힘)이 전혀 작용하지 않는다면 욕조 배수구를 빠져나가는 물의 소용돌이 방향에서 지구 자전의 영향을 관찰할 수 있다. 그러나 배수구에는 고무로 된 부분이 있다. 욕조로 물이 들어오고 빠질 때의 움직임, 욕실 내의 공기흐름, 온도가 일정하지 않아서 생기는 열 이동, 배수구 마개를 당기는 동작, 그리고 비대칭적으로 생긴 욕조 모양 등이 모두 코리올리 효과를 상쇄한다. 예를 들어, 싱크에 물을 채우는 수도꼭지의 위치를 바꾸면 물이 빠질 때 생기는 소용돌이 모양이 반시계 방향에서 시계 방향으로 바뀔 수도 있다.

작은 욕조에서는 코리올리 효과에 의한 가속이 중력에 의한 가속의 1만분의 1에도 못 미친다. 따라서 욕조의 물을 빼면서 코리올리 효과를 관찰하려면 무한한 인내심이 있어야 한다. 그리고 통제 조건 또한 필수다. 욕조 벽에 의해 생기는 토크를 최소화하기 위해 대칭으로 생긴 욕조 모양, 공기 흐름의 영향을 차단하기 위한 플라스틱 덮개, 열 흐름을 줄이기 위해 욕실을 일정한 온도로 유지하기, 그리고 아래로부터 배수구 마개를 열어주는 기술 등이다.

1962년에 애셔 샤피로라는 인내심 강한 미국 과학자가 이와 관련한 실험 결과를 《네이처》에 발표했다. 덮개가 있는 욕조 속의 물을 24시간 동안 가만히 두어 움직임이 없게 했다. 그다음 배수구 마개를 조심스럽게 열었을 때 생기는 소용돌이는 언제나 반시계 방향이었으며 이것은 욕조에 물을 채우면서 시계 방향 회전을 주었을 때도 마찬가지였다. 그러므로 엄격하게 통제된 조건에서는 물이 빠질 때 생기는 소용돌이가 코리올리 효과와 일치하지만, 일상에서는 영향을 미치는 다른 힘에 비해 코리올리 효과가 너무 작아서 관찰되지 않는다.

엘니뇨와 강우량

과학자들은 지구 온난화로 장래에 미국 남캘리포니아 지역의 강우량이 감소할 것으로 예상합니다. 그리고 이러한 기후변화 때문에 태평양에서 '연중 계속되는 엘니뇨 현상'이 발생할 것이라는 얘기도 들었습니다. 엘니뇨는 보통 캘리포니아 지역의 강우량을 증가시키는 것으로 아는데, 그렇다면 이러한 두 가지 예측이 서로 모순되는 것 아닙니까?

처음에는 지구온난화가 해수면 온도에 영향을 주어 엘니뇨 현상을 더 심화시킬 것으로 예측했다. 그래서 엘니뇨를 흔히 'ENSO(El Nino-Southern Oscillation, 엘니뇨-남방 진동)'라 불렀는데, 이는 엘니뇨가 '남방 진동'과 연관되어 있다는 이론 때문이다. 남방 진동은 동서 태평양 사이의 기압 진동이다. 그러나 최근의 연구에서는 ENSO의 변동을 부정하고 있다.

엘니뇨가 발생하지 않는 해에는 열대 태평양 해수면의 온도가 동쪽보다 서쪽에서 5~10도 더 높다. 공기덩어리가 서태평양의 따뜻한 물에 가열되어 상승하면 그 지역에 많은 비가 내린다. 그리고 공기덩어리는 주된 바람의 방향을 따라 동쪽으로 이동하고 차가운 물을 지나면서 하강한다.

그 결과 공기가 컨베이어벨트처럼 움직이는데 이를 '워커 순환'이라 부르며, 서쪽으로 부는 강한 표면 바람으로 순환이 마무리된다. 이와 같은 바람으로 적도 인근 태평양 서쪽에는 따뜻한 물이 모이고 동태평양 표면 아래에서 찬물이 위로 올라온다. 그래서 이러한 연쇄적인 작용으로 바람과 바다 표면의 온도 경사가 계속 커진다.

엘니뇨가 나타날 때는 이와 같은 일련의 연결된 순환에 단절이 생긴다. 즉 동태평양의 온도가 올라가서 동과 서 태평양 표면 온도의 차이가 줄어든다. 이러한 범지구적 강우 및 기후 양상의 영향을 받아서 미국 남부 전역에 겨울 폭풍이 증가한다.

지구온난화와 함께 지난 반세기 동안 태평양 열대 바다 표면 온도가 상승했는데 이러한 온난화는 불균형적이어서 처음에는 엘니뇨 현상과 비슷하게 발생하는 것으로 보였다. 그러나 더욱 정밀한 분석을 거쳐 2009년 12월 미국 국립과학아카데미회의에서 발표된 연구에서는 위도 및 온난화의 정도가 통상적인 엘니뇨 현상과는 다른 것으로 나타났다. 그리고 20가지의 기후 모델을 비교했을 때는 엘니뇨 발생 빈도가 다음 세기에도 동일한 정도로 유지될 것으로 확인되었다.

지구온난화가 강우 유형을 변화시키는 방법에는 ENSO만 있는 것이 아니다. 온난화는 대기 속의 수증기 양도 증가시킨다. 그러나 증가한 수증기는 강우량을 균형 있게 증가시키지 않고 '부익부빈익빈' 형태를 보일 가능성이 크다. 국지적 지형이나 기류로 이미 많은 비가 내리는 지역은 강우량이 더 많아지는 반면 남캘리포니아처럼 가뭄이 잦은 지역은 더욱 비가 적게 내리게 된다.

유행이 지난 옷가지 처리법

오래된 침구류나 더 이상 입지 못하는 의복이나 수건 등을 재활용하는 방법은 없습니까? 우리가 살면서 이런 것들은 앞으로도 계속해서 생겨날 텐데 매립으로만 처리한다면 불합리하다고 생각합니다.

미국 환경보호국의 자료를 보면 미국인은 매년 직물 쓰레기를 1200만 톤 이상 배출하는데 이것은 지역사회 전체 고형폐기물의 5퍼센트에 해당한다. 기업 및 가정에서 쏟아져 나오는 이와 같은 직물 쓰레기는 한 사람당 거의 40킬로그램에 달한다. 세계화가 진행되어 의복을 더욱 싼 가격으로 만들게 됨에 따라 직물 쓰레기가 증가하는데 이것은 단순한 폐기 이상의 영향을 미친다. 예를 들어, 미국에서 이용되는 살충제의 25퍼센트가 면화 재배에 살포된다.

다행히 많은 직물을 재활용하고 있다. 직물을 재활용할 때는 헌옷을 형태나 사이즈, 그리고 섬유에 따라 분류한다. 재활용 의류의 절반 이상이 걸레나 공장의 기름 흡수 수건으로 바뀌거나 섬유로 재활용한다. 폴리에스테르는 열을 이용하여 처리하고 면은 추출하여 기계적 가공을 거쳐 다시 섬유로 만든다. 이러한 섬유는 종이를 만들거나 가구의 틈새를 메우는 재료나 절연재로 이용한다.

나머지 의류는 수출한다. 구세군의 추정에 따르면 의류를 폐기할 때 남은 이용 가능 기한이 70퍼센트라고 한다. 일본이 미국의 고급 혹은 유행이 지난 의류를 가장 많이 수입한다. 값이 싼 의류를 50킬로그램 꾸러미로 포장해 개발도상국으로 보내면 영세 상인이 구입하여 시장에서 판매한다.

직물을 재사용하거나 재활용하면 에너지를 크게 절감할 수 있다. 재활용 직물로 원면 1킬로그램을 대체할 때마다 약 50킬로와트시가 절약되고 폴리에스테르는 1킬로그램마다 70킬로와트시가 절약된다. 재료 획득과 제조, 운송, 배포, 폐기물 처리 등에 필요한 에너지를 고려하여 산출한 값이다.

직물을 재활용할 때는 대부분 소비자로부터 의류를 직접 수집하지는 않는다. 그보다는 구세군이나 굿윌, 뱅상드폴과 같은 자선 기구에 헌 의류가 많이 기부된다. 이러한 기구에서는 자신들이 사용할 수 없는 옷가지는 일반 판매하거나, 무게로 달아서 고물상에 판매한다. 낡은 이

불이나 수건 등은 틈새 충전재나 기계 닦는 걸레, 페인트 흘러내림 방지용으로도 이용된다.

모피 제품은 미국 동물애호협회(HSUS)에서 운영하는 모피코트기부 캠페인을 통해 다른 동물(일종의 동물이라 할 수 있다)로 재활용된다. HSUS는 북아메리카 전역에 소재한 200개 이상의 야생동물 재활센터에 이러한 모피를 배포한다. 재활센터는 모피로 만든 '대리 어미'가 상처를 입거나 고아가 된 야생동물의 스트레스를 줄여준다고 말한다.

쓰레기 혹은 보석

알루미늄 캔을 제외하면 재활용하는 것이 오히려 환경에 더 나쁘다는 말을 여러 곳에서 들었습니다. 재활용에 소요되는 자원이 재활용으로 절약된 것보다 더 많기 때문이라고 합니다. 이와 같은 주장이 사실입니까?

재활용이 환경에 얼마나 도움이 되는지 정확하게 평가하려면 재활용 처리와 원재료 가공에 필요한 에너지, 각각의 과정에서 생성되는 공기 및 수질 오염과 고형폐기물 등을 비교하여야 한다. 그리고 재활용이 가능한 폐기물을 매립할 때 드는 환경비용과 원재료를 획득할 때 드는 필요한 환경비용도 고려해야 한다. 재활용이 환경에 더 나쁘다는 연구는 이런 여러 측면 중 일부를 무시한 결과다.

알루미늄

질문에서 언급한 알루미늄 재활용의 효율성은 재질 유형에 따라 다르다. 알루미늄의 재활용은 경제적으로나 환경적으로 모두 도움이 된다.

재활용 알루미늄을 이용해 캔을 만들 때는 보크사이트 원광석으로 만들 때보다 에너지를 95퍼센트 줄일 수 있다. 알루미늄은 매립하지 않고 계속 재활용하기 때문에 원료 채취에 따른 환경 피해도 줄일 수 있다.

종이

목재에서 종이를 생산하는 것보다 종이를 재활용할 때 물이 더 많이 필요하지만 재활용은 독성 화학물질을 적게 배출한다. 그리고 종이의 재활용에 화석연료가 더 많이 소요된다고 말하는 사람들도 있다. 그러나 이는 목재상품산업에서는 일반적으로 산림 관리(천공, 파종, 벌목 등)에 이용된 연료를 포함하지 않기 때문에 잘못된 데이터다. 그리고 종이를 매립하면 분해되면서 온실가스인 메탄기가 발생한다.

일부에서는 나무를 다시 심으면 되므로 벌목이 환경에 영향을 주지 않는다고 말한다. 그러나 이는 사실이 아니다. 벌목되어 없어지는 숲은 오래전부터 형성된 것으로 나이와 높이가 다양한 종이 섞여 있으며 많은 동물의 서식지로 생물학적 다양성이 확보된 곳이다. 그러므로 전체적으로 보면 종이의 재활용이 환경에 유익하다.

플라스틱

플라스틱을 녹여서 상자나 가구를 만들 때 재활용하는 것은 플라스틱이 원유에서 추출되기 때문에 환경에 의미 있는 일이다. 그러나 플라스틱 이용 형태가 매우 다양하고 첨가제나 염료 등이 섞여 있어 분리가 어렵고 많은 비용이 소요된다. 현재 사용 후 폐기된 플라스틱 제품 중 4분의 3 이상이 매립으로 처리된다. 플라스틱 폐기물을 연료로 바꾸는 방법과 같이 실용적인 다른 해결책을 찾기 위한 연구가 진행 중이다.

유리

유리를 처음 만들 때 필요한 규사, 소다회, 석회석, 미네랄 등을 녹이려면 온도가 아주 높아야 한다. 그러나 재활용을 위해 가루로 만든 유리는 낮은 온도에서 녹으므로 이를 원재료에 첨가하면 에너지 사용을 줄일 수 있다. 하지만 창유리, 전구, 조리용 유리기구에는 도자기 성분이 포함되어 있기 때문에 불순물이 섞일 문제가 있다. 색유리는 별도로 관리해야 한다. 분리가 어려우면 가루로 만들어 건축재료나 배수공사에 이용할 수 있다.

환경친화적인 쇼핑백

종이와 플라스틱 중 환경에 더 좋은 소재는 무엇입니까?

쇼핑백으로 플라스틱 제품 사용을 금지하는 것을 보면 종이 백이 좋다고 생각할 수 있다. 그러나 재사용한다면(이것은 가정일 뿐이다) 플라스틱 백이 종이 백보다 더 환경친화적이다.

종이보다 플라스틱으로 백을 만들 때 에너지가 더 적게 들며, 종이 백은 플라스틱 백으로 이중 포장하는 경우가 많다. 종이 백이 플라스틱 백을 만들 때보다 대기오염 물질을 더 많이 배출하고 수질오염 폐기물도 더 많다. 플라스틱은 미생물로 분해되지 않지만 오래된 쓰레기 매립장을 발굴해보면 종이 역시 거의 분해되지 않았다.

일회용 컵이나 접시, 포장재 등 플라스틱 제품을 만들 때 이용되는 에너지는 그에 상응하는 종이 제품을 만들 때보다 적다. 플라스틱 제품은 종이 제품보다 가볍고 부피가 작으며 운송이 쉽고 운송비용도 저렴하다. 그리고 플라스틱 산업은 같은 기능을 하는 제품을 만드는 데 더 적은 재료를 이용하는 '경량화'를 통해 더 많은 에너지를 절약해왔다.

그러나 플라스틱은 심각한 환경문제를 일으킨다. 플라스틱 폐기물은 해양동물에게 피해를 주는데 고래와 물개, 물고기, 바닷새, 거북 등이 이러한 폐기물 때문에 기형이 되거나 목숨을 잃는다. 그리고 동물이 죽어 분해되면 플라스틱은 다시 환경 속으로 돌아온다.

엄청난 양의 쓰레기를 포함한 해류가 전 세계 바다 곳곳을 돌아다닌다. 플라스틱은 가볍고 분해가 느리고 어디에나 있기 때문에 이러한 쓰레기 더미의 물결에서 가장 많은 폐기물이다. 플라스틱이 오랜 시간을 거쳐 분해되어 최종적으로 남는 색종이 모양의 입자는 환경에 깊숙이 침투한다. 그러므로 플라스틱을 적절히 재활용하지 못하면 종이보다 환경에 훨씬 더 나쁜 영향을 미친다.

환경 문제에 관심이 많은 소비자에게는 재활용 가능한 백이 가장 좋은 선택이며 이는 자원을 절약하고 쓰레기를 줄일 수 있다. 포장재를 적게 사용하고 가능하다면 한 번에 몰아서 구입하는 것이 환경에 도움이 된다. 포장재와 용기는 지역사회 쓰레기의 가장 많은 부분을 차지하는데 배출되는 전체 쓰레기의 3분의 1을 차지한다. 미국 환경보호국의 자료에 따르면 미국인은 매년 2억5000만 톤의 고형 폐기물을 배출한다. 이것은 국민 1인당 하루에 약 2킬로그램에 해당하는 양이다. 종이와 판지가 무게로 볼 때 전체의 34퍼센트를 구성하지만 그중 절반은 재활용된다. 플라스틱은 배출량의 12퍼센트지만 재활용되는 비율은 매우 작다.

쓰레기는 어디로

저는 화장지를 변기에 버릴 때나 음식물 쓰레기를 수거통에 넣을 때마다 늘 한 가지 의문이 떠오릅니다. 재활용되지 않는 유기물질이나 종이는 어떻게 버리는 것이 가장 환경친화적일까? 슬러지가 재활용될 것으로 생각하고 도시의 하수 체계로 가능한 한 많이 투입해야 합니까 아니면 하수 체계로는 가능한 한 적게 버리고 모든 것을 매립용으로 처리하는 것이 좋습니까?

변기나 배수구로 물을 흘려보낼수록 환경에 도움이 되지 않는다는 것이 가장 기본적인 전제다.

기업은 별 관심을 기울이지 않지만 세척에 이용되는 물이 실내 물 이용량의 25퍼센트 이상을 차지한다. 구형 변기는 한 번 세척할 때마다 25리터의 물이 필요했지만 1994년 연방법률이 개정되어 세척 1회당 물 사용량을 6리터로 제한했다. 최근에는 이중 세척 모델이 유행인데 이것은 액체 성분 처리에 3리터의 물을 이용하고 고체 성분을 또 한 번 물로 세척한다. 그러나 미국 전체 가정의 3분 1 이상에 1994년 이전 모델 변기가 있다.

자신의 집에 있는 변기 모델이 이와 같이 물 먹는 괴물이든 아니면 알뜰한 살림꾼이든 도시의 하수 체계에 연결되어 있다면 세척된 물은 하수처리장으로 간다. 그곳에서는 그 물을 이용해서 각종 장난감이나 넝마, 기타 여러 가지 실수로 혹은 의도적으로 변기나 배수관으로 흘러온 부피가 있는 물체와 음식물, 침전되는 모래나 자갈, 돌 등도 매립지로 보낸다.

남은 액체 및 고체는 침전 방식으로 분리한다. 액체는 생화합물을 분해하는 미생물로 처리하는데 여기에는 음식물 쓰레기, 인간 활동 배출물, 비누와 세제 등이 포함된다. 액체를 강이나 호수로 흘려보내거나 농업용수로 재활용하기 전에 화학물질이나 자외선으로 살균하고 필터로 걸러낸다. 남은 침전물인 슬러지(바이오 고형물)도 박테리아로 분해한 다음 화학물질로 처리한다. 미국 환경보호국은 처리된 슬러지의 절반 정도가 비료로 재활용되는 것으로 추정한다. 그렇지 않으면 매립하거나 매립지 복토층으로 이용한다.

관을 따라 내보낸 쓰레기 중 많은 부분이 처리를 거쳐 매립되기 때문에 재활용 혹은 비료로 사용하지 못하는 쓰레기는 매립장으로 직접 보내는 방법이 더 낫다. 남은 음식물을 퇴비로 만드는 일은 도시인에게 좋은 가정교육이다. 많은 음식물 쓰레기는 작은 통 안에서 지렁이를 이용해 퇴비로 만들 수 있다.

전기 먹는 귀신

방을 나갔다가 다시 돌아올 예정이면 불을 켜두어야 하는지 아니면 끄는 것이 더 좋은지 사람마다 의견이 다릅니다. 어떤 것이 옳은 방법인지요?

많은 사람이 전등, 특히 형광등을 켤 때는 순간적으로 많은 전력이 소비되는 것으로 생각하지만 이는 그릇된 인식이다. 형광등을 켤 때 필요한 순간 전력은 전등을 몇 초간 켜두어 소비되는 전력량에 불과하다. 그러나 켜고 끄기를 자주하면 전등의 수명이 줄어든다. 에너지 소비와 전등 수명 사이의 선택 문제인데, 통상적으로 10분 이상 방을 비운다면 전등을 끄는 것이 좋다.

가능하다면 대기하는 것만으로 전력을 소비하는 장비는 끄도록 한다. 리모컨으로 작동하는 전기제품이나 위성방송수신기 같은 장비들이다. 미국 가계 에너지 소비의 5~7퍼센트를 대기용 전력이 차지하며 가전제품이 널리 보급됨에 따라 이와 같은 에너지 낭비가 크게 증가하고 있다.

빙하기

또다시 빙하기가 도래할 가능성이 있습니까?

그린란드와 남극에 거대한 빙상(대륙을 덮은 빙하)이 존재하기 때문에 우리는 아직 수백만 년 전에 시작된 빙하기에 살고 있다고도 말할 수 있다. 마지막 빙하기, 즉 빙상이 적도 방향으로 확대된 시기는 1만 년 전에 끝났다. 기후학자들은 빙하기 내에서도 이처럼 더 추운 빙기가 있고 빙기 사이에 비교적 (현재처럼) 따뜻한 간빙기가 있었다고 말한다.

근래 들어 기후학자들은 지구가 빙기로 진입하기 시작한 것으로 예측했다. '소(小)빙하기' 이후 19세기 초 따뜻해지는 것처럼 보였다가 1940년대부터 1960년대 말까지 다시 추워졌다. 1970년대에 온난화가 시작될 때 지구가 장기적인 냉각기로 진입하는 것인지 여부를 두고 많은 논쟁이 있었다. 그러나 지구의 냉각은 일시적이고 북반구에 한정된 현상임이 확인되었다. 산업화에 따른(북반구에서 훨씬 흔하다) 대기오염물질이 한 가지 원인으로 생각되었는데 지구로 들어오는 태양 복사열을 반사하기 때문이다. 온난화가 다시 시작되자 대기오염에 관련된 새로운 규제와 오염통제 기술이 대기를 정화하기 시작했다.

빙하기는 어느 정도 일정한 간격으로 나타나기 때문에 다음 빙하기를 예측할 수 있다. 그러나 컴퓨터 시뮬레이션에서는 대기 중의 이산화탄소 농도가 높아져서 지구의 온실효과가 고착화되어 다음 빙하기를 늦추는 것으로 나타났다.

이것은 엄청난 재앙처럼 보이지만 기후 체계에는 이에 대한 몇 가지 대책이 있다. 예를 들어, 북대서양에 짙은 농도의 소금물이 가라앉으면 지구 주위로 해류 순환이 촉진되고 이것은 더운물을 북대서양으로 다시 순환시킨다. 일부 학자들은 빙하가 녹아서 생긴 민물이 소금물의 침하를 막는 '마개' 역할을 하여 해류의 지구 순환에 방해가 된다고 우려한다. 대부분의 학자들은 해류가 완전히 멈춘다고는 생각하지 않지만 해류의 순환이 감소하면 유럽은 추워지고 다른 지역의 기후에도 매우 큰 영향을 줄 수 있다.

소빙하기

저는 최근 TV에서 '소빙하기' 관련 프로그램을 본 적 있습니다만, 모두 북반구에 대한 내용이었습니다. 그러면 그 기간에 남반구에서는 어떤 일이 일어났습니까?

'소빙하기'는 대략 17세기와 19세기 사이의 추웠던 시기를 설명하는 용어다. 소빙하기가 시작되고 끝난 시기에 대해서는 일치된 의견이 없다. 일부 과학자들은 그린란드 주위의 얼음덩어리가 커지기 시작한 1300년대부터 소빙하기가 이미 시작되었다고 주장한다.

소빙하기와 관련한 상세한 정보는 대부분 유럽과 북아메리카에서 수집했지만, 이 시기에 남반구 여러 지역에서(뉴질랜드, 칠레, 페루 등)도 산악 빙하가 더 확대되었다는 증거가 있다. 빙하는 소빙하기 동안 계속 확대되기만 하는 것이 아니라 지그재그 양상의 기후변화에 따라 확대와 축소를 반복한다.

소빙하기의 원인은 정확히 밝혀져 있지 않다. 역사 기록을 보면 소빙하기의 절정기에 태양 흑점이 크게 줄었다는 사실을 알 수 있다. 과학자들은 이것을 태양 활동이 중요한 역할을 했다는 의미로 해석한다. 화산 활동 역시 추위를 초래하는 데 일조했다. 1600년대 전 세계에서 최소한 여섯 건의 커다란 화산폭발이 일어나 기후에 큰 영향을 미쳤다. 그리고 1800년대에도 몇 차례 중요한 화산폭발이 있었다. 1815년 인도네시아 탐보라 화산폭발은 1만5000년 내에서 가장 큰 규모였다. 대규모 화산폭발은 화산재를 성층권 높이까지 날려보내고 이것이 태양열 복사를 차단하여 추워진다.

북반구 내에서도 소빙하기 평균기온은 20세기와 비교할 때 1도가량 낮았다. 일부 지역은 추위가 더 심각했는데 이것은 지역적 기후변화가 대부분 별개로 진행되었음을 시사한다.

대기와 바다 사이의 복잡한 상호작용이 지역 기후에 영향을 준다. 북대서양 진동(NAO)과 태평양 열대 중부 지역의 엘니뇨 같은 바다 표면 온도의 이상은 공기덩어리의 이동에 변화를 초래하고 이것은 기온 및 습도 분포를 변화시킨다.

한 세기에 걸친 NAO의 변화는 소빙하기의 유럽에 추위를 몰고 왔다. NAO가 기상을 변화시켜 북동쪽에서 바람이 불면 유럽에 대서양 표면의 열이 전달되지 않고 시베리아에서 온 공기로 덮인다. 이와 마찬가지로 남아메리카에서도 여러 차례 엘니뇨 현상이 발생하는 동안 일부 지역의 빙하가 확대되었다.

빙하기와 간빙기

지구 온난화를 둘러싼 논쟁과정에서 지구의 온난화와 냉각의 주기에 대해서는 논의하지 않은 것으로 알고 있습니다. 그러나 30년 전만 해도 지구 냉각 때문에 많은 사람이 희생되었습니다. 그리고 지금은 온난화가 문제입니다. 이제 지구에 또 다른 기후 주기가 생기는 것은 아닙니까?

최근의 지질학적 시기에 빙하기와 간빙기 주기는 평균 10만 년마다 일어났다. 과학자들은 이와 같은 주기에 대한 모델을 30가지 이상 고안했는데, 그중 대부분은 빙하기의 시작 시기가 규칙적으로 일정하며 세 가지 공전궤도, 지구 자전축의 경사, 자전축의 방향에 따라 서서히 변한다고 본다. 다른 모델에서는 주기가 불규칙한 내적인 기후 변동에 의해 나타나는 것으로 간주한다.

이러한 모델들에 대한 통계학적 검증 결과 지구 자전축의 경사가 빙하기의 주기를 결정하는 가장 중요한 요소로 나타났다. 자전축은 4만 1000년마다 22도에서 24.5도까지 변한다. 빙하기는 높은 위도에 도달하는 평균 연간 태양광이 증가할 때 끝나는데 이것은 지구 자전축의 경사가 증가하면서 나타난다. 빙상이 지구 경사도의 변화에 민감할 정도로 충분히 크게 성장하려면 4만1000년의 경사 주기 2회 혹은 3회가 소요된다. 지구 기후 내의 피드백도 중요하다. 빙상이 클수록 더 많은 태양광이 반사되어 지구는 더 냉각된다.

현재 지구 자전축 경사는 23.5도이며 작아지고 있다. 따라서 지구는 빙상이 확대되는 시기를 향해 서서히 나아가고 있다. 물론 각각의 빙하기 혹은 간빙기 내에서 화산 활동이나 태양 활동 등 다른 자연 요인들도 기후에 영향을 준다.

인간 활동으로 발생한 온실가스가 지구온난화에 중요한 역할을 한다는 이론에 반대하는 사람들은 지구온난화에 대한 다른 설명으로 태양 활동의 변화를 주장한다. 그러나 최근의 연구에서는 태양 주기로 20세기 전반기의 온난화를 설명할 수는 있어도 지난 20여 년 동안 범지구적 온도 변화에 대한 설명은 할 수 없는 것으로 나타났다. 이 기간에 태양의 복사열 방출은 감소했기 때문이다.

1970년대의 범지구적 냉각보다 현재의 지구온난화는 더욱 확실하다. 기후변화의 양상과 원인에 대한 방대한 연구가 이루어졌기 때문이다. 그러나 앞으로 태양 활동이나 화산 활동처럼 자연의 변화에 따른 기후변화는 여전히 예측이 불가능하다.

기후변화의 측정 방법

기후변화에 관한 기사를 보면 지구 전체나 특정 지역의 평균기온을 100분의 1도 단위로 보고합니다. 현재 지구나 특정 지역의 기온은 어떻게 결정하며 과거에는 또 어떻게 결정되었습니까? 그리고 평균기온 측정은 얼마큼 정확합니까?

온도계를 이용해 정기적으로 지구 기온을 측정하기 시작한 때는 1850년대부터다. 이후 정확도는 점차 향상되었으며, 측정 대상 지역도 확대되고 데이터 수집과 평균 산출도 새로운 방법이 도입되었다.

현재와 같은 지구 기온 데이터 세트는 4000개 이상의 육지 관측소에서 측정할 뿐만 아니라 선박이나 부표 등을 이용하여 바다 위 기온도 기록한다. 1980년경부터는 인공위성에서 마이크로파와 적외선 영상으로 해양 온도를 측정했으며 현재는 인공위성으로 육지 표면의 온도를 모니터링한다.

기후 외적인 요인도 장기적인 기온 데이터에 영향을 준다. 관측소의 위치나 장비가 무작위적인 영향에 포함된다. 일일 혹은 월간 평균기온 산출에 새로운 방법을 적용하면 시스템적인 기후변화가 생길 수 있다. 한 지점에서 기온 데이터에 단절이 있음에도 그 원인을 알지 못할 때는 이웃 지점과 비교하여 기후 외적인 영향을 배제할 수 있다.

예를 들어, 해수면 온도를 다른 장비를 이용하여 측정했다면 기온을 평가할 때 보정을 해줄 필요가 있다. 1940년대 이전에는 대부분 단열되지 않은 용기에 바닷물을 담아 온도를 측정했다. 그러나 지금은 선박의 엔진 입구나 선체에 장착된 감지장치로 측정한다. 그리고 인공위성으로 측정한 바다의 '표면' 온도는 보정을 거쳐서 선박이나 부표로 측정한 데이터(바다 표면보다 몇 미터 높은 곳에서 수집된다)와 연결한다.

기온 데이터 세트가 지구 전체에서 고르게 얻어지는 것은 아니다. 아프리카 남부와 남아메리카 그리고 남극 지역에서는 육지 데이터가 가장 적게 수집된다. 그리고 해수면 온도 측정은 선박의 항로를 따라 가장 많이 측정되고 남빙양에서 수집되는 데이터가 가장 적다. 넓은 지역에 걸친 기온 데이터의 평균을 산출하고 육지와 바다의 데이터를 합치기 위해서는 컴퓨터 모델링이 필요하다. 이러한 모델은 동일한 기초 데이터를 사용할 수 있지만 평균을 산출하는 방법 및 데이터에서 나타나는 편차를 처리하는 방법은 다르다.

모델마다 데이터 조합 방법이 다르지만 모두 비슷한 온난화 경향을 보인다. 각각의 모델은 10년 단위로 지구 기온을 추정하여 제공하는데, 중요한 모델들 사이의 최대 편차가 0.05도 이내일 정도로 정확하다(미국항공우주국, 영국 기상청인 해들리센터, 원격감지시스템, 앨라배마대학 등이 중요한 모델을 운용하고 있다). 그러므로 10년 단위의 범지구적 온난화 경향을 소수점 이하 두 자리보다 작은 단위에서 추정하는 것은 정확하지 않다. 반올림에 의한 오차 없이 산출하려면 소수점 이하 세 자리 단위로 기록해야 한다.

줄어드는 산소

일정한 양의 화석연료가 연소될 때 대기 중에서 산소가 소비되고 이산화탄소 및 수증기가 발생합니다. 실제 이와 같은 일이 어느 규모로 일어나고 있습니까?

화석연료의 사용으로 나타나는 산소 농도의 작은 변화를 측정할 수 있게 된 때는 불과 20년도 되지 않았다. 대기 중에 기본적으로 존재하는 산소의 농도가 너무 많기 때문에 이와 같은 측정은 기술적으로 어렵다. 산소는 대기의 약 21퍼센트를 차지하며, 대기 중의 농도는 이산화탄소의 500배 이상이다. 《네이처》에 따르면 민감도가 매우 높은 측정방법을 이용하여 화석연료가 탈 때 대기 중의 산소도 소비된다는 사실을 확인하였다.

산소의 감소량은 대기 중 전체 산소량의 1퍼센트의 1만분의 1 정도다.

기압이 높아질까

기압 측정값은 변하지 않는 것으로 알고 있습니다. 그렇다면 매년 배출되는 수백만 톤의 온실가스는 어디에 축적되는 것입니까?

화석연료를 태우면 이산화탄소와 수증기가 배출된다. 대기 중에서 이 두 기체의 농도는 증가하고 있다. 그러나 두 기체 속의 산소 원자는 대기 중의 산소 분자에서 온 것이기 때문에 배출량 중 일부만(화석연료에서 나오는 탄소와 수소)이 대기에 '새로운' 질량으로 더해진다.

태울 때의 화학방정식이 여기에 관여하는 유일한 요소라면 화석연료를 태우면 대기의 질량이 증가할 것이다. 그러나 다른 중요한 요인도 있다. 즉 화석연료를 태울 때 배출되는 이산화탄소의 3분의 2 정도만이 대기에 남는다. 나머지 이산화탄소는 바다에 흡수되어 물과 반응하여 탄산을 만든다.

바다에 흡수되는 이산화탄소의 양을 감안하면 만들어지는 이산화탄소와 수증기 질량은 소비되는 산소량과 거의 비슷하다. 화석연료를 태울 때는 다른 화학반응도 일어나기 때문에 이와 같은 계산이 정확하지는 않지만 화석연료가 연소하면서 기압의 변화가 나타나더라도 그 크기는 기압의 일상적 변동과 비교할 때 아주 미미한 수준이다.

한편 범지구적 기후변화는 다른 대기층의 밀도에 상당한 영향을 주었다. 《사이언스》에 따르면 지표면의 온도가 몇 분의 1도 정도만 올라가도 높은 고도(50~80킬로미터)에서는 온도가 몇 도 이상 내려가고 대기가 수축된다. 이렇게 되면 그 사이의 대기층을 아래쪽으로 끌어당겨서 인공위성 궤도가 있는 대기(160킬로미터 이상)의 밀도가 감소한다. 따라서 궤도의 마찰력이 줄어들어 인공위성이 좀 더 오래 높이 머물 수 있지만 손상된 우주선 잔해들도 더 오래 돌아다닌다.

자연도 트림을 한다

인간이 만들어내는 이산화탄소의 양보다 30배나 많은 양이 자연에서 생산된다는 기사를 읽었습니다. 그렇다면 인간이 방출하는 이산화탄소는 어떤 역할을 합니까?

기후변화와 관련하여 많은 과학적 논쟁이 벌어졌다. 앞으로 진행될 온난화나 해수면 상승의 높이, 태양 활동과 화산 활동의 영향, 대기 입자의 영향을 모델링하는 방법(그 특성과 위치에 따라 기온 상승 혹은 하강, 그리고 구름 형성 효과 등) 그리고 해양과 대기의 순환 양상 등의 주제들이다.

그러나 대기 중의 이산화탄소 증가가 인간 활동으로 방출되는 양보다 많거나 적거나 같은지는 측정할 수 있기 때문에 논란의 대상이 아니다. 계속해서 섭취하는 칼로리가 늘면(다른 조건은 변화가 없이) 배가 나오듯이, 인간의 활동은 매년 수십억 톤의 이산화탄소를 배출하고 이것은 환경에 축적된다. 실제로 산업혁명 이후 대기 중의 이산화탄소 농도는 280ppm에서 390ppm으로 높아졌다.

일정 기간 대기 중 이산화탄소의 증가량은 같은 기간 인간이 화석연료를 태우거나 생산 활동을 통해 만들어낸 양의 3분의 2 이하다. 산림파괴 및 토지 이용의 변화에 따른 영향도 고려할 때 대기 중의 이산화탄소 증가는 인간이 생산한 양의 절반 정도에 해당한다.

다른 말로 하면, 그 기사는 인간과 자연이 만들어낸 이산화탄소의 상대적 양에 대해 잘못된 지식을 전하고 있다. 자연은 전체적으로 볼 때 이산화탄소의 생산자이기보다 흡수하는 역할을 한다.

이산화탄소는 수증기에 이어 두번째로 중요한 온실가스이며, 온실가스 효과의 약 20~30퍼센트 비중을 차지한다. 대기 속의 이산화탄소 농도가 증가하면 환경에 또 다른 중요한 영향, 즉 바다의 산성화가 나타난다. 바닷물은 인간 활동으로 방출된 이산화탄소 중 대기 속에 남지 않은 양의 상당 부분을 흡수한다. 바닷물에 이산화탄소가 녹으면 탄산이 형성되고 이것은 탄산칼슘 껍데기를 가진 산호 같은 여러 생물체에게 치명적으로 작용한다. 이러한 생명체들은 대부분이 먹이사슬의 가장 밑에 위치하기 때문에 산성화는 바다 생태계에 커다란 영향을 미친다.

이산화탄소와 기후변화

이산화탄소가 기온 상승의 원인이라고 말하지만 반대로 기온이 상승하여 이산화탄소가 증가한다고 주장하는 사람도 있습니다. 어떻게 보는 것이 맞습니까?

기온 상승은 대기 중 이산화탄소 증가의 원인이면서 결과다. 과학자들은 빙하기의 끝에 지구 궤도에 변화가 생겨서 초기의 온난화가 발생했고 그 결과 바다에서 이산화탄소가 방출되었다고 생각한다. 대기 중 이산화탄소 증가는 온난화를 심화시켰으며 이는 또 바다에서 이산화탄소 방출로 이어지며 연쇄작용이 계속되었다.

한편 이산화탄소는 지구 적외선 복사를 차단하여 지구에서 우주로 빠져나가는 열에너지 양을 줄여서 온난화를 초래한다. 그리고 다른 한편으로는 온난화가 대기 중의 이산화탄소를 증가시키는데, 왜냐하면 탄산수 병 속의 이산화탄소처럼 바닷물의 온도가 상승하면 이산화탄소가 물에 잘 녹지 않기 때문이다.

현재의 바닷물은 많은 양의 이산화탄소를 녹일 수 있다. 바닷물이 이산화탄소를 흡수할 양을 추정할 때는 예측되는 기온 상승으로 바닷물의 이산화탄소 용해력이 떨어질 수 있음을 고려해야 한다.

인간 활동이 방출하는 이산화탄소의 증가를 추적할 수 있는 한 가지 방법은 탄소의 동위원소를 이용하는 것이다. 바닷물에서 방출되는 이산화탄소에서 탄소 동위원소인 C-12와 C-13 양의 비는 대기 중의 이산화탄소에 비해 상대적으로 그 변동이 작다.

그러나 대기 중에서 C-13에 대비한 C-12의 양은 산업혁명 이후 증가했다. 식물은(화석연료의 공급원이다) 더 가벼운 탄소 동위원소인 C-12를 주로 이용하기 때문에 탄소 동위원소 '지문'은 이산화탄소 증가의 많은 부분이 탄소 원료를 태운 데서 비롯된다는 것을 보여준다.

6
지구별의 신비

대륙이 항해하다

새로운 바다가 또 생길 수 있습니까?

2000년 봄 지구에는 또 다른 바다가 생겼다. 어떻게 이와 같이 범지구적인 대사건을 모르고 지나갔을까? 그러나 극적인 일은 아니었다. 국제수로기구(IHO)는 태평양, 대서양, 인도양, 북극해에 이어 지구의 다섯번째 대양으로 남빙양(南氷洋, Southern Ocean)을 설정하기로 결정했다. 남빙양에는 위도 남위 60도에서 남극대륙 연안까지의 바다가 포함된다.

새로운 과학적 데이터를 토대로 천문학자들이 명왕성의 지위를 왜소행성으로 격하시킨 것처럼 IHO도 새로운 데이터에 근거하여 남빙양을 만들었다. 범지구적 기후변화에 대한 관심은 해양의 순환에 관한 연구를 촉진했으며, 이러한 연구 결과 남빙양에서 거대하게 지구를 둘러싸는 해류가 이 바다를 별도의 생태계로 구분해주는 것이 확인되었다.

사실 모든 대양은 하나로 만나지만 IHO는 남빙양을 별개의 대양으로 간주할 수 있는 증거가 충분히 존재한다고 결론 내렸다.

연구 결과 지구에 새로운 이름을 붙이게 되었을 뿐만 아니라 지구의 변화가 실제로 바다의 배치를 바꾸는 것으로 확인되었다. 그리고 그와 같은 변화는 지구의 역사에서 여러 차례 일어났다. 고대의 대륙이 자신의 형태를 변화시킴에 따라 바다도 서로 합쳐지고 분리되기를 거듭했다.

지도에서 대륙을 보면 마치 조각맞추기 퍼즐처럼 서로 끼워 맞추는 형태를 하고 있는데, 이는 과거에 '판게아'로 알려진 하나의 대륙이었기 때문이다. 이러한 이론은 1912년 젊은 과학자였던 알프레드 베게너가 처음 제안했다. 그는 서로 다른 대륙에 존재하는 암석 구성이나 화석, 생명체들이 유사하다는 사실을 설명하기 위해 이런 가설을 수립했으며, 이것은 또한 과거에 기후가 다르게 분포했던 이유에 대한 설명도 되었다.

당시 과학계는 베게너의 생각에 회의적이었다. 그러나 1960년대 이루어진 해저 연구가 과학계의 생각에 혁명을 가져왔다. 오늘날에는 지구의 지각이 매년 2~5센티미터씩 움직이는 여러 개의 판으로 구성된다는 이론을 정설로 받아들이고 있다. 이러한 판구조 이론은 지진이나 화산 활동 및 산악 형성 등도 설명해준다.

판구조는 또한 2억 년 동안 아메리카, 유럽, 아프리카 사이의 대양이 확대되었고 오늘날에도 계속 확대되는 현상도 설명해준다. 대서양의 중심에는 화산이 길게 배열되어 있다. 용암이 위로 올라오면 그 이전에 분출했을 때 만들어져 굳은 용암이 바깥쪽으로 이동하며 대양의 바닥은 마치 컨베이어벨트처럼 움직인다. 한편 태평양은 깊은 해구에서 지각이 아래쪽으로 함몰되면서 점차 줄어든다. 지구 내부의 열이 이러한 움직임의 동력이다.

그러므로 해저 분지의 모양과 크기 그리고 위치는 끊임없이 변한다. 대륙이 이동하면서 새로운 바다가 형성될 것으로 생각되지만, 그 바다가 언제 어느 곳에서 생길지는 앞으로 수천만 년 동안 지각판이 자신을 어떻게 재배치할지에 따라 결정될 것이다. 한 가지 가능성은 에티오피아 아파(AFAR) 지역인데, 이곳에는 2005년에 지각의 단층을 따라 거대한 틈이 생겼다. 학자들은 이 지역이 아프리카판 및 아라비아판이 계속해서 서로 밀려나가는 과정에 나타난 현상으로 보고 연구하고 있다. 아프리카는 단층을 따라 갈라져 서로 분리되고 대륙의 동부와 서부 사이에 새로운 대양이 형성될 것이다.

깊은 바다

바닷속 가장 깊은 곳은 어디이며 얼마나 깊은지 알려주세요.

태평양 서부 마리아나 제도 동쪽에 위치한 마리아나 해구다. 이 해구는 한 대양판이 다른 판 밑으로 미끄러져 들어가며 생겼다. 깊이가 약 11킬로미터로 에베레스트 산이 잠기고도 2킬로미터 이상 남을 정도다.

얕은 조수(밀물과 썰물)

세계의 바다에는 모두 해수면의 높이가 높고 낮아지는 조수가 생깁니다. 하지만 왜 북아메리카의 미시간 호나 슈피리어 호 같은 오대호에서는 조수를 볼 수 없습니까?

오대호에도 실제로 조수가 발생한다. 뉴턴의 중력법칙에 따라 두 물체 사이에서 서로 끌어당기는 인력인 중력은 두 물체의 질량의 곱에 비례한다. 그러므로 달과 바다 사이에 작용하는 인력은 달과 오대호 사이에 작용하는 힘보다 훨씬 크다.

미국 국립해양대기국에 따르면 오대호에 나타나는 조수는 높이가 10센티미터에도 못 미칠 정도로 작다. 그러므로 바람이나 기압의 영향으로 이와 같이 작은 크기의 조수는 알아볼 수 없다. 기상 상태도 오대호 수면에 조수와 같은 변화를 일으킨다. 예를 들어, 한쪽에서 불어오는 강력한 바람은 호수 반대쪽의 수면을 높이고 또 그에 상응하여 다른 쪽의 수면은 낮아진다. 바람이 가라앉으면 호수 물이 마치 욕조의 물처럼 이쪽저쪽으로 움직이며 호수의 한쪽 수면은 높고 반대쪽은 낮아지기를 반복한다. 호숫가에서 보면 이와 같이 느린 진동이 조수와 비슷한데, 이를 부진동(seiche)이라 부른다.

건포도 지구

풍선 내부의 압력이 감소하면 풍선의 표면이 찌그러듭니다. 인간 문명이 석유와 가스 그리고 광물자원을 지구 내부에서 캐내고, 화산도 용암과 가스를 내뿜으면 지구 표면도 일그러질 것 같습니다. 그러면 지진이 발생하거나 바다 온도가 올라가지 않을까요?

땅 속 가장 깊이 파고들어간 광산 갱도가 3킬로미터밖에 되지 않으며, 가장 깊이 뚫은 구멍도 10킬로미터를 약간 넘을 뿐이지만 자원 채취의 결과 지구 표면이 많이 변할 수 있다. 가장 심각한 변화는 지하수나 석유, 가스 등을 추출한 결과 땅 표면의 높이가 내려가는 침강현상과 지하 갱도의 붕괴다.

이러한 침강은 전 세계적으로 문제다. 도로와 건물, 수로, 제방 등 여러 구조물에 피해를 준다. 원래는 밀물 때의 해수면보다 높았던 해안 지역이 침강되어 물에 잠기기도 한다. 땅의 침강 이동이 수직으로만 일어나는 것은 아니다. 수평 방향의 움직임으로 지표면에 균열이 발생하여 거대한 틈새가 생기기도 한다.

지질조사보고서에 따르면 미국에서 발생하는 침강의 80퍼센트 이상이 지하수를 채취한 결과다. 예를 들어, 캘리포니아 샌와킨 계곡의 일부 지역은 55년 동안 약 10미터나 낮아졌다. 모래와 진흙층을 포함한 지하수대에 물의 압력이 줄어들면 토양이 모래와 흙으로 꽉 채워져서 물 저장 능력이 영구적으로 소실될 수도 있다.

지질학자들의 연구에 따르면 지하수나 조수, 쌓인 눈 등이 자연적으로나 인위적으로 변하거나 지각 단층에 다른 여러 스트레스가 가해지면 지진이 발생한다고 한다(그러한 변화가 지진을 억제할 수도 있지만 이를 실험으로 보이기는 어렵다). 대형 지진이 거의 1000킬로미터 이상 떨어진 곳의 화산폭발을 유발하기도 한다. 전체적으로 볼 때, 지진이나 화산폭발의 빈도가 증가하는 것으로 보이지는 않는다. 땅의 침강과 바다 온도 사이에도 관련성이 없는 것으로 생각된다.

화산 활동은 국지적으로 땅의 형태를 변화시키지만 지구 표면을 위축시키지는 않는다. 화산이 뿜어내는 것은 풍선에서 공기가 새는 것과 전혀 다르다. 마그마가 올라와서 밖으로 나가면 마그마 속의 압력이 떨어진다. 그 결과 마그마에 포함된 수분이 급속히 팽창하여 가스를 만들고, 녹아 있는 암석(용암)이 가스의 압력으로 공기 중으로 뿜어져 나간다.

지구의 중심부는 물질 전체의 양이 줄어들지 않는데, 나간 만큼 암석과 물이 깊은 곳으로 다시 들어오기 때문이다. 이런 현상은 지각의 한 부분이 다른 부분 아래로 파고들어가는 지역에서 일어난다. 마그마를 표면으로 상승시키는 열도 지구 심층부에서 방사성 활성 원소의 붕괴로 끊임없이 만들어진다.

여러 유형의 화산들

헬렌 화산처럼 격렬히 폭발하는 화산이 있는가 하면 현재 활동 중인 하와이의 화산들은 그 보다 덜 파괴적입니다. 이렇게 화산이 다양한 이유를 설명해주세요.

화산마다 다양한 폭발 양상을 보인다. 화산의 폭발력은 마그마의 화학적 구성이나 점성도 그리고 표면으로 올라가는 속도 등으로 결정된다.

화산폭발의 유형은 특징적 형태를 보인 잘 알려진 화산의 이름을 따서 지어지는데 한 화산이 활동 기간에 일련의 다양한 폭발 유형을 보이기도 한다. 대기 높이 화산재를 분출하는 매우 격렬한 화산은 1980년 폭발한 미국 워싱턴 주 헬렌 화산과 1991년 필리핀 피나투보 화산이 대표적인데 '플리니' 식 분화라 부른다.

플리니식 분화 외에 '펠레' 식 분화도 있는데, 가스와 재, 용암, 암석 등이 섞여 경사를 따라 흘러내린다. 그리고 '볼칸' 식 분화는 가스와 재로 이루어진 커다란 구름이 특징이며, 가스 특히 수증기가 많이 포함되어 있는데 점성이 높은 마그마에서 이러한 가스를 만든다. '스트롬볼리' 식 분화는 폭발력에서 이러한 형태와는 대조적인 화산폭발로 간간이 용암 덩어리를 분출한다. 하와이의 용암산들이 이렇게 흐르는 마그마로 만들어졌으며 이러한 마그마에는 가스가 적게 녹아 있다.

마그마에 녹아 있는 가스는 화산의 폭발력에 영향을 주는데 마그마가 지각 밑에서 올라오면서 외부 압력이 낮아지기 때문이다. 녹아 있는 가스는 거품을 만드는데 이것은 사이다 병뚜껑을 열 때 소다가 나타내는 반응과 비슷하다. 마그마의 점성도 역시 폭발력에 영향을 준다. 점성이 강할 때는 가스 거품이 마그마에서 쉽게 빠져나갈 수 없기 때문이다. 마그마가 올라오는 속도는 마그마에 가해지는 외부 압력의 감소가 빠르기를 결정한다. 압력 저하로 거품이 생기는 속도가 거품 주위를 둘러싼 액상 막이 펴지는 속도보다 빠르면 액상 막이 터지면서 뜨거운 재와 가스가 분출구로 올라간다.

화산의 위치도 폭발 형태에 영향을 준다. 암석층과 상호작용하면서 마그마의 성분 구성이 변하기 때문이다. 대부분의 화산은 움직이는 지각판들 사이의 경계 부근에 위치한다. 태평양의 가장자리는 지각판들의 경계 부위이기 때문에 화산 활동이 활발하여 '불의 고리' 로 부르기도 한다. 다른 지각판 아래로 밀려들어가는 암석에는 물과 광물이 풍부한 경우가 많으며, 이것은 수분 함량이 많은 마그마를 만든다.

이와 달리 하와이 제도는 지각판의 가장자리가 아니다. 이 섬에서 화산 활동은 뜨거운 열기 혹은 '열점' 에 의해 발생한다. 솟아오르는 마그마는 수분이 풍부한 암석과 섞이지 않는다. 마그마에 수분 함량이 적기 때문에 하와이 화산들은 상대적으로 부드러운 거인이라 할 수 있다.

불타는 지구

중국과 인도의 탄광에서는 매년 2억 톤이 넘는 석탄이 연기를 내뿜고 있는데 이것이 지구 온난화의 원인이라고 합니다. 이렇게 타는 불을 끄고 다시 불붙지 않게 할 방법은 없습니까?

지금도 전 세계의 수천 곳에서 석탄불이 타고 있다. 이 문제는 중국에서 가장 심각하다. 학자들은 매년 2000만 톤에서 2억 톤의 석탄이 불타고 여기서 방출되는 이산화탄소는 매년 지구 전체에서 인간 활동으로 방출되는 이산화탄소 양의 1퍼센트에 해당한다고 추정한다. 지하 깊은 곳에서도 불타기 때문에 얼마나 많은 석탄이 타는지 정확하게 추정하기는 어렵다.

석탄불의 역사는 오래 되었다. 마르코 폴로는 자신의 중국 여행기에 "실크로드를 따라 불타는 산들이 있다."고 적었다. 미국 서부에는 고열로 변성된(아주 오래전에 석탄불에 구워진) 붉은색 암석으로 구성된 지형이 많다. 이 암석은 변성되지 않고 무른 암석들이 시간이 지나면서 벗겨져나가 드러났다.

석탄과 산소의 반응으로 생긴 열이 주위로 빠져나갈 수 없을 정도로 느리게 생성된다면 자연적으로 발화할 수 있다. 번개에 의한 발화도 석탄불의 또 다른 자연적 원인이다. 그리고 인간의 활동으로 발화되는 석탄불은 더 잦았다. 산불이나 화전농업, 쓰레기 소각 등도 지표에 가까이 있는 석탄이 발화하는 원인이다. 광산 채굴작업은 석탄을 산소에 노출시켜서 발화 위험을 높인다.

위성사진으로 석탄불을 감시하고 위치를 확인하는 능력이 향상되었다. 땅의 열기, 땅의 틈새로 솟아나오는 뜨거운 가스, 말라죽은 식물, 열기로 변성된 바위, 그리고 훈증 광물질(불의 열기로 바위에서 떨어져 나와서 지표면의 틈새를 따라들어가서 결정으로 변한 광물질) 등이 석탄불의 신호가 될 수 있다.

폐탄광의 입구와 환기 체계를 차단하고 지하의 석탄을 발화할 수 있는 지표의 불을 조심하면 석탄불을 막는 데 도움이 된다. 소규모 석탄불은 둘레에 구덩이를 파서 불을 고립시키고 흙으로 틈새를 막아 산소 공급을 차단하면 끌 수 있다. 물을 뿌리는 것은 거의 도움이 되지 않는데 탄광이 너무 큰 데다 주위 암석들도 부서지기 때문이다.

중국을 비롯한 일부 지역에서는 석탄불을 끄기 위해 노력하고 있지만 지역이 너무 넓은 것이 문제다. 펜실베이니아 주는 1960년대 쓰레기 소각 중 지하 탄맥에 옮겨 붙어 시작된 석탄불을 끄기 위해 온갖 노력을 기울였지만 실패하여 센트랄리아 마을 전체가 없어졌다. 불을 끄는 것보다 주민을 이주시키는 쪽의 비용이 더 적게 들었기 때문이다. 이 불은 아직도 타고 있다.

늪지에서 자동차 연료통으로

화석연료는 왜 지구의 표면 아래 깊은 곳에서 발견됩니까?

원유는 고대 바닷속에서 살았던 미세 동식물이, 그리고 석탄은 습지나 늪지대에서 자랐던 나무, 고사리류, 이끼 등이 근원 물질이다. 이러한 생물체가 죽으면 해저나 늪 바닥에 쌓인다. 수백만 년 동안 쌓여서 진흙이나 모래 밑에 묻히고 압력과 열이 가해지는 화학적 변성을 거친다.

고대 생명체들로부터 만들어진 화석연료는 지구의 바깥 층, 즉 지각에 축적된다. 일부 학자들은 탄소가 함유된 암석이 지구 깊은 곳, 즉 맨틀 내에서 높은 압력을 받을 때도 석유가 생성된다고 생각한다. 이와 같은 석유 형성의 무생물 기원 이론은 아직 논란 대상이다. 지질학자들은 무생물적 과정이 석유를 만들 수는 있지만 상업적으로 유용할 정도의 양은 되지 못한다고 생각한다.

크레이터가 알려주는 것

《사이언스 브리프》의 최근 기사를 보면 칙술루브 충돌 사건은 중생대 백악기와 신생대 제3기 경계(K-T경계) 시기에 공룡이 멸종했다는 설명을 간단히 백지화했다고 합니다. 그 시기는 30만 년이나 차이가 났습니다. 학자들이 어떻게 이처럼 틀릴 수 있습니까?

샌디에이고 캘리포니아대학에서 과거의 기후 및 사건을 동위원소 측정법으로 연구하는 마크 더멘스 교수는 칙술루브 크레이터(운석 충돌 지점)가 만들어진 시기를 정확히 결정하기는 어렵다고 한다. 퇴적층이 쌓여 있기 때문이다.

칙술루브 크레이터는 만들어진 이후 거의 1킬로미터에 달하는 퇴적층으로 덮였다. 그중 어느 층이 크레이터의 가장 밑바닥에 해당하는지 결정하기 위해서는 작은 유리 결정의 존재 여부를 관찰하면 된다. 이러한 결정은 강력한 충돌로 암석이 녹아 분출된 후 날아가면서 식고 굳어진 것이다.

유리 결정을 포함하는 퇴적층의 나이가 크레이터의 나이가 될 수 있다. 그러나 이러한 결정도 시간이 가면 가라앉는 경향이 있다. 더멘스는 바닷속의 크레이터 나이를 정할 때 이것이 특히 문제가 된다고 한다. 구멍을 뚫으며 다니는 바다 벌레들이 이러한 결정을 파괴할 수 있기 때문이다. 퇴적층의 아래 부분일수록 오래 되었기 때문에 결정이 가라앉으면 크레이터의 나이를 과도하게 추정할 수 있다. 칙술루브 충돌이 과거에 생각했던 시기보다 30만 년이나 더 오래된 것으로 보이는 이유가 여기에 있다(결정 자체의 나이를 정하기는 어렵다).

더멘스는 크레이터의 나이를 정확히 알 수는 없지만 유명한 K-T 경계 시기 부근이라는 데 대부분 동의한다. K-T 경계(전 세계에 걸친 6500

만 년 전의 암석층)에는 이리듐이 높은 농도로 포함되며 이것은 대형 소행성이 지구에 충돌하여 공룡을 멸종시켰다는 가설로 이어진다. 이리듐은 지구 지각에는 많이 존재하지 않지만 소행성에는 풍부하게 포함된 원소다.

이러한 관찰은 6500만 년 전의 소행성 충돌에 대한 확실한 증거가 된다. 아마 칙술루브가 그 소행성일 가능성이 크지만 같은 시기에 다른 충돌로 K-T 경계가 생겨났을 가능성도 배제할 수는 없다. 하지만 충돌이 공룡의 멸망으로 이어졌는지에 대한 의견은 엇갈린다. 화석 기록으로 볼 때, 충돌 이전 수십만 년 전부터 공룡의 다양성이 줄어들기 시작했다.

이 시기에 두 가지의 지질학적 변화가 일어났다. 광대한 대륙을 덮고 있던 얕은 바다가 후퇴하고 대륙의 위치가 서서히 변화되었다. 그리고 매우 활발한 화산 활동으로 인도대륙 데칸 용암지대가 형성되었다. 바다의 후퇴, 화산재, 충돌로 인한 낙진 및 이어진 화재 등이 기후를 변화시켰을 것이다. 이러한 사건들 중 어떤 것 혹은 전부가 공룡의 멸종과 관련되었을 것으로 보인다.

지진의 크기

지진은 '규모와 횟수'로 측정합니다. 하지만 일부에서는 아직 '릭터 지진계'를 이용하고 있습니다. 그 이유를 설명해주세요.

지질학자들은 과학 문헌에서 더 이상 '릭터 지진계'를 이용하지 않는다. 그러나 대중이 이 용어에 익숙하기 때문에 언론에는 자주 등장한다. 기자들이 이 용어를 사용하지 않아야 지질학자들이 릭터 지진계를 어디서 구입할 수 있는지 묻는 질문을 받지 않을 것이다. 릭터 지진계는 장비 이름이 아니라 수학공식이기 때문이다.

1935년에 찰스 릭터가 남캘리포니아 지역의 지진계 기록을 이용하여 중간 정도 지진의 규모를 계산하기 위해 자신이 고안한 척도를 적용했다. 그러나 릭터의 방법은 매우 강한 지진(규모가 7을 넘는)이나 진앙으로부터 650킬로미터 이상 떨어진 곳에서 기록된 지진, 혹은 매우 깊은 암석층의 지진은 정확한 규모를 산출하지 못하기 때문에 새로운 방법이 개발되었다.

다행히 새로 개발된 방법은 릭터 지진계와 일치하도록 설계되었다. 미국의 지질조사에서는 현재 '규모(Magnitude)' 혹은 단순히 약자로 'M'을 이용한다. 이러한 규모 숫자는 릭터의 방법과는 다르게 계산되지만 우리가 통상적으로 이해하는 숫자(예를 들어 규모 5와 규모 6)를 여전히 적용한다(규모 6의 지진은 5의 지진보다 30배 더 강력하다).

지진이 일으키는 피해의 크기와 관련해서는 모든 규모 척도가 다 부적절하다. 지진이 방출하는 에너지의 크기만이 측정 대상이기 때문이다. 지진에 의한 피해의 크기는 다양한 요인이 관계된다. 진앙으로부터 거리, 지하의 암석 혹은 토양의 유형 등이다.

지진의 파괴성을 가장 잘 나타내는 특정 방법은 메르칼리 척도다. 이것은 관찰된 영향을 12단계로 나타내는데 가장 낮은 '느껴지지 않음'에서 가장 높은 '모든 구조물이 파괴'까지다.

지진파의 속도

지진파는 진앙으로부터 얼마나 빠른 속도로 전달되는지 설명해주세요

지진이 일어나면 P파, S파, 러브파, 레일리파의 네 가지 지진파가 발생하며 각 파는 다른 속도로 진행한다. P파는 1차파라고도 하며 매질을 밀고 당기면서 진행한다. 압축되었다 늘어나기를 반복하는 용수철과 비슷하다. 지진파들 중에서 가장 빨라서 초속 1~14킬로미터 속도로 1시간에 3600~5만 킬로미터까지 진행한다. 지진파의 속도는 통과하며 진행하는 매질의 종류에 따라 달라진다. 즉 느슨한 토양이나 액체를 지날 때보다 단단한 바위층을 지날 때 더 빠르며, 지구 속 깊이(압력)에 따라 빨라진다.

2차파라고도 부르는 S파는 진행방향과 직각으로 암반을 자른다. 속도는 진행하는 매질에 따라 다르지만 초속 1~8킬로미터이며 고체 매질만 통과한다. P파와 S파의 속도는 매질에 따라 변하지만 속도의 비는 비교적 일정하기 때문에 진앙까지의 거리를 계산하는 데 이용된다.

P파와 S파는 지구 표면 아래에서 진행하는 데 비해 러브파와 레일리파는 표면파이므로 지진이 일으키는 파괴력의 대부분을 차지한다. 러브파는 땅을 양 옆으로 흔들며 진행하고 수직방향으로 진동은 없다. 레일리파는 땅을 수평으로 그리고 수직으로 움직인다. 두 유형의 표면파는 모두 S파와 P파보다 속도가 약간 느린데 레일리파가 가장 느리다(초속 1~5킬로미터 정도).

P파는 매우 약하기 때문에 사람이 느낄 수 없지만 일부 동물은 이러한 진동을 느끼거나 들을 수 있다. 지진이 예상될 때 개들이 짖는 이유가 이것 때문이라고 한다. 인간은 지진이 발생한 다음 늦게 도착하는 지

진파의 강력한 흔들림을 느낄 때만 알 수 있다.

흔들리며 돌아가는 지구

저는 지구가 자전축에서 4도 정도 기울어졌다는 이야기를 들었습니다. 2004년 아시아 지역을 강타한 쓰나미 때문에 많은 양의 바닷물이 지구 둘레를 이동했기 때문이라고 합니다. 이 말이 사실일까요? 그렇다면 그 결과가 미치는 영향은 무엇입니까?

지진과 쓰나미 때문에 이동되는 질량은 지구의 자전축을 흔들고 하루의 길이도 줄였다("아하! 왜 그렇게 하루가 바쁘게 느껴졌는지 알 것 같다."고 말하고 싶은 사람도 있을 것이다). NASA 제트추진연구소 지질물리학자의 계산으로는 지진이 지구의 적도가 부풀어 오른 정도를 약간 줄였다고 한다. 피겨스케이트 선수가 회전할 때 팔을 몸 쪽으로 당기는 것처럼 이로 인해 지구의 회전도 빨라졌다.

그러나 이러한 효과는 여러분이 들은 것보다 훨씬 작다. 2004년 12월 26일의 지진은 규모가 9를 넘었지만 질량이 재분포된 양은 지구의 전체 질량에 비해 미미하다. NASA의 지질물리학자들은 지구가 자전축에서 약 2.5센티미터 기울었으며 짧아진 하루 길이는 270만분의 1초에 불과한 것으로 추정했다.

지진에 의한 진동이나 하루 길이의 변화는 모두 정상적 변동과 비교할 때 의미가 없다. 두 가지 모두 지구 질량의 재분포에 의해 영향을 받을 수 있으며, 지구의 건조하고 습한 지역의 분포를 변화시키는 기후 체계인 엘니뇨 및 라니뇨 현상도 여기에 포함된다. 그리고 지구는 또한 자전축 중심으로 완벽한 형태로 회전하지는 않으며, 14개월마다 축이 지름 12미터 정도의 범위에서 흔들린다.

지구 자전축의 경사는 미세한 흔들림 외에는 항상 안정되어 있어 지구의 태양 주위 공전궤도 평면에 대해 23.5도를 이룬다. 지구에 계절이 생기는 이유가 이러한 경사에 있다. 북반구가 태양의 반대 방향으로 향하면 태양빛이 좀 더 경사진 각도로 땅을 비춘다. 그래서 북반구에는 햇빛이 적고 겨울이 된다. 반대로 지구가 태양 주위를 반 바퀴 돌아서 여름이 되면 북반구가 태양을 향한 방향으로 기울어 있다.

지구의 경사도는 약 4만1000년의 주기로 22도에서 24.5도까지 변한다. 이러한 경사 주기는 빙하기를 초래하는 하나의 요인이다. 경사가 작으면 여름 기온이 더 낮아지고 빙하는 오래 지속된다. 그러므로 지진이 지구의 경사도를 4도나 더 기울였다면 지구 기후에 엄청나게 큰 변화가 생겼을 것이다.

지각판과 지진

2010년 1월 12일 아이티에서 발생한 지진과 그 이전에 있었던 코스타리카의 화산폭발, 그리고 과테말라의 지진이 서로 관련이 있습니까? 과학자들은 카리브 판에 인접한 지각판들의 움직임이 커진 것으로 봅니까?

카리브 판의 이동은 북아메리카, 남아메리카, 코코스, 나츠카 판 등 이웃한 여러 지각판의 움직임이 상호작용한 결과다. 아이티의 수도 포르토프랭스의 규모 7의 지진은 엔리키요-플랜틴 가든 단층지대에서 발생했다. 이것은 카리브 판과 북아메리카 판이 맞닿는 지역을 따라 형성된 단층망의 일부로, 엔틸리스 제도 등 여러 섬으로 이어져 있다.

카리브 판은 북아메리카 판에 대해 동쪽으로 매년 20밀리미터씩 미끄러져 가지만, 엔리키요-플랜틴 가든 단층은 100년 이상 상대적으로 활동이 없었다. 단층이 고정된 상태였기 때문에 지진 위험지역이었다.

앞으로 엔리키요-플랜틴 가든 단층 지대의 활동이 증가할 것으로 예상되는데, 커다란 사태들이 새로운 스트레스를 만들고 이로 인해 지질 활동이 연속될 수 있기 때문이다. 이러한 사후 충격은 1751년부터 시작하여 여러 대규모 지진들이 단층을 따라 동쪽에서 서쪽으로 전파되는 것처럼 보이거나 단층 지대를 따라 분산되어 발생할 것으로 예상된다.

지진은 아주 먼 곳까지 영향을 준다. 예를 들어, 2009년에 발생한 알래스카 데날리의 규모 7.9의 지진은 3200킬로미터 이상 떨어진 미국의 옐로스톤 국립공원에 소규모 지진을 유발했으며 공원의 간헐천 활동도 변화시켰다. 그러나 지진과 관련해서 동시에 발생하는 것으로 보이는 지질 사건들은 그와 같은 사건들이 워낙 드물게 발생하기 때문에 그렇게 보이는 것일 수도 있다.

미국은 지질조사 결과 하루에 약 40회의 지진 장소를 발표하지만 학자들은 매년 지진이 수백만 건 발생하는 것으로 추정한다. 매년 50~70건의 화산폭발이 있으며, 해저 화산을 제외해도 20건 정도 화산폭발이 일어났다. 세계에서 지진활동이 가장 활발한 지역은 태평양을 둘러싼 말굽 모양의 불의 고리로 코스타리카의 화산폭발 지점과 과테말라의 지진 발생 지점이다.

단기적으로 볼 때 그와 같은 사태들이 서로 연결된 것으로 보이지는 않지만 장기적으로 서로 다른 지각판들에서 일어나는 지진은 관련될 것이다. 지난 세기 전 세계에서 발생했던 지진의 유형을 분석한 연구는, 한 지역에서 발생한 일련의 대규모 지진이 초래한 지각의 스트레스가 인접 지각판들 사이의 경계를 따라 전파될 수 있음을 보여준다.

지도를 다시 그리다

산앤드레이어스 단층이 미국 샌디에이고와 멕시코 티후아나 경계의 땅을 5미터 북쪽으로 이동시킨다면 표면에서는 어떤 일이 일어날까요? 이전에는 멕시코에 속했던 땅이 미국 소유가 될까요?

경계를 따라 설치한 국경 펜스 등 모든 구조물이 일정하게 이동한다면 미국과 멕시코 국경이 북쪽으로 5미터 이동할 수 있다. 땅이 불규칙하게 이동한다면 두 국가는 서로 협상하여 새로운 국경을 설정해야 할 것이다.

지질학적 변화는 국경에도 영향을 준다. 태평양 판은 매년 5~8센티미터 북쪽으로 이동하며 미국 · 멕시코 국경도 옮기고 있다. 그리고 국경 주위의 침식과 같은 지형학적 변화는 이보다 더 빠르게 일어난다. 국경의 많은 부분이 강을 따라 설정되어 있는데 강은 시간이 흐르면 그 경로가 크게 달라진다.

미국 해양연구소의 측지학자(지구의 형태 및 시간에 따른 변화를 연구하여 지도 작성에 수학적 기초를 제공하는 학자)인 예후다 복은 전 세계에는 많은 국경분쟁이 발생하지만 지질학적 혹은 지형학적 변화에서 비롯된 사례는 없다고 한다. 이것은 놀랄 만한 일이지만 복은 지도 자체가 작성 시에 이용한 참고 체계에 따라 달라진다고 지적한다. 지도들 사이의 차이에 비하면 지진이나 침식 등으로 발생하는 지구 표면의 변화는 아주 사소하다.

얼마나 오래 되었을까

탄소 연대측정에는 빙하기나 다른 여러 환경 요인이 다양하게 개입하기 때문에 믿을 수 없습니다. 이 문제에 대해 설명해주세요.

탄소 연대측정법은 방사능 활성 탄소-14의 양을 측정한다. 지구의 대기에는 탄소-14와 탄소-12(탄소의 가장 흔한 형태, 즉 동위원소다)가 모두 존재하고 이것은 식물이 이산화탄소를 흡수하여 당분을 만드는 과정에서 식물 속으로 들어간다. 그리고 동물이 식물을 먹고, 그 동물을 또 다른 동물이 먹음으로써 동물도 포함된다. 따라서 살아 있는 동식물들의 몸에 포함된 탄소-14와 탄소-12의 비는 일정하며 이는 대기 중의 동위원소 비를 반영한다.

생명체가 죽으면 탄소 흡입을 멈추기 때문에 탄소-14와 탄소-12의 비는 감소한다. 탄소-14는 방사성 붕괴를 하지만 탄소-12는 안정되어 있기 때문이다. 그래서 안정된 탄소의 양과 방사능 활성 탄소의 양 사이의 비를 통해 식물이나 동물에서 비롯된 물체의 나이를 알 수 있다.

물체 속에 포함된 탄소-14의 양은 처음 존재했던 탄소-14의 양과 붕괴 속도에 따라 정해진다. 방사능 활성 동위원소는 환경요인이 아닌 원자핵 내의 힘에 따라 결정되는 고유한 붕괴 속도를 가진다. 붕괴 속도는 반감기로 표현하는데 동위원소가 분해되어 처음 양의 절반으로 되기까지 걸린 시간을 말한다. 탄소-14의 반감기는 5730년이다.

한편 생명체가 이용 가능한 탄소-14의 양은 시간에 따라 변한다. 탄소-14는 우주에서 오는 우주선(宇宙線)이 지구의 대기 상층부에 부딪힐 때 질소와 핵반응을 하면서 만들어진다. 지구 자기장의 세기가 변하면 태양풍이 불 때처럼 대기 중에서 만들어지는 탄소-14의 양도 변화된다.

빙하기 같은 여러 기후 요인 역시 탄소 연대측정 과정에서 고려해야 한다. 왜냐하면 범지구적인 탄소 순환(대기 중의 탄소가 땅 위의 식물과 동물, 토양, 바다 표면과 깊은 바다 그리고 해저 침전물 등으로 이동하는 과정)에 영향을 주기 때문이다.

이러한 요인들 때문에 방사능 활성 탄소 붕괴는 보정이 필요하다. 탄소-14 연대 측정으로 추정한 나이로부터 '진짜' 달력 나이를 계산하는 데 이용되는 그래프가 있다. 이 그래프는 탄소-14를 이용하여 독립적으로 연대를 측정할 수 있는 표본 및 최소한 한 가지 이상의 다른 방법, 예를 들어 해저 침전물 중심이나 빙하 중심의 층들, 나무의 나이테, 혹은 지하수로부터 침전되는 우라늄과 같은 다른 방사능 활성 원소의 붕괴를 이용하여 작성되었다.

현재도 학자들은 새로운 데이터를 이용하여 보정 그래프를 계속 개선하고 있으며, 현재 대략 5만 년 정도 된 물체는 탄소-14를 이용해서 신뢰성 있게 연대측정이 가능하다. 여러 가지 다른 반감기가 긴 방사능 활성 동위원소가 방사능 연대측정에 이용되며, 여러 다른 동위원소의 붕괴를 이용하여 계산한 연령은 비교적 정확하게 일치한다.

지구의 나이

지구 나이를 가장 길게 추정하면 얼마나 됩니까?

모든 대륙에서 35억 년이 넘은 암석이 발견되었다. 가장 오래된 지구 암석(40.3억 년)은 캐나다 북서부에 위치한 그레이트슬레이브 호수 근처에서 발견된 편마암층이다. 그러므로 지구 나이의 하한은 40.3억 년이다. 지구가 최소한 그 암석층만큼은 오래되었기 때문이다.

지구 표면은 끊임없이 복잡한 과정이 작용해 변하기 때문에 암석층을 이용해서 지구 나이의 상한을 추정할 수는 없다. 암석의 풍화에 따라 침전물이 쌓여서 퇴적암이 만들어진다. 그리고 지각판의 이동으로 지구의 지각 역시 끊임없이 파괴되고 새로 만들어진다.

호주 서부의 신생 암석층에서는 44억 년 된 지르콘 결정이 발견되었다. 지르콘 결정을 분석한 결과 그것이 마그마에서 처음 형성되었으며 물과 접촉하면서 냉각되어 결정이 되었다는 결론을 내릴 수 있었다. 즉 지구는 그 전에 이미 형성된 상태였으며 44억 년 전에도 바다가 존재했다.

지구 외부에서 온 암석에는 태양계 나이에 관한 정보가 담겨 있으며 이 정보를 이용해 지구 나이의 상한도 결정할 수 있다. 달에서 지구로 가져온 암석의 가장 오래된 나이는 44억 년 이상이다. 운석은 대부분이 초기 태양계에서 행성에 합쳐지지 않고 떨어져 나온 원시 암석이다. 발견된 운석 중 가장 오래된 것의 나이는 45.7억 년이므로, 45.7억 년이 현재까지 추정되는 지구 연령의 상한이다.

지구의 연령을 처음 추정할 때는 지구 크기의 물체가 생성된 후 식는 속도를 토대로 계산하였다. 1846년 영국 물리학자 캘빈은 지구의 나이가 수억 년에 불과하다고 결론내렸다. 당시에는 방사능이 발견되지 않았을 때였다. 현재는 방사능을 이용해서 캘빈이 계산할 때 포함하지 못했던 여러 사항을 고려하여 보다 정확히 계산할 수 있다.

지구의 질량

지구 질량은 어느 정도로 추정되며, 어떻게 계산합니까?

지구의 질량은 6,000,000,000,000,000,000,000톤(0이 21개 붙는다!)이다. 지구는 태양계 내 네 개의 암석 행성들(수성, 금성, 지구, 화성)

중 가장 크다. 태양계에서 가장 큰 행성은 목성으로 질량은 지구의 300배 이상이다.

행성의 질량은 중력과 직접 관련된다. 지구의 중력은 알려져 있기 때문에 뉴턴의 만유인력의 법칙을 이용하여 지구의 질량을 측정할 수 있다. 다른 행성의 질량은 우주선을 보내 행성 근처를 지날 때 그 행성의 중력에 의해 우주선의 진행 경로가 휘어지는 것을 측정하여 계산한다.

다른 방법도 있다. 위성을 가진 행성은 독일 수학자 케플러의 행성운동 제3법칙을 토대로 뉴턴이 창안한 방정식을 이용해서 계산할 수 있다. 이 방정식은 행성의 질량, 행성의 위성이 행성 주위를 공전하는 데 걸리는 시간, 그리고 행성과 위성 사이의 거리 등의 관계를 나타낸 식이다.

중력이 변한다?

지구의 중력 변화를 측정하는 한 쌍의 인공위성이 있는 것으로 알고 있습니다. 이 위성들의 측정 결과 중국에 건설된 거대한 댐이 중력과 지구 자전축의 기울어짐에 영향을 준 것으로 나타났습니까?

쌍둥이 위성인 그레이스는 2002년 발사되었는데 이때는 중국의 싼샤 댐이 완공되기 전이며(1994년부터 2003년에 걸쳐 건설되었다), 댐으로 만든 호수에 물을 채우기 전이었다. 그후 그레이스 위성은 댐 호수에 채운 방대한 양의 물을 추적했다.

그레이스 인공위성을 통해 미시시피와 아마존, 그리고 빅토리아 호수 분지 등 다른 지역의 지하수 보존과 고갈에 관해서도 많은 정보를 얻었다. 특히 지하의 대수층을 모니터링하는 데 매우 유용하여 다른 방법으로 이와 같은 정보를 얻자면 비용이 매우 많이 소요된다.

그레이스 위성은 지구 자기장의 시간에 따른 변동을 매우 상세히 파악하고 있다. 그리고 그레이스 위성은 육지 지하수의 보존과 고갈 상태를 추적하는 임무 외에도 극지방에 쌓인 만년설 규모의 변화, 표면 혹은 심해의 해류 변화, 해양과 대기 사이의 수증기 교환, 자기장을 발생시키는 지구 내부의 움직임과 지각판의 이동 등도 측정한다. 그레이스는 30일마다 지구 전체에 대한 해상도 높은 사진을 전송하며 한 달 이내의 기간에는 그보다는 덜 상세한 관찰을 계속한다.

그레이스 위성은 일렬로 배열하여 지구 주위를 공전하는데, 쌍둥이 위성 사이는 220킬로미터 떨어져 있다. 지구 중력장의 국지적 변동은 앞서가는 위성에 먼저 영향을 주어 뒤따르는 위성으로부터 아주 약간의 간격을 더 벌린다. 마이크로파 측정 장치로 5초마다 두 위성 사이의 거리를 측정한다. 이렇게 측정하는 값은 오차가 10마이크로미터(인간 머리카락 굵기) 이내로 정확하다

지구의 자전축에서 기울어짐은 그레이스 위성이 측정할 수 없지만 NASA의 과학자들이 계산한 결과로는 싼샤 댐 호수에 물을 채운 후 북극 지점이 약 2센티미터 정도 옮겨진 것으로 보인다. 이와 같은 질량 이동으로 하루의 길이도 0.06마이크로초(1억 분의 6초) 길어졌을 것이다.

이 정도의 하루 길이 변화와 자전축의 흔들림은 지구에 '건조하고 습한 지역을 변화시키는 등의 기후 체계가 야기하는 정상적 변동과 비교할 때 아주 작은 크기에 불과하다.

지구 질량의 변화

50년 전의 지구와 현재 지구의 질량을 비교하면 차이가 있을까요? 인구가 늘어나면 지구도 더 무거워집니까? 아니면 항상 일정한 질량을 유지합니까? 그리고 사람이 만든 물체가 점점 더 많이 지구를 떠나가면 지구가 더 가벼워질까요?

바이킹이나 카시니 같은 우주선이 지구를 영원히 떠날 때마다 지구는 아주 아주 아주 작은 질량을 잃는다. 그러나 지구에 사람들이 늘어난다고 해서 지구의 질량이 변하지는 않는다(대기를 지구 질량의 일부로 계산한다고 가정할 때다). 생물학적 과정은 질량의 재배치에 지나지 않기 때문이다. 예를 들어, 우리 인간을 비롯한 지구의 동물은 식물로부터 직접 혹은 간접적으로 질량을 얻으며 식물은 또한 대기 중의 이산화탄소와 물로부터 광합성을 통해 질량을 얻는다.

샌디에이고 캘리포니아대학 물리학과에서 지구와 달 사이의 중력 작용에 대한 연구를 통해 아인슈타인의 상대성이론을 검증하는 톰 머피 교수에 의하면, 세 가지 과정을 통해 지구의 질량이 변화한다고 한다. 지구는 그중 한 과정으로 질량을 얻고 다른 두 과정으로 질량을 잃는다.

첫째, 지구는 우주공간으로부터 오는 먼지와 암석을 받아들여 질량이 늘어난다. 둘째, 지구 대기로부터 수소와 헬륨이 빠져나간다. 셋째, 지구 내부의 방사성 활성화 원소가 붕괴한다. 헬륨은 어떤 원소들이 붕괴할 때 만들어진다. 붕괴 과정에서는 또한 원소 질량 중 일부가 열로 전환되어 우주로 방출된다. 이와 같은 에너지와 질량 사이의 관계는 아인슈타인의 유명한 방정식 $E=mc^2$(방출되는 에너지는 없어진 질량 곱하기 빛의 속도의 제곱과 같다)으로 표현된다.

과학자들은 지구는 매일 10~100톤 정도의 운석 물질(먼지와 암석)

을 얻는다고 추정한다. 머피 교수는 대기 중의 수소와 헬륨이 우주로 빠져나가고 방사성 원소의 붕괴로 소실되는 지구의 질량이 행성 사이의 먼지를 받아들여 늘어나는 질량보다는 작을 것으로 추정한다.

이것이 만약 사실이라면 지구의 질량은 서서히 증가한다. 그러나 머피 교수는 달에서 반사되어 오는 레이저 빔 등의 방법을 이용해 매우 정밀하게 측정했음에도 지구의 질량 변화를 확인할 수 없었다.

그레이스의 두 위성처럼 하나가 다른 하나를 뒤따르는 모양으로 동일한 궤도에서 지구를 공전하면 지구 질량의 국지적 재분포를 감지할 수는 있다. 하지만 지구 전체의 질량을 측정하지는 못한다. 앞선 위성에 먼저 영향을 주는 중력의 국지적 변화와는 달리(앞선 위성과 뒤따르는 위성 사이 거리가 미세하게 변하는 것으로 중력 지도를 만들 수 있다), 지구 중력의 전체적 변화는 두 위성에 동일하게 영향을 주기 때문이다.

둥근 지구의 수평

목수들은 수평계의 공기방울이 가운데 오면 수평이 잡혔다고 하는데 이는 무엇을 의미합니까? 둥근 지구에서 수평이 어떻게 가능합니까?

공기방울이 중심에 오면 수평기가 그 지점에서 지구의 접선과 평행하다. 접선은 구와 한 점에서만 마주치는 직선을 말하며, 그 점에서 구의 반지름과 90도 각도를 이룬다.

지구는 표면이 고르지 못한 구이기 때문에 접선이 항상 지표와 평행한 것은 아니다. 비스듬한 언덕에서도 중력은 여전히 지구의 중심을 향하므로 수평계도 지구의 중심으로 이어지는 직선에 수직인 방향으로 놓인다.

수영장의 피타고라스

길이가 25미터인 수영장의 물은 보이는 것처럼 실제로 편평합니까? 아니면 지구와 대양처럼 '둥근' 모양입니까?

기하학 선생님들이 좋아하는 공식을 이용하면 수영장의 길이가 휘어진 정도를 결정할 수 있다. 직각삼각형에서 빗변 길이의 제곱은 다른 두 변(밑변과 높이)의 길이 제곱의 합과 같다는 것이 피타고라스 정리다.

25미터 수영장의 길이를 따라 지구가 얼마나 굽어져 있는지 알기 위해, 직각삼각형의 밑변이 25미터라 가정한다. 삼각형의 높이는 지구의 반지름에 해당하고, 그 길이는 대략 6500킬로미터다. 나머지 한 변인 빗변은 밑변의 반대쪽 끝에서 지구 중심까지의 거리가 된다.

밑변은 구(지구)에 접선으로, 높이와 90도 각을 이루지만 지구 표면이 굽어 있으므로 25미터 떨어진 지점은 밑변에서 떨어져 있다. 빗변의 길이는 지구 반지름에 지구 표면에서 25미터 밑변의 끝 사이의 떨어진 거리를 합한 값이다.

그러므로 빗변의 길이에서 지구 반지름을 빼면 25미터 수영장 길이를 따라 지구 표면이 얼마나 굽어 있는지 계산된다. 근삿값으로 계산할 때 0.0025밀리미터가 나온다. 말하자면 지구의 곡면을 보기에 수영장 길이는 너무 짧다.

지구 자기장이 변하다

대학생일 때 지구 자기장의 중심(자심)이 100만 년 전에 다른 곳으로 이동했다가 다시 현재 위치로 돌아왔다고 배웠습니다. 그리고 과거에 지구의 자전축도 계속 움직여서 수평으로 되었다가 다시 현재의 위치가 된 것으로 배웠습니다. 지구의 자전축이 움직여서 수평에 가까워지고 있다는 증거가 있습니까? 만약 그렇다면 그 원인이 지구의 자심에 있습니까?

지구 자기장은 지질학적 역사 과정에 여러 차례 뒤집혔지만(역전), 자기 중심(자심)의 역전을 그 원인으로 보지 않는다. 지구의 자심은 냉장고의 자석처럼 영구자석이 될 수 없다. 지구 중심부의 온도가 너무 높아 자기력을 영구적으로 유지할 수 없기 때문이다. 그 대신 '지오다이나모(geodynamo)' 라는 역동적 과정을 통해 자기력이 생성되는 것으로 생각된다.

지구의 중심부에는 고체 상태의 내핵과 이를 둘러싼 액체 상태의 외핵이 있는데 전기전도성이 있는 액체 금속 외핵의 나선형 운동이 지오다이나모다. 가벼운 원소의 부력과 열 상승, 그리고 지구의 회전 등이 지오다이나모를 일으키는 동력으로 생각된다.

현재 우리가 알고 있는 지오다이나모에 관한 지식은 주로 컴퓨터 시뮬레이션으로 얻은 것이다. 이러한 시뮬레이션을 통해 지구의 핵과 그에 인접한 맨틀 사이의 열 흐름에 변화가 있으면 자기장의 역전 빈도를 변화시킬 수 있는 것으로 밝혀졌다. 하지만 이와 같은 역전의 정확한 메커니즘은 잘 알지 못한다.

지구 자전축이 기울어진 것처럼 태양계의 다른 모든 행성의 자전축도 기울어져 있다. 천왕성은 예외인데, 이 행성의 자전축은 태양 주위 공전궤도의 평면과 평행하다. 지구의 자전축 경사는 22도와 24.5도 사이에서 변한다. 다른 행성들은 자전축의 경사 변화가 좀 더 무질서한데, 지구 또한 달이 존재하여 중력으로 축을 안정시키기 전까지는 경사의 변화가 무질서했을 것이다.

뒤집어지다

지구 자기장이 역전되면 전기 시스템을 비롯해서 새나 바다동물의 방향 찾기에 어떤 영향이 나타날 것인지, 또 언제 자기장이 무의 상태에 도달할 것으로 예상하는지요? 그리고 지구를 보호해주는 자기장이 사라지면 지구 온난화와 암 발생 등에 어떤 영향을 미칠까요?

지구 자기장의 세기는 1845년 이후 10퍼센트 감소했다. 과학자들은 자기장의 북극과 남극이 수천 년 안에 바뀔 것으로 예상한다. 자기장의 극성이 마지막으로 바뀐 것은 78만 년 전이었다.

지구 자기장의 세기나 방향이 변하는 현상은 지구의 핵 속에 액체 상태 철로 구성되어 자기장을 생성하는 층의 회전 속도가 변하거나 전기 전도성이 변해서 나타난다.

과거에 있었던 자기 극성의 역전은 바위에 기록되어 있다. 예를 들어, 지각의 대륙판들이 서로 분리되는 지역인 대서양 중앙 해저의 화산 능선에는 자기 극성의 변화가 기록된 바위들의 띠가 있다. 각각의 바위 띠는 바위가 만들어질 때 존재했던 자기 극성을 반영한다. 열로 녹은 바위 속에서 자기 입자들이 바위가 굳기 전의 지구 자기장에 맞춰 배열하기 때문이다.

극성이 역전되는 동안 지구 자기장이 영(0)이 되면 지구 표면에 도달하는 우주선(우주복사)의 양이 증가하고 태양풍의 위험으로부터 보호를 받지 못하며 일부 생명체는 방향감각을 소실하는 등의 문제가 발생한다.

기후학자들의 연구에 의하면 자기 극성의 역전에 따라 지구의 기온이나 기후 양상이 함께 변했다는 증거는 없다고 한다. 과거의 자기 극성 역전에 맞춰 동물 혹은 식물에 큰 변화가 있었음을 보여주는 화석 기록도 없어서, 우주복사의 증가가 대규모 돌연변이로 이어지지 않았다고 생각할 수 있다. 지구의 자기장이 없다고 해도 대기층이 우주복사를 대부분 차단해주지만 암 발생은 증가할 수 있다.

태양으로부터 오는 전하입자들의 흐름인 태양풍은 이미 여러 차례 전력망이나 위성통신을 교란시킨 적이 있다. 태양풍이 비켜가게 해주는 지구의 자기장이 없으면 이러한 태양풍이 좀 더 심각한 문제를 야기하고 지구 오존층까지 손상시킬 수 있을 것이다.

많은 새 종류와 바다 동물은 자기장에 전적으로 의존하거나 혹은 다른 천문학적 단서(특히 별의 회전 방향)와 자기장의 단서를 종합하여 자신의 생애 첫 이동 이후에 이동할 방향을 정한다.

아무도 자기장이 제로가 되기까지 수천 년 동안 이러한 동물들이 자기 극성의 역전에 적응할 수 있을지 아무도 알지 못한다. 현재 동물들은 어느 정도 적응했을 것이 틀림없다. 우리 지구의 자기 북극이 1800년대 이후 1000킬로미터 이상 이동했기 때문이다.

지겨운 거짓말

콜럼부스 당시의 사람들은 세계가 편평하게 생겼다고 믿었다는 말이 왜 그렇게 많이 등장합니까? 오늘날 학자들은 콜럼부스나 그의 동시대 사람들이(그리고 어느 정도 교육받은 중세시대 사람들도) 세계가 편평하다고는 믿지 않았다고 말합니다.

"학생들은 쓰레기를 배우고 있다." 《더 텍스트북 레터*The Textbook Letter*》라는 책에서 지구과학 교과서를 비판하면서 이렇게 적었다. 교과서는 1492년 콜럼부스가 세계일주 항해를 통해 최종적으로 증명하기 전까지는 누구도 지구가 둥글다는 사실을 믿지 않았다고 가르친다. 중학교 때 콜럼부스와 편평한 지구 이야기를 충실히 배운 사람들은 대부분의 역사가들이 이를 하나의 허구일 뿐으로 생각한다는 사실을 알고는 놀라게 된다.

중세시대 기록을 보면 당시 사람들은 지구를 둥근 공 형태로 표현하며, 다음과 같은 증거를 제시했다. 위도가 다른 지역에서는 다른 별들이 관찰된다. 바다로 나가는 배는 돛대보다 선체가 먼저 사라진다. 월식 때 달에 비치는 지구의 그림자가 둥근 모양이다.

콜럼부스 자신의 글이나 그 아들이 설명한 항해의 이유 등을 포함하여 콜럼부스의 항해에 관한 초기 자료들 중 어디에서도 지구가 둥글다는 데 의문을 제기하지 않았다. 콜럼부스의 후원자들이 항해에 대해 우려했던 것은 배가 지구로부터 추락할 것이라는 걱정이 아니었다. 그들은 콜럼부스가 추정한 극동까지의 거리가 너무 가까웠기 때문이었다.

콜럼부스와 편평한 지구라는 허구의 중요한 근거는 1828년 워싱턴 어빙의 《크리스토퍼 콜럼부스의 생애와 항해》라는 역사소설이었다. 소설 속에는 콜럼부스가 잘못된 지식을 가진 교수와 성직자에 대항하여 지구의 형태를 주장하는 극적인 장면이 있는데 이것이 편평한 지구라는 허구가 대중의 상상 속으로 들어가게 된 계기였다.

어빙이 그 장면을 지어낸 것으로 보이지만 1700년대와 1800년대의 다른 작가들은 중세시대 사상가들의 세계에 대한 이해를 과소평가하여 이런 생각이 널리 퍼지게 되었다. 제프리 버튼 러셀은 《편평한 지구의 발명》에서 어떤 경우에는 이것이 계획적으로 성직자에게 반대하는 선전이었다고 적었다.

콜럼부스가 활동하던 시대에는 극소수만이 지구가 편평하다는 관점을 가지고 있었다(최소한 어느 정도 교육을 받은 사람들 중에서는). 그의 항해는 당시에 지구가 편평하다고 생각하던 사람들의 마음을 전혀 바꾸어 놓지 못했을 것이다. 무엇보다도 20세기의 '국제편평지구협회' 라는 단체의 회원들은 인공위성에서 촬영한 사진을 보고도 둥근 지구를 인정하지 않기 때문이다.

7

과학으로 하늘을 읽는다

태양이 떠오르다

일출시간을 어떻게 예측합니까? 그리고 일출시간이 예측과 다른 이유는 무엇입니까?

해 뜨는 시간은 지구의 자전 및 공전 속도와 해당 지역의 위도 및 경도에 따라 계산한다. 미국 해군 천문 웹사이트에서 일출시간 계산 컴퓨터 프로그램을 이용할 수 있으며, 사이트에는 그 외에도 달 뜨는 시간과 지는 시간 계산 등 여러 가지 천문학 응용 프로그램도 있다.

일출시간을 계산할 때는 관찰자의 눈이 지구 표면, 즉 해수면 높이에 있고 수평선을 바라볼 때 시야에 장애물이 없다고 가정한다. 그리고 지구의 대기가 태양에서 오는 빛을 굴절시키는 정도를 고려할 때 태양이 수평선 위로 떠오르기 전에 맨 위 부분을 볼 수 있는 평균적인 대기 조건이라 가정한다. 대기 조건의 예상할 수 없는 변동으로 빛의 굴절 정도가 변하면 관측되는 일출시간이 영향을 받을 수 있다.

일출 순간은 태양의 중심이 수평선 아래 50분(1분=1/60도)의 각도에 위치했을 때로 정의한다. 50분의 각도는 눈에 보이는 태양의 반지름(16분)과 대기의 평균 굴절률을 합한 값이다. 빛이 굴절되기 때문에(34분) 태양이 실제로 수평선 위로 오르기 전에 태양의 꼭대기를 볼 수 있다.

일몰과 일출을 동시에 보다

아버지는 해군 항해사로 은퇴하셨는데, 예전에 하와이 근처 태평양에서 같은 시간에 일출과 일몰을 본 적이 있다고 하십니다. 제 생각으로는 남극이나 북극에 가까운 곳이 아닌 한 이런 일은 불가능할 것으로 보이는데, 어떻습니까?

태양이 뜨고 지는 모습을 동시에 보기 위해서는 태양이 하늘에서 가장 낮은 곳으로 내려갔을 때 수평선 위에 위치하고 올라가기 시작해야 한다. 이런 광경을 볼 수 있는 유일한 장소는 남극과 북극권의 안쪽이며 각각의 하지 때다.

아버님은 당신을 그 장소로 데려갈 순 없다. 왜냐하면 아버님이 본 것은 아마 태양이 이중으로 보이는 신기루였을 것이다. 드물지만, 태양이 수평선 가까이에 위치했을 때 저밀도 공기 '렌즈'를 통해 태양빛이 굴절되어 이중 태양 신기루가 관찰된다. 이런 경우에는 두번째 태양의 이미지가 진짜 태양 위에 나타난다.

새벽에서 황혼까지

북극 바로 위 지점과 남극 바로 아래 지점에서는 여름이면 24시간 태양이 떠 있고 겨울이면 24시간 어둠이 계속됩니다. 이렇게 24시간 동안 어둠과 빛이 계속되는 날은 며칠 동안이나 계속되며 중간에 전환되는 기간이 있습니까?

완전한 어둠의 시기와 빛의 시기 사이에 전환기가 있다. 빛과 어둠의 시기 및 그 사이의 전환기의 길이는 북극권과 남극권 내의 위도에 따라 다르다. 극점이 가장 극단적이어서 완전한 어둠과 빛의 시기가 길게 계속되고 그 사이에 짧은 전환기가 있다.

북극점에서는(남극점에서는 반대가 된다) 완전한 어둠이 10월 첫째 주말에 시작되어 3월 첫째 주까지 계속된다(150일간 어둠의 지배를 받는다). 완전한 어둠의 시기 다음에는 박명의 시기가 약 2주 정도 이어진다.

춘분이 되기 전 태양이 수평선에 나타나서 하루 종일 그 자리에 머문다. 3월 21일 춘분에 태양은 수평선 위로 올라간다. 그리고 하지에 하늘의 가장 높은 지점에 도달하고 9월 22일 추분이 될 때 수평선 아래로 내려간다(186일간 빛이 비친다). 그리고 약 2주 정도의 박명이 이어진 후 북극의 밤이 시작된다.

박명은 북극의 밤이 다가오면서 점차 옅어지고 완전한 빛이(북극의 낮) 가까워지면서 차츰 더 밝아진다. 우리가 매일 경험하는 일몰 전의 황혼과 해뜨기 전의 여명과 비슷하다. 박명은 대기 상층부에 비치는 태양빛이 굴절된 결과인데 태양이 수평선 아래 18도 이내에 있어 직접 빛을 받는 동안 계속된다.

북극점에서 벗어난 북극권은 북극점보다 완전한 어둠 혹은 빛이 지속되는 기간이 짧다. 그리고 북극점과는 달리 일정 기간은 하루 중 일부

시간에 태양이 수평선 위에 떠 있다. 북극권 한계 지점에서도 상황은 비슷하지만 동짓날에는 태양이 24시간 수평선 아래에 위치한다. 하지만 대기에서 빛이 굴절되기 때문에 두 시간 정도는 태양을 볼 수 있다.

낮의 길이와 기온의 관계

12월 21일은 1년 중에서 낮의 길이가 가장 짧습니다. 하지만 가장 추운 날인 것 같지는 않습니다. 이렇게 태양빛이 가장 짧게 비추는 날임에도 가장 춥지 않은 이유는 무엇입니까?

동지는 해가 비추는 시간이 가장 짧고 햇빛도 가장 옅다(태양이 하늘의 가장 낮은 곳에 위치하기 때문이다). 그래서 지구의 북반구는 태양에너지를 가장 적게 받는다. 그러나 가장 추운 날은 아니다. 왜냐하면 그동안 지구와 대기에 저장된 에너지가 있고 에너지의 전체적 손실은 시간이 지나야 나타나기 때문이다.

12월 21일 이후에도 북반구에서 복사되어 방출되는 열의 양이 태양으로부터 받아들이는 양보다 더 많다. 따라서 북반구는 1월을 지나 2월까지 태양으로부터 얻는 에너지가 북반구에서 방출하는 에너지보다 더 많아질 때까지 계속 냉각된다.

이와 비슷하게 불볕더위도 하지를 한 달 정도 지났을 때 찾아온다. 태양으로부터 받아들이는 에너지양이 방출하는 에너지보다 더 많아서 열에너지가 계속 축적되기 때문이다. 하루 단위에서도 이와 비슷한 효과가 나타난다. 정상적으로 하루 중 가장 더운 시간도 정오가 지난 시간이다. 오후에 받아들이는 태양에너지가 복사열의 형태로 우주 공간으로 다시 방출하는 에너지보다 더 많기 때문이다. 공기와 땅과 물이 계속해서 데워진다.

열에너지의 흡수와 방출이 연중 평균기온을 결정하지만 특정한 날에 특정 지역의 기후는 대기의 이동이 좌우한다.

지구가 돌기 때문에

하지는 낮이 가장 긴 날입니다. 그러나 해가 가장 일찍 뜨는 날은 6월 21일 전이라고 합니다. 왜 낮이 가장 긴 날에 해가 가장 일찍 뜨지 않습니까?

해시계를 이용해서 시간을 측정하면 일출이 가장 빠른 날과 일몰이 가장 늦은 날 그리고 낮이 가장 긴 날은 동일할 것이다. 현대에 이용하는 시계는 하루 길이를 모두 24시간으로 설정하지만 실제 이것은 평균이다. 동지와 하지 무렵에는 일출 간격이 24시간보다 약간 더 길다.

그래서 하지가 될 때까지 태양은 더 높이 뜨고 하늘에 태양빛은 점차 더 많아지지만 새벽의 여명이 오는 시간은 뒤로 밀린다. 우리 시계로 하루가 24시간보다 길어지기 때문이다.

지구가 피사의 사탑처럼 기울어지지 않고 태양 주위를 도는 공전궤도가 완전한 원 모양이라면 모든 날의 길이가 같을 것이다. 그리고 1년 내내 낮의 길이도 변하지 않을 것이다.

그러나 지구의 자전축이 23.5도 기울었기 때문에 태양은 동지와 하지 사이에 하늘의 남쪽에서 북쪽으로 이동한다. 지구가 태양 주위를 반 바퀴 공전하는 동안 태양은 남회귀선(남위 23.5도)에 위치한 사람의 머리 위 하늘에서 북회귀선에 위치한 사람의 머리 위 하늘로 이동한다.

동지와 하지를 일컫는 영어 단어는 (winter/summer) solstice인데 그 라틴어 어원은 '멈추어 있는 태양(sun stationary)'을 의미한다. 동지와 하지에 지구가 공전을 멈추지는 않지만 겉으로는 남북의 이동이 정지된 것처럼 보인다. 회전관람차의 가장 위와 아래에 위치했을 때처럼 수직으로 움직이지 않고 수평으로 이동한다. 동지와 하지 무렵에는 지구 공전으로 태양의 이동이 적도에 평행하게 움직인다(동쪽 방향).

지구의 자전으로 태양은 동쪽에서 서쪽으로 움직이지만 지구 공전은 그 반대 방향으로 이동한다. 지구가 360도 회전하는 시간은 23시간 56분이지만 지구가 자전하면서 태양 주위를 공전도 하기 때문에 약간 더 회전하는 시간이 있어 하루 길이가 평균 24시간이 된다. 동지와 하지에는 공전에 의한 태양의 움직임이 북동 혹은 남동 방향이 아니고 정동향이다. 따라서 지구는 다음 날 일출이 될 때까지 다른 날보다 약간 더 회전해야 한다. 동지와 하지 무렵에 하루가 24시간보다 긴 이유가 여기에 있다.

윤년에 대하여

동지가 점점 빨라지는 것으로 알고 있습니다. 과거에는 동지가 새해 첫날이었다가 차츰 빨라져서 12월 25일로, 그리고 현재는 12월 21일이 되었다는 말을 들은 적 있습니다. 4년마다 2월이 윤달로 하루가 추가되고 금년에는 1초의 윤초까지 있었습니다. 이렇게 조정을 해주는데도 동지가 왜 1월 1일에서 바뀌게 되었습니까?

로마황제 율리우스가 도입한 율리우스력에는 동지가 12월 25일이었다. 그러나 그레고리우스력(현재 사용하는 달력)으로 대체될 때까지 이 달력을 사용한 동지와 춘분은 100년에 4분의 3일 정도씩 빨라졌다.

이렇게 날짜가 계속 빨라져서 부활절을 정하는 데도 영향이 미치자 교황 그레고리우스 13세는 1582년에서 열흘을 잘라내어 춘분을 3월 21일로 정하고 윤년 제도를 수정했다. 그레고리우스력에서는 북반구의 동지가 12월 20일에서 23일 사이에 오며 보통은 12월 21일이나 22일이다. 동지를 지나면 낮의 길이가 길어지기 때문에 일부 문화에서는 동지를 새생명 혹은 재탄생과 연관짓고 새해의 시작으로 축하한다.

율리우스력에도 윤년이 있는데 당시 로마인들은 1태양년(회귀년, 춘분에서 다음 해 춘분까지의 시간)을 365.25일로 생각했기 때문이다. 1태양년의 실제 길이는 365.2422일이다. 그리고 그레고리우스력에서는 365.2425일이 된다. 그레고리우스력은 달력의 한 해와 태양년을 보다 엄격히 일치시키기 위해 윤년에서 일부를 제외했다. 즉 4로 나누어지는 해를 윤년으로 하되 100의 배수인 해는 400으로 나누어질 때만 윤년으로 한다.

현재의 그레고리우스력으로도 3000년 후에는 하루의 오차가 생긴다. 그러나 태양년의 길이는 일정하지 않다. 지구 회전이 느려짐에 따라 하루가 서서히 길어지고 있기 때문에 이를 보정하기 위해 2년마다 윤초를 더해준다. 더 중요한 것은 지구의 자전이 느려짐에 따라 지구의 세차운동(팽이의 축이 떨리는 현상과 비슷하다)이 증가하는 현상이다.

세차운동이 증가하면 태양년이 약간씩 짧아진다. 세차운동이 없다면 지구가 태양 주위를 360도 전체를 공전하여 태양에 대해 같은 방향으로 기울어진 상태가 된다. 예를 들어, 북반구는 동지에 바깥으로 기울어 있다. 그러나 세차운동이 있으면 360도보다 적게 공전하고도 태양에 대해 같은 방향으로 돌아온다(배경을 이루는 별들에 대하여 원래의 정확한 위치가 아니다). 그러나 세차운동이 증가하여도 우리 후손들이 윤년을 삭제할 정도가 되려면 수많은 세대가 지나야 한다.

날짜 계산

저는 1년이 왜 13달이 아닌지 항상 궁금했습니다. 28일로 된 달을 12개월, 그리고 29일로 된 달을 1개월로 하면 윤년이 없어도 되지 않습니까? 이렇게 하면 계절이 태양년과 커다란 차이가 납니까?

프랑스의 철학자 오귀스트 콩트가 1년을 28일이 한 달인 13개월로 구성되는 '실증달력(Calendrier positiviste)'을 제안했다. 남는 하루(혹은 윤년마다 이틀)는 매년 마지막에 배치하고 어떤 주에 포함시키거나 요일 이름을 부여하지 않는다. 그러므로 콩트가 제안한 불변의 달력에서는 매달 각각의 날짜가 같은 요일이 된다. 그와 같은 달력은 윤년이 적절한 수로 배치되는 한 태양년과 일치할 수 있다. 그러나 인간은 7일마다 쉬도록 만들어졌다는 믿음을 가진 일부 종교 지도자들은 어떤 주에도 포함되지 않는 날이 존재한다는 이유로 반대한다.

오늘날 어떤 형태로든 달력을 개혁하려고 시도할 때 가장 큰 어려움은 컴퓨터 코드를 모두 바꿔야 하는 데 따르는 비용 문제다. Y2K 문제와 비슷할 수도 있다. 그리고 새로운 달력에 모두의 동의를 얻는 것도 매우 중요한 문제다. 리처즈가 쓴 《시간의 지도》에 의하면 달력 개혁을 위해 구성된 국제위원회에서 이와 관련하여 조사를 했을 때 38개국에서 185가지의 제안이 접수되었다고 한다.

현재도 문화적 · 종교적 행사를 기억하기 위해 여러 달력을 이용하고 있다. 예를 들어 이슬람 달력은 한 달이 29일 혹은 30일인 12개월로 구성되는 엄격한 음력체계인데, 이 체계에서는 태양년보다 짧기 때문에 이슬람 달력은 매년 계절에 비해 일찍 시작된다. 그리고 유대교의 달력은 태양태음력을 이용한다. 즉 달과 태양 모두와 연동된다. 한 달은 달의 주기(29.53일)를 기본으로 하지만 태양년과 일치시키기 위해 19년마다 일곱 번 13월을 추가한다. 중국과 인도에서도 다른 태양태음력을 이용한다.

국제표준으로 이용되는 그레고리우스력은 율리우스력을 토대로 하는 태양력이다. 율리우스력은 줄리우스 카이사르의 이름을 딴 달력이다. 율리우스력은 태양태음력인 고대 로마력에서 발전된 것으로, 카이사르가 달력을 재검토할 때 달 주기와의 연동을 포기하며 제정했다. 그러므로 현재 우리가 이용하는 달력은 고대 버전에서 여러 차례 땜질식 수정을 거쳐 발전했으며, 이와 같은 흔적은 달력의 복잡성뿐만 아니라 각각의 달 이름이 부적절한 것으로도 드러난다. 달의 영어 이름인 9월(September), 10월(October), 11월(November), 그리고 12월(December)은 각각 7번째, 8번째, 9번째, 10번째라는 뜻이다.

계절과 날짜의 관계

저는 항상 현재와 같은 계절의 시작 날짜는 45일 정도 차이가 난다고 생각했습니다. 낮이 가장 긴 날(하지)은 여름의 첫날이 아니라 여름 한가운데가 되어야 하며, 낮이 가장 짧은 날(동지)도 겨울 한가운데가 되어야 맞을 것 같습니다. 현재와 같은 계절 날짜는 어떻게 정해졌습니까?

고고학적 증거로 볼 때 동지 · 하지, 춘분 · 추분은(특히 동지는) 신석기시대로까지 거슬러 올라간다. 그러나 많은 책이나 달력에서 춘(추)분이나 동(하)지가 계절이 시작되는 날이라 주장하지만, 오늘날 이 날들을 계절의 시작으로 생각하는 사람은 거의 없다. 계절의 시작에 대해서는 어떤 공식적인 선언이 없기 때문에 관습적으로 받아들인 것으로 보인다.

사실 미국 국립해양대기국(NOAA)의 국가기후서비스에서도 계절에 대해 다르게 정의한다. 이 기구에 따르면 "기상학적인 가을(표준적 혹은 천문학적 가을과는 다르다)은 9월 1일에 시작하여 11월 30일에 끝난다." 겨울은 12월, 1월, 2월이고, 봄은 3월 1일에 시작하며, 6월 1일부터는 여름이 시작된다.

계절에 대한 기상학적 정의를 이용할 때는 기후 기록을 관리하기가 더 쉬운데 춘(추)분과 동(하)지는 날짜가 변하기 때문이다. 그리고 또한 대부분의 지역에서 기상학적 겨울은 1년 중 가장 추울 때고 기상학적 여름은 가장 더울 때다.

신기루 현상

무지개는 그쪽으로 가도 가까워지지 않으며, 고속도로 위에 보이는 신기루도 일정한 거리를 유지하며 항상 '거기'에 있습니다. 그러면 무지개와 안개무지개를 신기루로 생각해도 됩니까?

신기루와 무지개, 안개무지개, 코로나(태양과 달 주위에 옅은 색의 고리 모양으로 형성된다)는 모두 빛이 대기 성분과 작용하여 나타나는 아름다운 모양이다. 빛과 대기 물질 사이의 작용 형태에 따라 각각의 현상이 나타난다. 흔히 신기루라고 말할 때는 어떤 형태의 환각을 의미한다. 그러나 과학적으로 정의할 때의 신기루는 빛이 서로 밀도가 다른 대기층을 통과하면서 굴절될 때 보이는 현상이다. 대기에서 굴절되면서 계속 옮겨다니는 물체로 나타나지만 일반적으로 그렇게 옮겨지는 변화는 볼 수 없다. 신기루는 이러한 변화가 매우 크기 때문에 같은 물체가 전혀 다른 위치에서 보일 수 있다.

고속도로 신기루 혹은 사막 신기루(도로나 모래 위에서 가물거리는 형태로 보인다)는 햇빛이 내려쬐는 날에 자주 볼 수 있다. 이런 현상은 지표면의 공기층이 그 위의 공기보다 더 뜨겁게 가열되면 나타난다. 빛이 더운 공기(밀도가 낮다)를 지날 때는 속도와 굴절률이 커진다. 그 결과 하늘에서 혹은 물체로부터 땅으로 직진해야 할 빛이 위를 향하게 된다. 이때 빛의 진행 경로에 있는 관찰자는 이른바 아래신기루를 보게 되는데 하늘 혹은 물체의 거울상(거꾸로 된 상)이 실제 물체보다 아래에 위치한 듯이 보인다. 공기의 소용돌이도 상을 가물거리게 하여 물에 반사된 형태처럼 보이게 된다.

반대로 실제 물체의 위에서 보이는 신기루는 위신기루라 부른다. 찬 공기 위에 따뜻한 공기가 있는 기온 역전 현상으로 발생하는데 빛을 아래쪽으로 굴절시켜서 상이 높은 곳에서 보인다. 찬 공기층과 따뜻한 공기층이 더 복잡하게 위치하면 파타모르가나라 부르는 신기루가 나타날 수 있다.

무지개나 코로나에는 물방울이 포함되어 있다. 무지개는 빛이 물방울로 들어온 후 뒤에서 굴절되어 나갈 때 나타난다. 빛이 들어오고 나갈 때 경계면에서 굴절이 일어나서 빛이 각각의 색 요소들로 분산된다. 태양과 달 주위의 코로나는 작은 구름방울이나 얼음결정, 혹은 먼지입자들이 빛을 차단할 때 만들어진다. 차단된 주위로 빛이 굴곡되고 서로 간섭현상이 일어나면서 빛의 파장이 어떤 형태를 형성할 때 코로나가 보인다.

무지개의 진실

무지개 위의 하늘보다 무지개 속의 하늘이 더 밝은 색으로 보이는 이유는 무엇인가요?

무지개는 색을 띤 활 모양으로 보이지만 실제는 빛의 원판이며, 원판의 중심은 태양의 반대편 지점이다. 하늘에 태양이 낮게 떠 있을 때 원판을 더 많이 볼 수 있지만 무지개 원판 전체를 볼 수는 없는데(예외적으로 높은 비행기에서는 보일 때가 있다), 왜냐하면 땅이 가로막고 있기 때문이다.

무지개의 색깔 있는 가장자리와 밝은 중심은 모두 빗방울로 인한 빛의 굴절과 반사 때문에 생긴다. 빛이 빗방울로 들어갈 때 빛의 휘어짐, 즉 굴절이 일어나는데 굴절의 정도는 빛의 파장에 따라 달라진다. 그래서 프리즘과 마찬가지로 빗방울도 백색광을 색깔 성분에 따라 분산시키는 효과가 있다. 그리고 빛은 또 빗방울 뒤의 곡면거울 같은 표면에서 반사된다. 그리고 빗방울의 앞면을 빠져나갈 때 다시 한 번 휘어져서 색깔 성분에 따라 넓게 퍼져나간다.

붉은빛은 무지개 가장 바깥쪽 가장자리의 빗방울에서 나와서 원래의 경로에서 138도 휘어져 관찰자의 눈에 도착한다. 관찰자의 눈에서 무지개의 붉은색 호 맨 위까지 이은 선과 태양에서 태양 반대쪽 지점까지 이은 선(관찰자의 머리와 관찰자 그림자의 머리 사이를 이은 선이기도 하다)은 42도(180도에서 138도를 뺀 값) 각도를 이룬다. 파장이 짧은 보랏빛이 긴 파장의 붉은빛보다 더 많이 굴절된다. 무지개 보라색 띠의 정점과 다른 색깔의 띠는 40도에서 42도 사이에 위치한다.

무지개 원판의 다른 위치에 있는 빗방울은 더 큰 각도로 거의 180도까지 굴절된 빛을 관찰자의 눈으로 보내지만 여러 다른 색깔들이 섞여서 흰색, 즉 백색광이 된다. 그래서 무지개 원판의 중심이 밝게 보인다. 붉은색 띠를 만드는 위치보다 바깥의 빗방울들은 관찰자의 눈으로 빛을 보내지 않는다. 그래서 무지개 바깥의 하늘이 어둡게 보인다.

빛의 일부가 빗방울로 들어가서 한 번이 아니라 두 번의 반사를 거칠 때가 있는데 이러한 빛들은 빗방울을 빠져나올 때 수평선에서 좀 더 많이 반사된다. 그러면 50도에서 53도 사이에 두번째 무지개가 만들어진다. 두 번의 내부 반사가 색깔을 부풀리기 때문에 두번째 무지개의 바깥쪽에 있는 보라색 띠와 무지개 위의 하늘은 밝아진다.

한편 42도에서 50도 사이의 빗방울은 관찰자의 눈으로 빛을 보내지 않고 효과를 상승시키는 작용을 하는데(두 무지개 사이의 검은 하늘) 이를 알렉산더의 검은 띠라 부른다.

다른 위치에 있는 다른 빗방울이 관찰자의 눈까지 빛을 보내고 이것이 무지개를 만든다. 그래서 무의미한 노력을 하는 사람을 두고 '무지개를 좇는다'고 표현한다. 무의미한 노력이라는 의미다. 무지개는 하늘의 어느 한 물리적 공간에 위치하지 않기 때문이다.

멀리 저 너머

현재 제가 있는 곳이 해수면 높이라 할 때 지평선은 이곳에서 얼마나 먼 곳에 있는지 계산하는 공식이 있으면 설명해주세요. 제가 벤치 위에 서 있을 때 지평선은 약 5킬로미터 정도 떨어져 있다는 말을 들은 적 있습니다.

지평선까지의 거리를 추정하는 간단한 방법은 해수면으로부터의 눈높이를 1.5배하여 제곱근 값을 구하는 것이다. 이 계산 방법은 지구 위

어느 곳, 심지어 에베레스트 산 정상에서도 가능하다. 그러나 다른 행성이나 어린 왕자의 고향인 B612 별에 가서 지평선까지 거리를 계산할 계획이라면 그 천체의 반지름을 고려해야 한다. 이와 같은 간단한 방법이나 완전한 거리 계산 방법은 모두 피타고라스 정리라는 유명한 공식을 이용한다. 지구가 완벽한 공 모양이며 지평선이 해수면 높이라 가정하면, 관찰자의 시선이 마주치는 지평선 지점과 눈의 위치 그리고 지구의 중심은 직각삼각형의 세 꼭짓점을 이룬다.

직각삼각형의 빗변은 지구 중심에서 관찰자의 눈까지 거리다(해수면 기준 눈높이에 지구 반지름을 더한 값). 그리고 관찰자의 눈에서 지평선까지 이은 선과 지구 반지름(지평선 아래)이 다른 두 변을 이룬다. 그러므로 지평선까지의 거리를 구하려면 해수면 기준 눈높이(h)를 제곱하고 여기에 지구 반지름(r: 적도 인근에서는 6378킬로미터))과 눈높이(h)를 곱한 값의 두 배를 더하여 제곱근을 취하면 된다. 즉 지평선까지의 거리는 h^2+2rh의 제곱근이다. 이와 같이 간단히 표현한 공식은 h^2 항(해수면 기준 관찰자의 눈높이 제곱)을 제거하여 얻어진다. 지구 반지름에 눈높이를 곱한 값에 비하면 무시할 수 있을 정도로 작은 값이기 때문이다.

이렇게 작은 수를 무시하면 2rh 항으로 간단히 할 수 있으며, 여기에 지구 반지름을 대입하여 계산한다. 결과적으로 관찰자의 눈높이의 제곱근에 3.85를 곱한 값을 킬로미터로 나타내면 근삿값이 나온다. 예를 들어, 내가 벤치 위에 섰을 때 눈높이가 해수면 기준 2미터라면 지평선은 5.4킬로미터 거리에서 보인다.

좀 더 정확하게

파일럿인 저는 비행 도중 땅으로부터의 높이에 따른 지평선까지의 거리를 추정해보고 싶습니다. 이것은 파일럿이 엔진 동력을 잃어서 비상 활주로에 착륙해야 할 때 중요합니다. 지난 칼럼에서 지평선까지의 거리를 구하는 방법을 알려주었는데 매우 흥미롭고 유익했습니다. 하지만 지평선 지점에서의 각도가 항상 90도를 이룬다고 어떻게 확신할 수 있습니까?

지평선을 바라보는 관찰자의 시선은 지구에 접선을 이룬다. 즉 지구와 한 점에서만 만난다. 기하학의 고전 이론을 적용하면 접선과 구의 반지름은 서로 마주치는 접점에서 90도 각도를 이룬다. 지구는 적도 부근에서 더 부풀고 표면에는 굴곡이 있지만 이 방정식에서는 무시한다. 그리고 지구 대기에 의한 빛의 굴절도 무시한다. 공기는 지표면에 가까울수록 밀도가 커지고 이로 인해 지구와 관찰자 사이에서 빛이 위를 향하며 따라서 약간 더 멀리 있는 것처럼 보인다(보통 몇 퍼센트 정도다). 굴절은 지구상에서 위성의 정확한 위치를 정할 때 가장 큰 제약조건이다. 굴절의 크기는 날짜와 지리적 위치에 따라, 특히 낮은 대기에서는 대기의 온도 경사도에 따라 달라진다.

붙박이 구름

어느 날 아침, 잠에서 깨어났을 때 해발 3000미터가 넘는 유트 산 정상을 구름이 휘감은 광경을 보았습니다. 그 후 대부분은 사라졌지만 한 덩이의 구름은 깃발처럼 남아서 산 정상에 계속해서 걸려서 바람이 부는 방향으로 날리고 있었습니다. 산 정상을 떠나거나 크기가 변하지 않고 제자리에서 계속 움직였습니다. 이렇게 떠 있는 구름은 어떻게 만들어집니까?

산악의 상승기류(공기가 산을 넘어가면서 낮은 고도에서 높은 고도로 공기덩어리를 밀어 올리는 현상) 때문에 이런 구름이 형성된다. 상승기류는 전 세계 산악지역의 기후 양상을 결정하는 중요한 요인이다. 그리고 공기덩어리가 산악 지형을 넘어갈 때는 '응결된 물'이 생성되지 않는다. 공기는 스펀지와는 달라서 공기 중의 물 분자는 끊임없이 증발하고 응결되는 과정을 거친다. 기온이 내려가면 서서히 가라앉으며 응결 속도가 증발 속도를 앞지른다.

산악 상승기류는 이와 같이 강수 양상에 영향을 주는 것 외에도 특이한 모양의 구름을 형성하기도 한다. 산 위를 흘러가는 공기의 속도와 방향이 변하여 대기가 그 자리에 머물며 출렁이는 상태가 될 수 있기 때문이다. 대기가 그 자리에 머물며 출렁이는 현상은 공기의 기온과 압력이 변하는 양상이다. 이러한 출렁임은 이를 형성하는 바람이 비교적 일정한 속도일 때 상당 기간 제자리에 머물 수 있다.

깃발구름은 산악 장벽이 뒤에서 가로막고 압력 하강이 지속될 때 만들어진다. 압력이 떨어지면 공기가 팽창하고, 팽창하면 냉각된다(냉장고와 에어컨에 이용되는 원리다). 열에너지가 공기 분자들이 서로 끌어당기는 약한 인력을 극복하는 데 이용되기 때문이다.

깃발구름은 공기가 비행기 날개 위를 지나갈 때 형성되는 비행기구름과 비슷하다. 기압이 낮은 지역에서는 계속해서 응결되고 그 위로 증발이 일어난다. 렌즈 고적운(렌즈 모양 구름)도 산 위의 대기가 제자리에서 출렁일 때 만들어지는 또 다른 사례다. 커다란 렌즈 모양의 이러한 구름은 미확인 비행물체로 오인되기도 한다.

붉게 물든 저녁

저녁 하늘의 색깔이 왜 변하는지 알고 싶어요.

태양빛은 프리즘으로 볼 수 있는 무지개 색의 빛으로 구성되어 있다. 대기 중의 가스 분자와 작은 입자들이 태양빛을 분산시키는데, 파장이 짧은(주파수가 높은) 빛은 파장이 긴 빛에 비해 더 많이 분산된다. 저녁에는 태양빛이 한낮보다 대기를 더 많이 통과한다. 그래서 푸른빛이 더 많이 분산되고 태양에서 오는 빛이 관찰자의 눈에 도달할 때는 노란색에서 빨간색으로 변해 있다.

저녁에 태양빛이 대기를 더 많이 통과하는 현상을 이해하기 위해서는 중심이 같은 두 개의 원을 그린 다음 안쪽의 원은 지구(땅)를, 그리고 바깥쪽의 원은 대기를 나타내는 것으로 생각해보자. '지구'에서 대기를 뚫고 12시 방향으로 직선을 그리면 한낮에 태양빛이 지나가는 대체적인 경로가 된다.

이제 지구를 나타내는 원의 같은 지점에서 3시 방향(혹은 9시 방향)의 대기에 선을 그으면 태양이 지평선 너머로 사라질 때의 태양빛이 비치는 대체적인 경로가 된다. 이렇게 하면, 저녁에는 태양빛이 한낮 시간 때보다는 대기를 더 많이 지나가는 것을 알 수 있다. 실제로는 대기가 거대한 렌즈와 비슷하게 작용하여 태양빛을 굴절시키기 때문에 그 효과가 크게 나타난다.

태양빛이 통과하는 대기의 양이 유일한 요인이라면 아침 하늘과 저녁 하늘이 비슷하게 보여야 한다. 그러나 보통은 아침의 대기보다는 저녁의 대기에 더 많은 입자(먼지, 매연, 꽃가루, 그리고 바다로부터의 소금 등)가 존재한다. 낮 동안 인간 활동이 오염물질을 배출하여 대기 속으로 섞여 들어가지만 밤에는 바람이 잠잠해지며 이러한 물질의 일부가 아침까지 가라앉는다. 화산이나 들불에서 발생한 작은 입자들이 태양빛을 분산시키면 아침의 태양이 마치 세상의 종말을 알리듯이 붉게 타오르는 모양으로 보인다.

녹색 섬광

녹색 섬광이 실제로 존재합니까? 저는 일몰을 수천 번 보았지만 아직 한 번도 녹색 섬광을 본 적이 없습니다. 얼마 전 여동생이 "해변에 가면 녹색 섬광을 볼 수 있어."라고 말하고는 몇 시간 후 돌아와서는 "난 봤다."라고 했습니다. 어떻게 해서 녹색 섬광을 보는 사람이 있는 반면 다른 사람들은 "그런 게 어디 있어!"라고 말하는 걸까요?

일몰 때 태양의 맨 위 가장자리 부근은 1~2초 정도 밝은 녹색으로 보일 수 있다. 일부에서는 이와 같이 지는 해에서 나오는 붉은빛이 붉은색에 민감한 망막의 색소를 마비시켜서 생기는 광학적 환영이 이른바 녹색 섬광이라 주장한다. 그 결과 지는 태양의 마지막 빛이 우리의 시각체계에서 녹색으로 보일 수 있다.

이러한 광학적 환영은 사람이 실제로는 녹색 섬광을 보지 않았으면서도 본 것으로 생각하게 만들 수 있다. 하지만 녹색 섬광은 실제 현상이며 사진에도 찍힌다. 일출 때도 태양이 지평선 위로 떠오르기 전에 녹색 섬광을 볼 수 있는데 색소 마비가 많이 일어나지 않아도 가능하다.

녹색 섬광은 빛의 굴절과 분산 그리고 흡수 등에 따라 변화가 많은 현상이다. 빛은 대기를 통과하면서 느려지고 굴절된다. 이것은 서로 다른 파장(색깔)의 빛을 분리시킨다. 프리즘 내에서 일어나는 현상과 비슷하다.

그 결과로 서로 겹치는 여러 색깔의 빛이 만들어지는데 하늘의 가장 낮은 곳에서는 붉은색이 그 위에 노랑, 노랑 위에 녹색, 녹색 위에는 푸른빛이다. 일몰 때의 대기는 푸른빛을 대부분 분산시키고 노란빛은 대부분 흡수한다. 그러므로 수평선 아래로 해가 떨어질 때는 녹색의 태양 고리의 위 부분만 약간 남는다.

색깔의 분리가 매우 작기 때문에 일종의 신기루 현상이 없으면 녹색 섬광을 보기 어렵다. 마치 뜨거운 고속도로 위에 물웅덩이가 있는 느낌을 주는 효과와 같다. 이런 형태의 신기루는 빛이 높은 곳의 차가운 공기에서 낮은 곳의 따뜻한 공기층으로 진행하면서 진행 방향의 위쪽으로 굴절될 때 나타난다.

이것은 녹색 섬광을 증폭시키는데 태양이 지평선 아래로 가라앉으며 위 부분의 녹색 고리만 보일 때 신기루가 그 바로 아래에 거꾸로 된 두번째 녹색 고리를 만들기 때문이다.

달의 이름

카론(명왕성의 위성), 데이모스(화성), 유로파(목성), 포보스(화성) 등 태양계의 모든 달은 우리 지구의 달만 제외하고 모두 자신만의 고유한 이름을 가지고 있습니다. 이런 이름은 어떻게 붙여졌습니까?

우리는 실제로 다른 행성의 위성을 우리 지구의 달과 동일하게 '달'이라 부른다. 그리스인은 지구의 달을 아르테미스, 로마인은 루나(달을 지칭하는 영어 단어 lunar가 여기에서 비롯되었다)라 불렀다. 행성의 위성을 포함하여 천체의 이름은 국제천문연맹에서 결정하지만, 그냥 '달'이라 부르는 습관이 바뀌지는 않을 것이다. 왜냐하면 각종 노래와 시에 포함된 달이라는 표현을 모두 새로운 이름으로 바꿔야 하는데 생각할 수도 없는 일이다.

달의 숨은 얼굴

달이 항상 한쪽 면만을 지구로 향하도록 만드는 어떤 피드백 기전이 있습니까? 바다의 조수(밀물과 썰물) 때문에 그렇다고 말하는 사람도 있습니다.

달은 지구 주위를 한 바퀴 공전하는 동안 자신의 축을 중심으로 한 바퀴 자전한다. 따라서 달이 지구를 향하는 면은 항상 일정하다. 이처럼 달의 공전과 자전 주기가 같은 동시성은 이상한 현상이 아니다. 태양계 내의 다른 달들도 대부분 이와 비슷하게 자신의 행성 주위를 동시성으로 공전하고 자전한다.

이러한 동시성은 조수와 직접 관계되거나 아니면 최소한 조수를 일으키는 힘에 관계된다. 지구의 중력이 달을 끌어당기므로 달이 지구를 향하는 면은 조수에 따라 부풀어 오른다. 수십억 년 전, 달이 지금보다 더 빨리 자전할 때에는 이와 같은 주기적 팽창이 지구와 달을 잇는 선보다 앞섰다. 그러나 달의 반대편, 팽창이 가라앉은 쪽은 지구가 뒤로 당기면서 달의 자전 속도를 느리게 만들었다.

이와 같은 힘들은 수백만 년에 걸쳐 달의 자전과 공전을 동시화시키는 작용을 하여 달의 한쪽 면만 지구를 향하고 반대쪽 면은 항상 우리 지구 반대쪽을 향하게 되었다. 흔히 우리의 반대쪽을 향한 면을 '달의 어두운 면' 이라 불렀지만 올바른 용어가 아니다. 지구를 향한 면과 동일한 양의 태양빛을 받기 때문이다. 그리고 달의 반대쪽, 즉 어두운 면이 지구를 향한다 해도 그 반대쪽 면도 같은 양의 태양빛을 받을 것이다.

시간이 지나면 실제로 달 표면 절반을 약간 넘게 보는데 이는 자전과 공전이 항상 일치하는 것이 아니기 때문이다. 지구 주위를 도는 달의 공전궤도는 타원형이고 그 궤도 위에서 달의 위치에 따라 공전 속도가 달라진다. 달이 지구로부터 멀리 있으면 공전이 느리고 지구에서 가까우면 공전 속도가 빠르다. 그래서 달의 자전이 공전보다 조금 더 빠르거나 늦어지면서 달의 약간씩 다른 부위를 우리가 볼 수 있는 것이다.

보름달의 미스터리

달이나 태양은 지평선 가까이에 있을 때가 우리 머리 위에 있을 때보다 더 크게 보여요. 달과 태양은 그 위치에 관계없이 같은 각을 이루기 때문에 이렇게 보이는 것이 광학적 착시로 생각됩니다. 이에 대해 설명해주세요.

기원전 350년경 그리스 철학자 아리스토텔레스는 지평선상의 달이 더 크게 보이는 이유를 대기에 의해 확대된 결과로 기술했다. 그리고 오늘날까지 많은 사람이 대기에 의한 확대 때문이라 생각하지만 이는 옳지 않다.

지평선상의 천체를 볼 때는 지구의 대기 때문에 빛이 굴절된다. 빛의 굴절은 일몰(혹은 일출) 때 태양 혹은 달이 타원형으로 보이게 만드는데, 지는 태양의 아래 부분에서 오는 빛은 위 부분에서 오는 빛보다 더 많은 대기를 통과하여 오면서 굴절되기 때문이다. 이렇게 되면 태양이나 달의 수평 방향 지름은 변화되지 않고 수직 방향으로 약간 누르는 것과 같은 효과를 나타낸다. 따라서 크기가 확대되어 보이는 현상을 설명하지는 못한다.

현재 학자들은 커 보이는 현상이 착시라는 데 동의하지만 우리의 감각체계가 이와 같은 속임수에 어떤 방식으로 대응하는지 아직 정확히 알지 못한다. 하늘에 떠오른 달과 지평선에 걸린 달을 캘리퍼스나 자로 재보면 착시임을 확실히 알 수 있다. 대부분 머리를 옆으로 돌려 지평선이 위에서 아래로 향하게 하여 보면 이런 착시는 사라진다.

《만월 착시의 미스터리*Mystery of the Moon Illusion*》를 함께 쓴 헬렌 로스와 코르넬리스 플러그는 그러한 착시가 지형과 같은 여러 요인이 함께 작용한 효과라고 결론 내렸다. 지평선에 가까운 달에 대해 우리는 마음속으로 나무를 비롯하여 배경의 여러 물체와 달의 크기를 비교한다. 실험에서 거울을 이용하여 지형의 모습을 없애거나 조작하면 물체의 크기 인식이 26~66퍼센트가 변하는 것으로 확인되었다. 그러나 달의 착시는 바다에서 볼 때처럼 지평선에 아무런 물체가 없을 때도 나타날 수 있다.

실험에서 단순히 눈을 위로 뜨거나 머리를 드는 것만으로도 인공 달의 크기를 작게 인식하는 것으로 나타났다. 우리의 시각체계가 왜 이렇게 되는지는 불확실하지만 지평선 위의 달보다 머리 위의 달이 10퍼센트 정도 작게 보인다.

지평선의 달과 머리 위의 달이 다른 색으로 보이는 것도 달의 착시에 관계되는 또 다른 요인이다. 달이 지평선에 있을 때 빛이 더 많은 대기를 통과하여 눈에 도착하기 때문이다. 《만월 착시의 미스터리》는 하늘을 편평한 지붕으로 인식하기 때문이라는 통속적인 생각을 포함하는 여러 설명은 배제했다. 저자들은 하늘이 항상 편평하게 보이지는 않으며, 하나의 착시로 다른 착시를 설명하는 것은 믿을 만하지 못하다고 말한다.

2000가지가 넘는 주장과 실험이 있었지만 달의 착시는 여전히 미스터리로 남아 있다.

달 모양이 이상하다

하늘이 아직 비교적 밝은 동안에는 달이 빛을 적게 반사하는 모양을 볼 때가 있어요. 달이 약간 타원형으로 보이지만 실제로는 둥글다는 사실을 알고 있습니다. 배경의 밝은 하늘에서 태양빛을 반사하지 않는 타원형 달의 나머지 부분이 어둡게 보이지 않는 이유는 무엇입니까?

당신이 이야기한 달은, 태양빛이 달의 절반 이상을 비추지만 관찰되는 달의 절반 전체 면이 보이지는 않는 형태이며 철월(gibbous phase)이라 부른다.

태양빛은 항상 지구의 절반에만 비추는 것처럼 달에도 항상 절반만 비춘다. 29.5일 주기인 달의 각 시점에 따라 변하는 달의 상(모양)이 나타난다. 우리가 빛이 비추는 절반 중에서 시점에 따라 다른 부분만을 볼 수 있기 때문이다.

지구를 중심으로 태양과 달이 반대쪽에 위치하면 보름달을 보게 된다. 태양과 달이 지구로부터 거의 같은 방향에 위치하면 달에서 빛이 전혀 비추지 않는 면만을 보는 그믐날이다. 태양과 달이 90도 각도에 있으면 빛이 비추는 면의 절반, 즉 달의 4분의 1을 본다.

왜 우리가 달의 다른 표면을 보게 되는지 이해하기 위해 자신(지구)의 양 팔을 뻗어 손전등(태양)과 공(달)을 들고 실험해볼 수 있다. 달을 태양 쪽으로 위치하거나, 태양과 직각으로 그리고 태양의 반대편에 위치시켜본다. 자신의 몸이 태양과 달 사이에서 빛을 가리지(월식이다) 않도록 주의한다.

달의 주기가 달에 비치는 지구의 그림자 때문에 생기는 것으로 잘못 이해하는 사람들이 많다. 이것은 태양과 지구 그리고 달이 정확하게 일직선상에 위치할 때만 나타나는 월식이다. 그리고 달은 두 시간 이내에 지구 그림자를 통과한다.

달에서 빛을 받지 않는 부분은 우리 눈으로 감지할 수 있을 정도로 충분한 명암 대비가 존재할 때만 보인다. 일식이 일어날 때는 밝은 태양의 앞에서 검은 달을 볼 수 있다. 매우 깜깜한 밤에는 지구의 빛(지구에서 반사되는 태양빛)을 약하게 받는 달의 새로운 부분을 구별하여 볼 수 있다. 낮 동안에는 밝고 푸른 하늘이(지구 대기에 의한 태양빛이 분산되기 때문이다) 달에 반사되는 약한 지구의 빛을 몰아내기 때문에 달에서 태양빛을 직접 받아서 강하게 빛나는 부분만을 볼 수 있다.

달 착륙 사건은 조작이다?

지구에서 망원경으로 달 착륙지점을 볼 수 있습니까? 달 착륙과 관련해서 정부가 사진을 조작했다거나 할리우드 시뮬레이션이라는 잘못된 정보나 헛소문이 많습니다. 망원경으로 착륙지점을 직접 볼 수 있다면 이런 논란을 잠재울 수 있을 것 같은데요.

인간이 달에 착륙한 여섯 개의 지점에는 착륙선과 월면차 등 여러 장비들이 남아 있다. 이 중에서 가장 큰 장비인 착륙선도 너비가 9미터에 불과하다. 현재의 어떤 망원경으로도 이것을 볼 수는 없다. 허블망원경으로 찍은 사진에서도 해상도의 최소단위인 픽셀 한 개보다도 작은 크기다. 허블망원경은 달 위의 너비 60미터 이상의 물체만 식별할 수 있다.

아폴로호가 달을 탐사할 때 달에 옷가방 크기의 반사경을 위치해두었으며, 지구에서 이를 감지할 수 있다(하지만 볼 수는 없다). 과학자들은 반사경에 레이저를 쏘아 반사시켜 지구와 달 사이의 거리를 측정한다. 그러나 인간이 달에 간 사실이 없다고 주장하는 사람들은 비밀 로봇이 반사 빛을 발산하는 것이라 말한다.

NASA는 최근 달 궤도 탐사선이 촬영한 착륙지점 사진을 웹사이트에 게재했다. 사진을 보면 달착륙선과 우주인들이 남긴 발자국들을 분명하게 확인할 수 있다. 그러나 이 사진으로도 달 착륙 조작설을 주장하는 사람들을 설득할 수 없을지 모른다. 무엇보다도 원래의 사진에 NASA가 달 착륙을 조작했다고 주장할 근거가 되는 부분들이 많이 있다. 예를 들어, 별이 보이지 않고 빛과 그림자가 불일치하는 것이 조작의 증거로 제시된다. 하지만 반대로, 이렇게 이상하게 생각되는 부분은 사진이 진실임을 말해주는 것이다.

달에서 수행된 모든 과제는 지구의 날로 계산할 때 29.5일간 계속되는 달의 하루 중 아침에 진행되었다. 태양은 비추고 있지만 하늘은 태양빛으로 직접 밝아지지 않는데, 왜냐하면 태양빛을 분산시킬 대기가 존재하지 않기 때문이다. 그리고 낮의 노출로 설정된 카메라에 별이 찍히기에는 별빛이 너무 희미하다.

마찬가지로 달 표면에 생긴 그림자가 완전하게 검지 않다는 사실도 할리우드 스튜디오의 공기가 조명의 빛을 분산시켰기 때문이라는 증거가 될 수 없다. 달 표면 자체가 빛을 반사한다. 뒤에서 빛이 오는 방향으로 빛을 반사시키는 배경 분산이 특히 강하게 나타난다. 태양, 지구, 달의 순서로 일직선상에 있을 때 보이는 보름달이 반달에 비해 약 10배나 더 밝게 보이는 이유도 이와 같이 강한 배경 분산으로 설명할 수 있다.

달 광산

달에는 헬륨-3이 지구에 비해 더 많다고 들었는데 왜 그런가요? 그리고 핵융합과 관련하여 헬륨-3이 매우 가치 있는 물질이라면 영화에 나오는 것처럼 달에서 이것을 채취해 올 수 있을까요?

헬륨-3(풍선에 채워 넣는데 이용하는 헬륨-4보다 상대적으로 가볍고 드물게 존재하는 동위원소)은 태양풍에 실려온다. 지구는 강한 자기장으로 싸여 있어 태양풍 입자를 대부분 반사시켜버리지만, 달에는 자기장과 대기가 없기 때문에 태양풍이 실어온 입자들이 달의 표면에 침착된다.

아폴로 우주인들이 가져온 달 토양 표본에는 지구에 비해 헬륨-3이 훨씬 더 많이 포함되어 있었다. 최근의 컴퓨터 시뮬레이션에 의하면 달에 포함된 헬륨-3의 상대적 양은 지구의 3만 배 정도로 추산된다. 태양풍의 강도, 지구 자기장의 꼬리가 달의 지구에 가까운 측면 부근에서 나타내는 차단 효과, 그리고 달 토양의 미네랄 구성 등을 모두 고려한 시뮬레이션에서도 지구에 먼 측면보다 가까운 측면에 헬륨-3이 더 많은 것으로 계산되었다. 그 이유는 달에서 헬륨-3을 효과적으로 잡아내는 유일한 광물인 일메나이트의 분포 때문이다.

헬륨-3은 핵융합의 이상적 연료로 알려진 물질이다. 핵융합은 별이 불타는 에너지원이며 지구에서 깨끗하고도 지속 가능한 에너지원이 될 가능성이 있다. 국제핵융합실험로(ITER)는 앞으로 30년 이내에 이러한 가능성을 현실로 만들기 위한 사업이다. 그러나 아직 성공은 요원하다. 50년 전에도 앞으로 50년 이내에 실용적인 핵융합이 가능할 것으로 예상한 바 있다.

ITER는 중수소(수소보다 무거운 동위원소)를 융합시켜 헬륨-4를 생성한다. 이러한 반응의 중간 단계로 방사능을 띤 수소의 동위원소인 3중수소가 만들어진다. 그리고 융합 과정에서는 고에너지의 중성자 흐름도 형성된다. 3중수소는 방사선을 방출하고 중성자는 반응 용기에 대해 매우 파괴적으로 작용하기 때문에 밀봉이 매우 어렵다.

이와 달리, 헬륨-3은 방사선을 배출하지 않고 헬륨-3의 융합반응 과정에서 방사능을 띤 중간물질이나 중성자가 만들어지지 않는다. 작은 헬륨-3 반응기를 이용해 헬륨-3 융합의 가능성을 확인할 수 있었지만 현재까지는 중수소 융합과 마찬가지로 융합반응을 일으키는 데는 융합반응으로 얻는 에너지보다 더 많은 에너지가 투입된다.

그러므로 핵융합발전소의 단초를 만들기 위해서는 달에서 자원을 가져오는 일이 영화가 아닌 현실에서 가능해야 한다. 현재로서는 달에서 헬륨-3을 채취하는 일이 요원하지만 이론적으로나 경제적으로도 가능하다. 핵융합을 중요한 에너지원으로 만들기 위해서는 방대한 달의 지역에서 표면 암석을 수집하여 가공할 필요가 있다.

달이 없다면

달을 쳐다보면서 만약 달이 없었다면 지구가 어떻게 달라졌을지 궁금합니다. 달이 그 자리에 없어도 지구는 문제가 없을까요?

달이 없다면 우리 주위에서 달을 소재로 하는 수많은 음악, 문학, 미술, 영화, 여러 풍습들도 없을 것이다. 그러나 무엇보다도 달은 실제로 매우 강력한 힘으로 지구를 안정시켜준다. 어떤 학자들은 지구의 자연위성이 없다면 달 없는 하늘을 쳐다볼 우리도 없을 것이라고 말한다.

지구의 자전축은 기울어져 있어 태양 주위 공전궤도에 아주 작은 움직임이라도 있으면 큰 영향을 받는다. 화성의 자전축은 수백만 년 단위로 크게 변하는데 화성 주위의 위성이 너무 작아서 자전축의 기울어짐을 안정시켜줄 수 없기 때문이다. 화성은 자전축의 흔들림 때문에 적도보다 극지방이 태양빛을 더 많이 받는 경우도 생기며 대기가 크게 동요하게 된다.

지구는 달이 지구에 상당한 회전력으로 작용할 정도로 크다. 이 힘은 지구의 자전축 정점이 원 모양으로 흔들리도록 만든다. 그러나 이러한 흔들림은 매우 작고 한 바퀴 완성되는 데 2만6000년이나 소요되지만, 다른 행성들이 지구에 미치는 중력 영향보다는 훨씬 커서 기울어진 지구 자전축을 안정시켜준다. 달이 지구 자전축의 기울어짐을 안정시켜주기 때문에 지구의 기후가 안정되고 생명체가 출현할 수 있는 여건이 만들어졌다.

달은 지구의 지질학적 생성 과정에도 영향을 주었다. 지구의 지각은 서서히 움직이는 거대한 컨베이어벨트와 비슷하다. 대서양 한가운데서 일어나는 화산 활동은 새로운 지각을 생성하고 오래된 지각은 태평양 아래 깊숙이 파고들어간다. 일부 학자들은 지구에 미치는 달의 중력이 지구 지각의 순환운동의 원인으로 생각한다.

달의 중력은 지구의 조수(썰물과 밀물)도 일으킨다. 태양 역시 조수를 일으키고 달이 없어도 조수가 존재하겠지만 그 크기는 절반으로 줄어들 것이다. 조수에 의한 마찰은 지구의 자전 속도를 느리게 만든다. 하루의 길이가 너무 길다고 생각하는 사람들도 많을 것이지만 달의 인력이 하루를 더 길게 만든다. 실제로 하루에 1000분의 2초 정도에 불과하지만 1년 혹은 2년마다 하루에 1초의 여유가 더해진다.

8
머나먼 우주를 엿보다

딥 임팩트

얼마 전, 앞으로 5년 이내에 거대한 소행성이 지구를 향할 수도 있다는 기사를 읽었어요. 기사는 그 소행성을 파괴해서 조각내거나 방향을 바꾸기에는 시간이 촉박하다고 경고하는 저명한 과학자의 말도 인용했습니다. 그 이후 이에 관한 정보를 얻을 수 없었습니다. 이제 우리 같은 소시민은 그저 하늘이 자비를 베풀기만 기다려야 합니까?

근거리 천체(near Earth objects, NEO)라 통칭되는 혜성이나 소행성이 지구에 부딪쳐서 지역적 혹은 범지구적 재앙을 일으킬 위험은 공상과학영화에만 나오는 이야기만이 아니라 실제로 존재한다. 이런 일은 지구 역사에서 여러 차례 발생했다. 최근에는 1908년 NEO가 시베리아에 충돌하여 거대한 산림 지역을 초토화시킨 사례가 있다.

하지만 언론에서 일부 NEO에 대해 잘못된 위험경고를 전하는 경우가 많아 천문학자들이 당황하고 있다. 그래서 학자들은 NEO의 크기와 속도, 지구와의 충돌 가능성을 토대로 하여, 0(위험 없음)에서 10(범지구적 재앙)까지 위험 점수를 부여하는 토리노 척도를 개발하였다. 위험수준 1은 '주의해서 모니터링할 필요가 있는 사건'이었지만 현재는 '정상'인 경우다.

처음에는 토리노 척도 1로 분류되었지만 곧 0으로 하향되는 경우가 대부분이다. NEO가 처음 발견되면 그 궤도를 대강 계산한다. 그러나 NEO의 궤적을 따라 여러 다른 위치에서 여러 차례 관찰하면 정확도가 향상된다. NEO의 움직임에는 여러 요소가 영향을 준다. 질량, 회전, 태양빛을 흡수하고 방출하는 방법, 그리고 이웃 NEO들이 중력으로 잡아당기는 힘 등이다.

2004년 천문학자들이 소행성 '99942아포피스'를 처음 발견했을 때는 그 천체가 2029년 지구와 충돌할 가능성을 3퍼센트로 추정했다. 그 이후 추정치는 0으로 수정되었지만, 2029년에 지구에 가까이 접근할 작은 위험은 아직 남아 있다. 지구의 중력이 아포피스를 2036년에 지구와 충돌하게 되는 궤도에 올려놓을 수도 있다.

NASA는 NEO 조사 프로그램을 통해 직경이 140미터를 넘어 위험이 될 수 있는 2만 개의 NEO를 모두 확인하고 모니터링하고 있다. 그 중 어떤 천체도 토리노 척도 수준이 1을 넘지 않는다. 유럽우주기구는 최근 소행성 궤도 굴절 시험 과제를 계획하고 있다. 돈키호테라는 이름의 이 계획은 지구에 위협이 되지 않는 소행성에 충돌하는 우주선과 그 데이터를 수집하는 선회 우주선으로 구성된다. 충돌의 결과로 나타나는 궤도 굴절을 측정하여 기술을 더욱 완벽하게 다듬는 것이 가장 중요한 목적이다.

혜성의 탄생

오르트 구름은 무엇입니까?

오르트 구름은 행성이 형성될 때 남은 바위와 얼음조각들로 구성된다. 태양으로부터 거의 1광년 거리에서 우리 태양계를 둘러싸고 있다. 1950년 네덜란드 천문학자인 얀 오르트가 처음으로 새로운 혜성이 탄생하는 장소를 설명하기 위해 이러한 구름 가설을 세웠다.

이 구름은 직접 관찰할 수 없지만 수백만에서 수십억 개의 먼지 덩이들이 모여 있는 것으로 생각된다. 태양의 중력이 아주 약하게 미치는 거리에 있기 때문에 궤도에서 쉽게 이탈하며 이탈한 먼지가 태양계 내부로 향하면 천문학자들에게 혜성으로 관찰된다.

혜성의 수명

혜성이 많은 먼지 혹은 입자를 남기고 다닌다면 시간이 많이 지나면 혜성이 분해되어버리지 않을까요?

그렇다. 혜성이 태양 주위를 10억 킬로미터 정도 여행하면 얼음 성분 중 일부가 가스로 변하여 바위 먼지와 함께 혜성 바깥으로 빠져나간다. 혜성이 태양계 내부를 여러 번 지나간 다음에는 얼음 성분 대부분을 잃게 된다. 그렇더라도 천문학자들의 추정에 의하면 해왕성 궤도 너머의 카이퍼 벨트와 태양계 가장 바깥의 극한 구역인 오르트 구름에는 약 1조 개 이상의 혜성들이 '대기하고 있다'. 그리고 우연한 기회에 그중 하나가 궤도를 벗어나 우리의 시야로 들어온다.

화성에서 온 메시지

남극에서 발견된 바위들 중 화성에서 온 것으로 생각되는 것이 있다고 들었습니다. 어떤 근거에서 이런 주장이 나왔습니까?

남극은 운석을 발견하기 좋은 장소다. 얼음 위에서 쉽게 찾을 수 있기 때문이다. 그리고 얼음의 흐름이 컨베이어벨트처럼 작용하여 특정 지역에 운석이 밀집된다. 얼음이 최근이나 100만 년 전에 떨어진 운석을 싣고 흘러가서 울타리가 되는 산 뒤에 쌓인다. 그리고 시간이 지나면 바람이 얼음을 깎아내고 운석이 표면에 드러나게 된다.

1912년 남극에서 운석이 처음 발견된 이후, 약 2만5000개의 운석이 발견되었지만 화성에서 온 운석은 매우 드물다. 사실 전 세계에서 발견된 화성 운석은 34개에 불과하다. 운석이 화성에서 온 것인지 결정해주는 증거에는 나이, 운석에 갇힌 가스의 성분, 그리고 암석의 성분 등 세 유형이 있다.

화성에서 온 것으로 추정되는 운석의 대부분은 다른 운석들보다는 좀 더 최근에(가깝게는 2억 년 전) 만들어진 암석으로 구성되어 있다. 단지 몇몇 운석 표본만이 화성의 대부분을 구성하는 오래된 암석임을 보여주는데 학자들은 아직 그 이유를 확실히 알지 못한다. 그 이유가 무엇이건, 화성 운석은 모두가 화산 활동으로 형성된 화산암이기 때문에 당시에 아직 화산 활동을 하고 있었던 천체에서 온 것이 틀림없다. 즉 소행성이나 혜성에서 온 것이 아님이 분명하다.

1970년대 중반에 시작된 바이킹 위성 프로그램을 포함하여 NASA에서 시행한 화성탐사 연구를 통해 이 붉은 행성의 지질과 대기 구성에 관한 많은 정보를 얻을 수 있었다. 운석에 갇힌 가스의 성분(질소, 이산화탄소, 그리고 희귀 가스인 네온, 아르곤, 크립톤, 크세논 등)은 화성 대기의 성분과 일치한다. 그리고 수소와 중수소(무거운 수소)의 비율도 지구에 비해 수소의 양이 훨씬 적다. 화성의 질량은 지구의 10분의 1밖에 되지 않기 때문에 빠져나가는 가벼운 수소를 중력으로 잡아 둘 수 없어 무거운 중수소만 남기 때문이다.

마지막으로, 암석의 화학적 구성을 보면 소행성과 같은 작은 천체에서 발견되는 것보다는 산소가 더 많이 존재하는 상태에서 형성되었음을 알 수 있다. 화성 운석은 주로 회색이나 검은색을 보이는데 이것은 화성 표면 바로 아래의 화산암석과 비슷하다. 우리가 보는 화성의 색깔은 표면 암석이 풍화되면서 생긴 산화철(녹)이 붉은색을 띠기 때문이며, 운석 중에는 이렇게 풍화된 표면에서 날아온 표본은 없다.

화성 운석 중에 가장 유명한 암석이 1984년 남극 앨런 힐스에서 발견된 ALH 84001다. 약 10여 년 전, 과학자들은 이 운석에서 '화석처럼 생긴' 이상한 구조를 발견하고 화성에 생명체가 존재한다는 증거라고 주장했다. 그러나 무생물적 과정을 통해서도 그와 비슷한 구조가 만들어질 수 있기 때문에 대부분의 과학자들은 그 구조가 이 붉은 행성에 생명이 존재하는 증거라는 주장을 받아들이지 않는다.

우주 장례

저는 죽으면 관에 실려 우주로 보내지기를 희망합니다. 만약 다른 생명이 존재한다면 그들이 관을 발견하겠지요. 이런 일이 실제로 가능할까요?

과학소설의 아버지로 불리는 휴고 건즈백은 미래에는 장례용 우주선이 관을 화물로 싣고 정기적으로 지구에서 우주 장례식장을 향할 것이라 생각했다. 그의 상상에 따르면 우주선의 초저온 냉장고에 들어 있는 관이 컨베이어벨트에 실려 방출관으로 옮겨지고 압축 스프링이 관을 우주 공간으로 쏘아보낸다.

건즈백은 우주 장례를 묘지난의 해결책으로, 그리고 땅 속에서 썩어가기보다는 냉동 상태로 남아 있기를 원하는 사람들이 선택할 것이라고 생각했다. 1956년, 그는 만약 영생을 원하는 사람이 있다면 이제 그 기회가 생겼다고 썼다. 물론 영생보다는 얼린 후 녹인다는 표현이 더 정확할 것이다.

충분히 실현 가능한 예측이었다. 관을 우주로 보내는 것은 기술적으로 가능하지만 비용이 엄청나게 많이 든다. 우주 장례를 원하는 사람은 립스틱만한 크기의 용기에다 자신의 재를 조금 넣고 상업용 로켓에 실어 우주로 보낼 수 있다(현재 실제로 하고 있다). 재가 든 용기는 지구 궤도를 선회하다가 대기권으로 재진입하면서 불타게 된다. 영화 〈스타트렉〉 시나리오 작가 진 로덴베리의 재 중 일부에 대해 이렇게 '장례를 치렀다.'

은하 여행

천문학자들은 지구에서 아주 멀리 떨어진 은하까지의 거리를 어떻게 측정합니까? 삼각법 방식을 직접 적용할 수는 없는 것으로 알고 있습니다. 그래서 저는 도플러 효과를 변형한 방법을 생각했지만, 여전히 이해가 어렵습니다.

20세기 초 많은 천문학자는 우리 은하가 우주의 전부로 생각했다. 당시 천문학자들은 현재 우리가 다른 은하로 알고 있는 천체를 관찰했지만 이런 천체가 얼마나 멀리 떨어져 있는지 알 수 있는 방법이 없었으며, 그것들이 '섬 우주' 인지 아니면 은하수의 일부인지를 두고 논쟁을 벌였다.

1924년, 에드윈 허블이 현재 안드로메다 은하로 알려진 천체까지의 거리를 측정하여 이러한 논쟁을 종식시켰다. 허블은 역제곱의 법칙을 이용하여 거리를 산출하였는데, 이것은 빛의 겉보기 밝기 및 실제 밝기와 광원까지의 거리 사이의 관련에 대한 수학공식이다. 일상에서도 이 공식의 예를 찾아볼 수 있다. 만약 자동차 전조등의 실제 밝기를 알고 있다면 멀리 떨어진 자동차 전조등의 겉보기 밝기를 측정하여 그 자동차까지의 거리를 계산하는 것이 가능하다.

다행히 천문학자들은 일부 천체의 실제 밝기를 알 수 있다. 초신성이나 세페이드 변광성 같은 별들이다. 허블은 세페이드 변광성을 이용했는데 이 별은 속도가 느린 스트로보 라이트처럼 주기적으로 약하고 밝은 빛이 반복되기 때문에 쉽게 관찰되었다. 허블은 안드로메다 은하 내의 세페이드가 은하수 내에 있다고 보기에는 너무 희미하다(즉 거리가 너무 멀다)는 사실을 확인하였다.

천문학자들은 아주 먼 거리에 있는 은하는 개별적 광원을 확인하기 어렵기 때문에 다른 방법을 이용하여 거리를 추정한다. 그중에서 은하까지 거리를 추정하는 한 가지 단서가 상대적 '덩어리짐' 이다. 인근의 은하수를 관찰할 때는 어둠과 빛 부위를 구별할 수 있지만 은하수가 멀리 있다면 별들이 함께 희미하게 뭉뚱그려져서 이러한 구별이 명확하지 않다.

거리를 측정하는 다른 방법으로 도플러 효과가 있다. 앰뷸런스가 관찰자를 향해 달려올 때와 멀어져 갈 때 사이렌 소리의 높낮이가 달라지는 것과 같이, 은하에서 오는 빛의 스펙트럼도 은하의 움직임에 따라 달라진다. 빛의 스펙트럼에 보이는 도플러 편위는 은하가 얼마나 빠르게 회전하고 있는지 보여준다. 회전 속도는 은하의 질량과 그 속에 포함된 별들의 숫자에 관련되기 때문에 은하의 실제 밝기를 나타낸다.

도플러 편위는 은하가 우리로부터 얼마나 빠르게 멀어져 가는지도 보여준다. 허블은 우리와 가까운 은하보다 멀리 떨어진 은하가 더 빠르게 멀어지는(후퇴하는) 것을 발견했다. 그래서 천문학자들은 은하가 후퇴하는 속도로부터 은하까지의 거리를 측정하는 허블의 법칙을 고안했다. 은하까지의 거리와 후퇴 속도의 관계를 수학적으로 표현한 식이다.

붉은색 쪽으로 치우치는 적색편이

천문학자들은 도플러 적색편이를 이용하여 멀리 있는 천체의 속도를 정확하게 측정할 수 있다고 들었습니다. 이에 대해 설명해주세요.

앰뷸런스가 멀어져 갈 때 사이렌 소리가 점차 낮은 음으로 들리듯이 광원이 멀어지면 빛의 파장도 길어진다. 파장이 길면 빛의 스펙트럼에서 붉은색 말단 쪽에 더 가까워진다. 그래서 이렇게 파장이 길어지는 현상을 적색편이라 한다. (붉은빛보다 파장이 더 길어 가시광선이 아닌 라디오파도 동일한 용어를 이용한다. 하지만 이 경우 실제로는 붉은색에서 멀어지는 방향으로 편이된다.)

도플러 적색편이는 가까운 천체가 지구로부터 멀어질 때 나타난다. 그러나 공간 그 자체의 팽창 때문에 멀어지고(후퇴) 있는 아주 먼 천체는 그 효과를 우주론적 적색편이라 부른다. 이것은 용어가 다른 것만이 아니다. 우주론적 적색편이에서는 다른 공식을 이용해서 속도를 계산해야 한다. 일반상대성이론에 근거한 이 공식은 빛이 여행할 때 공간이 늘어나는 현상을 반영한다.

천문학자들이 먼 은하의 현재 위치에 대해 말할 때가 있다. 은하의 원래 위치에서 시작된 빛이 지구에 도달할 때까지 걸린 시간 동안 우주 공간이 얼마나 팽창했을지 계산하여 결정한 은하까지의 거리다.

멀리서 온 빛

광년에 대해 설명해주세요. 은하, 별, 행성 등에서 출발한 빛이 지구에 도달하기까지 그렇게 긴 시간이 걸린다면 빛이 우리에게 도착했을 때 아직도 그 천체가 보이는 것과 같은 모양으로 그 자리에 존재할까요? 긴 여행 중에 빛도 형태가 변화하지 않을까요?

광년이라는 용어를 시간의 단위로 생각하는 사람들도 있지만 이것은 거리를 측정하는 단위다. 1광년은 빛이 초당 30만 킬로미터의 속도로 여행하여 1년 동안 가는 거리를 말하며, 약 10조 킬로미터에 해당한다.

우리가 보는 천체는 그들의 과거 모습이다. 예를 들어, 태양 외의 가장 가까운 별인 켄타우로스 자리의 항성인 프록시마는 지구로부터 4광년 이상 떨어져 있다. 따라서 우리가 보는 별은 4년 전 빛이 이 별을 떠나 우리를 향해 오기 시작할 때의 모습이며, 그 이후에 이 별에 일어난 변화는 알 수 없다.

빛이 우리를 향해 오는 동안 우주 공간에 있는 가스가 특정한 색깔의 빛을 흡수한다. 별 외부의 차가운 영역이나, 별 사이의 공간, 그리고 지구의 대기에 이런 가스가 존재한다. 가스의 화학성분 원소가 다르면 흡수되는 빛깔도 다르다. 이렇게 흡수된 색깔은 빛의 스펙트럼에서 좁은 띠로 나타나고 이를 통해 광원과 우리 사이에 어떤 화학적 성분 원소가 존재하는지 알 수 있다.

빅뱅

허블망원경이나 다른 어떤 더 강력한 망원경이 있다면 빅뱅이 일어나던 때, 즉 우주의 시작을 볼 수 있을 것 같은데 맞습니까? 우주 깊숙한 곳의 특정 지점에서 모든 것이 시작되었다고 말하는 것이 가능할까요?

빅뱅은 폭탄이 터지는 것과 다르다. 공간 그 자체의 폭발이며 그에 따라 물질이 발생했다. 빅뱅은 모든 곳에서 동시에 발생했기 때문에 기원이 되는 어느 한 지점이 있는 것이 아니다.

우리는 어떤 방향에서건 빅뱅 때 혹은 빅뱅 이후 최소한 약 10만 년 정도 지났을 때 방출된 배경복사를 관찰할 수 있다. 빅뱅 직후에는 우주가 뜨거운 수프처럼 기본 입자들과 에너지가 매우 밀집되어 있어 빛도 끊임없이 재흡수되었다. 그후 기본 입자들이 뭉쳐 원소로 될 수 있을 정도로 우주가 식었을 때에야 전자기복사파(빛)가 빠져나올 수 있었다. 현재 이러한 복사파는 낮은 에너지를 가지고 있으며 우주 전체에서 발견된다.

과학자들은 방 안의 라디오나 텔레비전에 잡히는 잡음 중의 약 1퍼센트 정도가 빅뱅에서 시작된 배경복사 때문에 발생하는 것으로 생각한다.

빅뱅을 보다

빛이 우리에게 도달하는 데 150억 년이나 걸릴 정도로 먼 곳에서 빅뱅이 일어났다면 우리가 그곳을 어떻게 볼 수 있을까요?

은하들 사이의 공간, 즉 우주가 팽창하고 있기 때문에 우주의 천체에서 시작된 빛이 우리에게 도달하기까지는 그만큼 더 오래 걸린다(주의: 우리는 빅뱅에서 시작된 빛을 실제로 볼 수는 없다).

아인슈타인이 일반상대성이론을 수학적으로 구성했을 때, 그 공식에는 우주가 팽창하고 있음을 보여주는 계수가 포함되어 있었다. 그러나 당시 아인슈타인에게 우주가 팽창하고 있을 가능성은 매우 불확실하게 보였기 때문에, 팽창을 저지하는 신비의 힘을 도입하여 방정식을 '고정' 시켰다. 나중에 아인슈타인은 이것을 두고 자신의 일생에 '가장 큰 실수' 라고 하며 후회했다.

팽창하는 3차원 우주와 시간이라는 차원을 더한 4차원의 개념을 팽창하지 않는 우리 은하 내에서 생각하기는 어렵다(우리뿐만 아니라 아인슈타인에게도 마찬가지였다). 샌디에이고 캘리포니아대학의 우주물리학 교수인 킴 그리스트는 이렇게 설명한다. 공 안에서 팽창이 일어난다고 상상했다면, 공의 바깥 표면은 팽창하지 않는 것이다(우리의 우주는 어떤 것 속으로 팽창해 가는 것이 아니다). 그보다는 컴퓨터의 줌 기능처럼 축척계수가 변하는 공 안에서 팽창이 일어난다고 상상하면 비슷할 것이다.

별빛, 퀘이사의 밝기

초기 퀘이사에서 나온 빛은 처음 별들이 생성될 당시의 정보를 제공해준다고 들었습니다. 별들의 용광로에서 만들어진 무거운 원소들은 특정 파장의 빛을 흡수하기 때문에 퀘이사 빛에는 그러한 파장이 빠져 있을 것입니다. 그러나 어떤 것도 빛보다 빠를 수는 없는데, 초기 퀘이사들 이후 만들어진 원소들이 어떻게 해서 빛을 차단하는 위치에 자리할 수 있었습니까?

빛이 퀘이사를 빠져나올 수 있게 된 것은 우주의 나이가 약 20억 년이 되었을 때로, 수십억 년을 여행하여 퀘이사와 우리 사이의 공간에 도달하였으며 그동안 별들이 생성되었다. 별들의 무거운 원소에 의해 일부 파장이 빠진 빛이 또 수십억 년을 더 여행하여 우리에게 도착한다.

멀리 있는 퀘이사는 우주의 팽창으로 빠르게 멀어지기 때문에 퀘이사의 빛은 또 그만큼 더 먼 거리를 여행하게 된다. 퀘이사가 그렇게 빠르게 멀어지는 현상을 이해하기 위해 빵 반죽 덩어리(천체들 사이의 공간) 속의 건포도(우주 속의 천체)를 상상해보자. 반죽이 부풀어오르면 건포도들은 서로 더 멀어지게 된다. 반죽의 반대편 끝에 위치한 건포도들은 서로 이웃한 건포도들보다 더 빠르게 멀어진다. 더 멀리 떨어진 건포도들 사이에는 더 많은 반죽(공간)이 존재하기 때문이다.

암흑에너지

멀리 떨어진 은하일수록 더 빠르게 멀어져간다고 들었습니다. 설명되지 않은 힘(예를 들어 중력에 반대되는 힘)이 있지 않는 한 어떻게 이런 현상이 가능합니까?

빵 반죽이 부풀어오를 때 인접한 두 건포도 사이의 거리가 1센티미터 멀어진다면, 첫번째와 세번째 건포도 사이의 거리는 2센티미터 증가하고, 첫번째와 네번째 사이는 3센티미터, 그리고 이렇게 계속 증가한다. 천체 사이의 공간이 같은 비율로 팽창한다면 더 먼 거리에 있는 천체들은 가까운 천체들보다 더 빠르게 멀어진다.

1990년대 말 이후, 우주 팽창이 가속화되고 있음을 시사하는 증거가 속속 발표되었다. 멀리 떨어진 천체는 허블의 법칙으로 예측되는 속도보다 훨씬 더 빠르게 멀어지는 것으로 보인다. 중력에 대한 과학자들의 이해가 정확하다면 커다란 음의 압력, 즉 반(反)중력을 가진 에너지가 우주의 70퍼센트를 구성하는 것으로 계산된다. 이를 '암흑에너지'라 부르는데 현재 물리학계의 가장 큰 미스터리로 남아 있다.

우주의 중심

은하들이 서로 멀어지고 있다면 우주의 중심을 쉽게 찾을 수 있지 않을까요?

모든 은하는 서로에 대해 멀어지고 있다. 그러나 은하군 내에 있는 은하들은 예외다. 이것은 중력으로 서로 끌어당기는 은하의 집단이며 은하는 서로에 대해 일정하지 않게 움직인다. 예를 들어, 우리 은하가 포함된 은하군에는 40개 정도의 은하들이 무질서하게 움직이는데 가장 가깝고 큰 이웃 은하인 안드로메다는 우리 은하수를 향해 움직이고 있다. 이웃 은하들의 무질서한 움직임을 무시하더라도 은하들의 후퇴에서 우주의 중심을 찾아내기는 불가능하다. 어느 한 위치를 팽창의 중심으로 확정할 수 없기 때문이다.

한편 은하가 후퇴하는 속도는 우리와 그 은하 사이의 거리에 비례한다(허블의 법칙). 즉 더 멀리 있는 은하가 더 빠르게 후퇴한다. 가까운 은하보다 먼 은하와 우리 사이에 팽창하는 공간이 더 크게 존재하기 때문이다.

그러나 이것은 우주의 중심으로부터 우리의 상대적 위치에 대해 어떤 단서도 되지 못한다. 공상과학영화 〈스타트렉 엔터프라이즈〉를 보면 다른 은하가 허블의 법칙에 따라 후퇴하는 모습을 볼 수 있다.

빛보다 빠르게

우주 공간이 팽창하기 때문에 우리가 몇 년 동안 로켓 속에 앉아 있지 않아도 먼 은하에 속한 다른 행성까지 여행할 방법이 있을 것 같습니다. 이에 대해 설명해주세요.

은하를 오가는 여행자들에게 우주 공간의 팽창은 도움보다는 난관이 될 것이다. 목적지까지 가는 거리가 계속 늘어나기 때문이다. 타고 가는 우주선 앞의 시공간을 수축시키고 우주선 뒤의 시공간은 팽창시키는 방법으로 속도를 무한정 높이는 방법을 상상해볼 수 있다. 우주선이 시공간을 수축하고 팽창시켜 서핑하며 가는 것이다.

시공간의 구조를 조작할 수 있다면 우주선이 같은 거리를 여행하는 빛보다 더 빨리 목적지에 도착할 수 있다. 그리고 이것은 아인슈타인의 일반상대성이론에 어긋나지 않는다. 우주선 자체는 시공간의 거품방울에 갇혀 있어 그 속에서는 빛보다 빠르게 날아가지 않기 때문이다.

이렇게 여행하는 우주선을 워프 드라이브 혹은 알큐비에르 드라이브(이와 같은 여행이 이론적으로 가능하다고 주장했던 물리학자가 미구엘 알큐비에르다)라 부르는데 시공간을 팽창하고 수축시킬 방법은 현재 알려져 있지 않다. 우주선이 거품방울 바깥 세계와 차단되어 있는 점도 어려움이다. 그리고 우주를 이렇게 휘게 만드는 데 필요한 에너지를 계산하면 인간이 예상 가능한 미래에 만들 수 있는 어떤 것보다도 훨씬 더 크다.

뒤틀린 우주

우주 형태가 둥글다면 그 너머에는 무엇이 있습니까?

필립 플레이트는 《지구인들은 모르는 우주이야기》에서 우주학자들이 휘어진 공간과 4차원을 그림으로 표현하려면 골치 아플 것이며 어쩌면 불가능할 수도 있다고 말했다. 우리는 우리의 광대한 우주 속에 구덩이 속의 개미들과 비슷하게 갇혀 있기 때문에 공간 형태를 크게 확대하여 생각하기 어렵다.

우주를 커다란 공으로 상상할 수도 있지만, 우주학자들은 우주라는 거대한 규모의 기하학에 대해 세 가지 기본적인 가능성을 이야기한다. 편평하거나 아니면 휘어 있을 것이다. 그리고 휘어 있다면 양의 곡률이거나(구의 표면과 비슷하다. 3차원이 아닌 4차원에서), 음의 곡률(말안장과 비슷하다)이다.

휘어진 우주의 재미있는 특성은 두 지점 사이의 가장 짧은 거리가 직선이 아니다. 지구 표면에서도 마찬가지다. 유럽에서 북미로 비행할 때 가장 짧은 거리는 직선이 아니라 그린란드 근처를 지나는 곡선 항로다.

우주가 편평하거나 음의 곡률이라면 크기가 무한하다. 반대로 우주가 양의 곡률이라면 크기가 한정된다. 우주의 크기가 한정되어 있다는 것이 별이나 은하들이 가장자리 바깥의 아무것도 없는 빈 공간으로 뻗어나간다는 의미는 아니다. 우주 공간은 그 자체가 뒤로 굽어 있다. 우주 전체를 항해한 우주선은 반대쪽에서 제자리로 돌아올 것이다. 지구 일주에 나선 범선과 마찬가지다.

우리는 항상 안과 밖이 있는 곳에서 살아가기 때문에 우주 바깥에는 공간과 시간까지도 존재하지 않는다는 개념은 이해하기 어렵다. 플레이트는 우주 바깥이 무엇이냐는 질문은 북극의 북쪽은 무엇이냐고 묻는 질문과 비슷하다고 설명했다. 만약 우리가 지구 표면 내에 한정되어 있다고 하더라도 하늘을 북극의 북쪽이라고 주장할 수 없는 것과 마찬가지다.

그래픽 예술가인 에셔의 작품에서 좀 더 유사한 개념을 찾을 수 있다. 에셔의 이른바 '불가능한 구조물' 들인데, 올라가는 계단과 내려가는 계단이 연결된 그림이나 위아래가 구분되지 않는 그림 등으로 우리가 가진 물체에 대한 개념이나 기하학을 부정한다.

우주의 바깥

우주가 정말 끝이 없다면 더 멀리에서는 무언가 발견되지 않을까요?

샌디에이고 캘리포니아대학 천체물리학 교수인 킴 그리스트에 의하면 아인슈타인의 일반상대성이론으로는 우주의 무한 여부를 알 수 없다고 한다. 우주는 끝이 없는 구조이거나 아니면 유한하지만 자체가 뒤로 휘어진 구조일 수 있다. 실제 측정으로는 우주가 편평한, 즉 무한한 것으로 나타난다.

그러나 같은 이유로 사람들은 한때 지구가 편평하다고 생각하는 어리석음을 범했다. 이러한 측정은 오류로 이어질 수 있다. 우주가 휘어진 구조지만 매우 크기 때문에 우주의 작은 부분들은 편평하게 보이는 것일 수도 있다.

우주 너머에 대해서는 미스터리다. 사실, 그리스트는 우리가 우주 전체를 볼 수 없다고 주장했다. 우리가 매년 1광년(10조 킬로미터) 멀리까지 볼 수 있지만 그 뒤의 빛은 이곳에 도달할 시간을 갖지 못한다. 그 나머지 우주는 우리가 이미 보았던 부분들과 비슷할 것이지만 우주 너머에 대해서는 '현재 우주가 모든 것이다' 에서부터 '무한히 많은 평행우주가 존재할 수 있다' 까지 다양하게 추정할 뿐이다.

평행우주를 주장하는 사람들은 이러한 다른 우주들은 완전히 다른 물리학적 법칙이 적용된다거나 혹은 우리 자신의 우주와 아주 약간만 다를 것이라고 말한다. 예를 들어, 어느 우주에선가 엘비스 프레슬리가 아직 살아서 활동하고 있을지 모른다. 엘비스의 팬들은 우리 세계 밖에서 열리는 그의 콘서트에 참석하고 싶겠지만 안타깝게도 이런 세계가 있어도 그곳으로 건너갈 방법이 없다.

우주를 설명하다

빅뱅에 대해 들어보았습니다. 현재는 학자들이 우주의 시작에 대해 어떤 이론을 가지고 있습니까?

빅뱅, 즉 시간과 공간이 시작된 거대한 폭발은 우주의 기원에 대해 가장 널리 인정받는 이론이다. 1929년 에드윈 허블이 우주가 팽창하고 있음을 발견한 것이 이 이론을 뒷받침해주는 최초의 증거가 되었다. 그러나 빅뱅이론에도 항상 비판이 제기되었다. 이론이 관찰과 일치되기 위해서는 암흑에너지와 암흑물질 같은 미스터리한 요소들이 있어야 한다는 등의 비판이다.

1940년대에 과학자들은 정상우주론에 근거할 때 빅뱅이 일어나는 순간에 물리학 법칙이 적용되지 않는 문제에 부딪쳤다. 정상이론에서는, 별이나 은하는 변할 수 있지만 우주 전체는 항상 현재와 같다고 설명하였다. 우주가 팽창해도 빈 공간에서 새로운 물질들이 끊임없이 생성되기 때문에 우주의 밀도는 변하지 않는다고 주장했다.

그러나 이와 같은 정상우주론을 주장하는 학자들의 연구 결과가 오히려 빅뱅이론을 뒷받침하는 두번째 증거로 이용되었다. 우주에 존재하는 가벼운 원소들(헬륨, 중수소, 리튬)의 측정된 양이 별의 생성 조건으로 계산된 양보다 많았다. 그래서 대부분의 과학자들은 이러한 원소들이 빅뱅과 같이 극단적으로 뜨거운 환경에서 만들어지는 것으로 생각했다.

1965년 물리학자 스티븐 호킹은 빅뱅의 흔적으로 생각되는 마이크로파 배경복사가 발견됨으로써 정상우주론은 결정적으로 종말을 고하게 되었다고 말했다. 그러나 정상우주론 주창자들은 기존의 이론을 수정하여, 이러한 배경복사를 우주의 천체들이 계속 흡수하고 방출해온 별빛이 퍼져 있는 것으로 설명했다.

플라스마 우주론은 빅뱅이론과 경쟁하는 또 다른 이론으로, 우주가 계속해서 움직이는데 그 시작은 균일한 플라스마였다고 주장한다. 플라스마는 원자에서 전자가 분리될 정도로 아주 뜨거운 가스 상태를 말하며, 우주의 많은 부분이 플라스마로 구성되어 있다. 플라스마 우주론을 지지하는 가장 강력한 증거는 은하에서 관찰되는 플라스마 유형을 전자기장을 이용하여 (작은 규모로) 재현하는 데 성공한 실험 결과다. 최근에는 끈이론을 확장한 막이론이 등장했다. 우리에게 관찰되는 4차원

(3차원+시간의 차원) 우주는 11차원의 우주를 이루는 막들 중의 하나인 초곡면(超曲面)에 포함되는 것으로 설명하는 이론이다. 이 이론에서는 우리의 우주 및 다른 여러 우주들이 막들의 충돌 결과로 생성되었다고 주장한다. 그리고 충돌에서 방출되는 에너지에 의해 우주의 팽창이 시작되는 것으로 본다.

공상과학소설처럼 들리는 설명이지만 물리학자들이 수립한 수학적 모델에서 도출된 이론이다. 이러한 막이론은 우주의 중요한 미스터리 중 하나를 설명해준다. 중력이 다른 기본적 힘들(전자기력, 강한 핵력과 약한 핵력)에 비해 훨씬 약한 이유다. 중력은 다른 차원들로 '새어나가기' 때문에 훨씬 약한 반면, 다른 기본적 힘은 우리 우주가 포함된 막 안에 그대로 머물러 있다고 설명한다.

우주들의 시간

'대체우주' 이론에서는 모든 우주가 같은 시간 단위로 움직이는지요?

여러 개의 평행우주가 함께 존재한다는 추정은 끈이론의 복잡한 수학방정식으로 도출된다. 끈이론은 원자보다 작은 최소단위를 작은 끈의 진동으로 설명하는데, 이 이론은 양자이론과 일반상대성이론을 결합할 수 있으며, 따라서 물리학자들이 해결하지 못했던 간격을 메워준다. 대체우주론은 상당히 난해하게 보인다. 하지만 일부 과학자들은 서로 다른 특성을 가진 우주가 무한히 많다고 믿는다.

일부 우주에는 원자나 어떤 안정된 물질이 없을 수도 있으며, 우리 우주와 동일한 우주도 생각할 수 있다. 각각의 우주마다 시간은 다르게 진행할 수 있다. 하지만 우리가 우주 사이를 건너가서 시간을 거슬러 혹은 앞질러가고 싶어도 그와 같은 상황은 불가능하다. 미치오 카쿠의 《불가능은 없다》에 따르면, 물리법칙은 다른 우주로 건너가는 것은 불가능한 것으로 규정하지 않지만, 이를 위해서는 우리보다 훨씬 발달된 기술과 엄청난 에너지가 필요하다.

우주의 끝을 보다

우주가 빛의 속도보다 더 빠르게 팽창한다면 우리가 아무리 고성능 망원경을 만들어도 우주의 배경은 볼 수 없는 건지요?

망원경으로 관찰되는 천체는 빛이 그곳까지 가는 데 얼마나 걸리는지에 따라 결정된다. 망원경을 타임머신처럼 생각할 수도 있다. 하지만 망원경은 별빛이 렌즈나 거울의 전체 표면에 부딪쳐서 좁은 빔으로 집중된 것을 감지할 뿐이다.

망원경은 과거 시간을 관찰하는 것이 사실이지만 우리 눈도 그렇게 한다. 유리창을 통해 들어온 태양빛은 약 8분 전에 태양을 떠나온 빛이다. 태양계에서 가장 가까운 별인 알파 센타우리에서 출발한 빛도 4.4년 동안이나 여행하여 우리에게 도착한다. 고성능 망원경일수록 더 오래전 시간을 볼 수 있다. 더 희미하고 멀리 떨어진 별과 은하를 볼 수 있기 때문이다.

최첨단 기술을 이용하고 자연의 중력망원경(더 먼 곳의 천체에서 오는 빛을 굴절 및 증폭시키는 대규모 은하 군단)의 도움을 받으면 130억 년 이상 과거에 존재한 은하도 관찰할 수 있다. 현재 건설 혹은 운영 중인 거대마젤란망원경(GMT), 30미터망원경(TMT), 그리고 유럽연합의 초대형망원경(E-ELT) 등 차세대 망원경은 조금 더 과거를 관찰하겠지만 아주 먼 과거는 아니다. 우주의 나이는 137억 년이고 빅뱅이 일어난 수백만 년 후 별들이 처음 생성되기 전까지의 우주에서는 빛이 진행하지 않기 때문이다.

천문학자들은 최신형 망원경을 이용해 좀 더 상세하게 관찰할 수 있다. 예를 들어, 처음에는 희미한 얼룩처럼 보이는 것이 아름다운 나선형 은하로 밝혀질 수도 있다. 이렇게 상세하게 관찰하지 못하면 첫번째 은하의 형성 과정이나 형성 조건을 이해할 수 없다.

우주론적 지평(관찰 가능한 우주의 한계를 나타내는 시간의 영역)은 우주의 나이와 동일한 의미다. 시간이 지나가면 점점 더 먼 곳의 광원에서 더 먼 거리를 여행한 빛이 우리에게 도착하고, 우주론적 지평도 바깥으로 이동한다.

지금도 우주는 팽창하며, 우리로부터 아주 멀리 떨어진 천체들은 빛보다 빠른 속도로 멀어지고 있다. 따라서 먼 곳의 천체는 우리가 볼 수 없다. 그러므로 우리가 볼 수 있는 우주는 빅뱅 때 출현한 모든 공간과 물질을 다 포함하는 것이 아니다.

빛보다 빠르다

선생님의 글을 보면 "우리로부터 아주 멀리 떨어진 천체는 빛보다 빠른 속도로 멀어지고 있다."고 했습니다. 이것은 어떤 것도 빛보다 빠를 수 없다는 특수상대성이론과 모순입니다. 그렇지 않습니까?

아인슈타인은 실제로 빛보다 빠른 것은 존재할 수 없다고 결론 내렸다. 그러나 그의 특수상대성이론은 공간 속에서의 움직임에만 적용된다. 멀리 있는 은하는 공간 속을 통과하는 것이 아니다. 그 은하들은 우리로부터(혹은 그들의 입장에서 보면 우리가 그들로부터) 멀어지고 있다. 공간 자체가 팽창하고 있기 때문이다.

빛의 질량

원자보다 작은 많은 소립자 중에는 질량이 없는 입자가 있다고 들었습니다. 이것이 사실이라면 빛은 왜 블랙홀에서 빠져나오지 못하는 것인가요?

원자보다 작은 입자들(원자를 구성하는 전자, 양성자, 그리고 중성자들과 양성자 및 중성자를 구성하는 쿼크 등)은 질량이 있다. 그러나 광자(빛입자)는 정지 질량이 없다. 그러나 광자는 항상 빛의 속도로 이동하기 때문에 에너지와 운동량이 있으며 우주범선의 동력이 될 수 있다.

뉴턴의 역학이론은 극단적으로 빠른 속도나 강력한 중력에서는 적용되지 않기 때문에 중력이 빛을 휘게 만드는 이유를 이해하기 위해서는 아인슈타인의 이론으로 바꿀 필요가 있다. 뉴턴 역학에서는 중력을 힘으로 취급하고 공간이 완전히 균일한 것으로 간주한다. 그리고 중력이 빛의 진행을 휘게 한다는 예측을 하지 못하는데, 그것은 빛이 질량을 가지고 있지 않기 때문이다. 그러나 별에서 오는 빛이 태양 부근을 지날 때 휘어진다는 관찰이 아인슈타인의 일반상대성이론에 대한 첫번째 검증이었다.

아인슈타인은 중력이 공간을 휘게 한다고 주장했다. 태양이나 블랙홀과 같이 무거운 천체들은 주위의 공간을 휘게 만든다. 이러한 현상을 이해하는 한 가지 방법은 매트리스(공간) 가운데 무거운 돌(블랙홀)이 놓여 있다고 상상하는 것이다. 그러나 아인슈타인의 이론은 훨씬 더 복잡한 4차원 시공간의 기하학을 토대로 한다는 것을 잊어서도 안 된다. (크기에 관계없이 가벼운) 공을 무거운 돌 근처에 올려놓으면 그 공은 돌이 만든 함정을 향해 굽은 길을 굴러갈 것이다.

블랙홀은 엄청난 질량을 가지고 있기 때문에 주위의 공간을 극도로 휘게 만든다. 그리고 블랙홀 주위를 날아가는 빛은 블랙홀 중력의 함정에 갇히게 된다.

별들을 끝없이 삼켜버리면

블랙홀은 주위의 모든 것을 삼켜버린다는데 그렇다면 결국 모든 우주가 하나의 커다란 블랙홀 안에서 끝나지 않을까요?

블랙홀이 커다란 우주 진공청소기처럼 작동한다면 곤란한 결론에 이를 수도 있다. 천문학자들은 우리가 속한 은하에는 여러 개의 블랙홀이 있다고 말한다. 그 대부분은 질량이 태양의 8~15배에 불과한 상대적으로 가벼운 블랙홀들이다. 그러나 은하수의 중심에는 태양 질량의 300만 배에 달할 정도로 매우 무거운 블랙홀이 존재하는 것으로 보인다.

블랙홀은 그 이름에서도 짐작할 수 있듯이 정확하게 볼 수 없으며 다른 증거로 그 존재를 확인할 뿐이다. 천문학자들은 천체가 블랙홀로 빨려들면서 충돌할 때 발생한 열에 의한 것으로 생각되는 복사파를 찾아냈다. 학자들은 또 보이지 않는 무거운 천체 주위를 도는 것처럼 움직이는 별들을 확인했다.

태양계에서 지구와 다른 행성들이 중력에 의해 빨려들지 않고 태양 주위를 공전하듯이, 천체들이 블랙홀에 빨려 들지 않고 그 주위를 공전하는 것이 가능하다. 거리가 떨어져 있으면 블랙홀의 중력장도 같은 질량의 다른 천체들이 만드는 중력장과 동일하다.

그러나 블랙홀에 가까이 가면 모든 것이 달라진다. 공간이 크게 일그러지기 때문이다. 블랙홀로부터 일정 거리, 즉 슈바르츠실트 반지름 이내에서는 모든 천체가 파멸을 맞는다. 탈출하기 위해서는 빛의 속도 이상으로 움직여야 하기 때문이다. 블랙홀로부터 슈바르츠실트 반지름의 몇 배 이내에서는 공간도 일그러지기 때문에 탈출이 어렵다. 은하수 내의 작은 블랙홀들은 이러한 반지름이 약 160킬로미터다. 그러나 은하수 중심에 있는 거대한 블랙홀은 반지름이 지구와 태양 사이 평균 거리의 10분의 1 정도나 된다.

블랙홀의 크기

블랙홀은 태양 질량의 최대 500억 배까지 커질 수 있다고 추정하는 기사를 읽었습니다. 블랙홀은 왜 그보다 더 커질 수는 없습니까? 이 수치는 어떻게 계산되었습니까?

블랙홀이 태양 질량의 수백억 배 정도까지만 커질 수 있다는 추정은 우주 진화 모형을 컴퓨터로 시뮬레이션한 결과다. 그 모형을 토대로 하면 실제로 얻은 증거보다 훨씬 큰 초질량 블랙홀이 가능한 것으로 예측된다. 시뮬레이션 모형이 정확하고, 블랙홀의 성장이 물리적으로 제한되어 있는 것이 사실이라면, 그 이유는 블랙홀이 자신의 주위를 집어삼키면서 너무 많은 에너지를 발산하게 되고 이로 인해 블랙홀의 크기를 키우는 가스 공급이 차단되기 때문일 것이다.

우리 은하수를 포함하여 대부분의 은하에는 중심 블랙홀이 있을 것으로 추정되며, 블랙홀의 크기와 은하의 질량에는 단계가 있는 것으로 보인다. 그러므로 은하의 형성과 진화 과정을 이해하기 위해서는 블랙홀의 성장에 대한 이해가 필수적이다.

인간이 만든 블랙홀

어떤 사람들은 유럽원자핵공동연구소(CERN)의 충돌실험이 블랙홀을 만들어내고 이 블랙홀이 지구를 삼킬 수 있다는 걱정을 합니다. 만약 실제로 그런 일이 일어난다면 지구가 멸망하기까지 얼마나 걸릴까요?

스위스 제네바 인근에 있는 CERN의 대형강입자충돌기(LHC)는 미니 블랙홀(원자핵보다 더 작다)을 만들 수 있을 정도로 강력하지만 우주에 숨은 차원이 있을 경우에만 그렇다. 이러한 차원으로 전파되면 중력의 세기가 커지고, 그 결과 입자는 작은 영역에 갇히지 않아도 블랙홀이 될 수 있다.

물리학자들은 미니 블랙홀이 형성될 가능성에 대해 커다란 관심을 가지고 있다. 이것은 끈이론에 의한 복잡한 수학적 계산에서만이 아니라 공간에 숨은 차원이 실제로 존재한다는 증거가 될 수 있기 때문이다.

블랙홀은 그 크기에 반비례하는 속도로 에너지를 발산한다고 예견한 호킹 박사의 이론에 따르면 미니 블랙홀들은 즉시 증발해야 한다. 블랙홀의 증발 때 방출되는 입자들은 공간에 얼마나 많은 수의 숨은 차원들이 존재하는지 말해줄 수 있다. 호킹 박사의 예견이 틀렸다고 할 때 최악의 시나리오에서는 미니 블랙홀이 원자를 하나씩 삼켜버려서 지구 전체를 삼킬 때까지는 최소한 수천 년이 걸리는 것으로 계산된다.

다행하게도 우리는 LHC에서 만들어지는 미니 블랙홀이 안전한 것을 확인시켜주는 계산만 믿고 매달려야 하는 것은 아니다. 이미 우주선(cosmic rays)이 우리 대기를 때릴 때 고에너지 충돌이 발생하고 있다. 그러므로 입자가속기가 우리의 발밑에서 미니 블랙홀들을 만들 수 있다면 자연은 이미 우리 머리 위에서 그것을 만들어내고 있기 때문이다.

윔프에 대하여

바리온물질보다 암흑물질이 여섯 배나 더 많고, 이것이 실제 물질과 관계하는 유일한 방법이 중력이라면 암흑물질이 블랙홀로 빠져들 때 무슨 일이 일어날까요? 그리고 별과 행성들도 암흑물질을 가지고 있습니까?

학자들의 말에 따르면 우주에는 암흑물질이 가시물질보다 여섯 배 정도 더 많다고 한다. 암흑물질 중 일부는 통상적 원자들로 구성된 바리온물질이다. 예를 들어 행성, 죽은 별, 그리고 블랙홀은 암흑물질로 구성되어 있다. 빛을 방출하지 않아 보이지 않는 이와 같이 큰 천체들을 통칭하여 마초(보이지 않지만 무겁고 밀집된 천체, MACHOs)라 부른다.

샌디에이고 캘리포니아대학 천체물리학 교수인 킴 그리스트 등은 암흑물질의 많은 부분은 마초가 아닌 것을 확인했다. 이와 같이 마초가 아닌 암흑물질의 정체는 물리학계의 가장 큰 수수께끼이며 그 가능한 후보들 중 하나가 윔프(무겁지만 반응성이 약한 입자, WIMP)다. 누구도 WIMP를 실제로 발견하진 못했지만 많은 이론물리학자들이 이와 같은 입자가 존재할 것으로 예측한다. 빅뱅으로 WIMP가 만들어져서 우주 전체로 퍼진 것으로 생각된다.

WIMP와 마초 모두에서 무겁다는 의미의 M(massive)이 사용되지만, WIMP는 매우 작은데 수소원자보다 200배 정도 무거운 것으로 추정된다. 그러나 다른 소립자들에 비하면 거대하다. WIMP는 원자를 함께 묶어주는 '접착제'인 강한 핵력을 통한 상호작용이 없다. 그래서 정상적인 원자들과는 달리 그 자체가 기본입자다. 양성자나 전자와 같이 더 작은 입자들로 구성된 것이 아니다.

암흑물질의 대부분은 우주의 대부분을 차지하는 공간인 별들 사이에 위치하지만 별과 행성에도 암흑물질이 포함된 것으로 생각된다. WIMP가 존재한다면 수십억 년 동안 별과 행성을 통과해왔을 것이다. 그 과정에 가끔 WIMP가 이 천체들 속의 원자와 충돌하여 에너지를 잃고 천체의 중력에 갇혀버리는 경우도 발생할 것이다. WIMP는 물질과의 상호작용이 아주 약하기 때문에 아래로 가라앉아서 지구나 태양의 중심부에 모일 가능성도 있다. WIMP는 중력과 상호작용하기 때문에 블랙홀 속으로 떨어질 수도 있다. 그래서 그 질량이 블랙홀에 보태진다. WIMP는 기본 입자이기 때문에 다른 통상적 물질들처럼 쪼개지지 않고 블랙홀의 중심부에서 그대로 눌려서 사라진다.

태양계의 동시성

태양계의 모든 행성과 태양은 회전방향이 같습니까? 모두 왼쪽 혹은 오른쪽으로 회전합니까 아니면 회전방향이 서로 다릅니까? 그렇다면 그 이유는 무엇입니까?

태양계의 모든 행성은 태양이 회전(자전)하는 방향과 동일한 방향으로 태양 주위를 공전한다. 지구의 북극 위에서 볼 때 반시계 방향이다.

대부분의 행성들 역시 자신의 축에서 반시계 방향으로 회전(자전)한다. 그러나 금성과 천왕성, 그리고 최근에 왜소행성으로 재분류된 명왕성은 예외인데, 이들은 시계 방향으로 자전한다.

행성들의 공전궤도는 태양의 적도 평면(황도면) 위에 있지만, 수성과 명왕성은 약간 기울어 있다. 황도면에 비해 수성의 궤도는 7도 그리고 명왕성의 궤도는 17도 기울었다.

태양계가 편평하고 태양의 자전과 행성들의 공전 방향이 같다는 사실은 태양과 행성이 하나의 먼지 및 가스 구름에서 형성되었다는 증거로 간주된다. 약 46억 년 전 이 구름이 자체의 중력에 영향을 받아 수축하기 시작했다. 이 과정은 다른 먼지 구름과 충돌하거나 인근의 다른 별의 폭발 같은 엄청난 사건으로 촉발되었을 것으로 생각된다.

피겨 스케이팅 선수들이 팔을 몸 쪽으로 잡아당길 때의 효과처럼, 구름이 수축하면서 회전이 더욱 빨라졌다. 이렇게 붕괴되는 과정에 구름 내의 가스 덩어리들이 충돌하고 서로 합쳐져서 새로운 덩어리가 형성되었다. 그리고 이들의 속도는 원래의 덩어리가 가졌던 속도들의 평균속도가 된다. 이렇게 움직임은 점차 더 질서를 갖추고 구름은 편평해져서 원판형으로 되었다.

이렇게 소용돌이 원판, 즉 태양성운이 생겨나고 그 중심의 뜨겁고 밀도가 높은 부위는 태양이 되었다. 그리고 원판의 바깥 부위에서는 행성들이 형성되었다. 처음에는 먼지 가루에서 시작하여 이것이 다른 원자들이 모여드는 작은 플랫폼으로 기능하였다.

태양성운의 모양과 회전은 현재 태양계에 그 흔적을 남겼다. 천문학자들은 금성과 천왕성 등이 반대방향으로 자전하는 것과 같은 비정상적인 모습이 태양계가 형성되는 과정에 커다란 천체들 사이에 충돌이 발생한 결과로 추정한다.

태양계가 이처럼 커다란 질서를 갖추고 있음에도 고대의 천문학자들은 이를 잘 인식하지 못했다. 행성이라는 단어의 그리스 어원도 '방랑자' 를 의미하며, 초기의 태양계 모형에서도 행성들의 경로는 복잡하게 설정되었다.

지구 위주로 관찰하면 행성들이 빨라졌다가 느려지며 또 뒷걸음질치기도 한다. 그러나 현재 우리는 이렇게 행성들이 헤매는 것처럼 보이는 이유가 그 행성들에 상대적인 지구의 운동 때문이란 사실을 잘 알고 있다. 예를 들어, 지구가 태양 주위를 공전하며 화성을 앞질러가면 화성이 뒷걸음질치는 것처럼 보인다.

공전궤도

거의 모든 행성이 동일한 평면에서 태양 주위를 돌고 있는 이유는 무엇입니까? 저는 우주 공간을 뜀뛰기 놀이기구인 트램펄린과 볼링공에 비유하는 사례를 여러 번 보았습니다. 하지만 이러한 공전궤도는 2차원 평면을 시사합니다. 만약 '볼링공' 이 너무 무거워서 시공간을 아래로 누른다면 천체 주위 공간 전체에 영향을 주어 행성의 궤도가 각기 다른 여러 개의 평면이 되지 않을까요?

태양 주위를 공전하는 행성들의 궤도가 동일한 평면인 이유를 설명하기 위해 고무판 위의 볼링공이 2차원 평면을 휘게 만드는 예를 적용하지는 않는다. 이 예는 아인슈타인의 중력 개념에 대한 설명이다.

천체는 무거운 공이 2차원 고무판을 휘게 하는 것과 비슷하게 4차원 시공간의 구조를 휘게 만든다. 그러나 이는 아주 간단한 비유이며, 실제로 행성은 다른 궤도에서 태양 주위를 공전할 수 있었다. 그러나 공전

평면이 동일한 것은 태양계의 형성 과정 때문이다. 가스와 먼지로 구성된 회전 원판에서 태양계가 탄생했으며 행성의 공전궤도는 태어날 때부터 자리 잡았던 원판 평면 내에 거의 그대로 유지되었다.

별의 죽음

별은 왜 죽을까요? 별이 죽는 원인은 무엇입니까?

별의 죽음은 여러 단계를 거치는데 이 과정에 우주에서 가장 놀라운 천체를 만든다. 별의 일생에서 각기 다른 시기에 있는 별에 대한 관찰 결과와 이론적 모델링을 종합하여 이러한 과정을 이해하게 되었다.

별의 일생은 두 가지 힘 사이의 싸움에 따라 진행된다. 안으로 밀어붙이는 중력과 바깥으로 뻗어나가려는 열 압력이다. 별 중심부의 수소가 융합하여 헬륨이 되는 것으로 죽음의 과정이 시작되는데, 이 과정에 엄청난 열과 압력이 발생하여 중력을 상쇄하며 균형을 이룬다. 별 중심부의 수소가 소진됨에 따라 핵융합이 느려지고 이제 중력이 별을 수축시키기 시작한다.

별이 안으로 수축하면서 막대한 열이 발생한다. 그리고 이것은 중심 주위 층의 수소를 융합하기 시작한다. 이 수소들은 그 이전까지는 융합을 유지할 정도로 충분한 열을 받지 못하던 상태였다. 이 층에서의 수소 융합 과정은 매우 빨리 진행되어 열압력이 그 위층을 바깥으로 밀어낸다. 이제 별은 점차 매우 커지고 밝은 빛을 발산한다. 이것이 적색거성이다.

이 과정에 별의 수축 중심으로 헬륨이 계속해서 추가된다. 결과적으로 아주 작은 별이 아니면 중심부 온도가 아주 높아져서 헬륨이 융합하여 탄소가 되는 과정이 계속된다. 작은 별들은 헬륨이 탄소로 바뀌면 죽음이 임박한 것이다. 중심부 온도가 탄소를 융합시킬 정도로 높지 않기 때문이다.

탄소 중심부가 식을 때까지 별은 자외선을 방출하고 이로 인해 팽창하는 별의 바깥 가스층이 밝게 빛난다. 이와 같은 형태는 매우 아름답게 관찰되며 작은 망원경으로 보면 행성을 닮았기 때문에 행성 모양 성운으로 알려졌다. 그러나 허블과 같은 고성능 현대 망원경으로 그 구조를 자세히 파악하여 '고양이눈 성운' 등의 이름이 붙여졌다(허블망원경 웹사이트에서 이러한 성운의 사진들을 볼 수 있다. http://hubblesite.org/).

질량이 큰 별은 중심부 온도가 훨씬 높아서 탄소융합이 일어나고 계속해서 더 무거운 원소로 융합이 지속된다. 궁극적으로 별의 중심부에는 철이 밀집된다. 끝난 것이다. 철은 융합을 통해 에너지가 만들어지지 않기 때문이다. 이제 중력의 반대 힘으로 작용하던 융합에 의한 열압력이 없어졌기 때문에 중력의 엄청난 인력은 별 중심부의 양성자와 전자를 결합시켜 새로운 입자인 중성자(뉴트론)와 중성미자(뉴트리노)를 만들어낸다. 중심은 붕괴하면서 격렬한 충격파를 발생시키고 이로 인해 별의 바깥층이 떨어져나가며 밝은 초신성을 만든다.

중심의 중성자 덩어리가 남은 별을 중성자별이라 부른다. 이러한 별은 밀도가 아주 높아서 한 스푼의 무게가 10억 톤은 나갈 것이다. 남은 중심의 질량이 충분히 크다면 붕괴하여 블랙홀을 만들 수 있다.

옮긴이의 글

호기심 많은 독자를 위한 책

이 책은 샌디에이고 캘리포니아대학 교수이자 과학저술가로 활약하는 셰리 시세일러(Sherry Seethaler)가 《샌디에이고 유니온 트리뷴》에 독자의 질문에 대답하는 형식으로 매주 기고한 칼럼을 모은 것이다. 독자의 질문은 콧물을 흘리는 이유와 같이 우리 일상에서 마주치는 사소한 의문에서부터 우주의 너머에는 무엇이 있을까에 이르기까지 상상 가능한 모든 과학적 주제를 망라하였다. 저자는 이러한 질문에 자신이 가진 과학적 지식뿐만 아니라 여러 문헌을 깊이 있게 검색하여 논리적으로 설명하고 있다. 그리고 아직 정립된 이론이 없을 때에는 가능한 여러 가설을 모두 제시하면서 독자의 의견을 묻기도 한다.

미국의 저명한 출판사인 FT Press에서 2010년에 저자의 칼럼 중에서 162개의 질문과 대답을 책으로 묶어 *Curious Folk Asks: 162 Real Answers on Amazing Inventions, Fascinating Products, and Medical Mysteries*로 펴냈으며, 이어서 2011년에는 188개의 질문과 대답을 묶어 *Curious Folks Ask 2: 188 Real Answers on Our Fellow*

*Creatures, Our Planet, and Beyond*를 펴냈다. 《무엇이든 물어보세요》는 이 두 권을 번역하여 한 권으로 묶은 것이다. 이 과정에서 중복되는 질문이나 미국적 상황에 국한된 주제 등은 일부 삭제하여 편집했다.

역자도 호기심이 많은 편이다. 그래서 이 책처럼 사소해 보이는 현상까지 설명하거나 하나의 현상에 대해 여러 가지로 설명해주는 책을 즐겨 읽는 편이다. 이 책의 여러 질문 중 '블랙홀이 주위를 삼킨다면 우주는 차츰차츰 블랙홀로 빠져들어가서 언젠가 하나의 블랙홀로 끝나버리지는 않을까?' '개미도 숨을 쉰다면 비가 올 때는 어떻게 살아남을까?' 같은 질문은 역자 역시 고등학교 때 가끔은 우주와 생명체의 멸망까지 걱정하면서 궁금했던 내용들이다. 현재의 일상에서도 이 책에 실린 질문처럼, 냉장고 안의 죽은 파리를 집어서 싱크대에 던져넣었을 때 살아서 날아가는 모습을 보고는 어떻게 저런 일이 가능할까 궁금하고, 세탁기로 빨래할 때 빨랫감의 종류에 따라 찬물과 더운물 중 어떤 것을 택할까 또 그 과학적 근거는 무엇일까 고민한다. 더운물이 더 빨리 언다는 음펨바 효과를 듣고는 냉장고 냉동실에서 직접 실험을 해보기도 했다.

저자는 많은 질문에 친절하게, 그리고 유머도 섞어가며 설명해주어, 때로는 이마를 탁 치며 '아! 그렇구나' 하는 탄성이 흘러나오게 만든다. 역자처럼 호기심 많은 독자가 이 책을 읽고 많은 정보를 얻기를 바란다.

어려운 출판 환경에서도 유익한 과학서적 시리즈를 번역할 수 있도록 행복한 시간을 제공해준 양문출판사에 감사한 마음을 전한다.

2014년 9월

진 선 미

Why
무엇이든 물어보세요

초판 찍은날 2014년 10월 6일 **초판 펴낸날** 2014년 10월 13일

지은이 셰리 시세일러 | **옮긴이** 진선미

펴낸이 김현중
편집장 옥두석 | **책임편집** 임인기 | **디자인** 권수진 | **관리** 위영희

펴낸곳 (주)양문
주소 (132-728) 서울시 도봉구 창동 338 신원리베르텔 902
전화 02.742-2563~2565 | **팩스** 02.742-2566 | **이메일** ymbook@nate.com
출판등록 1996년 8월 17일(제1-1975호)

ISBN **978-89-94025-36-0 03400**